esigner 100

+86 Designer 100

中国设计红宝书——品牌传播

池伟 主编

化学工业出版社
·北京·

内容简介

本书展示一百名中国优秀品牌设计师的成就和作品，是设计师收藏和了解中国当代设计实践和发展的典藏书籍，也是一本企业寻找设计服务的权威指南。本书让设计当事人讲述设计故事、剖析设计思路和理念、展示代表性的设计作品，对广大设计工作者和爱好者都有很好的借鉴和启发价值。

图书在版编目（CIP）数据

+86 Designer100中国设计红宝书. 品牌传播/池伟主编. —北京：化学工业出版社，2021.5

ISBN 978-7-122-38739-4

Ⅰ.①8… Ⅱ.①池… Ⅲ.①品牌-传播-中国 Ⅳ.①TB21②F279.23

中国版本图书馆CIP数据核字（2021）第046733号

责任编辑：王 烨 陈 喆　　美术编辑：王晓宇　　特邀设计：赵春城

责任校对：王素芹　　特邀策划：廖宏欢

出版发行：化学工业出版社（北京市东城区青年湖南街13号 邮政编码100011）

印 装：天津图文方嘉印刷有限公司

889mm×1194mm 1/16 印张$28^3/_4$ 字数1475千字

2021年6月北京第1版第1次印刷

购书咨询：010-64518888

售后服务：010-64518899

网 址：http://www.cip.com.cn

凡购买本书，如有缺损质量问题，本社销售中心负责调换。

定 价：398.00元

《+86 Designer100中国设计红宝书》系列

前言

“+86”是中国的国际电信区号——代表中国。“+86设计共享平台”是由设计师创建，并服务于设计师的公益平台，以服务设计师、提升设计价值、实现人类更美好的生活为宗旨。

人的才华是宇宙中宝贵的财富，设计力是人类发展的原力。

从人类诞生之日起，人类就凭借着智慧不断地进化和发展，这里面不可避免地存在着“设计”！

什么是设计？设计的意义和价值是什么？设计对人类有怎样的影响？

在加八六我们有幸见到这样一些人：他们是设计师、是匠人、是手工业者，也是思想家，他们具备卓越的眼光；他们是学者、是杂家、是哲学家，同时他们也是你身边非常熟悉的家人、朋友；他们是普通大众，但他们还必须超于常人，因为他们赋予自己的责任让他们做着引领时代的事情，他们就是设计师！

这些人有的初出茅庐就已经展露才华，有的穷其一生孜孜以求留下经典作品，有的寻宗问祖不只为看历史，更为未来的发展殚精竭虑，有的或倾一己之力、或携手共进，他们用自己的心血和智慧表达着那份独有的爱。

“+86设计平台公众号”几年时间先后报道了500多位中国的设计栋梁。为了更好地宣传中国设计的发展成就，扩大设计师的社会影响力，我们应设计师和出版机构的邀请，按照行业将设计师的成就和代表作品集结成册。

为展示设计领域的杰出成就、代表人物以及优秀作品，促进设计领域的发展，由“+86 Designer100”编辑部及顾问团队共同精选设计界精英，推出大型彩色系列《+86 Designer100中国设计红宝书》，包括工业设计、品牌传播、时尚设计、插画和IP等分册，为设计界知名人士著书立传，让设计当事人讲述设计的故事，展示大师的风采和作品！本书由池伟主编，赵春城为特邀设计师。

该系列红宝书是中国当代设计师黄页，是设计师收藏和了解中国当代设计实践发展的典藏书籍，也是企业寻找设计服务的权威指南，每分册精选百名该专业领域内优秀设计师。我们希望通过《+86 Designer100中国设计红宝书》展现出中国当代设计师的水准，增强中国设计师的信心，推动中国设计的发展。

《+86 Designer100中国设计红宝书》编辑部

前言

什么是真实?

什么是设计?

设计和艺术的关系是什么?

设计和商业是什么关系?

品牌设计者不断追问和实践着。其实这也是我设计生涯中反复在思考的问题。这些都是设计者对世界最深层次的追问。

人类存在的意义是什么?设计存在的意义是什么?

设计师在真实性方面无能为力，越想获得真实，便离真实越远。设计师帮客户布置着剧场，它们并非真实的世界，而是消费者想要生活在其中的梦幻世界的仿制品；在星巴克餐厅买一杯美式咖啡，获得一种短暂的中产阶级的幻想；在巴黎爱神咖啡馆端坐，获得了一次扮演知识分子的机会。每周到喜茶和女友甜蜜兴奋地喝着奶茶，一瞬间荡起年轻时尚潮流的双桨。有人是勤劳朴实的社会中坚，有人是充满责任的好父亲和好丈夫，这一切都是设计师与商家“合谋”的舞台。因此一个失去道德约束的设计师在我眼里是非常可怕的，越是设计得好，越远离真实的世界。设计师在创造着一个可信的感官世界，但可信的东西并不见得是真实的。

有一个朋友曾经对我说，人只消费一样东西，就是期待中的自我。

加八六设计共享平台创始人
《＋86 Designer100 中国设计红宝书》总编辑　池伟

目录（排名不分先后）

池伟(主编)

中国设计产业创新的探索和实践者

池伟，男，满族，1975年生于北京，2000年毕业于清华大学美术学院。观念设计师、策展人。食物设计、产品和品牌设计专家。

现任：

北京致翔创新设计咨询公司　创始人
中国设计师企业家俱乐部+86设计共享平台　创始人
北京光华设计发展基金会　副秘书长
+86中国食物设计联盟　发起人
Future Food国际食物设计节　策展人
包豪斯大篷车中国行　策展人
Designer100 中国设计红宝书系列　主编
中国第一家设计师集成店+86design store　创始人
798设计节暨+86设计嘉年华　策展人
清华大学创新创业教育　企业导师

成就：

从2000年中国工业设计服务行业发展初期，创建中国领先的产品设计咨询公司致翔创新开始，多次获得德国iF、红点奖等国际设计大奖，北京杰出设计人才等荣誉。在798艺术区建立+ 86design store，中国第一家设计师集成店，为300多个设计师品牌服务的销售平台。集合500多个中国高端设计师企业家的俱乐部——加八六设计共享平台。作为策展人，发起了designer100中国设计红宝书出版计划、+86中国食物设计联盟，策划798设计节，发布中国设计行业价格报告，策划119世界设计师日、包豪斯大篷车中国行等活动。

具有强烈的社会责任感，推动设计文化传播与发展，帮助设计师展现自己的才华和创造力并获得社会的认可。通过设计，提升人的生活品质和建立新的价值观。

仇寅

方正字库设计总监
中国设计师沙龙会员
中国文字字体设计与研究中心专家委员
深圳市平面设计协会（SGDA）会员
2019首都设计提升计划杰出设计人才
中国美术学院设计学院外聘硕士研究生导师
北京理工大学设计与艺术学院外聘硕士研究生导师

荣誉奖项：

1985中国钢笔书法大赛特等奖
1988首届国际硬笔书法大赛一等奖
2009「方正奖」中文字体设计大赛一等奖
2015中国设计“红星奖”等

擅长领域：

中文字体设计

服务客户：

阿里巴巴、华为、小米、vivo、坚果手机、可口可乐、国家博物馆等

个人经历：

东方神采、西方情韵。

仇寅，站立在那里，儒雅之风，可以看见他的出身；凝视他的双眸，执着和坚毅之情能看出他的性情。

仇寅，出生在一个书画之家，从小耳濡目染使他喜欢上练字。1985年，初出茅庐的他，第一次参加全国性比赛，就获得了第一届中国钢笔书法大赛特等奖，那一年，他23岁。他说是“中奖”了。

1979年，上海书法家任政书写的第一款行书字体被做成铅字，他十分惊讶，原来报纸上的字体是由人写出来的，他开始梦想设计一款属于自己的字体。

2002年，40岁的他从部队转业后直奔方正字库求职，却因为“会写字和做电脑字体是两码事”而被拒绝了。

可以婉转却不会退缩的性格让仇寅走进了一家广告设计公司，在那里，他开始独立学习字体设计的技能，摸索设计字体需要的方法。

2009年，他在第三次参加方正组织的全国字体设计大赛中，拿出了传统与现代结合、风格多样的30款字体设计方案，其中之一获得了一等奖。2011年，这个桂冠为他敲开了方正字库的大门，这一年，他49岁。

20世纪90年代有一个中国人耳熟能详的小品，其中有这样一段问答。问：“把大象关进冰箱需要几步？”答：“把冰箱打开，把大象放里，把冰箱门关上”！一个令人捧腹大笑的幽默，其实蕴含着最简单的思维步骤。仇寅恰恰就走了最简单却隐含着最执着的路。

在仇寅的眼里，那十几个笔画集中在一个方格里面的字体，既有独特的风情，又有拟人的韵味，既可以表达思想，又可以凝结灵性。

有的设计师说更爱西方的文字，仇寅不反对，他予以解读：西文是有规律的符号，横向、延展的，她的秩序和韵律是比较好的，可以作为装饰，也能作为图形。而汉字丰富的形态凝聚着中国人的哲学观、世界观和美学精神，承载着绵延至今的文化，既能展示美感又能展示灵性！

观点：

人的使命是“解决问题”，设计是解决问题的最好手段。用作品服务社会，创造是最高的乐趣。

只有从用户体验出发，把字体用到适合的地方，才会发挥它的相应功能与价值。评价一款字体的好坏，应该是从字体设计的本身以及它被使用的那个场景来看，是不是实现了一种美好的契合。单纯去评判一款字体的好坏，有时没有什么意义，用得好，就是好的。

只要用心做，每一件事情的过程都将成为自己成长的台阶。

字体设计不能太自我，它不是创作者随心所欲的表现，而是基于对大众心理洞察下的设计关怀。

L 503 504 505 506 永 永 永 永 M 510 511 永 永

0.60 0.62 0.66 0.70 0.63 0.48

R 507 508 509 永 永 永 B 512 513 永 永

0.72 0.75 0.77 0.35 0.26

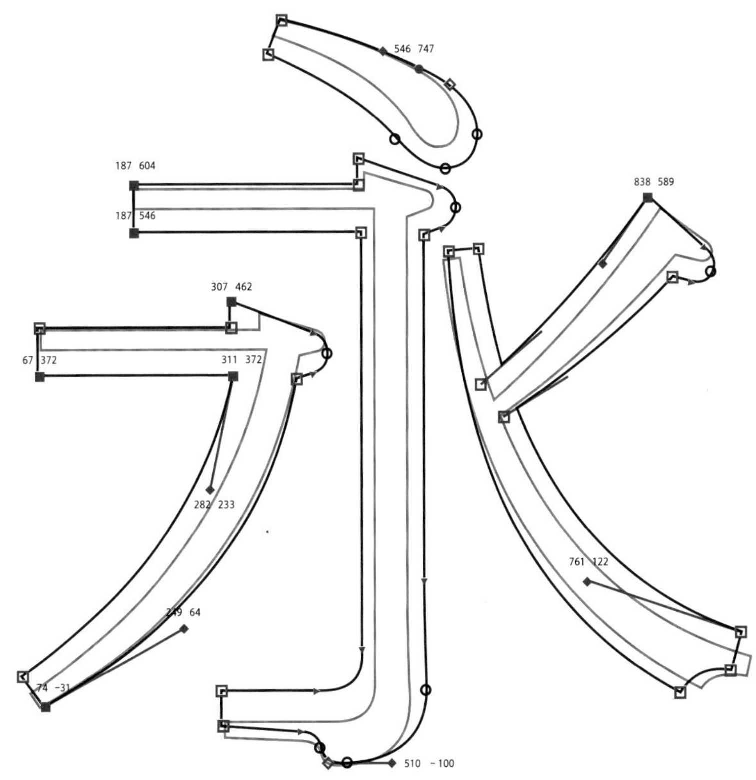

图一:【方正悠宋家族】

为了丰富高清屏幕阅读的选择，在方正悠黑的基础上，结合宋体的字形特征，设计出了国内首款中文屏显宋体——方正悠宋。其设计拥有黑体的特性，也更加适合矩阵式的像素排列，适用于多种电子媒介；与此同时，在传统纸质媒体上，方正悠宋也同样拥有良好的设计表现。

已应用APP：上观新闻、读特、多看阅读、微信读书等。

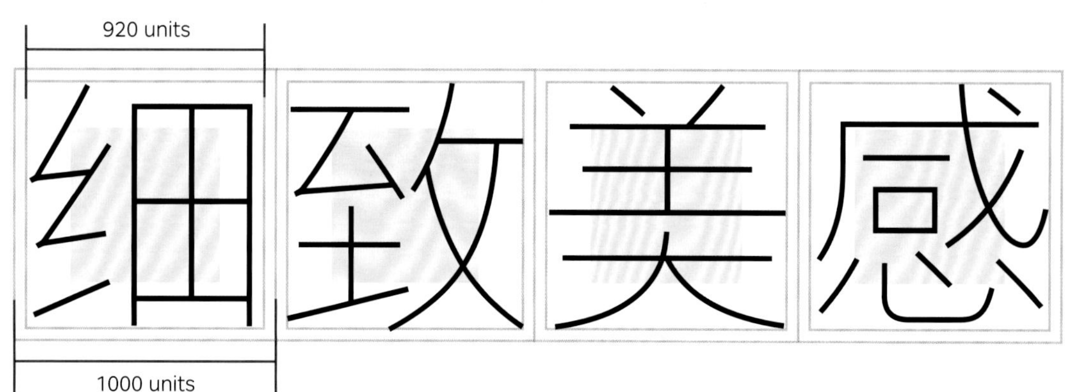

Smartisan T黑拥有适度收缩的中宫，提高了文字的识别性，融入了传统书写的气息。为了达到更好的阅读体验，Smartisan T黑的字面率特意做了适当的改变，将字面率调整至92%。

风 和 惠 永

Smartisan T黑继承方正悠黑的间架结构，保留了汉字书写的特征，笔意舒展、气韵连贯，更适合长时间阅读。

-50 units　　-25 units

字偶：（相邻字符）。

调整后的中文标点符号间距更加舒适。

8.5 照亮你的美
10　15°

乐享非凡
照亮你的美
1234567890
ABCDEFGHIJKLMN
OPQRSTUVWXYZ
&%$#!?=)(/

乐享非凡
照亮你的美
1234567890
ABCDEFGHIJKLMN
OPQRSTUVWXYZ
&%$#!?=)(/

乐享非凡
照亮你的美
1234567890
ABCDEFGHIJKLMN
OPQRSTUVWXYZ
&%$#!?=)(/

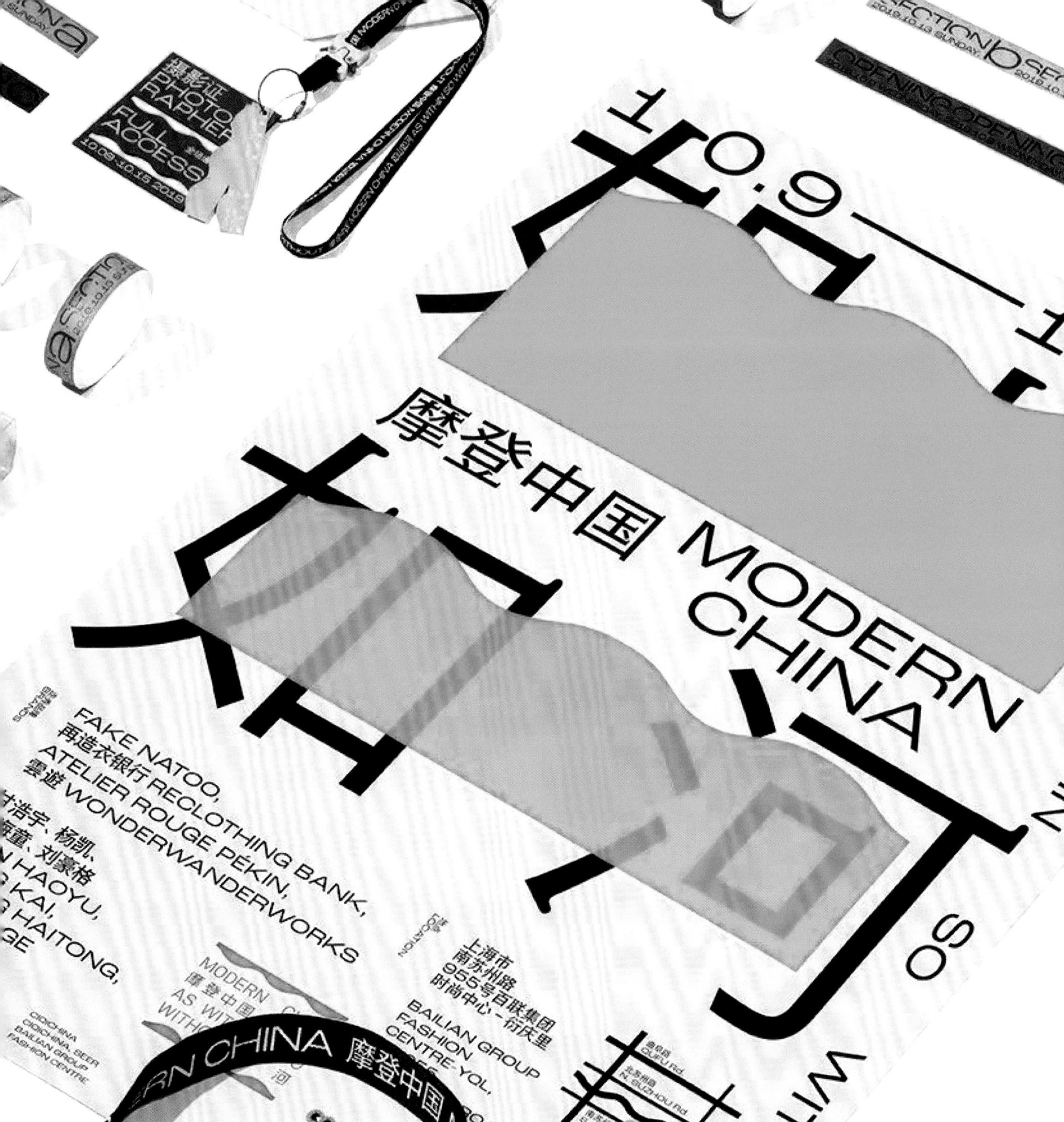

图二:【Smartisan T黑】

Smartisan T黑由坚果手机与中、西、日文字体设计领域的权威设计师共同打造，“作为阅读字体而言，Smartisan T黑有着几乎完美的特质，灰度均衡，重心统一，中宫内敛，笔画清秀，是中文阅读黑体中少有的，兼具人文和现代感气质的字体。”

图三:【vivotype（与方正字库汪文合作设计）】

作为vivo的专用字体，这款字体的笔形处理简洁、理性，充分体现现代科技感，与vivo新标志以及配套的拉丁文设计十分协调。与常态相比，字的重心显著提升；钩挑优雅而适度的上扬，是其非常鲜明的特征。

图四:【方正宝黑家族字体应用】

图片为摩登中国——如山如河视觉应用　平面设计师：刘治治

方正宝黑体是款带有饰线的黑体，丰富了风格化黑体字的品种。设计融合了西文字体设计手法，在竖、撇、提笔画的起笔处和横画的收笔处增加了饰线，使得字体更具有识别度的同时又增加了精致感。这款家族化的字体共有6个字重，时尚、稳重，极具现代感，适合多种媒介平台的标题和正文使用。

潘虎

潘虎包装设计实验室首席设计师
全球三大设计奖大满贯得主
联合国生肖狗年邮票设计师
深圳市插画协会（SIA）副会长
中国设计师沙龙（CDS）学术委员
深圳市平面设计协会（SGDA）会员
鲁迅美术学院客座教授
华南理工大学校外研究生导师
湖南工业大学客座教授
上海工程技术大学研究生兼职导师
湖北美术学院客座研究员
武汉纺织大学客座教授
湖北工业大学客座教授
沈阳工学院艺术与传媒学院客座教授
北京师范大学珠海分校设计学院客座教授
中国地质大学（武汉）艺术与传媒学院客座教授
武汉大学城市设计学院客座教授
华中科技大学建筑与城市规划学院客座教授
成都大学美术与影视学院外聘双创导师
中国传媒大学特许与专卖商品研究中心特聘专家

荣誉奖项：

Graphis 金奖两项
Graphis 银奖七项
One Show 金铅笔优胜奖一项
红点最佳设计奖一项
红点奖十五项
意大利A设计铂金奖一项
意大利A设计金奖两项
意大利A设计银奖两项
意大利A设计铜奖一项
德国德意志联邦共和国设计奖六项
德国汉诺威iF设计奖九项
美国IDEA优秀奖一项
Pentawards 全球最具影响力包装设计赛事十四项

个人经历：

潘虎TigerPan，著名产品包装设计师，被业界称为兼具美学精神和商业价值的“手艺人”。

他特立独行并吝啬出品量，每年仅设计10个作品，却斩获该领域颇多奖项。

他的作品包含大家熟悉的褚橙、王老吉、小罐茶、雪花啤酒、良品铺子、健力宝、鲁花集团、五粮液、张裕集团、联合国邮政署、时尚集团等知名品牌的创新设计。2018年受联合国邮政署邀请，主持联合国生肖邮票设计。同年设立全国插画双年展/潘虎插画奖，旨在推动中国插画艺术的发展及其价值实现。

他一直坚信产品是设计价值最好的表现。以颠覆式设计创新，推动产品的审美进化和价值升级。从不需要让设计与商业冲突或博弈，而是用设计来创造意想不到的商业价值。

观点：

• 设计是表达的艺术，不是艺术的表达。
• 在改变世界之前，先改变周边。
• 在最好的时代，保持敏感。

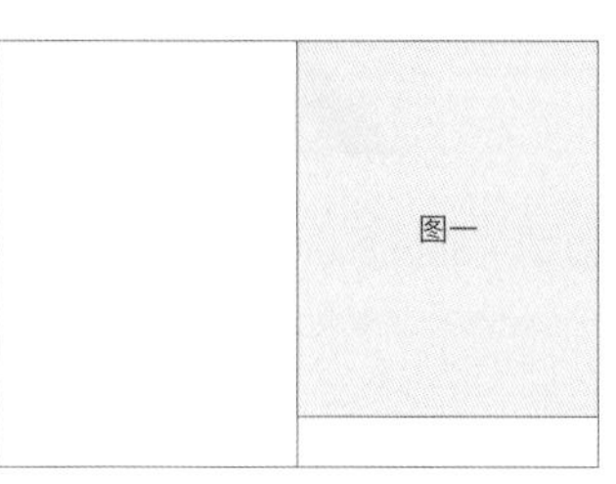

图一：【良品铺子–敦煌款年货礼盒】

良品铺子是中国销量第一的零食品牌。“拾贰经典礼盒”设计灵感来源于中国古代宫廷御膳食盒，内部小方盒与中间的隔层相结合，不仅仅可以作为包装，也可以作为果盘承载食物。新一年的年货礼盒，在取材上就跳脱出消费者固有认知的感受，而这一款礼盒，我们既取材敦煌传统元素，又要体现年节期间热闹、欢快的气氛，所以选取敦煌莫高窟112窟《伎乐图》为主视觉，加以插图再创作，融合醒狮、灯笼、鞭炮、锦鲤等，为消费者展现出一幅众神（代表百姓众生）欢聚一堂、其乐融融的美丽景象。“伎乐起舞福满堂，普天同聚庆新春。”这对联般的意境正是我们这款设计想要表达的核心主旨。配色在保留了敦煌色系的基础上，迎合新年的喜庆，色度上更加鲜艳亮丽，色调更偏红色系，点缀少许碧绿与翠蓝，丰富色彩的层次关系。工艺上：专色底红配合鲜艳的四色印刷，加上局部烫金，起到画龙点睛的效果。镭射光泽的电化铝使产品整体更显高级感和品质感。

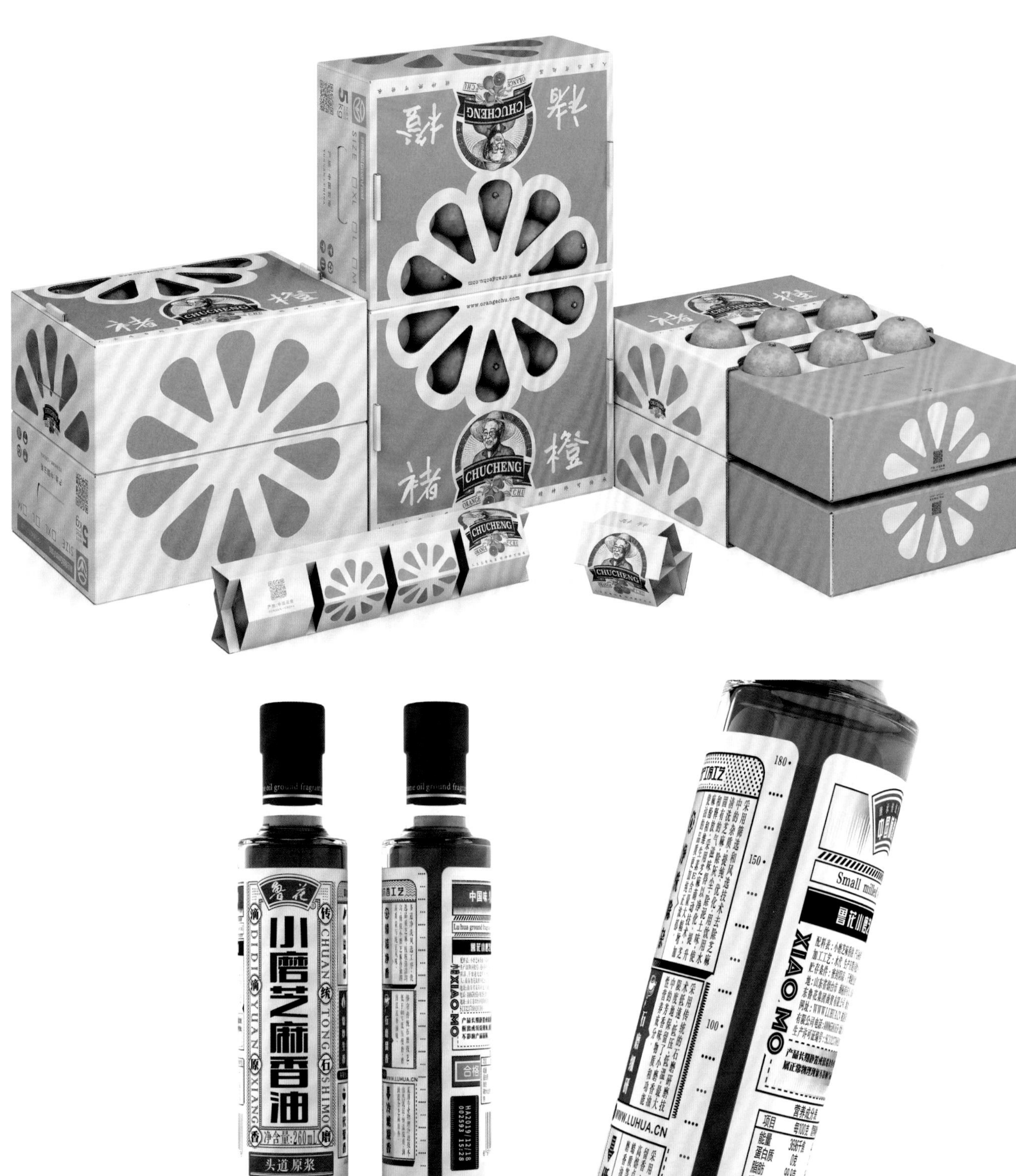

图二:【褚橙】

褚时健是中国最励志的传奇人物之一。我们以有份量感的木刻版画来表现这位令人尊敬的老人。独特的结构设计，轻轻向外抽拉，橙子就会自动升起，既方便了橙子的取出和展示，也暗示着这位老人一生的起起落落。

图三:【小磨芝麻香油】

我们把这款产品的瓶型设计成一个正圆柱形，以报纸卷成的瓶型，复原了中华街头老字号的平面设计方式，尽可能简单且直接地表现品牌名。细节上更考虑工业生产中，瓶标不能360° 全包裹，我们借鉴中国杆秤的形态，将刻度设计在背标，不仅让消费者可以随时看到产品余量，更强化产品的高品质。

图四:【黑狮】

黑狮啤酒是雪花啤酒旗下副线品牌，我们将钢笔画与铜版画相结合，创作了黑狮插画。插画上的狮子代表一面野性、一面柔情的男人，美女与野兽的组合总能激发起人们的无限想象，狂野与温柔的经典反差组合，带给观众强烈的视觉震撼力。

图五：【雪花－匠心营造】

简化了主品牌“雪花”为六边形超级符号，将副品牌名“匠心营造”赋予印章形式刻于六棱形中。由窗棂中汲取灵感，瓶身激凸传统窗棂步步锦样式，衍生为丁字形状，传承东方美学的对称美。横平竖直的纹路走向，象征着品行正直的匠人精神。以一种对待至藏的态度精雕细刻，从而得以礼敬纯生之美。

图六：【王老吉－黑凉茶】

一改传统的红罐包装，结合二次元宅男宅女的日常生活，用更大胆张扬的五彩斑斓黑来强化视觉效果，这与中国现代年轻群体既外放又内敛，还带点酷的矛盾性格非常相似。瓶身总共绘有88个趣味插画元素，分别代表着88种年轻态度。六边形7罐集装设计，便捷易携，寓意送礼送自己，每天一罐不怕上火。

剑辰(Jansword)

光子视觉品牌设计事务所创始人
武藏野美术大学视觉传达系硕士
《星体艺术史》作者
《艺术商业》杂志设计总监

荣誉奖项：

2013 武藏野美术大学TENUGUI设计大赏 武藏野美术大学出版社特别赏
2014（日本）H.A.C财团 橙丝带 精锐艺术家赏
2014 武藏野美术大学 研究室奖
2016 保加利亚国际戏剧海报三年展 提名奖
2016 盖茨基金会与联合国卫生组织“疫苗挽救生命”特约艺术家
2018 荷兰INDIGO AWARD专业设计组 全场金奖以及银奖
2018 德国红点设计奖（专业包装组）
2019 德国IF设计奖 2项
2019 意大利A设计奖3项 包括一项全场大奖铂金奖
2019 美国Graphis年鉴Design Annual银奖2项
2019 FBIF食品包装Marking Award最佳视觉奖2项
2019台湾金点奖
2019 美国Muse奖 包括最高奖项铂金奖在内的4项

擅长领域：

文化艺术设计、食品设计、时尚设计

个人经历：

设计学硕士，毕业于日本武藏野美术大学视觉传达系MFA。师从日本IDEA杂志总监白井敬尚，横跨设计与纯艺术。归国后开设光子视觉品牌设计事务所（GRANTZ），设计理念是创造具有定位力、审美力、自传播力“三力一体”的设计。他主要专注于文化艺术、食品新消费、时尚行业，作品多次获得国际大奖。

他同时是一名荣格艺术心理学研究者。其独创理论《星体艺术史：隐形的Z轴》，是以十个行星原型编写的全新艺术史。该体系基于荣格艺术心理学、符号学和星体文化，打破时间轴X和地区轴Y，揭示星体原型下艺术史中隐形的Z轴，并试图减少西方中心论的影响。由人的本原出发，寻找人性和真实。全书由著名艺术家徐冰作序，并获得草间弥生、奈良美智、埃利亚松、杰夫·昆斯、阿布拉莫维奇、比尔·维奥拉、杉本博司、安尼施·卡普尔、村上隆等国际重磅艺术家官方授权，于2020年出版。

设计理念：

- 图像即能量。
- 设计需要“三力一体”，即定位力、审美力、自传播力。
- G-Glisten闪耀的
  R-Rethink重新思考
  A-Accurate准确的
  N-Now当下的
  T-Trail实验的
  Z-Zure（**ズレ**）意外感

	图一
	图二

图三	图五
图四	图六

图一:【思璞艺术教育 品牌形象】

本次品牌主视觉设计，以四组东西方艺术史上的著名作品为文本进行了重新创作，并分别以“白描 / 书法”来代表东方，以“铜版画（etching）”来代表西方。该作品获得2019德国IF奖及2019中国台湾金点设计奖。

图二:【《艺术商业》杂志 全新改版】

以黑白灰金统合这本承接传统、面向未来的艺术期刊。在一本期刊中大胆使用了多套不同的栅格系统和版式风格。

图三:【艺术权利榜 ARTPOWER100 品牌升级及2019年度主视觉】

以“未来”的不确定性为核心衍生出的主视觉，变化、异动、突变、前瞻。

图四:【小优果酿 品牌啤酒限量款】

UTOBEERA水果精酿，是对独特、平等、有爱的未来价值观的拥抱。我们找到了四个艺术史上著名的形象演绎出迷幻的风格。该作品获得2020年意大利A奖。

图五:【 开山 先锋白酒 品牌设计及瓶型、包装设计 】

瓶子底部的山形随瓶肩的光晕闪耀，其造型是用3D建模的方式实现的“中国龙脉”天山；瓶身上的横标采用了中国古典“卷”的形式，展现了天人合一的山水意境。该作品获得美国Graphis年度银奖，意大利A奖、全场最高大奖铂金奖。

图六:【 李星宇 鲸鱼马戏团 Vol3 梦 专辑设计 】

于进江

设计师、艺术家、收藏家
于小菓创始人
A-ONE创新设计学研中心董事长
北京理工大学客座教授
吴晓波频道新匠人

荣誉奖项：

2009年中国工业设计最高奖项——红星奖
2012年德国工业设计IF奖
2018年北京礼物旅游商品大赛金奖
2019年Foodaily新消费创新产品奖最佳包装设计
2019年《小点心 大文化》获得第24届国际美食美酒图书奖“评委会特别奖”
2019年设计专利包装小鲜盒获得2020德国设计奖
2019年于小菓品牌视觉传达获得2020德国设计奖

服务客户：

于进江热衷于传统文化与艺术研究，从事商业视觉设计、营销推广20年，长期致力于视觉设计在品牌传播与营销中的运用及实践，曾成功塑造了8848钛金手机、小罐茶、燕之屋、广誉远、茅台•白金酒、灵山小镇•拈花湾等国内知名品牌，获得广泛赞誉。

个人经历：

于进江毕业于天津美院，2000年初创立了容与视觉传媒公司，在多个领域不停探索，展现视觉设计艺术与生活的关系，并获得成功。由他一手打造的卡通品牌“魔力猫”“幸运兔爷”“卡飞兔”广受大众喜爱。先后成功运作了商业案例：小罐茶、E人E本、好记星、背背佳、燕之屋、广誉远、茅台•白金酒、灵山小镇•拈花湾等。

于进江在从业期间一直都在思考一个问题，关于中国文化传承的问题。无论是日本茶道，还是英式下午茶，都有非常丰富的点心陪衬，而中国的茶席上缺少一份用心待客的点心。为了让更多的人看到中式点心之美，于进江创立了国潮食养点心品牌于小菓，一家以中式点心为依托的食品文创公司，注重对传统文化的收藏研究、整理与开发，把现代食物设计、生物科技及现代营养功能融于一体的食品公司。让中国传统文化走向世界，让中国食物代表中国礼仪问候与中式养生美学推广到海外，通过一份食物让世界了解中国，品尝中国的味道，感受东方生活哲学。于小菓作为新中式点心的引领者被媒体广泛关注，受邀参加CCTV10《我们的节日》专访节目、中国国际电视台中秋特别节目、湖南卫视《天天向上》中秋特辑节目。

设计感悟：

想做好设计，坚持非常重要。
这个时代变化太快，需要设计师不断去学习新的东西，来保持自己的创作能力和创作思维。
设计师最后还是需要用产品、商业的价值来证明自己的才华。
设计师要不断去看一些新奇的东西，让自己的眼光保持在普通大众之上。
多出去旅行，可以体验到不同的文化及特色。

图一

图一：【《小点心 大文化》】

由贾平凹题词，中国第一本系统研究点心文化的图书，以二十四节气为主线的点心模具美学图书。

图二、图三：【小罐茶大师作】

图四：【灵山小镇•拈花湾】

图五：【燕之屋品牌形象设计】

燕之屋碗燕包装设计。

图二	图三	图六	
图四	图五	图七	图八

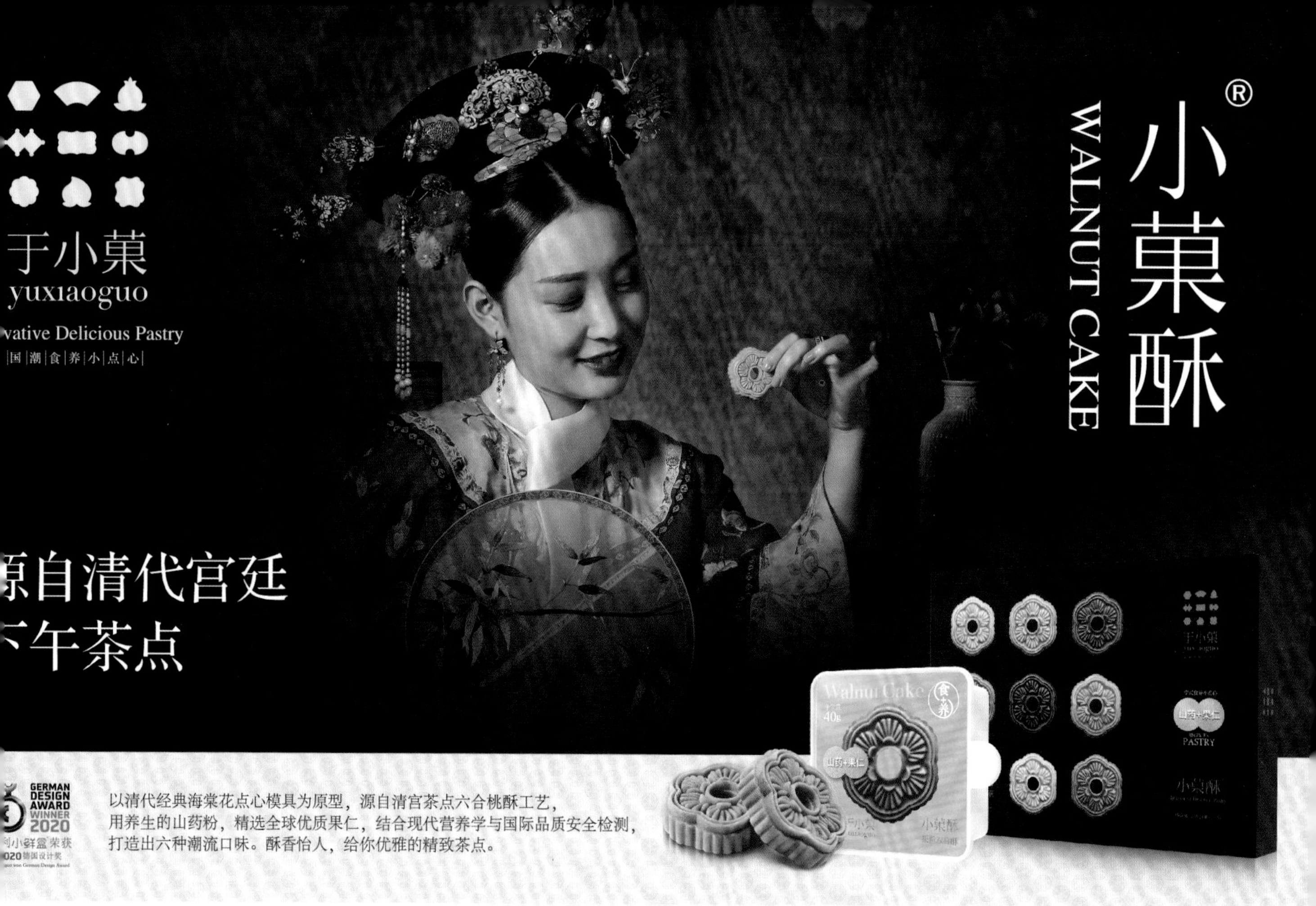

于小菓
yuxiaoguo
vative Delicious Pastry
国|潮|食|养|小|点|心

小菓酥®
WALNUT CAKE

原自清代宫廷
下午茶点

GERMAN DESIGN AWARD WINNER 2020

以清代经典海棠花点心模具为原型，源自清宫茶点六合桃酥工艺，
用养生的山药粉，精选全球优质果仁，结合现代营养学与国际品质安全检测，
打造出六种潮流口味。酥香怡人，给你优雅的精致茶点。

图六、图七：【于小菓－小菓酥】

图八：【小鲜盒】

于小菓专利包装设计小鲜盒荣获2020德国设计奖。

陈楠

清华大学美术学院长聘教授、博士生导师
设计学博士
中国古文字艺术研究中心常务副主任
巴黎汉字节协会副会长
首批国家艺术基金人才创作支持获得者
入选教育部新世纪优秀人才计划
光华龙腾“中国设计业十大杰出青年”获得者
主持承担多项国家级纵向课题，以及教育部人文社科项目
获教育部2019第8届高等学校科学研究优秀成果奖二等奖
北京2008年奥运会吉祥物“福娃”设计者之一、奥运火炬手
中国美术家协会会员
中华海外联谊会理事
全国教育书画协会高等美术教育学会个人理事
北京市高等教育自学考试委员会委员
“汉字之美-全球青年设计大赛”视觉传达类总召集人、大赛评委
深圳市平面设计协会（SGDA）会员
北京工业设计促进会理事
《包装工程》《工业工程设计》杂志编辑委员会委员
普通高中课程标准教科书——艺术设计部分副主编（人民美术出版社）
受聘多所高校担任专业负责人、学科带头人与研究生联合导师
历届全国大学生广告艺术大赛，时报金犊奖终评评委、筹备委员
金点概念设计奖亚洲区顾问
《民艺》杂志设计总监
中国包装联合会设计委员会全国委员
北京市旅游发展委员会管理咨询顾问、“北京旅游文化使者”称号
个展《再造·甲骨》入选“首届中国设计权力榜”

研究方向：

1.关于中国传统设计哲学的研究与理论创新，“思维与方法”研究，提出“格律设计方法论”，倡导研究型设计，在学术界首倡“格律设计”理论。主张从中国传统文化中挖掘提取设计思维与方法应用于当代设计实践之中，主讲课程《设计思维与方法》被评为清华大学精品课程，使许多研究机构与个人受其设计思想的启发转入到研究型设计方向。

2.汉字艺术设计创作分享，构建独特的汉字设计史观。专注于汉字艺术设计理论研究与创新实践，是首款甲骨文设计字库、章草设计字库设计者。

3.从北京2008年奥运会开始的IP特许授权设计研究与创作。关于视觉传达跨界设计的理论与实践研究，符号系统设计与品牌IP文创设计。着力于符号系统设计与品牌IP文创设计的研究与实践。主持设计制定国内“特许设计”最早的规范性文本《北京2008年奥运会、残奥会特许商品设计风格指南》与《包装设计及应用指南》。长期担任国内外大型活动、机构与知名品牌的设计主持与顾问。承担设计北京礼物、故宫博物院包装系统、伦敦奥运会特许设计开发、NBA中国等重大设计项目。

4.多年来一直致力于中国传统文化与现代设计的融合，首倡“格律设计论”，推动设计哲学与研究型设计教学与实践。著书出版20余部、论文数十篇，其中部分著作已出版中文、日文、韩文、中文繁体字版，在海外发行。

5.受邀在联合国教科文组织、中国驻旧金山总领事馆发表汉字设计主题学术演讲。多次在国内外举办展览，以甲骨文为代表的古文字艺术研究与创作受到学术界与社会的关注，推动了中国古老文字融入当下的设计潮流。

个人经历：

1991年考入中央工艺美术学院装潢艺术设计系（现清华大学美术学院视觉传达设计系），1995年获学士学位毕业留校任教至今。先后获得硕士、博士学位，现为清华大学美术学院长聘教授、博士生导师，任中国古文字艺术研究中心常务副主任。1999-2000年相继出版《陈楠画集》《标志设计理念与实践》《标志设计》等著作。1999年开始以甲骨文为代表的古文字艺术设计的理论研究与实践创作。2003年在学术界首倡“格律设计观”的设计理论体系，相继发表多篇论文，2013年著作《汉字的诱惑》出版，先后翻译为日文、韩文与中文繁体字版本，在海外发行。2018年《格律设计》《间架结构九十二法·设计解读》等著作出版。2017年推出国内外首套甲骨文设计字库“汉仪陈体甲骨文”，在北京设计周·751时尚回廊举办个展《再造·甲骨——现代设计语境中的远古文字》。2018年在湖北美术馆举办《汉字·格律——陈楠汉字艺术设计观》大型个人作品展。甲骨文表情包与艺术设计作品应邀赴法国、希腊、匈牙利等国家进行国际巡展。作品参加“水墨现在·第十届深圳国际水墨双年展”、“边界的自觉”、国家博物馆、“证古泽今—甲骨文文化展”等重要学术展览。

设计感悟：

1.研究传统但不能默守陈规，董其昌说：“书家未有学古而不变者也”；禅语有一句：“凡墙皆是门”，困难、“障碍”、问题也许就是通途与捷径；2.李小龙用英语引用老子《道德经》中“上善若水”的哲学概念讲解中国武术的特点，我认为这也是我们追求的设计之道；3.荣格受东方哲学深刻影响，他在《精神分析与灵魂治疗》中写道：“而我甚至相信，没有思考也就不可能有所谓经验，因为‘经验’乃是一个吸收和同化的过程，没有这一过程，就不可能有理解。”我一直努力成为一个擅长思考的艺术设计工作者。

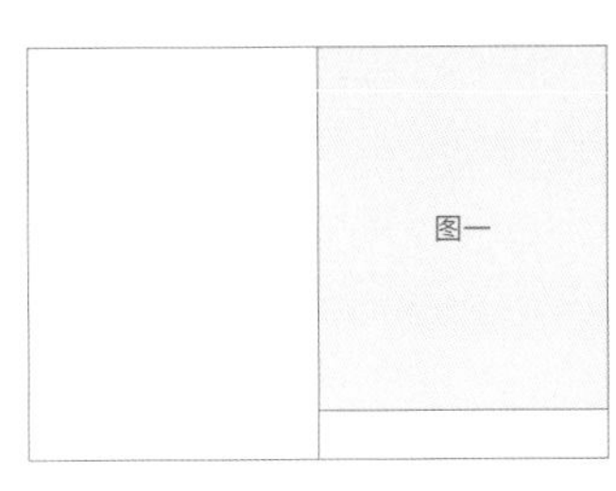

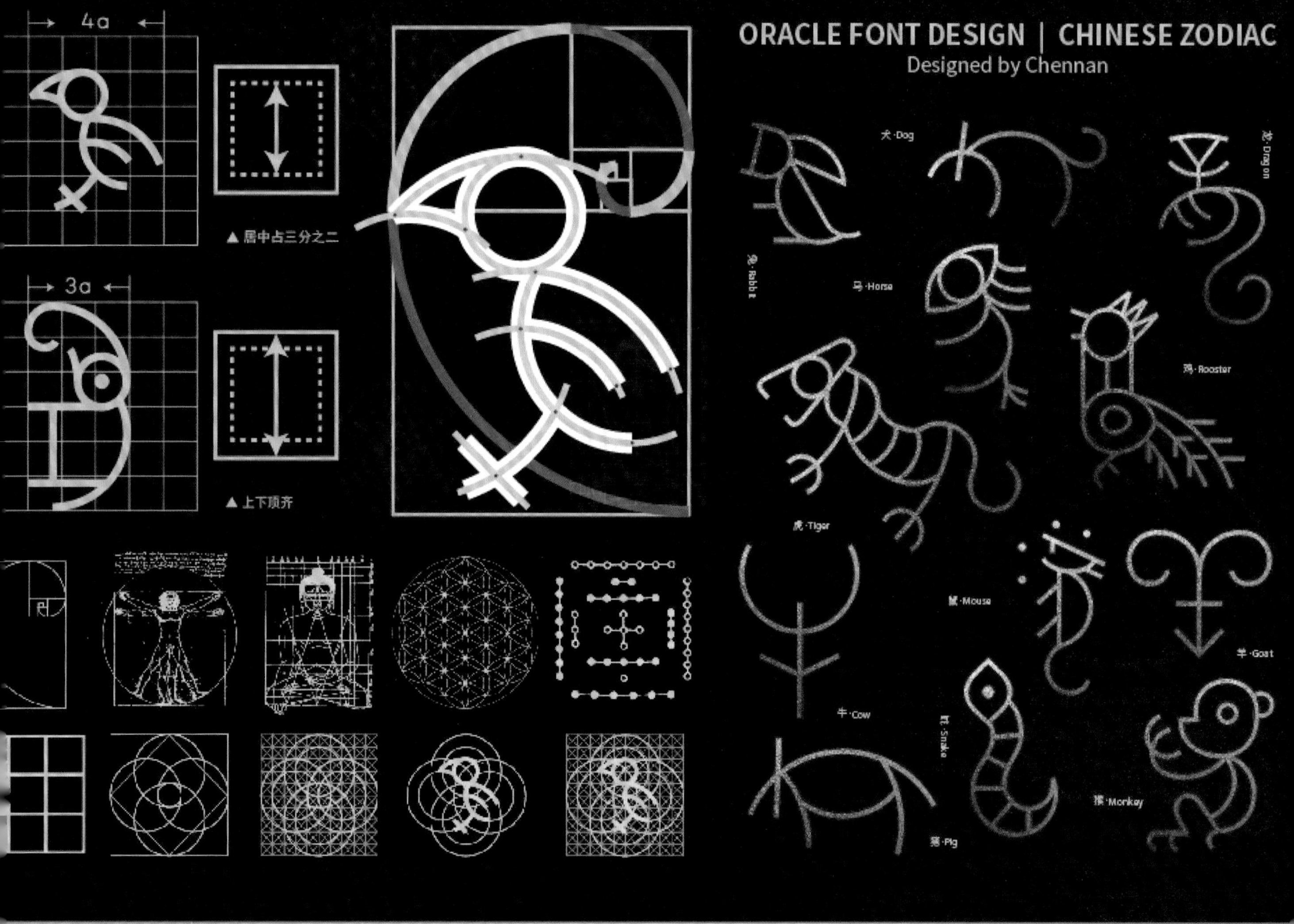
ORACLE FONT DESIGN | CHINESE ZODIAC
Designed by Chennan
4a
3a
▲居中占三分之二
▲上下顶齐
犬·Dog
龙·Dragon
兔·Rabbit
马·Horse
鸡·Rooster
虎·Tiger
鼠·Mouse
羊·Goat
牛·Cow
蛇·Snake
猴·Monkey
猪·Pig

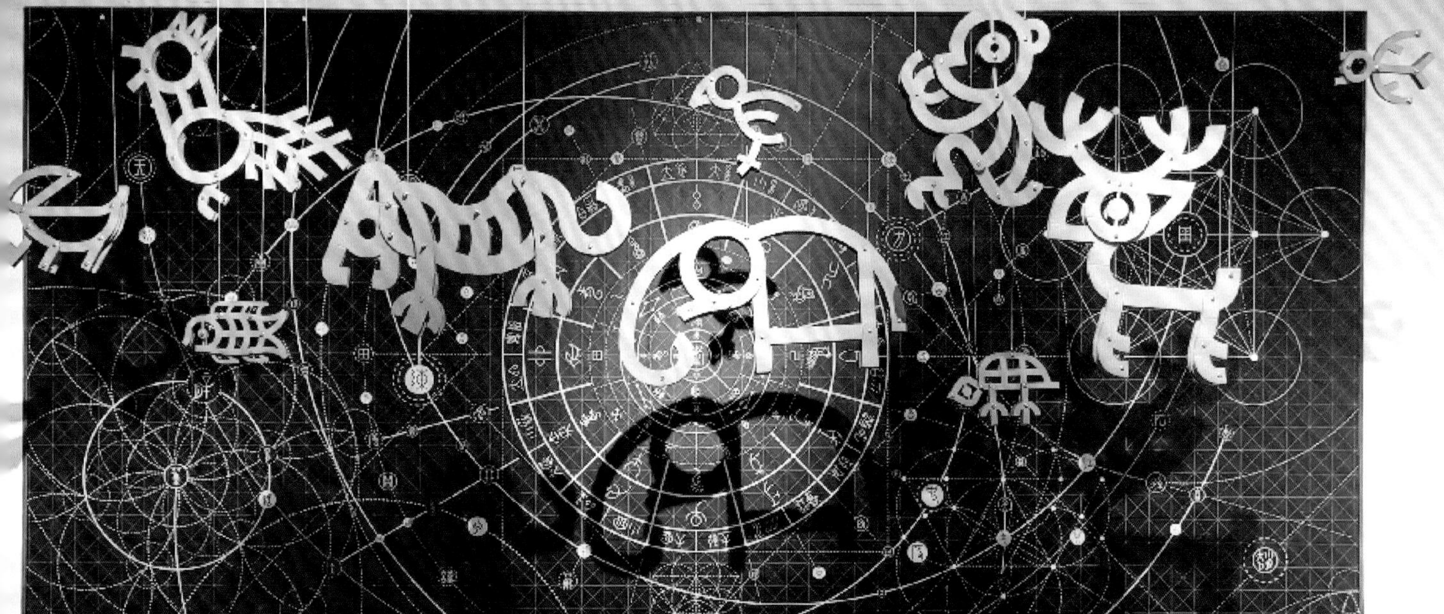

图一:【甲骨文研究与创作系列】

图二：【北京礼物VIS】

图三：【北京2008年奥运会特许设计】

图四：【北京2008年奥运会吉祥物“福娃”】

图五：【上海三联书店 · 猫柠猫绘本馆】

图六：【2012年伦敦奥运会特许商品设计】

图七：【NBA中国赛纪念礼品】

图八：【故宫博物院包装系统】

图九：【朝阳大悦城度刻空间VIS】

图十：【2018汉字之美主视觉】

图十一：【著作《汉字的诱惑》】

图十二：【清华美院建院60周年VIS】

图十三：【“章草”设计字库】

图十四：【“东巴文”字体设计】

图十五：【《装饰》2018年整体设计】

图二	图三	图四		图十三	
图五		图六		图十三	
图七		图八		图十三	
图九	图十	图十一	图十二	图十四	图十五

ความรัก
Love
あい
Amor
爱
любовь
사랑
ài
爱
Хайр
装飾
ZHUANGSHI

徐郑冰&沈娟

徐郑冰 Comer
武汉关山觉文化传媒有限公司CEO
武汉工商学院艺术与设计学院副院长、副教授
字绘中国（字绘CN）主理人
武汉网络媒体协会副会长

沈娟 Icesmini
字绘中国（字绘CN）联合主理人
武汉关山觉文化传媒有限公司董事长
湖北科技职业学院传媒艺术学院插画设计专业负责人
微冰视觉插画艺术作室主理人
中国女设计师沙龙（WDS）联合发起人
中国包装联合会设计委员会全国委员

荣誉奖项：

已正式出版《字绘武汉》《字绘上海》《字绘香港》《字绘台湾》《字绘红安》《字绘澳门》《一分钟画出超萌简笔画》
2019年武汉光谷创业明星企业
2019年被武汉零度资本评为最具投资价值企业
2017武汉设计之都重大设计成果发布
2017年上海设计之都创意100创意榜单
2019年作品入选第十三届全国美展
2019年德国红点奖品牌视觉传达类
2019年全国最美旅游图书银质奖
2019年武汉设计日武汉工业设计大奖
2019年度DESIGN POWER榜单100（中国设计权力榜）
2020德国IF设计大奖
徐郑冰获2018年武汉市“武汉十大人物”
2019年湖北省教育厅“荆楚好老师”称号
2019年武汉文创协会“十大领军人物”称号

作品介绍：

一字一景绘出城市记忆，从平面到立体影像，给你一次感官世界的旅行。城市的文化本身就具有独特的美，在我们眼中，《字绘》系列只是去发现我们身边被大家遗忘的文化，我们倡导在自己的城市里旅行，去发现，去感受。城市的历史本来就具有自己独特的魅力。

《字绘》的魅力并不是单纯的一本书、一个字，她是对城市历史的表白、反省和再创作，让大家在生活中都能了解这座城市文化的本身，探寻城市的人文地理。我们偏执地不希望风朴的市井气息被钢筋混凝土森林给遮盖。显然，虚拟现实技术是文化继承的一个正确选择。

虽然不能改变历史，但是我们喜欢去继承和去保护她的过去和未来。以汉字为载体，将城市浓浓的历史故事融入汉字中，强烈的视觉冲击力给你一次感官世界的旅行。我们在慢慢变大，我们在做一件值得被传承的事。

观点：

• 努力地学习，勤劳地工作，永远地乐观！

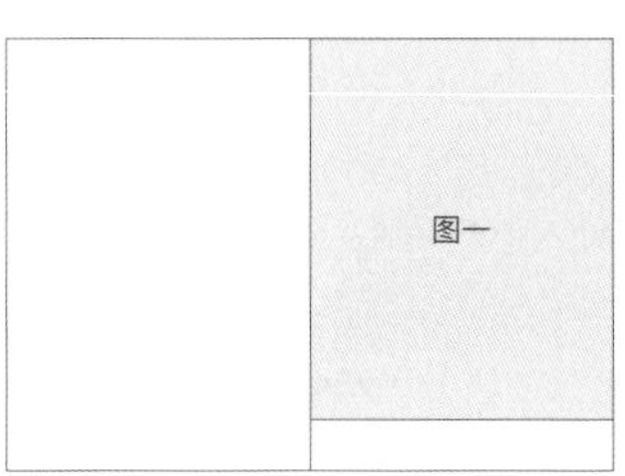

图一:【字绘中国－黄鹤楼】

《字绘武汉》精选武汉34处地标建筑、景观，采用手绘汉字形式，凸显丰富细节，加以描摹诠释。更有专属APP、最新AR技术、动态3D纸上呈现，景观简介真人朗读，扫码聆听汉味民谣，全媒体呈现汉字里的武汉。

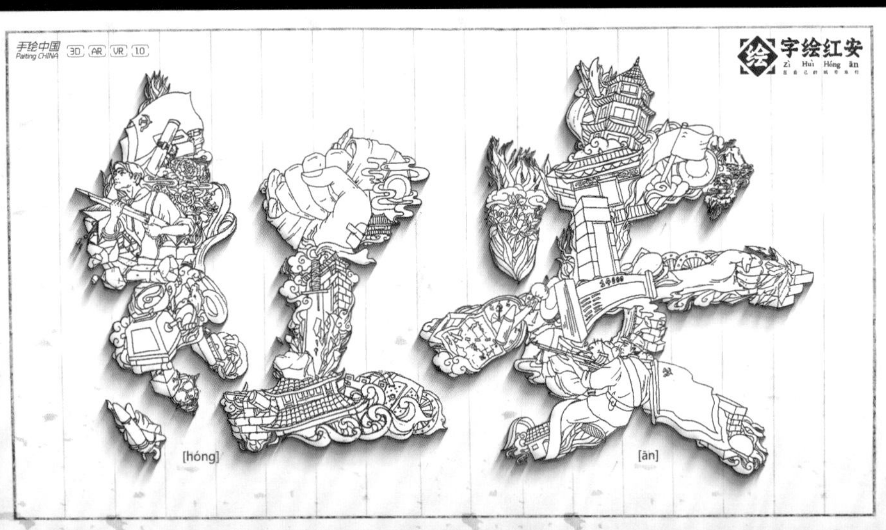

图二		图六	
图三	图四	图七	图八
图五			

图二:【黄鹤楼精酿啤酒】

图三:【字绘红安】

中国第一将军县，大别苍松，刻将星四十八万，汉字之美，写千里红色江山！小小黄安，人人好汉，铜锣一响，四十八万，男将打仗，女将送饭！

图四:【字绘香港】香港电影

《字绘香港》是一次浸入式的探索，武汉、香港的设计师伙伴，踏出的每一步都有收获，交换彼此的观察和生活感悟。

图五:【字绘上海】

“浓缩上海地标与文化，结合科技虚拟现实”“远看成字，近成画”以上海城市文化为背景，选取上海地标建筑、代表美食和非遗技艺名称，将绘画嵌入汉字中，设计充满了艺术时尚感与时代的气息，形成独特的城市符号设计，让汉字直接“讲故事”，展示城市文化。

图六:【字绘武汉】AR版展示

在原有的基础上结合了AR技术，打破传统模式，将静态展品、文化书籍、衍生产品与线上增强现实互动融为一体，使代表武汉文化符号的平面设计作品转化成立体元素呈现，以直观立体的动画与声效，身临其境地传递给体验者，展现武汉都市独有的内涵和文化韵味。

图七:【字绘武汉】

图八:【字绘香港】

熊超

The Nine创始人兼创意总监
黄铅笔设计大奖D&AD评审
《福布斯》中国顶尖设计师榜单

荣誉奖项：
法国CANNES戛纳创意节设计类金狮奖、银狮奖、铜狮奖及19项提名
英国D&AD设计大奖2支银铅笔、3支铜铅笔
纽约ADC艺术指导俱乐部2座银方块奖、2座铜方块奖、9项佳作奖
ONE SHOW全球2支银铅笔奖、1支铜铅笔奖以及21次佳作奖
美国Clio克里奥3座银雕像、2座铜雕像
AdFest亚太广告奖2尊全场大奖、5金8银9铜
英国皇家GREEN AWARD全场大奖
伦敦广告节3座金奖、3座铜奖
联合国公益创意大奖
德国RED DOT红点设计大奖等

服务客户：
麦当劳、别克、大众、飞利浦、维珍航空、百事、BP英国石油、腾讯、南孚电池、阿里巴巴、中国银联、华帝、时代中国、华为等知名品牌

擅长领域：
广告创意、平面设计、品牌装置、艺术事件、整合营销

个人经历：
1973年生于湖南，18年的国际4A广告经历，曾任上海奥美Ogilvy & Mather和李奥贝纳Leo Burnett创意群总监、DDB中国创意总监等。2016年，创办独立创意机构The Nine（上海），三年来为许多品牌创作了有影响力的案例，《Campaign Brief Asia》排行榜2017、2018年中国最佳创意公司均位列第二名，独立创意机构排名第一，亚洲最佳创意机构前25位。他是中国获奖最多的创意人之一，曾在《Campaign Brief Asia》的亚洲地区创意总监排行榜第二，作品得到了纽约当代艺术博物馆MOMA、法国电视台CANAL+、时代周刊、英国卫报、连线WIRED、赫芬顿邮报、ART TIMES、探索频道等报道。

观点：
The Nine不仅仅是一家广告或者设计机构，它更像一个创意实验室，或者是商业艺术实验室。The Nine的中文名字是九曜，曜在古代汉语里代表能量。客户在这个瞬息万变的市场中，要求越来越高，不像当年只需要传统的平面海报或者电视广告，他们需要更独特的创意传播方式，也许是一场话剧、一次行为艺术、一首歌……因此我们基于人性的洞察，将科技、艺术、设计、美学、娱乐、事件等整合在一起，让品牌和产品最完美地与大众沟通。

生活就是最好的创意。感受生命中所有的细节，每一段爱情，每一回旅游，每一个梦，每一次失落，每一本好书，每一场艺术展，每一部电影……

“娱乐至死”的时代，太多有趣的东西发生在我们的生活中。创意人最大的挑战是如何让创意更吸引人，因此创作付出的汗水，超过以往任何时代。

创意最迷人的地方是你永远不知道下一个创意是什么，所以始终要保持原创的精神。

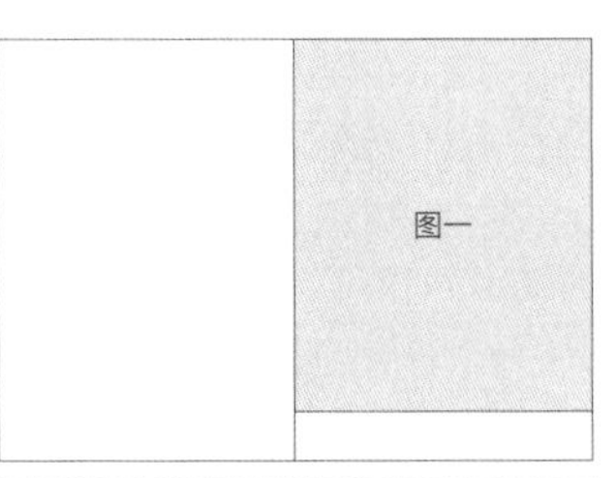

图一:【 Rokid掌上音乐会 】

我们创作了高12米、长23米的巨型海报，画面里是一名陶醉在音乐中的女孩，但是她伸出来的手掌是巨大的立体舞台，一个个音乐家粉墨登场：如痴如醉的大提琴，火力全开的RAP，清丽婉转的昆曲。只要拥有ROKID ME随身智能音箱，这样的音乐会每天都可以在你的掌中上演，将海报、艺术、装置、表演很好地融进了品牌。

图二~图五:【时代中国向往之象品牌体验美术馆】

一座建筑与科技艺术的互动。高8米、长30米、20吨重，墙砖镌刻着征集而来数万个民众的向往，男人怀孕的科技互动雕塑，北极熊吟唱北极挽歌的机械装置等，2019年10月，巨型艺术装置“向往之象”坐落在繁华的广州天河体育中心，吸引了数万观众前去打卡。

冯旭

设计师
绘本作者
艺伙线上艺术教育平台创始人
中央美术学院绘本工作室导师

擅长领域：
艺术教育
视觉设计
绘本创作

作品介绍：
CosFace App，获得众多国家总榜冠军：美国、英国、加拿大、俄罗斯、韩国、泰国等45个国家或地区，苹果应用商店30个历史经典之一。通过元素以及颜色选取可生成2、386、255、583、864、551、424张完全不同的肖像作品。

观点：
每个人都是独一无二的，在我们心灵深处都有一颗爱美之心。视觉设计是人追求美的绝妙方式，每个人都是自我的设计师，视觉是人与人之间最直接的沟通方式之一，所谓“眼见为实”。那么视觉设计是一种沟通方式，同时也是创作者的思考方式，用视觉思维来思考我们面对的世界，也许这是创作者的挚爱时刻。

视觉创作是一种“构造学”，是营造外在视觉语言和内在信息传递的理性思考的综合学问，是一种立体的思考行为。我们如今生活在真实与虚拟之间，新的时代也赋予新的需求标准。这个标准要求设计师思考的维度更多元，同时也要思考本土文化的延续。

由于从小到大的西化教育，对设计的理解，包括如何判断视觉高低的标准，基本在延续西方的评判体系，深受西方设计影响。近些年一直在思考关于中国文化在当下的应用，不是表面上中国元素的叠加，而是内在价值体系的回归，比如“天人合一”思想，天地与我共生，万物与我为一。“天人合一”的思想观念最早是道家思想家庄子提出并发展为“天人合一”的哲学思想体系，并由此构建了中华传统文化的主体。中华文化作为世界上一支绵延千年而没有中断的古老文化，很大程度上归因于中国本土思想的力量，并且这种价值观更重视人的精神世界。新的时代必将是多元文化融合的时代。

近十年一直在从事绘本创作的教学工作，童年印象对于一个人的人生，意义非凡。那么在绘本领域，我们不能只给我们的孩子看西方的绘本、日本的绘本，我们也要给孩子看属于本土文化的绘本，了解故事背后的文化、背后的智慧、背后的中国价值观。

引用黄永松老师的一段话：

“孩子比成年人更容易好奇，好奇自己，自己的家，家中的人、事、物，然后扩大到整个社会、国家……

孩子像历史学家，问自己的来源；像文化人，问祖辈的生活、事与物体；像哲学家会思考……

怎么让他们满足上述的想象与求知，孩子是未来的主人翁，有了这套文化绘本，让他们由中国符号学习祖先的智慧，来完成中华民族伟大中国梦的传承与发扬。”

未来应该把最好的设计给我们的孩子，一个民族最重要的不仅是高等教育，更可能是基础教育！作为设计从业者，应该具备跨文化、跨文明、跨时空的思维方式。

图一:【 CosFace App 】
图二:【 CosFace 人海图 】

中国筷子

中国茶
一片绿叶的故事

图三:【 CosFace App 随机生成肖像 】

图四:【 中国符号 中国筷子 】

图五:【 中国符号 中国茶 】

图六:【 中国符号 龙生九子 】

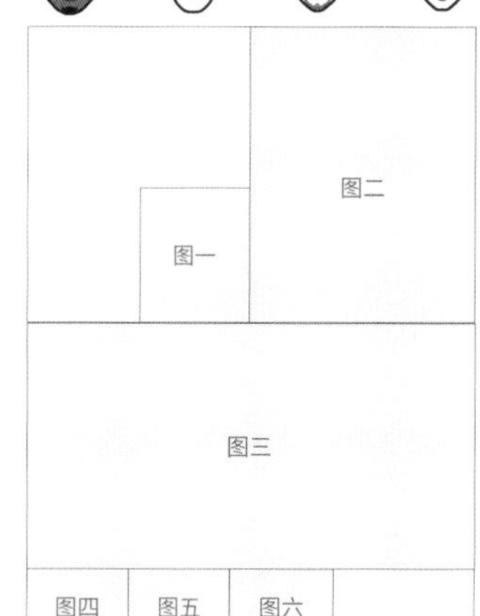

郑中

ZZWORKSHOP 郑中团体实验室项目主持
内蒙古先行品牌策划公司创作总监
武汉工商学院科技设计学院副院长
大连工业大学艺术设计学院硕士研究生导师

擅长领域：
跨学科设计实践、社会创新设计、设计基础教学改革。

服务客户：
视觉中国集团、李宁（中国）、比亚迪（中国东北区）、沈阳故宫、大商集团、中升集团、国家电网、2022北京冬奥会奥组委、2015苏迪曼杯、上海世博会博物馆、辽渔集团、永生集团、澳门特别行政区行政中心、台湾创意设计中心、咯咯哒、林家铺子等

荣誉奖项：
2019 TiGDA台湾国际平面设计奖 Grand Prize全场大奖
2018 Hiii Illustration第五届国际插画大赛Best of the Best
2016德国红点设计大奖
2016 台湾金点设计奖徽章奖
2016 第十一届设计之都（中国·深圳）公益广告大赛全场大奖金树奖
2015 再生＆中国传统元素国际设计大赛全场大奖
2014 中意国际设计周“进化中的丝绸之路”评审大奖
2013 靳埭强设计奖专业组金奖
2013 台北国际数位内容国际设计竞赛评审大奖两项
2012 靳埭强设计奖专业组同获未来设计大师奖金奖
2010 第33届台湾时报华文广告金像奖平面类金像大奖
2010 第五届“中国元素”国际创意大赛文字类金奖
2009 澳门【十】海报设计大展全场大奖金莲花大奖
2009 WCDAA全球华人设计师协会特别设计大赛卓越设计大奖
2009 第四届“中国元素”国际创意大赛文字类金奖
2008 首届创意马达国际创意大赛全场大奖金马达奖

个人经历：

2002-2006　大学阶段：2006年毕业于大连工业大学（原大连轻工业学院）艺术与设计学院。四年间，学习与其他高校不同的形态设计体系，构建了设计的基础语言为形态的理念。

2006-2016　商业实践：2006-2016是毕业后设计实践的十年，在商业集团公司甲方设计部做设计师、在国际4A广告公司做文案策划和美术指导，组建了自己的第一个设计工作室：正大中艺设计机构，2009年到中央美术学院学习设计管理，与朋友联合成立CCDC（China），2014年创立Runwellbrand润悟设计有限公司，直到完成ZZWORKSHOP郑中团体的自我回归。十年之间，工作重心在北京与大连之间做过三次切换，身份从广告人、美术陈列师、艺术家、设计师、创作总监、高校教师再到创变者。

2016-2018　非体制实验：2016年4月，尖荷系列设计实践活动在全国展开，在河北科技大学艺术学院，做了题为《远去后的回归——形态设计》的讲座分享，第一次分享了对形态设计体系的最新理解，以案例的方式诠释了形态设计对当代中国设计的价值。2016年6月，ZZWORKSHOP郑中团体建立，这是独立于商业设计之外，参与全国设计院校工作坊协作教学的组织新模式。从2017年年底开始以同样的形式走进设计企业，成为设计企业内训的课程工作坊。ZZWORKSHOP分别在大连、沈阳、郑州、上海、武汉、杭州、广州、呼和浩特等城市的设计院校与设计企业展开合作，截至2019年底，ZZWORKSHOP已经完成三十三期线下工作坊。

2018-至今　体制内实践：2018年9月，试图把之前的教育实验带到体制之内，变为真正意义上的设计教学改革。2018年11月，成立武汉工商学院科技设计学院，并加入设计开放大学（杭州 良渚）；2019年9月，转形态四年制本科教学体系基本完成，即转形态经纬线系统模型，并以学院内部二次招生的形式成立TDXlab实验班，2019年武汉工商学院科技设计学院成功申请新的专业：艺术与科技专业，专业代码为：130509T，这也是湖北省第一所开设此专业的院校，2020年全面教学改革正式实行。

设计理念：
坚持以东方的自然体验为基础诠释设计的未来观念。在商业设计实践的同时重视设计研究与设计实验，追求本源设计的同时更关注艺术与科技的跨界融合，坚持“后设计”的反思对照与定义正确设计的价值。

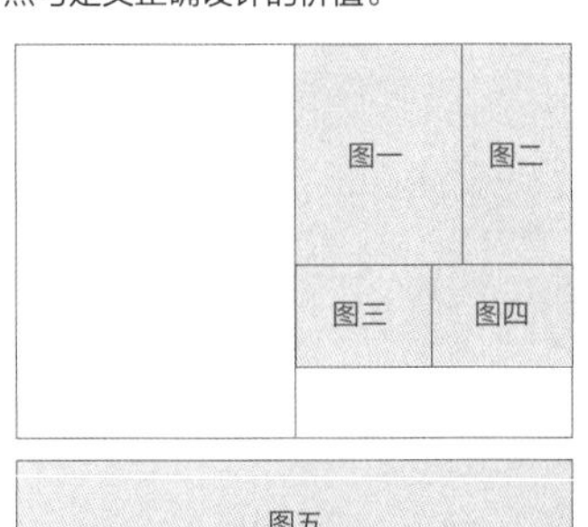

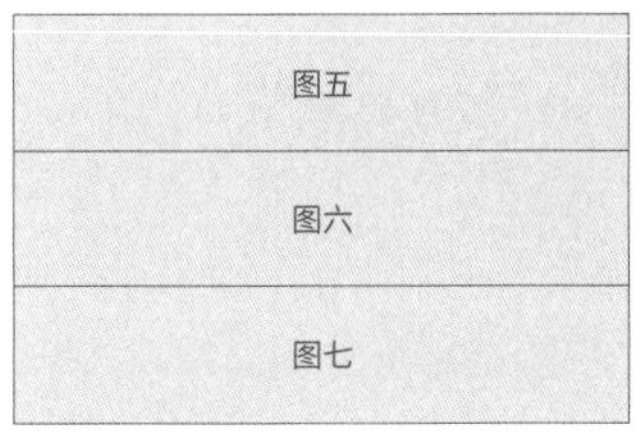

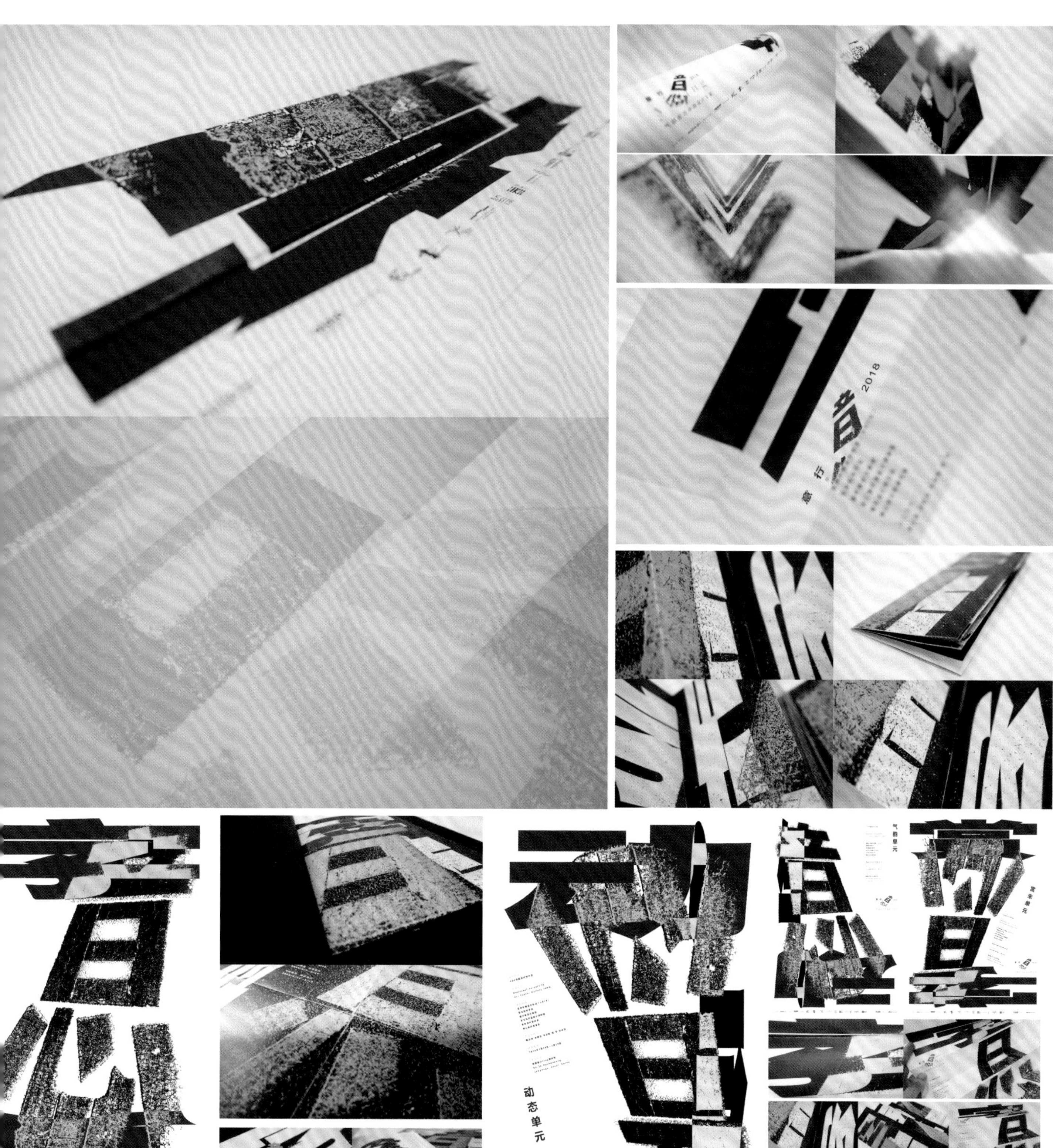

图一~图四:【意行 2018：气韵东方中韩设计大展】

意行2018：气韵东方中韩设计大展，2018.3.7-3.19于韩国首尔lang美术馆开幕。此作品为展览的主视觉形象与四大单元展览视觉形象，其中包括：气韵单元、赏末单元、汉字单元、动态单元。设计以人行路面上的“意”字为主体，视觉上强调行走与路面文字的变动关系，从而诠释展览主体。整体视觉形象包括：视觉海报、邀请函、作品集、展览导视、动态视觉推广等。

图五：【写在水上的字】

影像装置，创作时间：2016年5月。

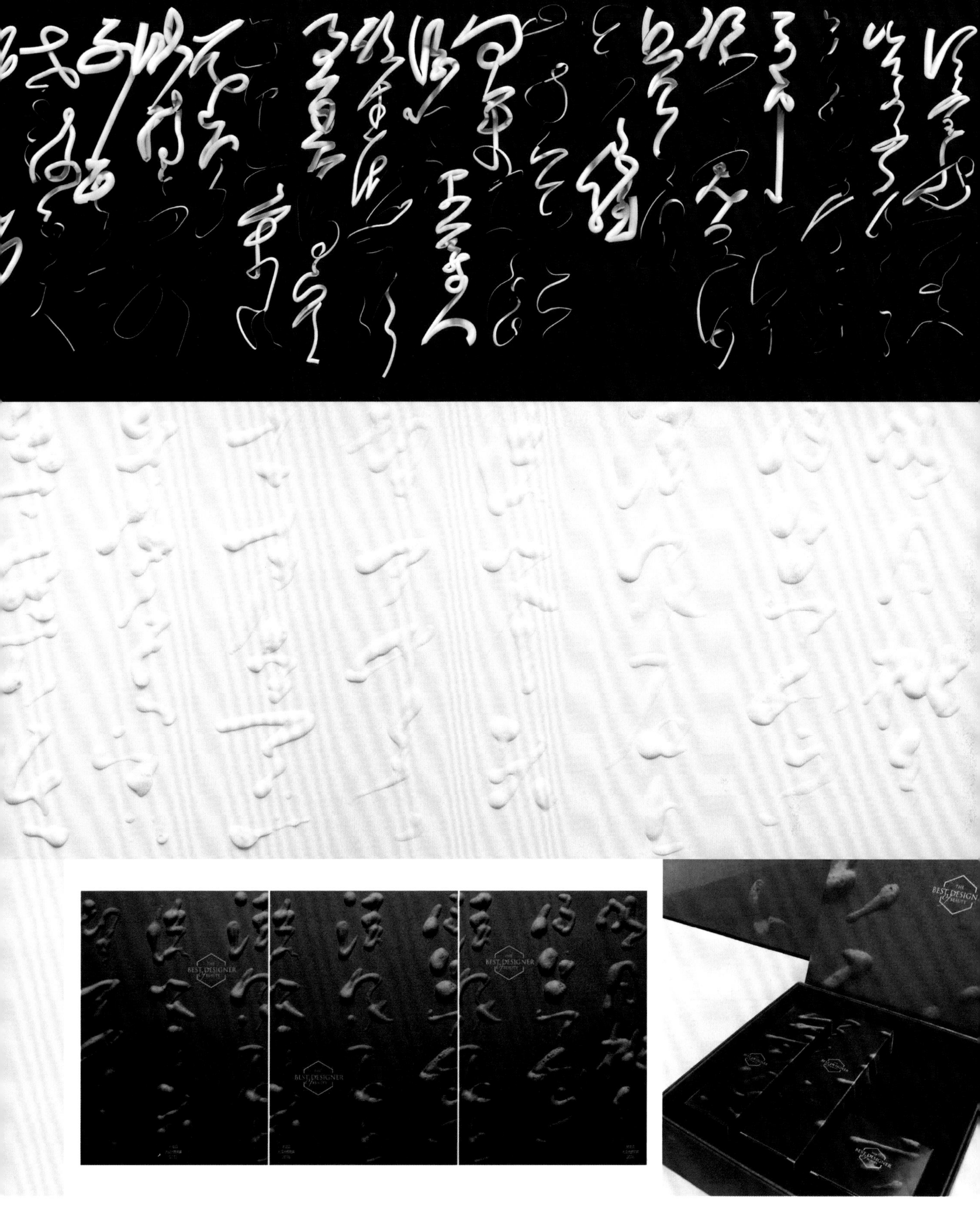

图六、图七:【水干即逝 – 泡沫书法】

服务客户：NEW MART SHOPPING MALL 。创作时间：2009年5月。

许力

北京艺甲乙设计事务所艺术总监
现任教于北京印刷学院设计艺术学院
国家公派德国奥芬巴赫设计学院访问学者
捷克 J. E 普尔基涅大学客座教授
澳大利亚南澳大学特邀客座讲师
山西大学专业硕士学位研究生校外兼职导师
曾担任河北美术学院国际教育学院学科带头人
布拉格虚拟双年展 / 第八届布拉格国际艺术与设计展项目艺术指导顾问
中国台湾高雄广告创意协会第十八届学术顾问

主要策划展览：

2010 海峡两岸优秀设计师海报作品邀请展 / 厦门美术馆
NEW“FORM”国际平面设计邀请展 2011 / 捷克布拉格 AAAD 展览馆
字 · 汇——中美两国字体设计展 2013 / 美国第五美术馆
20/20 澳门字体百分百设计交流展 2014 / 澳门博物馆回廊展厅
CHIRAN/ 中伊两国优秀设计师字体海报邀请展 2015/ 伊朗法赫迪内 · 阿萨德 · 波斯诗人大厅
ASIA NEXT2015 亚洲海报前卫实验设计展 / 韩国首尔 lang 美术馆
第一届深圳国际海报节 / 深圳关山月美术馆
字 · 汇中波视觉设计展 / 波兰卢布林 CSK 美术馆
首届中国戏剧文化设计展 / 捷克 Armaturka 文化艺术中心
波兰 FIVE STARS 中国元素设计联展 / 波兰 Art Unity 美术馆
2018 斯洛伐克户外海报设计展 / 斯洛伐克技术博物馆
2017 双塔桥国际海报展
2017 波兰先锋 polish pioneer Sebastian Smit and Lech Mazurek 作品展
2018 捷克汉字海报设计联展 / 捷克皮尔森苏塔纳美术馆
2018 波兰 PLAKATY 8 人展 / 波兰 CSK 美术馆
2018 墨西哥 Color of China&Mexico 中墨两国设计展 / 墨西哥萨波潘市政宫
CPDB 中国印刷艺术设计双年展 / 北京亦创国际会展中心
2019 塞隆国际“一带一路”波兰当代文化艺术交流展 / 北京水泥库艺术馆
美国 20X20 国际“和平”海报邀请展
波兰米洛斯 · 奥夫斯基（Mirosław Pawłowski）艺术家个展
2019 韩国首尔字汇设计联合展 / 韩国首尔 lang 美术馆
2019 国际艺术教育优秀院校作品展
2020 乌克兰抗击“新冠肺炎”百名优秀设计师专题海报展 / 乌克兰哈尔科夫阿森纳艺术中心
2020 爱沙尼亚 HGDF 平面设计节 – 中国当代文化海报展 / 哈菩萨卢文化中心

主要学术活动：

曾受邀在荷兰威廉德库宁艺术学院、波兰华沙美术学院、德国斯图加特造型艺术学院、捷克 J.E 普尔基涅大学、匈牙利布达佩斯城市大学、斯洛伐克布拉迪斯拉发设计博物馆、韩国首尔 X4 design branding 等著名设计院校、机构讲学和授课，并受邀担任：
第四届国际雷鬼音乐海报比赛国际评委
法国巴黎 poster 4 tomorrow 国际海报节国际评委
第六届塞尔维亚国际大学生海报双年展国际评委
第 12 届乌克兰 [COW- 国际设计节] 国际评委
韩国 K-Design Award 国际设计奖国际评委
墨西哥 Escucha mi voz 海报国际比赛国际评委
意大利 A 设计大奖国际评委
虚拟布拉格双年展——第九届国际艺术设计展国际评委主席
第 26 届土耳其国际科学教育学术会议艺术展国际评委
吉尔吉斯斯坦 Design Cup 大赛国际评委
中国第三届上海市大学生公益广告大赛评委
第二届、第三届土耳其器官捐赠国际海报设计比赛国际评委
第三届卢布林国际海报双年展国际评委
第七届波兰奥斯维辛社会政治国际海报双年展国际评委
第 11 届拉脱维亚 LDS 设计奖国际评委
百度“启程”2017 全国设计院校毕业设计作品联展评委
2018 第一届中国印刷艺术设计双年展评委
首届 C-IDEA 设计奖国际评委
中国梦 · 温州梦绘画征集展评委
首届土耳其博卢国际海报设计比赛国际评委
2019 北京国际设计周《水墨与纹藏一国际视觉设计特色作品展》评委
2019 戛纳狮子国际创意节 Roger Hatchuel Academy 评委
第 7 届希腊国际雷鬼海报大赛国际评委

图一 图三
图二 图四

图五 图七 图九 图十一
图六 图八 图十 图十二

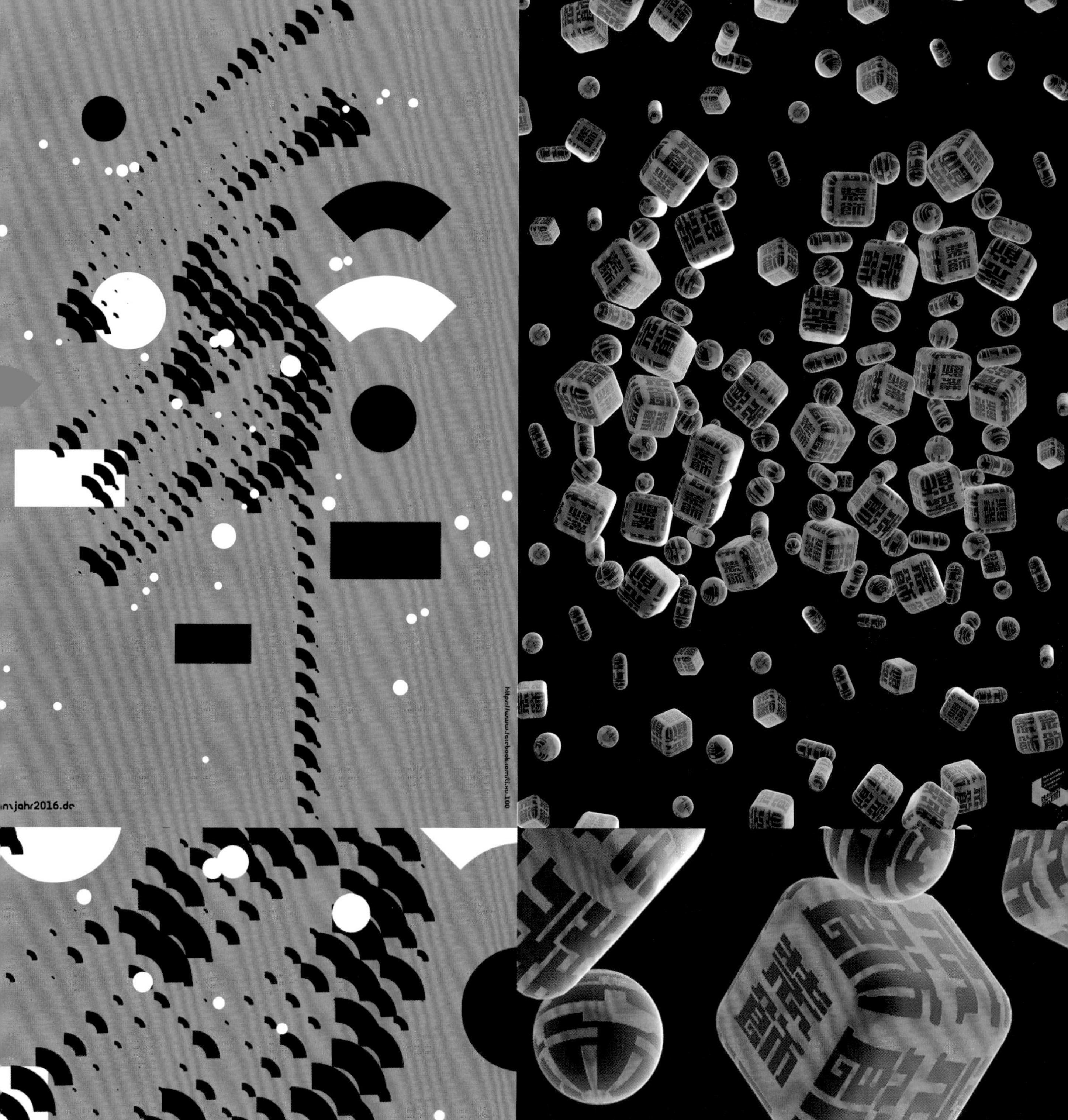

图一、图二：【《德国Tanzjahr2016舞蹈节》】

在法兰克福、汉诺威、杜赛尔夫三地举办的德国Tanzjahr2016舞蹈节有一个艺术展，展览组委会邀请了全球16 位著名设计师设计创作一幅招贴参展。许力作为受邀的参展设计师之一创作了海报作品《舞》。他利用圆形、方形、弧形三个基本型以及潘通橙（pantone 811/ fluor）和黑色（black 100%）两种颜色创作了一幅A1尺寸的竖式丝网印海报。汉字是最具代表性的中国元素，该作品的创意是通过三个基本型不同大小的组合，构成一个书法“舞”字，通过大小和疏密的变化，为画面空间带来了舞动的韵律感，营造出水墨的视觉效果，表现出独具特色的中国特点。

图三、图四【《装饰60 周年纪念-AR交互作品》】

该作品受邀参加《装饰》创刊60周年海报邀请展，海报以“装饰”二字为设计元素进行构思创作，将二维的装饰文字塑造成三维立体的“喜庆包”，并组合构成出数字60，来营造出《装饰》60 周年纪念的喜庆、欢快、热闹的节日氛围！“喜庆包”的立体多维角度的呈现，体现出《装饰》杂志60 周年发展历程的各个方面以及杂志对未来发展方向的多角度的探索！海报作品还结合AR 增强现实技术，当观众用手机对准纸媒海报进行扫描时，手机屏幕会出现数字60冲击碰撞的动态视觉效果，给人带来热闹欢快的视觉感受！

图五、图六:【《零腐败》】

该作品受邀参加乌克兰4th block 国际环境三年展zero corruption。该作品的构思是以铜钱造型作为基本型，渐变成病毒的形状，在疏密、大小、颜色的变化中自然而然形成了0字，以表现出腐败带来的“官状病毒”的主题。作品由一个图形演变成三个图形，产生了由1到3的变化。通过点阵排列，随着色彩的推移，巧妙地配合以图形的渐变，使作品具有“万花筒”般炫目的视觉效果，生动地表达了0腐败的主题。作品依靠图形在二维平面的延展建立起炫目而又迷惑知觉的奇妙空间，在完全静止的平面中产生不可思议的立体感及运动的错觉，这是在艺术表现手法上的新尝试。

图七、图八:【《满满的爱》】

《满满的爱》是在2020年的新冠肺炎疫情期间，受邀参加武汉“2020 Fighting Against COVID-19 Poster Exhibition”创作的作品。海报以爱心为基础图案，通过透视、大小、疏密组合的点阵排列，自然形成“武”字和“汉”字的两张系列海报。膨胀的爱心力量将病毒挤到了画面的角落，以此表明爱在增加，病毒在减少，武汉必胜的主题。作品尝试通过大小疏密变化排列在二维平面上塑造出空间感，从而使画面产生凸起的运动视觉效果。

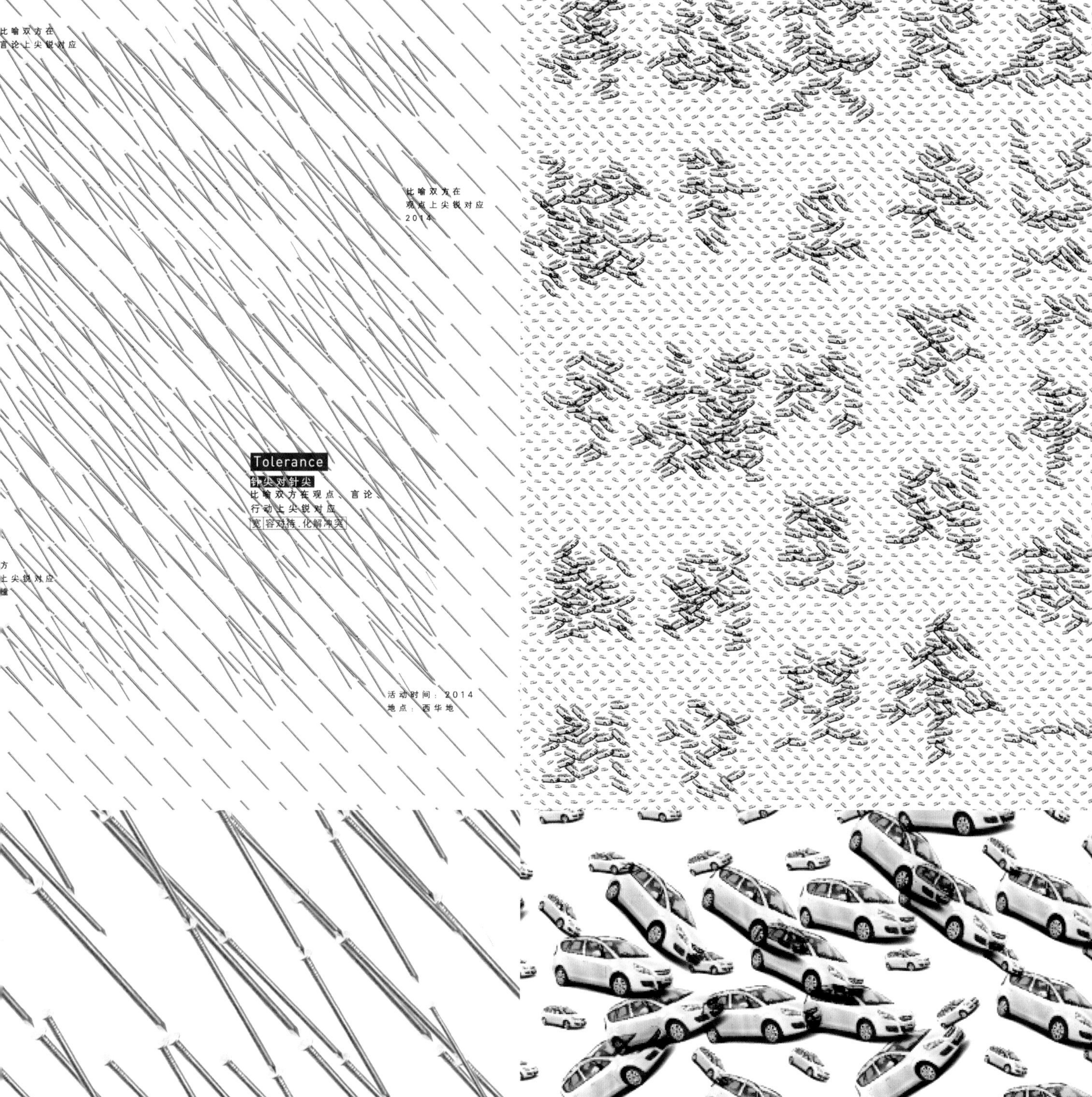

图九、图十:【《痛Tolerance》】

表达的是秩序的主题。世界上总有一些人，不受道德约束地破坏规则和秩序。不遵守秩序不仅给个人也会给社会带来伤痛。错落的钉子隐喻破坏秩序的人，海报通过钉子的错位点阵排列，形成一个汉字“痛”字。钉子在视觉上让人产生痛感，通过文字的视觉化表现出无序给人带来的碰撞和伤痛。这种表现手法巧妙地将两个图形结合在一起，图中有字，字中有图。这种嵌套的形式和手法是含蓄的、巧妙的、不易察觉的，这正如社会的一些无序的行为和现象也不易被人们发现，需要我们细心、耐心地寻找，才能发现和谐的表象下隐藏的破坏。隐藏的图形贴切地表达了主题，形式和内容得到完美的统一。作品受邀参加美国《Tolerance海报展》，该展在美国、南非、波兰、意大利、哥伦比亚、俄罗斯等十五个国家展出。

图十一、图十二:【《愿望》】

该作品是以汽车为基本元素，通过大小、疏密变化的点阵排列出一段文字。这是由一个图形变化出多个文字的新尝试。

李佛君

广州城建职业学院艺术与设计学院副院长、副教授
彦辰设计（深圳）有限公司创始人
国际平面设计协会联合会会员
中国包装联合会设计委员会全国委员
深圳市创意设计知识产权促进会副会长
深圳市平面设计协会会员

各领域成就：

李佛君创办的彦辰设计（深圳）有限公司是一家致力于形象设计、品牌设计、文创开发、字体产业的综合性专业设计机构，曾为众多大型企业进行品牌形象整合推广设计，为品牌未来的发展带来了深远的影响。

从业近二十年来，彦辰设计成为众多行业领导品牌快速成长的推动力，创作出众多经典的品牌案例，并在国内外设计大赛中屡获大奖。如曾获联合国教科文组织新锐奖、文化和旅游部中国设计大奖、东京TDC年奖、中国红星奖、台湾金点设计奖、香港环球设计大奖、中国之星等400余奖项。

彦辰设计已为北大方正、华润怡宝、百事可乐、广发银行、深圳地铁、音符葡萄酒、妙音禅茶、思摩尔、清祺书等企业提供设计、策划、推广服务，以专业的设计策划能力、精准的执行能力、有效的整合传播、良好的信用深得客户赞誉。

彦辰设计通过对市场和品牌的敏锐洞察力，建立并完成给企业带来品牌价值最大化的设计服务。彦辰始终站在顾客的角度，依照客户的品牌战略，创造出精准的、极具商业价值的品牌体验。

李佛君现为国际平面设计协会联合会会员、中国包装联合会设计委员会全国委员、国际商业美术设计师协会A级设计师、国际创意联盟核心会员、创意中国设计联盟理事、深圳市创意设计知识产权促进会副会长、深圳市平面设计协会会员、腾讯众创空间讲师，担任国内外众多院校的特聘教授及实战导师，同时还是方正字库签约设计师、亚太设计年鉴编委，2017年在13个城市举办设计展15场，著有《人看花花看人》等专著。

设计观点：

在李佛君看来，绿色设计在于可持续性，在于可传承及再造与活化。他多年来一直倡导传播现代东方美学，依托现代的设计手法，传承优秀的传统文化。他曾多次发掘传统木刻善本，对其进行抢救性保护，并活化再生为电脑字库，使得濒临灭绝的善本字体得到很好的传承与保护，并作为传统与再生板块的代表作品两度入选文旅部中国设计大奖，同时获得第二届鄂尔多斯国际文化创意大会最高奖：北斗名师奖。这是对其近年对传统文化再生再造做出贡献的肯定与褒奖，也是当代设计师结合现代手法传承优秀传统文化的典范之一。

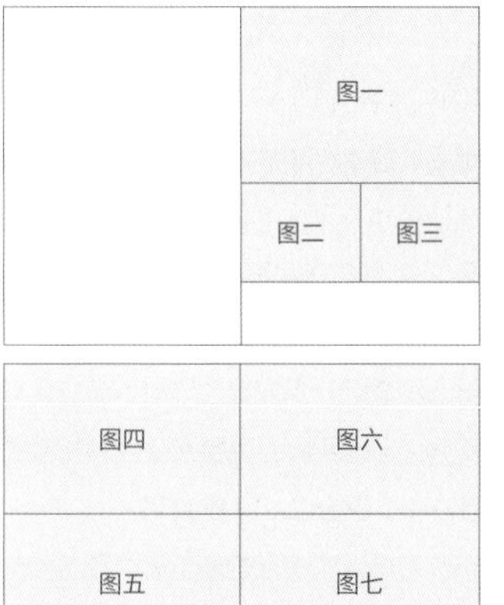

来職唐顯區州以實封来職唐顯區州以實封
久方志秩其為庇司靈久方志秩其為庇司靈
矣其掌三神古下鑒佑矣其掌三神古下鑒佑
易由於品九名呧察侯易由於品九名呧察侯

来職唐顯區州以實封来職唐顯區州以實封
久方志秩其為庇司靈久方志秩其為庇司靈
矣其掌三神古下鑒佑矣其掌三神古下鑒佑
易由於品九名呧察侯易由於品九名呧察侯

来職唐顯區州以實封来職唐顯區州以實封
久方志秩其為庇司靈久方志秩其為庇司靈
矣其掌三神古下鑒佑矣其掌三神古下鑒佑
易由於品九名呧察侯易由於品九名呧察侯

美於之来職唐 美於之来職唐 美於之来職唐
其易義久方志 其易義久方志 其易義久方志
濬漢始矣其掌 濬漢始矣其掌 濬漢始矣其掌
繕書見易由於 繕書見易由於 繕書見易由於
顯區州以實封 顯區州以實封 顯區州以實封
秩其為庇司靈 秩其為庇司靈 秩其為庇司靈
三神古下鑒佑 三神古下鑒佑 三神古下鑒佑
品九名呧察侯 品九名呧察侯 品九名呧察侯

美於之来職唐 美於之来職唐 美於之来職唐
其易義久方志 其易義久方志 其易義久方志
濬漢始矣其掌 濬漢始矣其掌 濬漢始矣其掌
繕書見易由於 繕書見易由於 繕書見易由於
顯區州以實封 顯區州以實封 顯區州以實封
秩其為庇司靈 秩其為庇司靈 秩其為庇司靈
三神古下鑒佑 三神古下鑒佑 三神古下鑒佑
品九名呧察侯 品九名呧察侯 品九名呧察侯

来職唐顯區州以實封 来職唐顯區州以實封
久方志秩其為庇司靈 久方志秩其為庇司靈
矣其掌三神古下鑒佑 矣其掌三神古下鑒佑
易由於品九名呧察侯 易由於品九名呧察侯

古今之成大事业大
学问者必经过三种
之境界昨夜西风凋
碧树独上高楼望尽
天涯路此第一境也
衣带渐宽终不悔为
伊消得人憔悴此第
二境也众里寻他千
百度回头蓦见那人
正在灯火阑珊处

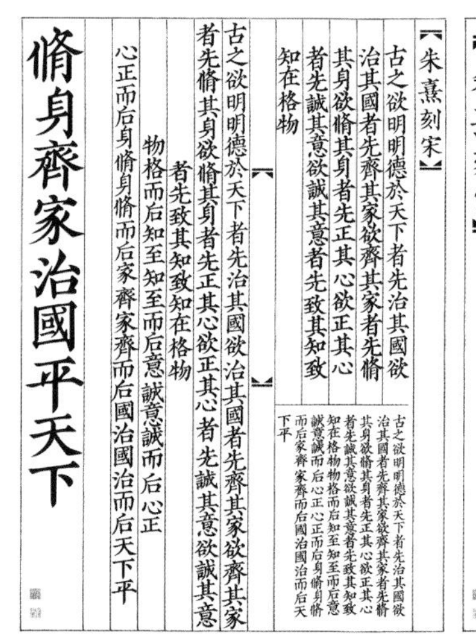

脩身齊家治國平天下

【朱熹刻宋】

古之欲明明德於天下者先治其國欲治其國者先齊其家欲齊其家者先脩其身欲脩其身者先正其心欲正其心者先誠其意欲誠其意者先致其知致知在格物

物格而后知至知至而后意誠意誠而后心正心正而后身脩身脩而后家齊家齊而后國治國治而后天下平

图一:【彦辰俊楷字体设计】

作品根植传统楷书，融汇唐朝诸家的风范，将颜真卿的饱满、柳公权的精炼、虞世南的风骨、欧阳询的刚健柔和并蓄，呈现劲练、稳健的字形风格，同时考虑到平面印刷的需要，将部分笔形做了简化处理，使字形风骨挺拔和俊逸。

图二:【方正彦辰雅黑字库开发设计】

方正彦辰雅黑体是一款以宋体为骨架、以纤黑的笔形为作业手法的正文字体。其笔画宽度较窄，结构上通透清爽，笔画之间的距离较远，骨架布局匀度平和，视觉清晰度显著，灰度适中。在轻盈纤细的笔画末端，还使用了45° 的斜切角，使字形的空间显得更加开阔，转折部分以极富弹性的手法处理，方圆有度，塑造出清晰的阅读节奏，富有力量与质感。如此取意宋体和细黑的创意形式，呈现出端庄与温和的视觉感受，较适合屏显及传统印刷品使用，是一款较理想的新媒体字体。

图三:【朱熹刻宋复刻字体设计】

作品以宋朝淳祐朱熹注解的《大学章句》刻本字形为蓝本，将刻本字体按照现代平面设计需求进行了修复、调整和优化，使其成为符合现代版式审美需求的新字形，同时尽量呈现宋刻本的原汁原味，对大部分字形进行了框架保留，将刀工失真之处进行了机械性修复，使字形更加统一和完整，整体感观上更加古朴、渊雅。

图四:【深圳艺术学校视觉形象系统设计】

彦辰以继承历史、形式创新、启迪未来为创意出发点，设计出五线+悦动之A的新形象，被校方采用，为艺校焕发新鲜活力，广受社会各界好评。整个校园的视觉体系都以黑白琴键为核心进行延展设计，呼应令深圳艺校享誉国际的钢琴专业，并用寓意年轻活力、展现不同专业活力的多种色彩来区分不同楼宇、建筑，并进行功能区分。

图五:【深圳地铁线梅景站艺术墙《美林》】

体现设计主动介入社会现实，设计源于生活，最终也点缀着生活的点滴。梅景地铁站艺术墙融合“三生万物、生生不息”的设计理念，以梅花的点点花瓣为核心元素，经过夸张的艺术处理，以幻化无穷的环状图形层层递进，辅以变化绚丽的色泽构成整体视觉感观，将站点的地缘特征明晰体现，留给市民很大的联想空间。

图六:【风花雪月纯铜书签】

本产品以风花雪月汉字海报作品作为蓝本，以窄幅面比例截取画面，产生巨大的视觉张力，配以精良的生产制作，完美展现了海报原作的设计美感，是一款较为经济适用的高级汉字文创产品。

图七:【设计新人入行指南专著《人看花花看人》】

以80后设计师李佛君从业15年经历为蓝本，分享设计心得，向社会普及设计生态，得到众多设计前辈联袂推荐，广受业界好评。这本是为设计专业学生和从业新人写就的学设计、做设计、找工作、办公司的参考书，旨在让新人们少走弯路、尽快进入职业角色和创业角色。全书16开本、300页、10万8千余字，以文雅的特种纸印制，采用裸脊装帧，版式开阔，字形精致，呈现出浓烈的手工质感与气息，表现了设计创作中人看花、花看人的忘我与投入的状态。

晏钧

中国美术家协会会员
国际A级商业美术设计师
《中国设计年鉴》编委
晏钧设计创始人、智行创意公社创始人
石家庄职业技术学院教授
九所专业院校的客座教授、研究生导师

服务客户：

澳门科学馆、广东科学中心、无锡市政府、中国石化、中国石油、中国民生银行、河北银行、安利（中国）、摩托罗拉（中国）、河北博物院、稻香村、山东世纪泰华集团、河北敬业集团、北京搜才集团、国大集团、新联合投资、北人集团、乐仁堂医药集团……

荣誉奖项：

晏钧设计团队获得中国100强设计机构奖 、CDA优秀设计机构，作品获香港DESIGN98亚洲区优异奖、IGD2000中国优秀企业品牌规划整合与形象系统设计奖、香港设计师协会设计展2002亚洲区优异奖、2002中国广告＆设计艺术大展金奖、2004中国优秀品牌规划整合与形象系统设计大奖、2005中国之星设计艺术大奖、2006中国品牌规划整合与形象系统设计大奖、北京2008奥林匹克运动会会徽设计十大优秀奖、中英“2008-2012共同梦想”招贴设计大赛一等奖、2010广州亚运会会徽十佳设计奖、2011中国之星设计艺术大奖最佳设计奖、无锡城市标志中标奖、澳门科学馆馆徽中标奖、第六届东亚运动会会徽设计优秀奖、2012中国包装联合会设计委员会中国设计事业创新机构奖＆突出贡献奖、2013首届“字体之星”基金计划字体设计奖、2013中国之星设计艺术大奖、Hiiibrand Awards 2015专业组铜奖、2014金点设计奖、2015 SAGD03第三届上海亚洲平面设计双年展、2015HKIAA国际青年艺术设计大赛专业组金奖、2018第11届国际标志双年奖金奖等400余项国内、国际奖项。

个人“对话”装置艺术作品应邀参加2006第六届上海双年展、2007今日中国美术大展、惊蛰——2007中国当代艺术邀请展、2008德国国家艺术收藏馆“活的中国园林”邀请展、2009中国北京国际文化创意产业博览会、2009比利时布鲁塞尔“活的中国园林”邀请展、2010“The Tao of Now”澳大利亚悉尼展、2010“The Big Bang”澳大利亚悉尼展、2011台北世界设计大展，“香灰烧-知竹系列”陶瓷作品受邀参加2020年广东美术馆主办的《边界的自觉》艺术展，并被国际、国内多处收藏。

个人经历：

1994年，晏钧设计成立，从手工绘制方案到用电脑绘图，再到给客户提出策略性的设计方案，晏钧设计与国内其他第一代商业设计公司在实践中成长，共同见证了中国品牌设计行业的发展。

2004年，在根植河北的第十年，晏钧设计进军北京，崭新的设计管理机制和基于高端市场、由知名专家和学者组成的策略联盟，为实现更高的发展目标奠定了基础。

2006年，创立了艺术品牌“海晏堂”，携手国内、国际知名艺术家打造限量定制高端艺术衍生品，同时积极宣传推广具有东方审美知觉的艺术文化。

2009年，晏钧设计、柯力设计、杜峰松设计共同组建山和联盟，北京、上海、深圳三地团队的资源共聚，给山和联盟品牌带来良性成长。

2016年，总投资1600万元、建筑面积10000平方米的智行创意公社盛大开园。以创意设计为核心竞争力，集艺术创作、文创产品研发、设计服务、教育为一体，为河北文化事业的创新发展增添了力量，成为河北省文化产业的新地标。

2016年，“晏钧（陶瓷）技艺大师工作室”由石家庄职业技术学院与晏钧设计共同创建，共同投入项目研发，搭建创研与展示交流平台。

2017年，晏钧设计学院建立，这是与石家庄职业技术学院合作响应国家关于混合所有制办学的一次探索，为设计教育掀开了新篇章。

2018年，河北省文化创意职业教育集团成立，晏钧设计作为共同牵头单位之一，与石家庄职业技术学院、河北省文化产业协会共同发起，并作为专委会成员，共同为河北文化创意教育精进努力。

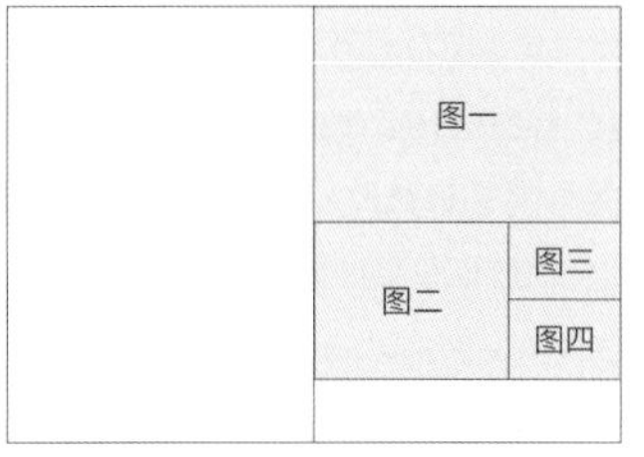

图一～图四：【北京2008奥运会会徽设计方案】

2002年7月，北京2008奥运会组委会通过资格认证向海内外专业设计师和设计机构发放了1468份奥运会会徽设计大赛作品征集邀请函，其中一份寄给了晏钧设计工作室。在这次国际级的比赛中，工作室"京"字作品入围前十名并获得了优秀奖。"京"是北京的简称，运用其作为会徽是对中国汉字的挖掘和创新，在以往的奥运会徽设计中尚没有出现文字题材的同类设计。"京"字的间架结构恰似紫禁城的鸟瞰图，同时也构造了一个以手领劲、气运丹田、转踝开胯的太极人形象，体现了互助、理解、友谊、团结和公平的比赛精神。

河北博物院
HEBEI MUSEUM

Guangdong Science Center
广东科学中心

图五：【 河北博物院 品牌形象 】

晏钧设计助力河北博物院品牌形象升级，通过独特的视觉识别系统设计、环境导视系统设计与实施、对外展览、文创产品研发推广等工作，开启了河北博物院新的变革之路，其欣欣向荣的生命力，展现了河北博物院的核心品牌定位，致力于通过历史文化的继承和传播，提供展望未来的视角。

图六：【 广东科学中心 品牌形象 】

广东科学中心是目前亚洲最大的科普教育基地，也是科技成果与技术产品展示、推广、交易以及学术交流的综合平台。晏钧设计团队基于对广东科学中心创建定位、建筑设计的充分理解，从水、持衡永动、无限发展、发现之眼等角度，从独创性、前瞻性，以及丰富的应用延展性方面阐释了广东科学中心的品牌形象。

图七：【“对话”装置艺术作品 】

“对话”装置艺术作品是用废弃的暖气管连接出中国传统家具的结构与样式，将中式家具与暖气管重叠，构造了鲜明的矛盾：古与今、木与铁、软与硬、贵族与百姓、自然与工业、方直与圆滑、温润与冰冷、榫卯与管件，冲突与情节也就应运而生。以暖气为骨、中式红木家具的形制为相貌，贯通的管件间流淌的是浑成自然的道禅气质。通过“对话”装置，晏钧设计希望能够在象征工业效率的浮躁载体上，表达出考究细节的沉静情绪，在嘈杂的社会中寻找传统精神的回归。

图五	图七
图六	

王红卫

清华大学美术学院视觉传达系硕士、博士生导师、长聘副教授
北京王红卫平面设计公司艺术总监
中国美术家协会会员
中国包装联合会设计委员会副秘书长
全国高校艺术教育专家联盟主任委员
中国民族民间工艺美术家协会常任理事
中国出版协会装帧艺术工作委员会委员
《中国设计年鉴》和“中国之星”专业评审委员会委员
清华大学吴冠中艺术研究中心研究员
CCII首都企业形象研究会名誉理事
国内外多所艺术院校客座教授

荣誉奖项：

日本大阪森泽国际排版字体竞赛评审员奖
第十届全国美术展览银奖
多次获得全国书籍装帧艺术展中央展区金奖、银奖
中国包装联合会设计委员会授予“中国设计事业突出贡献奖”

擅长领域：

汉字与图形设计、阅读设计研究

主要著作：

《平面构成》《字体书籍设计》《书香》《书语》《书境》等

重大设计项目：

中南海紫光阁藏画，最美的海南，铁道部高铁内部导视系统设计，中国恒天集团VI设计，中央广播电视总台标志修改设计，北京国际设计周——中华人民共和国成立初期国家形象设计展，北京大学口腔医院标志设计，北京大学国际交流中心标志设计，清华大学医学中心标志设计，中国经济50人论坛十周年、二十周年纪念活动整体设计，吴冠中、张仃、雷圭元、郑可、常沙娜、陈汉民等老一辈艺术家书籍设计，清华大学百年校庆纪念画册，清华大学历年报考指南宣传册设计，中国石油总公司、中国铝业集团、丹麦马士基等年报设计，中国人民政治协商会议成立七十周年纪念邮票、2007年女足世界杯纪念邮票、2014年马年生肖邮资票设计等

设计理念：

汉字是东方人独有的智慧，更是价值观与审美观的体现。每一个汉字都具备内在的能量，一字一生，感悟“汉字之美”，欣赏其造型的规律、书法的韵味、哲学的高度。

汉字字体的演变与材料、工具的变化有关，当下，从其基础字体、印刷字体、网络显示字体以及创意字体展开，研究的核心则是将汉字作为图形元素来阐述形与意的关系，从而传达出具有东方韵味的独特理念。

文字是语言的表达方式，而书籍经过上千年的不断传承，记载着人类的阅读史以及人类的文明。俄国哲学家赫尔岑曾说：“人类的全部生活，会在书本上有条不紊地留下印记，即使种族、人群、国家消失了，书籍也将永远存在下去，书籍是和人类一起成长起来的。”人类的历史由阅读开始，而书籍作为阅读的重要载体，在人类的生活中起到了至关重要的推动作用。

书籍设计需要以“阅读”为基本原则，书籍整体设计包含编辑设计、版面设计、材料综合物化全过程，以传统纸质书为载体，从工艺之美、材料之美、设计之美等体现。用眼睛去看，用手去抚摸，更加重要的是用心灵去感受。通过“翻阅”产生视线流的韵律之美，营造阅读的气场。随着互联网新媒体的发展，人们阅读的方式随之发生着改变，电子读物更加便捷，交互设计独具趣味和娱乐功能，受到更多年轻人的喜爱。由于阅读载体的变化，作为设计师的设计观念也应随之发生改变。当下是传统纸质书籍与互联网电子读物并存的时代，独立设计师们则青睐于“艺术家手制书”的创作，从创意表现到高仿技术，综合运用到以纸质为主的多种材料中，书籍不仅是一般意义上的商品，更成为具有极高收藏价值的奢侈品、艺术品。大书籍的概念是站在文化的高度思考，追求朴实、自然、简约、人性化的设计理念。

设计师将大书籍设计理念融入到其他商业设计中。随着时代、社会环境和经济的发展，设计的创新从创造方式、表现手法和形态都有着新的改变，书籍设计的传统理念根植于优秀的中国传统文化，深厚的底蕴为品牌设计注入简约朴实的东方格调。书籍设计的理念所强调的人文、自然的审美，引导着传统与现代、东方与西方的和谐之美。设计师把自己对生活的态度、观点、感悟、审美诉求，通过文创得以表达。

优秀的设计师是生活的深度体验者，生活方式决定设计的品味，审美观决定设计的高度。设计更是设计师内心的一种信仰，表达自己的态度和观点。热爱生命、热爱生活，将生活与设计融为一体、自在自得，追求“天人合一”的境界，设计在设计之外。

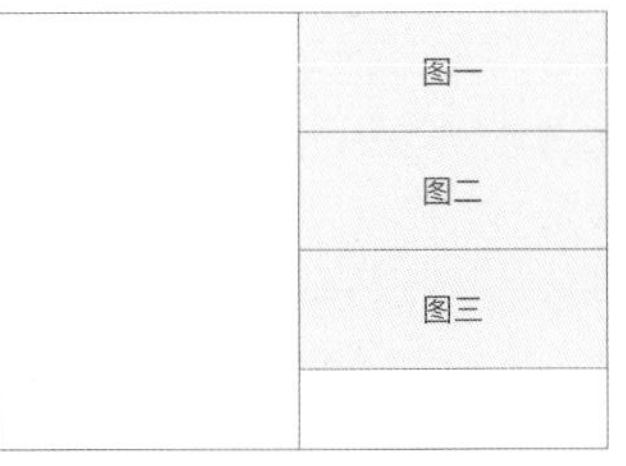

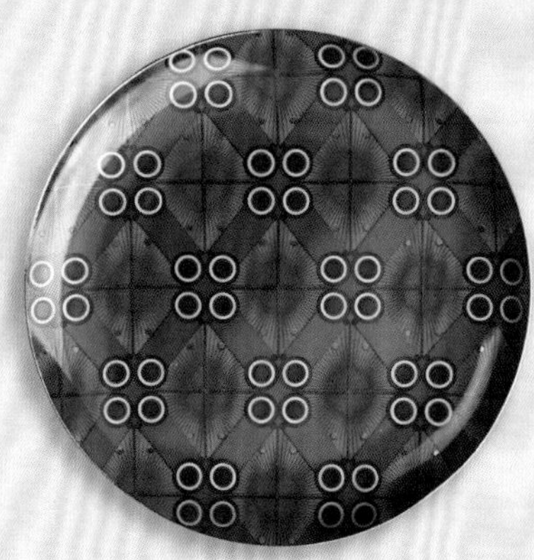

图一:【《中国人民政治协商会议成立七十周年》纪念邮票】

《中国人民政治协商会议成立七十周年》纪念邮票1套2枚，图名分别为“人民政协七十周年”和“全国政协礼堂新貌”。

左枚以政协会徽、数字“70”、中南海怀仁堂等元素进行组合设计。“70”代表人民政协成立70年的历史，其中“0”以政协会徽为中心向外扩展为四个“同心圆”，意为全体社会主义劳动者、社会主义事业的建设者、拥护社会主义的爱国者、拥护祖国统一和致力于中华民族伟大复兴的爱国者组成的最广泛的爱国统一战线，也体现了政协工作将多元化诉求表达纳入理性化、程序化轨道的寓意。右枚展现了人民政协的象征——全国政协礼堂的形象。人民政协从怀仁堂到政协礼堂的历史延续和发展，象征着中国共产党领导的多党合作和政治协商制度70年来书写的光辉篇章。结合古典铜版绘画与色彩归纳的艺术表现手法，在表现内容与设计风格上与左枚邮票图案形成呼应，突出政协礼堂建筑庄严、肃穆、典雅、大方的形象。两枚邮票在票形上一纵一横，也给人以时尚感，与当代审美契合。

图二:【马年生肖邮资票、2007年女子足球世界杯邮票设计】

图三:【2020鼠年生肖贺岁礼品瓷盘—鼠不胜鼠（a+b版）、如意鼠盘/8.5英寸】

在解读传统“鼠”形象的基础上，将“鼠”本身的特点融入造型设计中，选取“鼠”的侧面角度的轮廓特征，并运用点、线、面、色元素重构“鼠”的平面形象。将“鼠”作为四方连续的基本单位向四周重复连续地延伸，从而体现鼠的多子多孙、生命力强，亦蕴含了丰收硕果、幸福长寿等意义。

图四:【中国经济50人论坛成立二十周年纪念册】

时值中国经济体制改革与开放40周年，同时也是50人论坛成立20周年。纪念册使用了专色蓝，封面烫金、起凸等工艺，底图铺衬的《千里江山图》，代表着中国经济50人论坛“一晃二十年”里程碑意义的节点以及对未来的希冀与展望。

图五:【清华大学2019年本科招生报考指南】

本次报考指南以“邮票”的概念为切入点，喻示着学校与学生的共同期待，共赴未来。封面淡雅的风格展现出清华大学的独特气质与文化底蕴，每个院系使用不同的颜色则代表了校园生活的丰富多彩。

图四	图六	图七
图五	图八	

图六：【 中华人民共和国成立初期国家形象设计展—海报 】

这次设计是为建国70周年献礼，同时也是一场具有历史价值的设计展览，我们决定用国旗的规范图作为此次展览的主视觉图像。由于国旗没有标准的印刷红色，我们决定选取尽可能接近的红色并设置不同梯度的色彩，增强空间感的同时显示出历久弥新的历史进程。

图七：【 中华人民共和国成立初期国家形象设计展—手册 】

展览手册的制作上我们采用德国古曼纸业进口特种纸，质地温润，低调又极具内涵；五色印刷的方式配以专金及标题烫金，寓意国家灿烂辉煌的历史进程；起鼓、过油的工艺质朴大气，尽显人文历史的厚重；册子采用裸脊锁线的方式装帧，整体精致庄重，大气典雅，展现新中国成立以来的流金岁月、生生不息，历久弥新。

图八：【 中华人民共和国成立初期国家形象设计展—邀请函、帆布袋、纪念徽章、文件夹、门票等 】

洪卫

国际平面设计联盟AGI会员
日本字体设计协会JTA会员
中国出版协会装帧艺术委员会委员
天天向上设计顾问创作总监

荣誉奖项：

日本字体设计协会Applied Typography全场大奖、Best Work奖5项、评审奖2项
TOKYO TDC
ADC铜方块奖
One Show Design银铅笔奖
RDA传达设计大奖3项
德国国家设计奖GDA Winner、提名奖
DFA金、银、铜奖
HKDA评审奖、银奖
美国CA
纽约NYTDC
GPDA金点设计奖
GDC银、提名奖
五度中国最美的书奖
第八届全国书籍设计艺术展金、铜奖
中国国际海报双年展铜奖
中国设计智造大奖TOP100
深圳SDA环球设计大奖提名奖
北京设计周大湾区优秀原创设计师奖

著作：

《混设计》(2010年“中国最美的书”奖)
《来自洪卫的礼物》(2014年“中国最美的书”奖)
《爱不释手》(2015年“中国最美的书”奖)
《九十九》(2016年“中国最美的书”奖)
《观照——栖居的哲学》(2020年“世界最美的书”铜奖、2019年“中国最美的书”奖)

	图一	图二
		图三

图一~图三:【福禄寿 Fu Lu Shou】

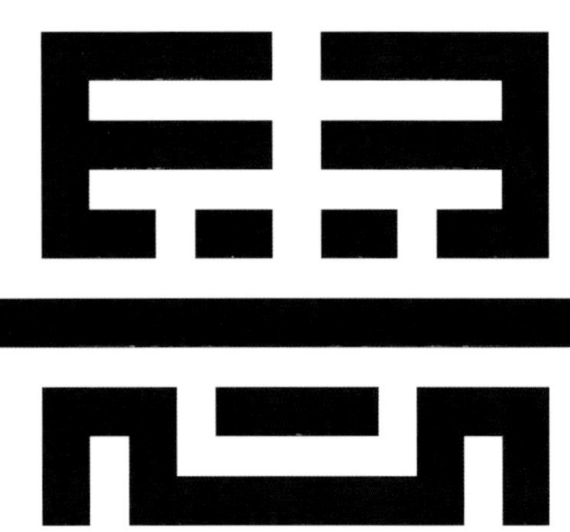

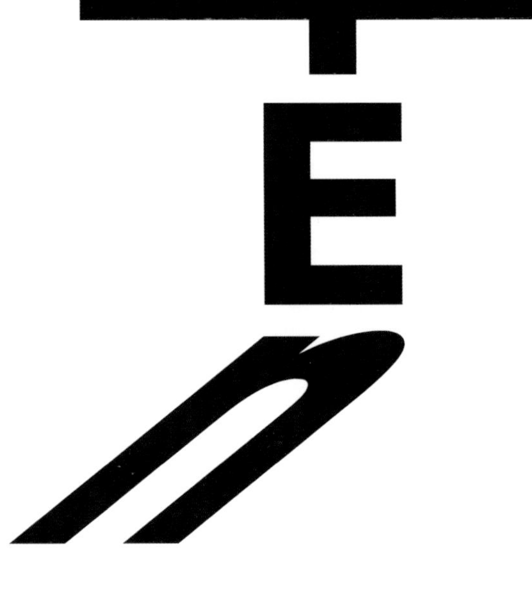

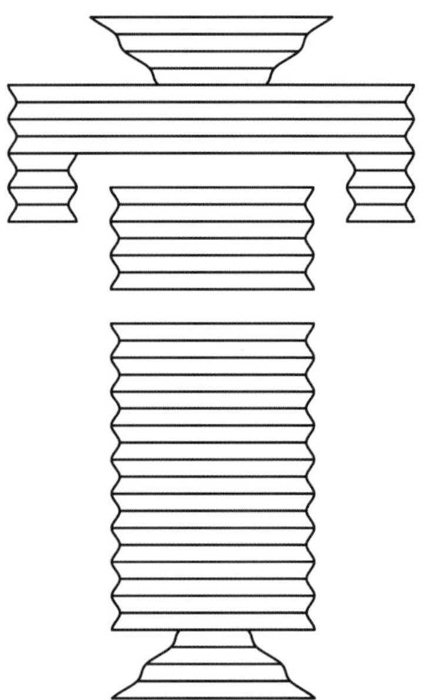

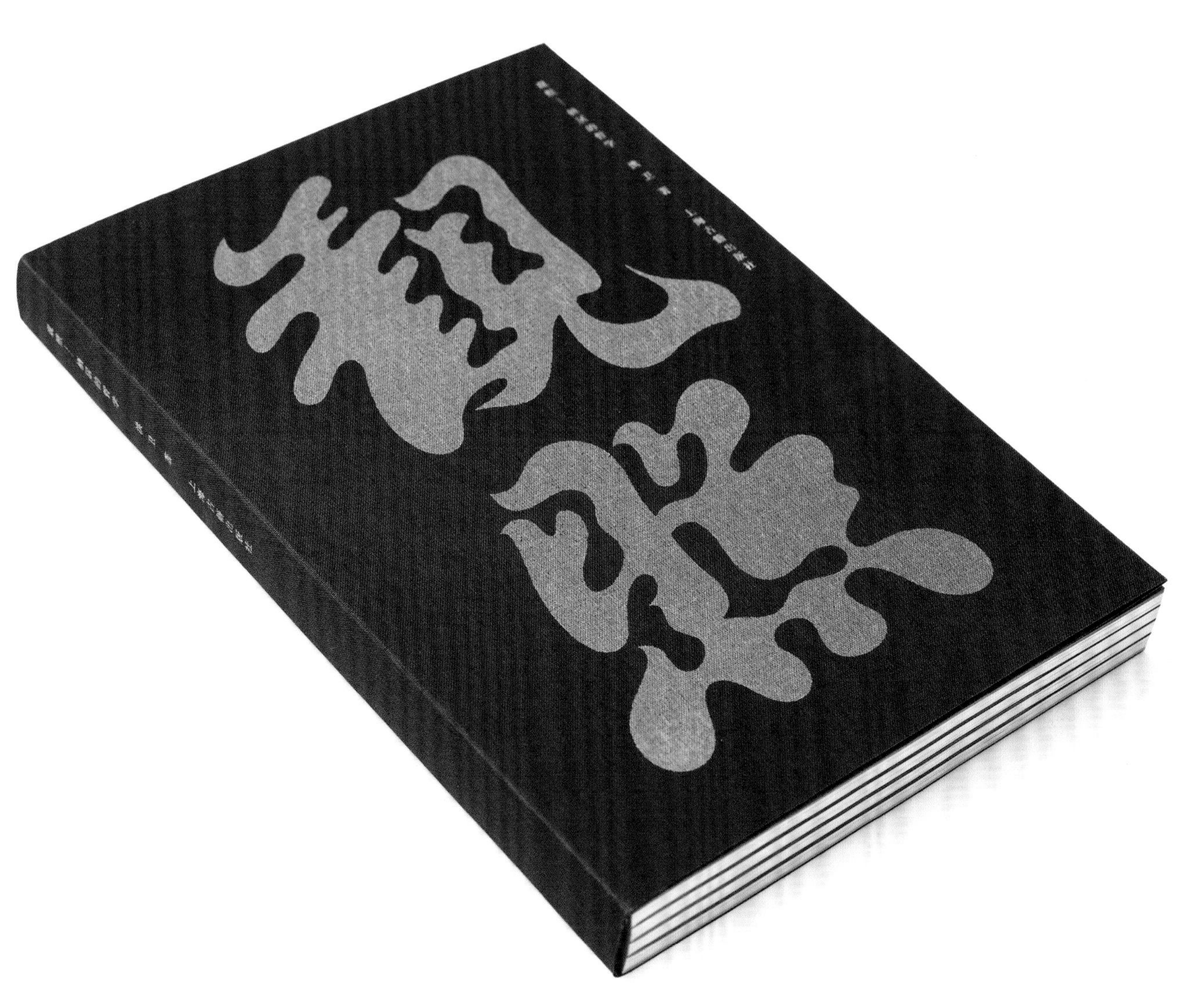

图四：【燕园私房菜馆 Garden of Yan】
图五：【太好了 Too Good】
图六：【四川城 Sichuan Town】
图七：【善惠 Kindness（Shanhui）Furniture】
图八：【设计十夏 Design Summer 10】
图九：【赏 Shang · Appreciation】
图十：【《观照——栖居的哲学》Observing and Mirroring – Dwelling Philosophy】

图四	图五	图十
图六	图七	
图八	图九	

夏远昭

吉林省平面设计协会副主席
CDS中国设计师沙龙理事
领域创意产业集团执行董事
后和中国创始人/创意总监
字號字体设计实验室主理人
仿佛若有光文创品牌首席执行官
吉林建筑大学艺术设计学院外聘研究生导师
汉仪字库签约设计师

擅长领域：
地产推广、品牌运营、字体设计、文创开发

服务客户：
万科、中海、保利、融创、金地、龙湖等

出版/著作：
《遇见领域 靠设计》光明日报出版社（2013年）
《手绘POP标题字宝》吉林美术出版社（2003年）
《手绘POP广告设计-家居地产》吉林美术出版社（2002年）
《手绘POP广告设计-酒吧茶艺》吉林美术出版社（2002年）
《手绘POP掌中宝设计篇》吉林美术出版社（2001年）
《手绘POP掌中宝字库篇》吉林美术出版社（2001年）

荣誉奖项：
DFA亚洲最具影响力设计奖
德国IF设计奖
2021亚洲设计奖
香港当代设计奖
首届全国平面设计大展
韩国K-DESIGN AWARD 2020
第三届中国设计大展
2020国际先锋视觉艺术奖
2020国潮文化设计奖
2020城市美术双年展
2020亚洲中日邀请展
2020国际识别奖
2020第三届当代国际水墨设计双年展
2020 CEAPVA亚太视觉艺术交流展
2019 DESIGN POWER 100 中国设计权力榜
2019北京国际设计周
第三届中国设计大展及公共艺术专题展
2013第六届方正奖
《中国设计年鉴》文创卷
《TYPOGRAPHIC DESIGN ANNUAL2019》
《TYPOGRAPHIC 字体呈现III》
《APD亚太设计年鉴》
《BRAND 创意呈现》

设计观点：
善待生活善待设计
设计本身是个形式，改变不了什么，但是这种形式里面有约束、训诫和推动，形式叠加后有可能让人突然感悟世界，体悟人生，但仅仅是有可能，生活注定是永恒的迷雾，努力生活是个试图澄清和获取安宁的动作，也几乎带来不了澄净和安宁，它提示的是，你还是你，你得承受，在专业上忘记曾经的对错，因为那是自私、狂妄、轻谩、懒惰、娇嗔的表现，在生活上淡看未来的得失，那是敢于对担当的敬畏。

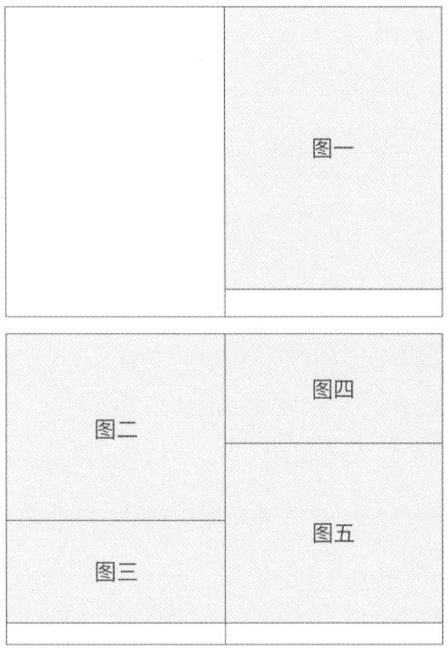

图一
图二
图四
图五
图三

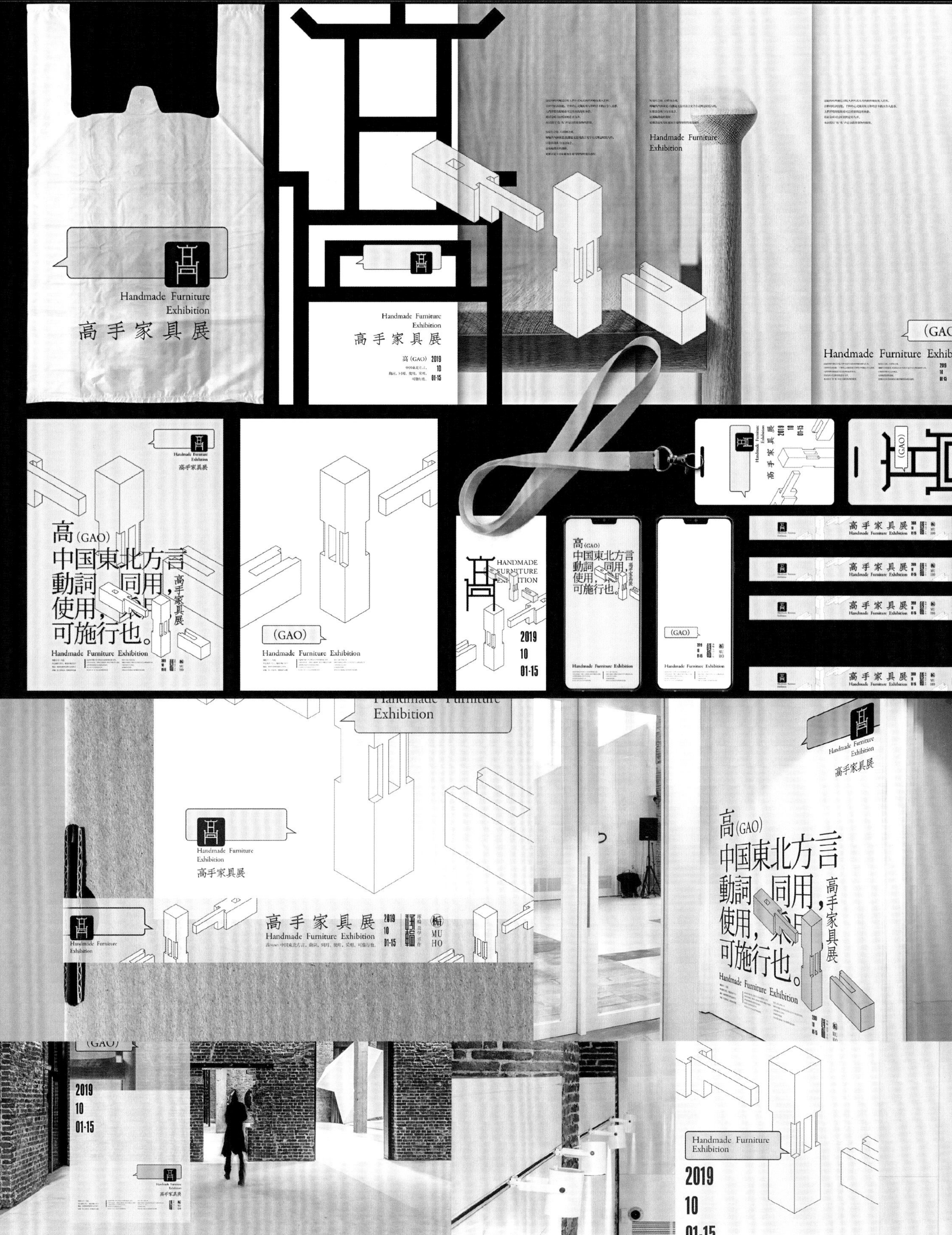

图一:【高（GAO）手家具展品牌设计】

图二：【反观反思 · 蓝图系列】

图三：【长春外事办港澳处品牌设计】

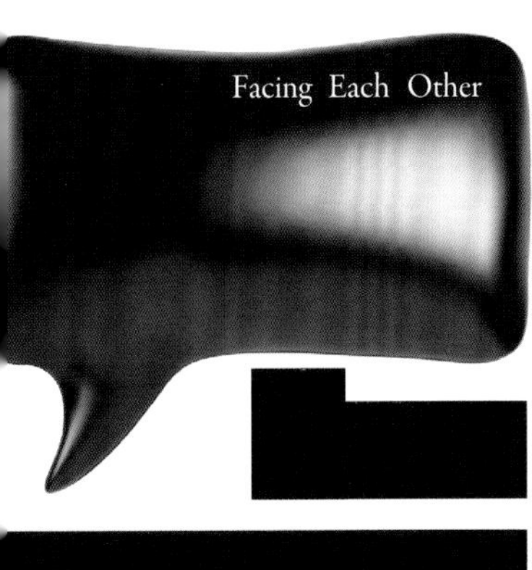

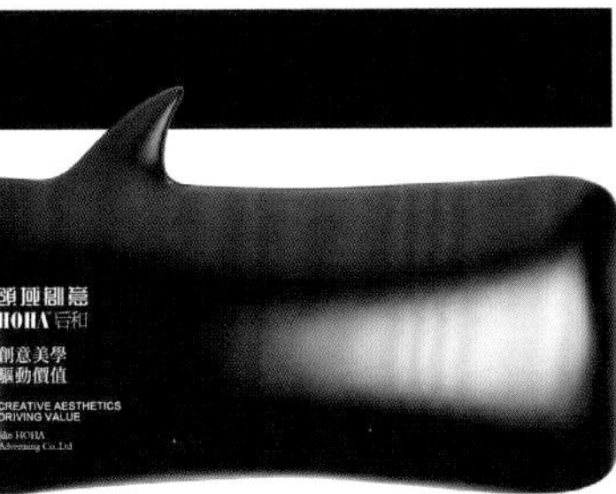

ABCD
EFG
EATIVE AESTHETICS
IVING VALUE
HIJ.
K
LMN
OP
Font design
WXYZ
RSTU
V

HOHA mansong
Font design

M
RETRO

123456789

NO.27
good morning

abcdefghijklmnopqrstuvwxyz

图四:【品牌字体设计】

图五:【后和复古满西文字库设计】

焦辰

紙貴品牌研究室(BrandZhi)创始人
中国设计师沙龙CDS理事
ADCK亚洲中韩设计协会会员
尖荷系全国设计实战导师
郑州平面设计师协会会员
平仄文化发展有限公司(洛阳)负责人
潜水镜独立放映发起人
指当代艺术空间负责人

荣誉奖项：

2019 国际创新设计大奖
2019 中国平面设计协会铜奖
2019 中国平面设计协会优秀奖
2019 中国平面设计协会入围奖
2019 国际设计师俱乐部优异奖
2019 汉诺威工业设计论坛iF设计大奖
2018 G3数字印刷创意设计大赛新锐奖
2017 中国设计师大会全场大奖
2016 ADCK亚洲Young Design邀请展

个人经历：

进入行业以来，担任设计师，同时也是策展人，2013年成立指当代艺术空间，组织展览和艺术放映，2014年成立紙貴品牌研究室，并获得德国iF设计大奖以及多项国际、国内设计大奖。2018年被评为80后新锐设计师，并始终致力于当代艺术的推介。累计直接参与品牌建立升级项目超过130个，品牌咨询超过450个，项目分布在中国、美国、英国、澳大利亚、法国、马来西亚6个国家的32个城市。

2020年，受邀入驻德国iF成都设计中心，推动国际设计交流及多行业交互，为国内品牌提供更多走出去的机会，为国内外消费力升级下的品牌护航。

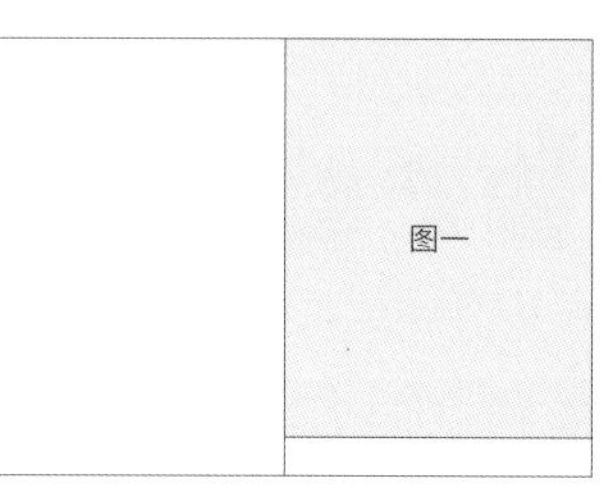

图一:【留园品牌设计】

“留园”是以茶文化为依托的文化策展空间，设计提炼出参与过交互的艺术家、设计师和茶人等留下的痕迹作为品牌记忆点进行重组，创造出不同的辅助图形与“留园”结合，表达器与物、人与茶、文化与空间的状态关系，同时也传达出“空间”特有的景致感。

图二～图七:【Blancore Paris Showroom】

品牌在巴黎时装周期间举办A/W 2019 Blancore Showroom，其主视觉以Blancore 2019秋冬系列为灵感概念，提取关键词与色彩元素作为视觉设计参考，并融入品牌独有的盲文元素与本季服装材质、解构与重铸概念、层次感、不对称、交互等，呈现品牌不同层面的视觉元素。

图二 图三
图四 图五 图六
图七

BLANCORE

设计理念：

喜欢美术馆，致力于推倒美术馆之墙，希望无处不是美术馆。

发现平凡事物的不平凡，鼓励普通人发现自己创造力，人人皆可创作。

用行走去发现，用行动去创作。

一个不能回答不是美术馆是什么的人。

刁勇

不是美术馆创始人 、策展人

服务客户：

天猫、淘宝、盒马、蚂蚁金服、闲鱼、飞猪、云海肴、苏宁、腾讯、微众银行、宝格丽、捷豹、万科

荣誉奖项：

2013北京国际设计周——最受大众欢迎项目“吃了吗”不是美术馆菜市场双日展。

2014北京国际设计周——设计“为公众福祉”服务优秀项目“向大师致敬”。

设计经历：

致力于让公共空间有趣，鼓励大众自由创作；

创作雕塑“螺师傅螺师母”，成为街头潮流地标和人人可以拥抱的雕塑作品；

引进韩国“发呆大赛”并成功举办“国际发呆大赛”；

在中国美术馆对面建起POP美术馆展出“向大师致敬”儿童艺术作品；

把普通人涂鸦的“烂诗烂画”主题作品在街头巷尾巡展，并带到美术馆、舞台，鼓励大众自由创作并与大众自然邂逅；

……

与阿里、腾讯等品牌跨界合作，用艺术的方式为品牌赋能；

与微众银行联合故事嘉宾和艺术家讲述“我们的家当”；

联合艺术家、云海肴的美食家一起通过“行走的艺术”让艺术野蛮生长，向阳而生；

与全球艺术家联合创作捷豹“拥豹变化”主题雕塑；

为迪士尼和阿里数娱策划1.2米世界最矮的儿童艺术展；

联合《108匠》非物质匠人为宝格丽酒店“九九归一”周年策划艺术展。

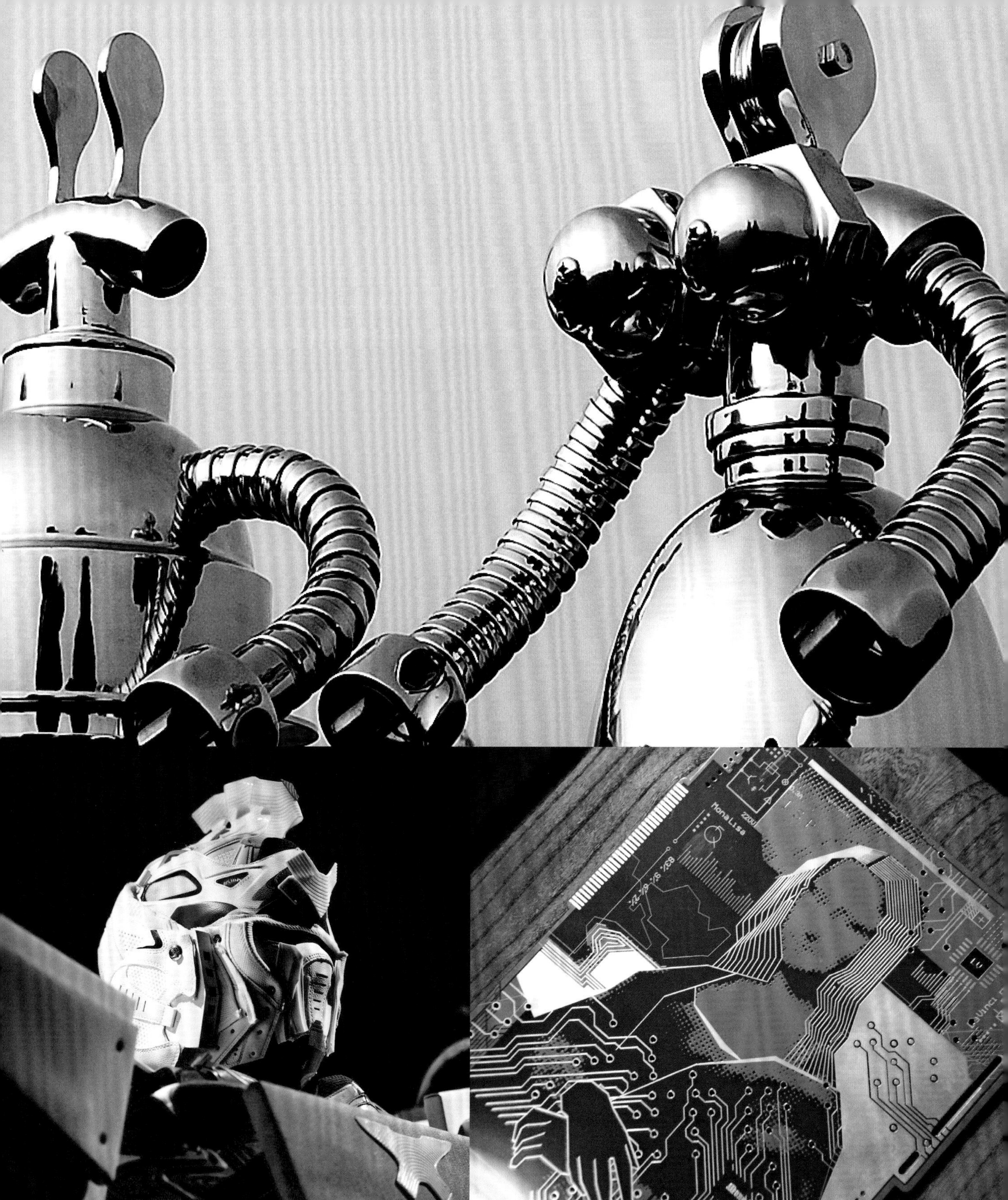

图一:【螺师傅螺师母】

成为街头潮流地标，人人可以拥抱的雕塑作品。

图二:【致敬高达40周年，361°联名高达，重燃儿时机甲梦！】

艺术家、设计师、工程师共创，用上千双361°运动鞋打造的高达和扎古雕像。

图三:【带电的蒙娜丽莎】

图四:【宝格丽“九九归一”沉浸式艺术设计展】

让非物质传承的匠人作品与明星之间碰撞出时尚之花。2018年，宝格丽酒店成立一周年，不是美术馆携手《108匠》打造“九九归一”沉浸式艺术设计展。展览以酒店花园、大堂与夹层酒廊为展区，9种非物质文化遗产的艺术品：蓝染、粉蜡笺、龙鳞装、金镶玉、缂丝等与宝格丽酒店交相呼应。从意大利到中国，从罗马到北京，北京宝格丽酒店正在创造着两种强大文明的连接点。

图五:【微众银行“我们的家当 All We Love”全国巡展】

在微众银行快速发展5周年之际，我们建立了一个线下的窗口，希望微众品牌与它的用户有个近距离见面的机会，一起聊聊生活中的变化。李奥贝纳广告公司联手不是美术馆基于“我们的家当”来进行主题创作，邀请艺术家与故事嘉宾对话创作，产生作品，最后在北京、深圳、上海三地进行巡回展出。

图六:【天猫主题展览】

与天猫一起在地铁、商业中心、启德机场、鸟巢水立方等地参与多次艺术主题展览。

图七:【吃了吗？菜市场艺术展系列】

在正常营业的菜市场发起艺术主题展览，在最有人气、最有烟火气的菜市场买菜，看展，邂逅艺术。

图八:【行走的艺术】

我们不断通过行动探讨艺术与商业的边界。一趟旅程、一众艺术家、数个目的地，一边采风一边创作，让作品与展览向阳而生、野蛮生长。用“行走的方式”感知艺术、大众和品牌的新关系，更具行动力和实验精神，更有话题性、事件性和传播性。

郑金

品牌设计师
英国ZEVRE（正沃）设计师事务所合伙人
联合国开发计划署设计外脑

擅长领域：

品牌策略、包装设计、标识VI设计

服务客户：

政府：外交部、工信部、通州区政府、运城市政府、府谷县政府、德国驻华大使馆、联合国、联合国非洲智库。

汽车行业：保时捷、宝马、路虎、林肯、捷豹、奔驰、奥迪、雷克萨斯、马自达、凯迪拉克、中国一汽、沃尔沃、现代汽车、约翰迪尔等。

快消行业：海底捞、云南白药、中粮集团、同仁堂、五得利、吴裕泰、乐友孕婴、无印良品、李宁、青岛啤酒、五星啤酒、甘甘科技、俏十岁、法国乐旁、强生集团、鄂尔多斯等。

3C行业：IBM、美国RGF、海尔集团、联想集团、德国博朗、SEVEN BOX等。

金融行业：中信银行、新网银行、民生银行、FAN FTI、北京P2P行业协会、网联、华控基金、中信产业基金、华泰、华兴资本等。

互联网行业：谷歌、亚马逊、Facebook、小米、百度、京东、锐捷网络、G+（管家）、抖音、快手、懂车帝、西瓜视频。

电影IP与文创行业：小黄人（并购买了大陆版权）、速度与激情、欢乐好声音、驯龙高手、港囧、故宫、三亚沙滩奥运会等。

SUSTAINABLE DEVELOPMENT GOALS

QIqi&Diandian

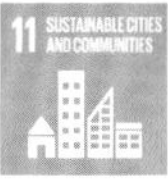

图一:【启启点点——联合国大熊猫形象IP设计】

启启点点是联合国的首个动物形象大使。在第7 1届联合国大会举行的间隙，联合国亲善大使杨紫琼，宣布了在来自全球200个国家的3000个征集作品中，动物大使作品的最终结果——ZEVRE（正沃）设计师事务所设计的大熊猫形象“启启”和“点点”。郑金将中国文化元素融入“启启”和“点点”的设计之中，为联合国设计了吉祥物形象、应用系统、衍生形象和会议系统，赢得广泛好评，再一次向世界彰显了中国设计公司的专业与服务能力。

图二、图三:【茶叶包装】

筑牌炭焙茶是一款先锋文化茶品牌，发布后好评不断，被各大媒体争相报道，同时被纽约博物馆收藏。

图四:【字里行间独立书店 品牌全案】

“字里行间”是北京著名的独立书店品牌，以“字之里、行之间”为设计理念，将设计与中国汉字笔画结合，巧妙而容易记忆。升级后品牌快速成为网红店和打卡圣地。

顾鹏 (Ansen Gu)

著名设计师
策展人、艺术指导
北京顾鹏设计有限公司创办人兼创作总监
CDS中国设计师沙龙学术委员会主席

擅长领域：
视觉策略、平面设计、品牌设计、标志设计、文创设计、书籍画册设计、空间陈列设计、包装设计、UI设计、导示设计、建筑园林设计。

服务客户：
华熙国际、读者、德国BOSCH、英菲尼迪、奔驰、中德储蓄银行、华彬庄园、马士基、国机集团、中国航发、北京师范大学、北京大学、新丝路、长江商学院、软通动力、金山软件、积成电子、思源集团、君合律师、中国集邮、联合国儿童基金会、中国-亚欧博览会、2008奥运会等。

荣誉奖项：
北京顾鹏设计公司荣获2011年中国设计事业创新机构奖，CCII-798国际设计馆明星设计机构奖，是中国包装联合会设计委员会全国理事单位。其创办人顾鹏先生曾荣获中国设计事业先锋人物奖，中国设计事业突出贡献奖，中国之星设计奖，中国设计业青年百人榜光华龙腾奖，CCII国际双年奖20年20人。其作品应邀参展过中日韩国际海报邀请展，“100股风”2017中日韩艺术海报展，北京国际设计周2017意匠TOP100文创大展，清华装饰60周年海报邀请展，GDC09 Awards展，雾霾公益海报展，亚细亚国际海报展等。

个人经历：
毕业于西安美术学院设计系，2003年创办北京顾鹏设计有限公司兼创作总监，他以设计思维横跨平面、品牌、空间、网络等多个领域，一直在挑战设计的多样可能。2011年，他在北京和设计同仁一起发起立足于民间一线设计力量的行业交流平台“CDS中国设计师沙龙”，开启了一线设计师在全国范围内的交流活动，任第一届和第二届执行主席。现任CDS学术委员会主席。《中国设计年鉴》执行编委，中国包装联合会设计委员会副秘书长，首都企业形象研究会理事，韩国又松设计学院、上海INTERMARK国际设计学院、郑州轻工业学院易斯顿国际美术学院等多所设计学院客座教授，北京理工大学设计与艺术学院和中北大学艺术学院校外艺术硕士生导师。20多年的从业经验，屡获业界殊荣，有超过300项成功案例。他还以策展人和评委的身份推动着众多设计交流活动，曾联合策展气韵中国、雾霾公益海报展、意匠集、尖荷行动、中国印刷艺术设计双年展、亚太设计论坛等全国性设计活动。

设计感悟：
设计是个大概念的范畴，知全局作本位，才不至于茫然。起初设计是我们的专业，到成为生存的工具、一门学问，后来成为我们生活的光景，成为悟道的一种途径。我们用专业深度服务于生活、商业、教育、文化的方方面面。我们应该是一个深度生活的体验者，变化人性的洞悉者，经济美学的参与者，文化交流的互动者。同时借着这一行业的特殊性，我们可以从不同领域中吸取智慧与经验，久而久之这些不同行业的心智便会在我们的体内发生化学反应，慢慢地我们会成为一个拥有战略与设计思维的智慧体，而唯一不变的内核就是“设计思维”。上可谏言策略、下可指导营销。建立设计的大概念观，摒弃那些所谓的标签，以设计思维去思考问题、解决问题。

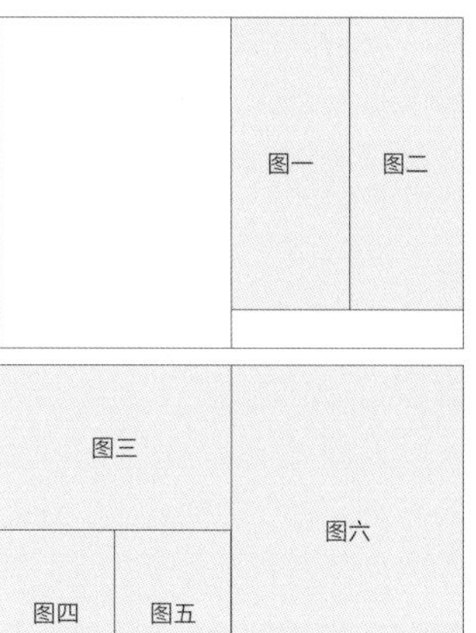

图一:【读者小站】

《读者》，原名《读者文摘》，是由读者出版传媒股份有限公司主办的中文版半月刊物。杂志发掘人性中的真、善、美，体现人文关怀，被誉为“中国人的心灵读本”“中国期刊第一品牌”。

然而现代生活节奏快，读书时间少之又少，需要一处私人的、独立的、纯粹的、充满书香的空间让我们的脚步慢下来，如此“读者小站”这个品牌就诞生了。

图二:【华熙ENJOY】

BLOOMAGE华熙集团子品牌“华熙ENJOY”为集团着力打造的现代健康医疗旅游度假基地，是华熙集团新的支柱产业，与华熙LIVE（文化体育产业）构成华熙集团的另一大引擎。

华熙ENJOY整套品牌形象设计从华熙回归自然、回归人性化的角度，提取品牌关键词“焕活现代伊甸园”。“天不语而四时行，地不语而万物生”，由“感知四季”出发，进而赋予华熙从品牌标志、品牌标准字、品牌延展图形、品牌专有色以及华熙空间导视系统一系列设计，使得华熙ENJOY作为“焕活”都市年轻人的生命源地更为灵动而富有生机，生动勾画出“焕活现代伊甸园”的生机图景。

← 3、CCIP中国IP展

↙ 4、三空SIKONG

↓ 5、拾柒SHIQI

→ 6、北平派PEKING PIE

↑ CCIP中国IP展品牌形象设计； ↓ SIKONG品牌综合形象设计，由治愈一百亿立方米空气艺术计划推出重要的作品SIKONG ART环保抗流感空气净化器； ↓ 拾柒是个移动端互联电商品牌。

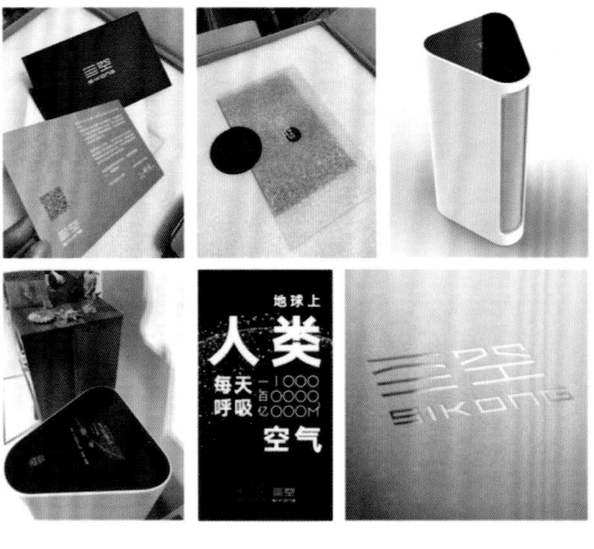

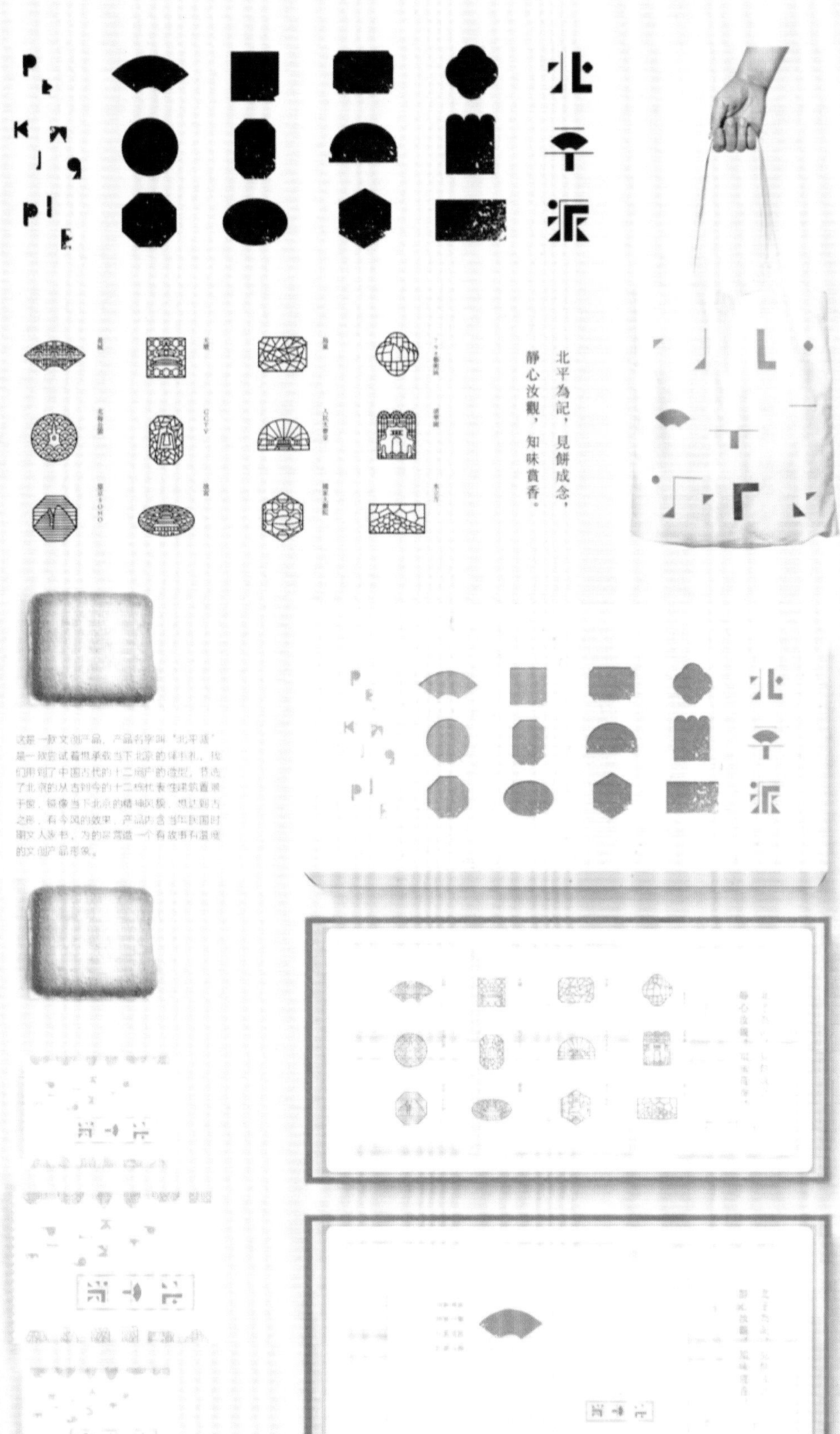

这是一款文创产品，产品名字叫"北平派"，是一款尝试着想承载当下北京的伴手礼。我们用到了中国古代的十二窗户的造型，节选了北京的从古到今的十二栋代表性建筑置景于窗，镜像当下北京的精神风貌，想让窗古之形，有今风的效果，产品内含当下民国时期文人示书，为的是营造一个有故事有温度的文创产品形象。

白语

小鱼大海创意创始人
京味回潮创意主理人

荣誉奖项：

CDS中国设计师沙龙成员
Hiii photoraphy2016 优秀奖与入围奖
《包装与设计》杂志45周年海报展
2010中国设计师年鉴
2010中国新锐设计师年鉴

擅长领域：

品牌及产品策略性定位设计，品牌推广视觉创意

服务客户：

WeWork、上海兴业太古汇、京东、完美世界、好未来教育、融创中国、万科、华润集团、绿城集团、向东方花园国际酒店

创意理念：

品牌形象的塑造，认知是基础。一切以社会及民间熟知的声音、图像、故事等符号，创意才是消费客群对品牌认知的基础。美学只是通过现代审美方式把人们熟知的认知重新翻译出来而已。

设计观点：

如今，当我们站在信息繁复的互联网时代下，其实更需要用断舍离的方式来不断反思当代设计与艺术在商业领域的应用。因为，一切关于创意与艺术的创造形态本质都是传播。从人类认知开始，把不断重复出现的旧元素重新组合，并建立一套具有差异化，并可以快速识别的视觉语言与语境，是未来设计在商业领域传播的方向与思考路径。

图一：【北京地名设计】

用北京城的地标，演绎这座城市的生活魅力，对这座500多年历史古城进行观察，用设计的方式呈现出北京城里这些著名地标与这座城市的生活关系。

图二：【上海兴业太古汇杂志】

杂志夏季刊中，在“吃冰地图拉页”创意形式上，有意增加了信息识别兴趣点。并以“夏”字作为季节刊物的视觉关键元素，游泳池、沙滩、椰子树等，配合三维动态技术，AR技术呈现，浏览引导到官方微博。从商场定点刊物，到每层商业海报，形成了多维展示的投射网，向消费者传递商场信息，与他们进行更有趣的交流。

图三：【京味回潮】

京味回潮创意以探索北京文化为核心，以设计、艺术、文字、动效、三维、产品等形式不断探索创意方向，并希望以此传播京城文化独特魅力。

图四：【We Work 复古派对海报】

作为全球最著名的联合办公品牌，三里屯店的闪耀复古派对，将是一个时尚、潮流、对话年轻人的大party。创作构思上，结合时下流行的赛博朋克风格，让我们一起坐上WeWork穿梭机，回到20世纪80年代。在迷幻科技的氛围中，表达出年代的时空交错感。设计中的led元素也将会以真实的方式布置在活动现场。从三维创意到场景道具表现，为参加party的朋友营造出全维度的体验。

图五～图八：【地产项目天玺】

为传统地产和现代商业，建构新的创意体验。在一向趋于保守的传统地产业务层面，天玺项目的形象创意用“天地人和”的概念，透过天、地、人、自然合一的东方意识形态，配合三维视频的方式，传递新东方主义的精神价值，演绎“合”的精神形态。

图九：【地产项目合院】

通过对合院项目精工价值的梳理，以“院藏春秋，唯此精工”为创作线索，通过对产品精工含义解读，以中式建筑营造、最高水平重檐庑殿顶为项目视觉符号，重新塑造中式精工别墅形态。

图十：【向东方花园国际酒店】

品牌以“麒麟”作为主要视觉元素，整体造型姿态引自著名东汉青铜器“马踏飞燕”造型作为依托，呈现出矫健的英姿和风驰电掣的神情，传达出丰富的想象力和感染力。既有力的感觉，又有动的节奏。东情西韵，律动东方。创意引自故宫御花园龙头麒麟为整体创作表现，传达出品牌的皇家品质，比肩全球一线豪华酒店形象等级。

后海

【垂柳拂岸，叶影荷香水相莲】

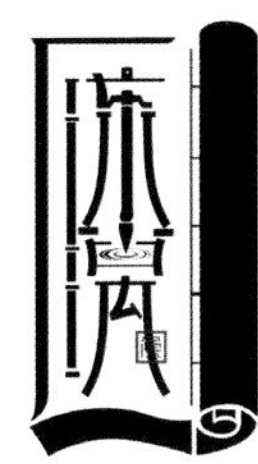

琉璃厂

【古斋文苑，雅游藏趣墨宝库】

烟袋斜街

【银锭观街，一根烟袋点悠扬】

什刹海

【柳岸观灯，迷醉街巷百花中】

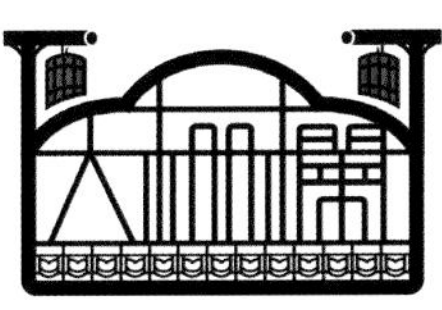

大栅栏

【百年街巷，字号云集繁荣界】

牛街

【名寺小食，清真古兰礼拜诚】

鼓楼

【暮鼓晨钟，春秋斗转回声融】

王府井

【王府拾光，几步古今岁月长】

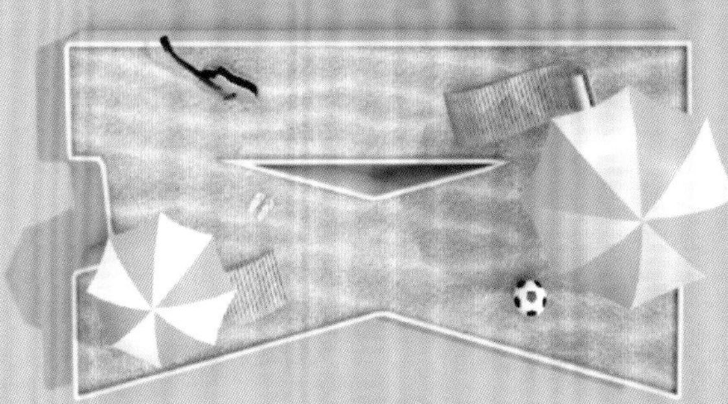

NEW CHINESE
LUXURY RESIDENTIAL AREA

天
玺

NEW CHINESE LUXURY RESIDENTIAL AREA

NEW CHINESE LUXURY RESIDENTIAL AREA

合院
CATHAYMANOR
info@pianopiano.fashion
www.pianopiano.fashion
GARDEN INTERNATIONAL HOTEL
XIANGDONGFANG

孙玮

定制设计专家
视觉艺术家
深圳点一品牌设计机构创始人＆艺术指导
CDS中国设计师沙龙会员
尖荷系全国高校设计实战导师

荣誉奖项：

第12届创意中国设计大奖赛一等奖，入选《国际设计年鉴》
第九届国际商标标志双年奖
第10届意大利全球标志设计大赛最佳民族特色设计类大奖
荣获2012《中国设计师年鉴》年度银奖1件，入选《APD亚太设计年鉴》第五卷
Hilibrand Awards2011国际品牌标志设计大赛专业组品牌类优异奖
第六届方正字体设计大赛字体应用设计类优秀奖
《中国之星》设计艺术大奖赛2011品牌形象类最佳设计奖
《中国设计师年鉴》金奖1件、银奖1奖
第三届全国平面设计大展铜奖2件
中国香港环球设计大奖品牌类铜奖1项
日本东京字体设计指导俱乐部铜奖1件
2010《中国新锐设计师年鉴》
《APD亚太设计年鉴》第七卷
《中国设计年鉴》第八卷

服务客户：

点一为合作伙伴量身定制创造性的品牌设计解决方案，涵盖餐饮酒店、科技金融、医疗养老、教育互联、健康产业、物流电商、时尚美容、腕表皮具、服装快消、创意文化等多个领域，包括：中国平安、深业集团、顺丰速运、深圳地铁、深国投、海带宝、古尊表业、品味集团、迈索尔瑜伽等国内中大型企业及各行业翘楚。

个人经历：

曾就职靳与刘设计机构，拥有丰富的大中型品牌设计及整合经验。

2013年创立深圳点一（DOTONE）品牌设计机构，致力于东西方美学精神和国际化现代设计艺术语言交融平台的搭建，以“理性分析力＋感性创造力”为商业设计核心价值观，为合作伙伴输出高品质设计作品，并准确有效地取得商业价值。
在多年的实践中，我们学习、了解不同品牌、产品的个性及定位沟通与传达，从品牌、定位、设计到美学，以一种完全独立的品牌整合高度与当代思维触感对话，创造超越竞争对手的品牌竞争力，不断与合作伙伴分享对市场的认识和经验，让合作伙伴深切感受到设计为其带来的巨大行销力。

观点：

不盲从与赋予，而是去感受。
高品味、文化性、专属性、多元化、差异化是点一倡导的品牌设计主张，也是当今社会产能过剩、消费升级、文化荒蛮下传承中国传统精神并建立文化自信的价值诉求。
为企业提供以品牌为核心的系统化设计解决方案。同时以设计研究为驱动力，不断完善和推动工业设计在制造企业中的地位和领导力。

图一
图二
图三
图六
图八
图七
图九
图四
图五

图一:【顺丰优选品牌形象设计】

SF-best是以全球优质安全健康美食为主的网购商城，LOGO设计与母品牌顺丰速运保持一定的关联性，以此更好地依托其强大的品牌背书并节省传播成本。

图二:【TCL科技集团 企业文化IP形象设计】

LOGO设计将鹰作为形象载体并融入“书法笔触”与“互联网线条”的概念，高度提炼、聚焦动势，彰显出TCL科技集团“全球领先之道”的核心发展观。

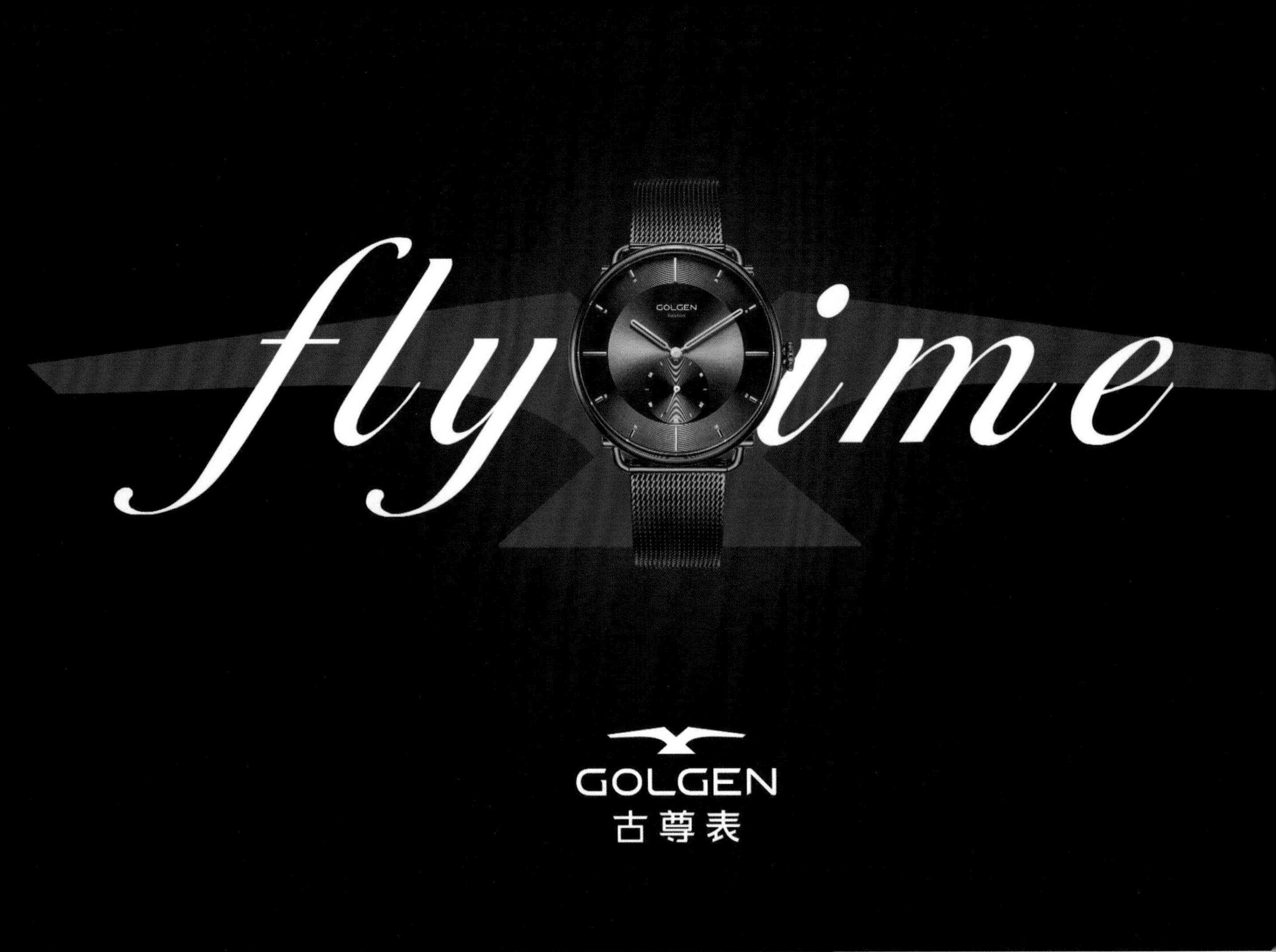

fly time

GOLGEN
古尊表

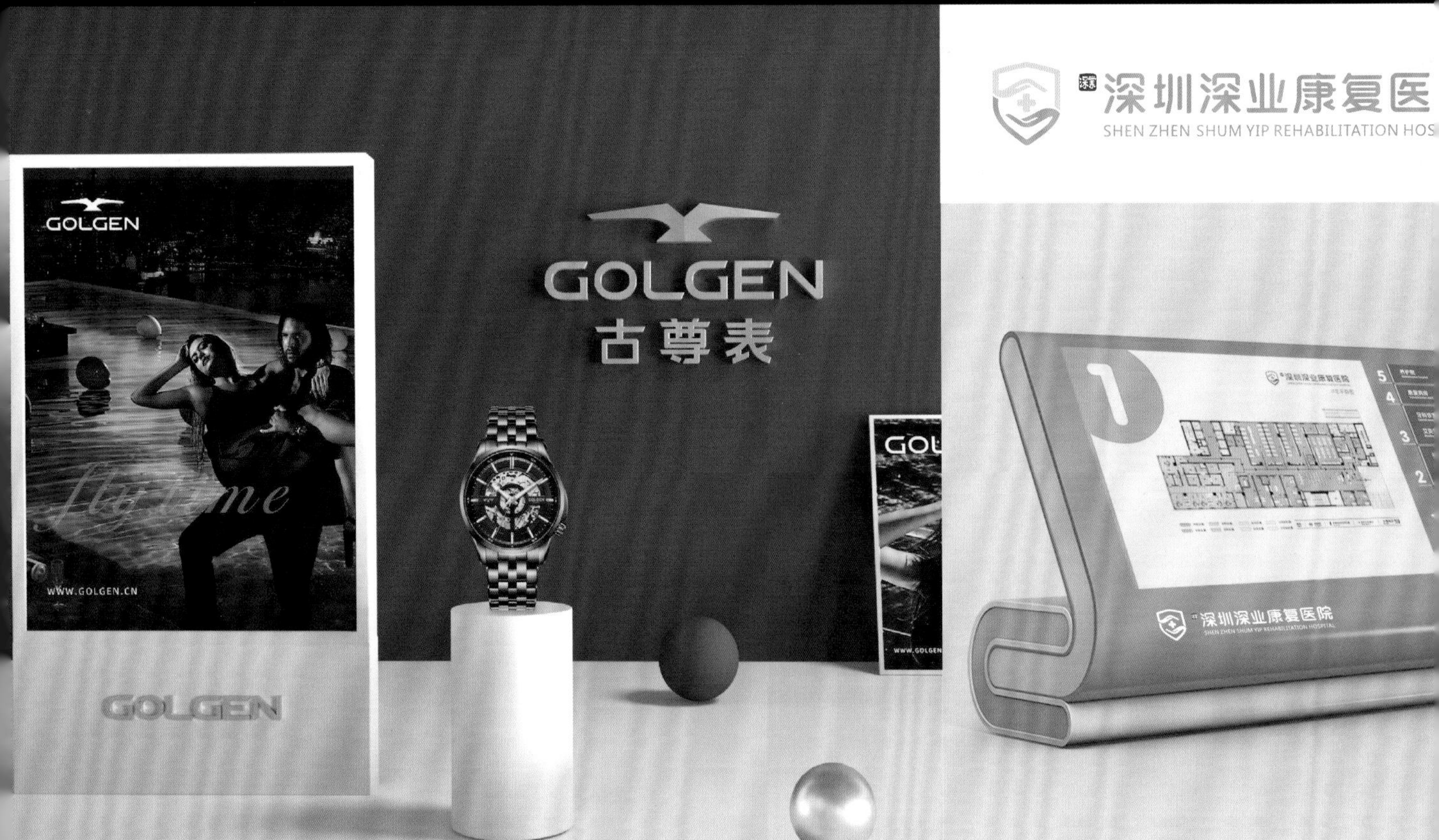

深圳深业康复医
SHEN ZHEN SHUM YIP REHABILITATION HOS

图三、图四：【 古尊表 品牌形象设计 】

绅士稳重和明亮柔和的金属色调，营造出积极、优雅、高品味的生活方式，逐梦之翼、飞跃之时，见证时间带来的感动。

图五：【 深圳深业康复医院 品牌形象设计 】

彰显和谐互动的医患关系，同时也传递出“以人为本、妙手仁心”的服务理念。

图六、图七：【 迈索尔瑜伽 品牌形象设计 】

全新的品牌VI以“水能量”为概念，彰显了MYSORE U+将会展现如水一般的特质——海纳百川，包罗万象。

图八：【 SOLIYEE 品牌形象设计＋包装设计 】

满满的燕窝成分似胶原蛋白般滋养补水渗透肌肤。

图九：【 楼珸燕窝品牌形象设计＋包装设计 】

古典精致主义和现代沟通互联语境，让传统燕窝文化唤醒时尚、精致的生活态度，带来健康、美丽的生活方式。

董兵

品牌设计师
产品包装设计师
奥格光年创始人
ICAD国际商业美术高级设计师

个人经历：

2013年，对于董兵有着非凡的意义，女儿的出生让他对于生命的价值有了全新的认知和感悟。在女儿两岁的时候，他决定去寻找理想的生命状态，于是创办了“奥格光年”，寓意“奥义无限，格高志远”。

用一支笔在纸上构思属于他的天马行空，几本书翻阅着多彩的大千世界，作品的创作思考就这样在反复的推敲细化中开启。他常常会说：“品牌设计也需要有节奏，如同一部优秀的电影作品需要主次分明的递进关系，这样才会深入人心”。

设计的目的是创造出品牌价值，为品牌注入视觉灵魂的基因，有利于品牌管理和识别，准确地面向市场。让设计融入生活，在生活中学会思考，在不同的领域观察分析，为品牌准确定位。学习换位思考，已成为他在创作过程中所具备的逻辑习惯。工作中会倾听品牌的心声，通过学习交流，了解市场现状，满足终端需求，为品牌视觉定制专属的解决方案已经成为他衡量作品的基本标准。

不做没情感的量化服务，仅做有情怀的定制原创。

坚守一份信仰，让品牌绽放新生。

设计感悟：

“术业有专攻”，作为一名合格的设计师，首先要了解市场，学会观察市场行业动态，倾听品牌心声，各种形态的设计，归根结底是服务于人，产生价值。在如今市场经济的巨变中，品牌的多样化也层出不穷，市场对于品牌的需求也不仅仅只局限于产品本身。消费者对一个品牌从认知再到忠诚，也在品牌的裂变过程中产生快速的发酵，品牌的个性化、原创性、场景化、多元化、互动体验也要与时俱进。对于设计师的要求，也不仅仅只满足于设计一款有颜值的LOGO，而是要对市场的定位、终端消费者、竞品、品牌优势及卖点进行敏锐且系统地分析提炼，将繁复的交织关系用准确、简洁、统一的视觉艺术语言进行传达，产生“1+1＞2”的品牌效应。但是在实际工作中，经常会有很多品牌或者企业无法在理想的资本预算或市场阶段性认知中进行落地执行，这也需要设计师根据品牌的实际情况“量体裁衣”，设计专属的定制化解决方案，让视觉艺术孕育出更大的市场价值。

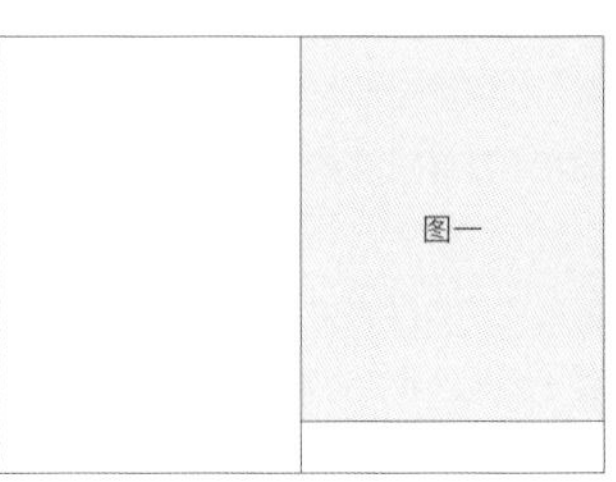

图一

图一:【巍林乐友 音乐艺术教育】

品牌标志设计，品牌视觉识别系统，品牌插画设计

KAKALA
BRAND
DESIGN
Rock
KAKALA
KAKALA
KAKALA
KAKALA

图二、图三：【 咔咔啦炸鸡 品牌 】

品牌标志设计，品牌视觉识别系统，品牌插画设计

图四：【 追忆那时月饼礼盒 】

插画设计，礼盒包装设计

图五：【 夜梵精酿啤酒 】

标志设计，插画设计，包装设计

图六：【 口渴拿 TA 品牌椰子水 】

包装设计,促销陈列设计，品牌插画设计

图二 图四
图三 图五 图六

吴少楠

著名品牌包装设计师
资深餐饮品牌设计顾问
深圳市知食分子品牌策划有限公司联合创始人＆设计总监
深圳十月十日品牌顾问有限公司创始人

荣誉奖项：

2017 Pentawards全球包装设计奖
2015中国创意设计大赛金奖
2015中国创意设计大赛银奖2项
2015中国包装创意设计大赛二等奖
2015入围中国十佳包装设计师
2013Pentawards全球包装设计奖银奖
2013第九届澳门设计双年展
2012中国创意设计大赛银奖
2012《中国创意设计年鉴》论文大赛二等奖

个人经历：

2004年进入广告行业做平面设计师，随后进入快消品包装行业，经历过中国酒类包装的辉煌时代，后来专注于中国市场的餐饮品牌设计。
曾在国内多家著名设计机构担任设计总监、品牌顾问，帮助企业实现品牌系统性打造、形象升级，建立竞争壁垒，提升品牌势能。
案例涉足品牌策划、产品开发及包装设计、餐饮品牌设计、文创设计等众多领域，包括古井集团、中粮集团、香格里拉、张裕、国泰华集团、皖酒、长城葡萄酒、海尔集团、微鲸、五粮液、银基集团、星巴克等知名品牌与企业。

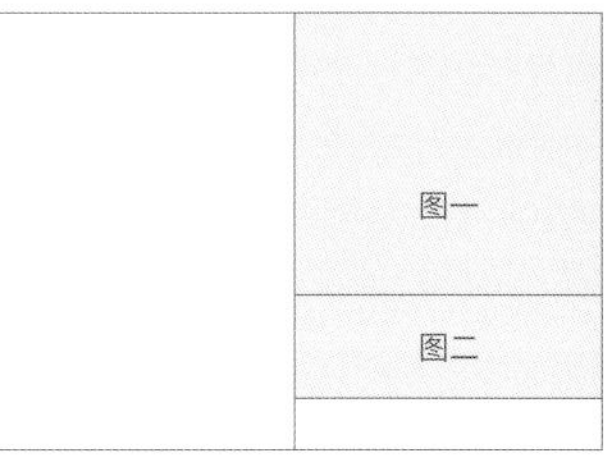

图一、图二：【 御香龙脑车载香水 】

御香龙脑车载香水的产品设计，从瓶型的设计到包装盒的元素设计都运用龙脑叶子的造型作为基础，融入了神秘的东方文化图腾——祥云、叶子、水源等，展现对大自然元素崇高的致敬。

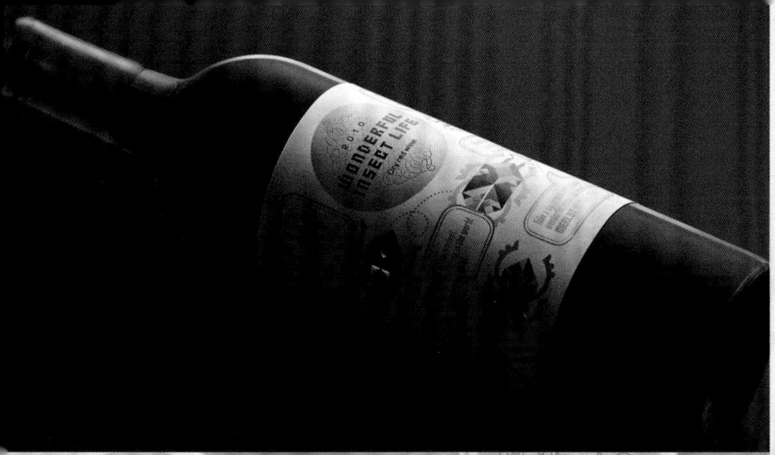

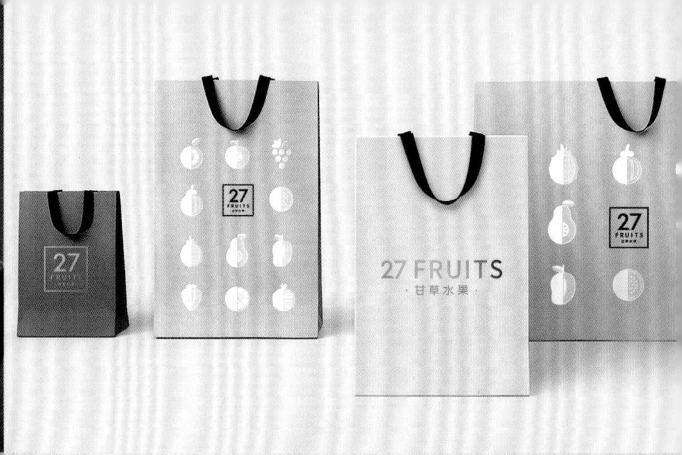

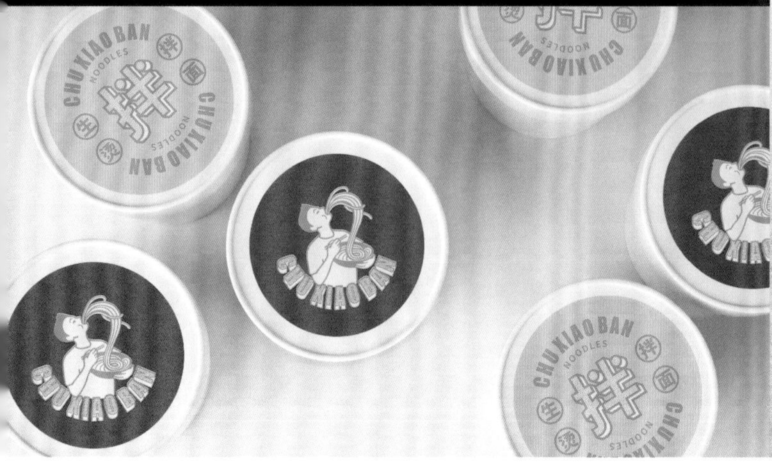

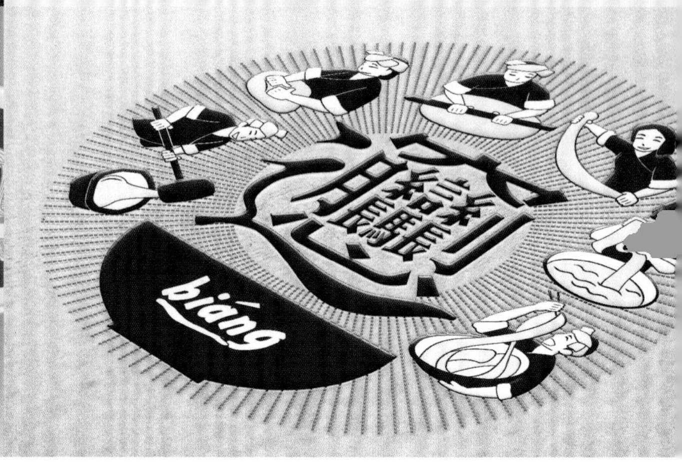

pentawards
2013
SILVER AWARD

I LOVE YOUR LAUGH
AGREEMENT
SO MUCH
Merlot
800 LOVE LETTERS
THE LOVE LETTERS
MON CHER

图三:【WONDERFUL INSECT LIFE】

精彩虫生——用生动、趣味的方式演绎都市年轻人的生活态度。

图四:【27 FRUITS · 甘草水果】

奈雪の茶旗下子品牌,通过设计手法体现鲜果切的品牌特色。

图五:【楚晓拌】

汉派传统拌面小吃品牌的现代化创新设计表达。

图六:【老碗会】

通过制面步骤表达一碗"biangbiang面"的匠心精神。

图七:【800 love letters wine】

演绎关于情书的浪漫爱情故事,Pentawards 2013银奖作品。

图八:【杨记隆府】

传统文化的创新演绎,让设计风格更符合都市人群的喜好。

图三 图四
图五 图六
图七
图八

吴涤

河南三乐文创文化传播有限公司联合创始人
河南时光建筑设计有限公司视觉总监
香港财经学院金融硕士学位
郑州大学工商管理EMBA博士
CDS中国设计师沙龙理事
尖荷系设计教育全国实战导师
郑州轻工业学院亿斯顿美术学院客座讲师
河南牧业经济学院艺术系特聘导师
河北美术学院传媒学院特聘导师

个人经历：

2013年与合伙人创建河南三乐文创品牌设计公司，致力于企业品牌形象咨询、创意设计、产品战略的品牌全案服务。
从创始之初就坚持以纯粹的作业方式，向企业提供高品质的设计服务。
创始初期三乐文创只有2人，2015年—2019年是三乐文创的创业期。
壮大后的三乐文创始终保持着高质量创意的发展节奏。
2017年三乐文创移师到黄河迎宾馆，建立了一所隐藏在树林中的四合院。
2018年组建完成三乐文创核心团队，确立合伙人机制，三乐文创迈向新时代。

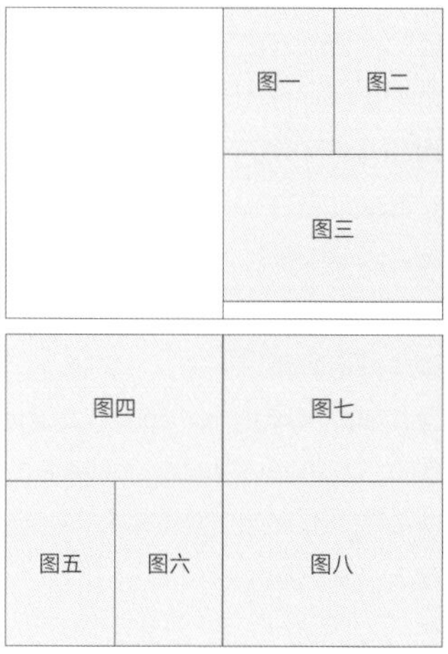

图一 图二
图三
图四 图七
图五 图六 图八

图一～图三:【 AMYCAKE 埃米手作 】

AMYCAKE是一家创始于2014年的法式甜品店，目前有3家线下门店和1家线上门店。如果说毕业于雷诺特厨艺学院的主厨是甜品店标配，那么同时拥有两名雷诺特+蓝带的主厨，且全线使用 kolb、金城等高端设备定是郑州甜品界的顶配。三乐文创为AMYCAKE提供从品牌形象定位、形象战略到品牌设计等一系列的设计服务。升级后的品牌渐变色，无论从品牌包装还是产品研发，都实现了市场差异化，帮助AMYCAKE建立了自己的品牌资产，并得到顾客们的一致喜爱。

BYEPAST
FROM LONDON, UK
STRICT QUALITY CONTROL
MULTIPLE INSPECTION PROCEDURES
GENUINE FEATURE STANDARD
SAY BYE BYE
TO THE PAST
BYEPAST

图四～图八：【BYEPAST】

BYEPAST是一家源于英国的潮流女鞋品牌，年轻、张扬、潮流、品质，是BYEPAST所展现的特质。

三乐文创经过产品定位、形象战略、品牌设计等一系列设计，为BYEPAST打造了全新的潮流品牌形象，BYEPAST的形象也被戏称为“奶凶奶凶的小熊”。

朱铭

品牌策划师
商业设计师
SEETHINK山雨思见品牌策划与设计机构创办人
山西敲门砖数字文化创意股份有限公司董事

服务领域：
品牌策划、品牌形象设计、产品包装设计、商业空间设计

服务客户：
万科、联想、保时捷中心、海岩咖啡、岭峥炒栗、今度烘焙、金虎便利、荞歌、太原国投、朗润等。

荣誉奖项：
中国之星设计奖
HIIIBRAND设计奖
CCII国际商标标志双年奖
作品入编《亚太设计年鉴》
作品入编《中国设计年鉴》
作品入编《包装作品年鉴》

个人经历：
读书时的专业是广告学，后来从事了设计相关工作。广告学中营销策划和传播学的知识，对我后期在商业设计领域发挥能量起到了很大作用。2004年到2011年，在西安、太原、北京、乌鲁木齐四座城市学习、生活、工作、创业，不同城市的不同经历都是很有价值的人生体验。

2014年创立了SEETHINK山雨思见设计公司，目前在北京和太原建立分支机构，主要从事品牌的商业设计。在经营设计公司的同时，我参与投资运营的文化产业公司也在发展中迎接着不同的挑战，公司伙伴从十几人到上百人，2019年完成了股份制改造，在新四版挂牌。我自己也在设计师与企业管理者身份中相互切换，更理解客户的需求，对商业设计的认知不断深化。

设计观点：
公司成立之初，我们就明确了“做有策略的设计”的理念。设计师不一定要做策略制定的工作，但要懂策略意图，理解要传达的信息，要突出的卖点，或者是企业的文化、理念。先做“对”很重要。追求“美”是当然的，强调策略不能成为丑陋的理由。设计往往是大“策划”，是解决问题的同时创造美好。

在商业设计中，我认为设计师团队应具有“品牌资产观”和“成本意识”。商业设计不是简单的服务买卖，而是一种对于投资的管理。商业设计就是投资，投资的结果是有将设计成果转化为品牌资产的可能。所以在商业设计中，要有品牌资产观。关于成本意识，大家能直接想到的就是制作成本或者生产成本，我们还想强调的是“决策成本”和“沟通成本”。决策成本的理解关系到对于品牌意义的理解，以及商业设计对消费者产生的意义。沟通成本其实是商业设计要解决的一个重要问题。设计首先要和看到它的人及使用它的人产生沟通，还要让使用者和第三人产生沟通，这些沟通越顺畅成本就越低。

图一

图二

图一:【竹山LOGO设计】

“山”和“竹”都是中国传统文化符号，借鉴中国山水画的意境，展现一个富有诗意的标志设计。

图二:【晋作家具LOGO设计】

晋作家具是中国古典家具四大流派之一。该标志设计，将中式椅子形象与山西的简称“晋”字巧妙结合，直观有趣地表达了“晋作家具”的主题。

图三		图六	
图四	图五	图七	图八

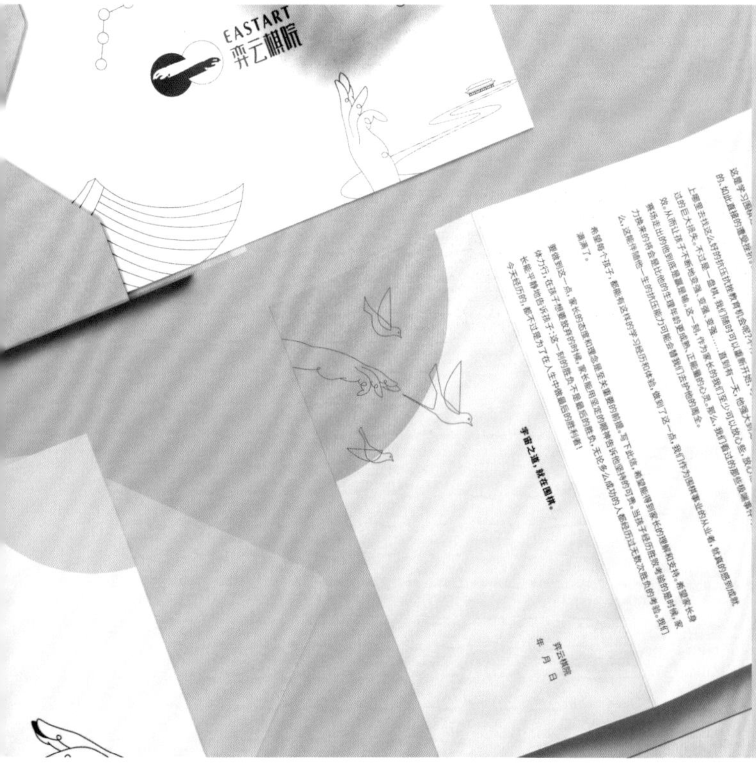

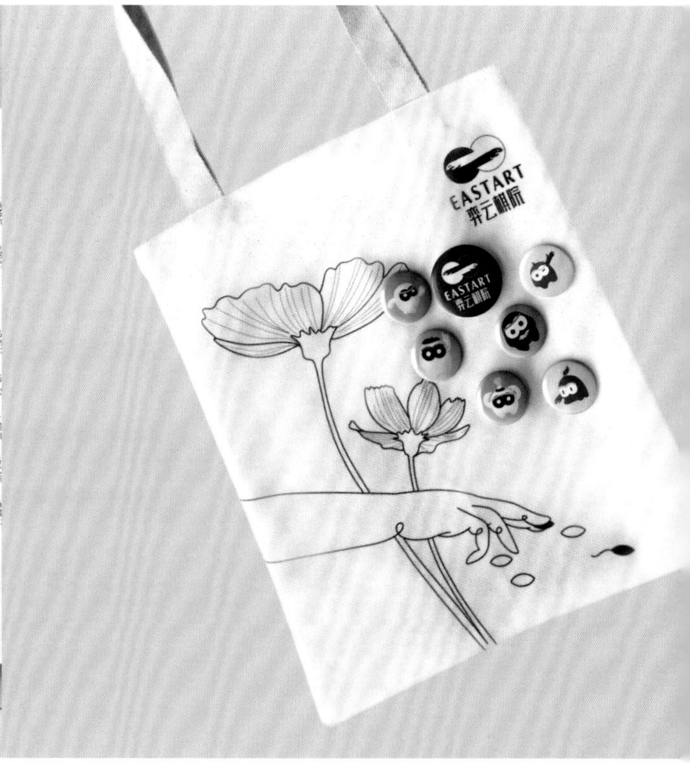

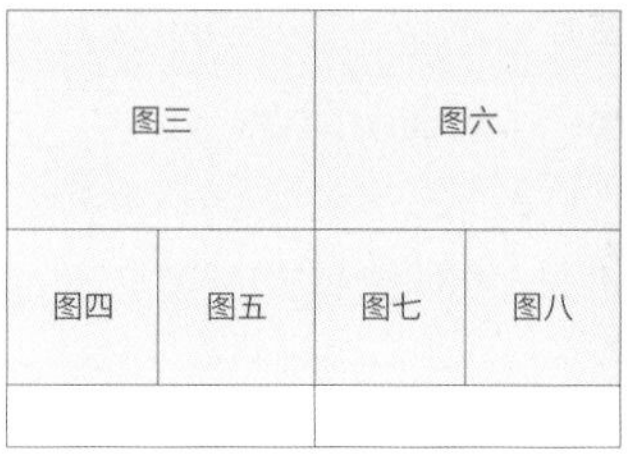

图三～图五:【弈云品牌形象设计】

这是一个致力于传播东方文化的围棋少儿培训品牌，标志以围棋黑白棋子为原型，通过正负形的创意设计表达，展现品牌气质。几个充满活力与智慧的棋族精灵作为吉祥物，在孩子们学习围棋的过程中进行有趣的互动。结合了东方文化与围棋特色，禅意的表达，使品牌形象更加生动立体地呈现在大众眼前。

图六～图八:【云视窗品牌形象设计】

这是一家从事电子成像技术的科技公司。我们将眼睛与中国的祥云纹饰结合,构成了一只中国科技的眼睛。

陈东森

品牌超级符号战略导师
张小盒形象主创设计师
盒成动漫 & GZEN吉占创始人
联盒圀·跨界艺术展策展人
ICAD国际商业美术设计师协会A级会员
中国国际动漫金龙奖专家评审
广东省动漫艺术家协会理事

荣誉奖项：

首届国家文化艺术政府奖最佳漫画奖
国家动漫精品工程项目奖
国家文旅部原创动漫扶持七项大奖
国家新闻出版总署重点动漫一等扶持
中国年度十大动漫形象
第四届金龙奖最佳成人漫画奖
亚洲青年动漫大赛最佳形象设计奖
日本TBS动漫大赏优秀奖
腾讯年度十大动漫&年度网络红人
亚洲动漫榜年度最有爱漫画
CCTV央视十大创业英雄
首都互联网协会优秀原创网络动漫
两届中国广告节金奖及全场大奖(2003，2005)
纽约美术指导俱乐部ADC广告银奖
香港4A商会银奖/亚太广告节铜奖
台湾时报亚太广告节金奖/克里奥优秀奖

擅长领域：

动漫知产品牌设计孵化及衍生价值系统开发

服务客户：

21世纪传媒、广州地铁、广州亚运会、港铁、WWF、网易严选、阿里文学、茵曼集团、壹基金、熊猫资本、特百惠、上海大悦城、红砖美术馆、可口可乐、惠普、周大福、许留山、大亚湾核电、白云机场、广州交警等

社会影响：

国家“十一五”规划成果展张小盒作品受邀在首都博物馆展出
被中央电视台数次专题节目报道并誉为中国白领上班族动漫形象代言人
国家话剧院合作改编四部《办公室有鬼》全国巡演200多场
创造中国最早的个众媒体传播和社群营销案例的国内经典IP品牌
粉丝超500万、多IP品牌运营影响力过亿、衍生产品年销售额过亿
出版张小盒系列漫画书总销量50万册

个人经历：

从事品牌管理和动漫产业共20余年；
专注动漫产业近10余年并获动漫产业界逾百项大奖；
以IP品牌知产内容共情+运营共生的战略思维，系统创建未来可持续跨域连接的产业价值想象空间；
早年任职多家著名广告公司从事品牌创意设计并屡获业界大奖；
2006年成功创办广州和一品牌设计有限公司服务千余案例；
2006年联合创作中国著名上班族漫画形象@张小盒在网络爆火；
2007年成立盒子创造社后更名为广州盒成动漫科技公司；
2017年成立GZEN广州吉占文化科技致力于品牌IP化研究；
2019年成立开森果（广州）文化产业投资有限公司。

设计思考：

泛IP化大时代已经到来，品牌看起来已经越来越像一个人。
缺乏互动共情体验的品牌只会逐渐失去生命力，品牌越来越需要借助IP化带来流量，给品牌和产品源源不断赋能。
品牌IP化简单来说，就是将文创产业的IP孵化和养育方法，引入到企业的品牌、产品和服务的市场工作中去。所以品牌要打破常规，全局顶层战略规划需要考虑：情感定位、世界观设计、强大的IP化角色、IP故事内容、超级文化符号系统、与大文化母体的关联结合。让IP下沉到产品和服务上，让产品变得角色化，服务场景戏剧化，直至品牌可以实现IP知产价值最大化。
总之，只有用产品开发思维，而非浮躁短利思维，让IP和IP化品牌生态环境可持续，才能为品牌的未来创造新的商业想象力。

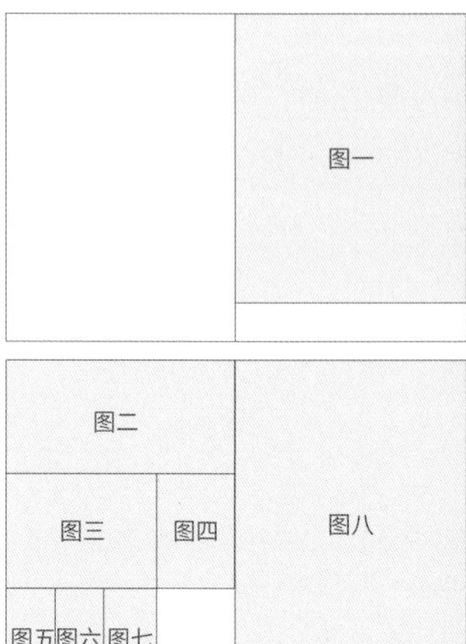

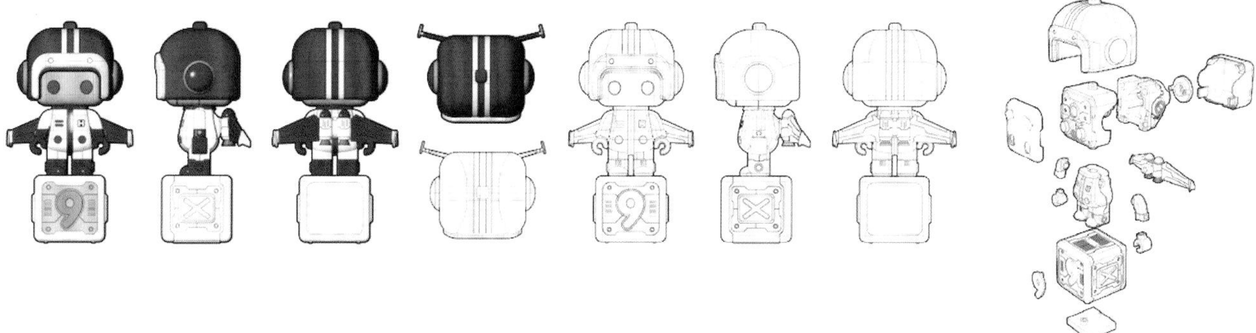

图一:【超能力小盒侠】

张小盒九周年的时候推出机械酷炫的限量版潮玩公仔，上班族张小盒梦见自己变身为一飞冲天的小盒侠，终于拥有宇宙无敌的超能力，打败老板VC高，上下班再也不怕迟到啦!它可以像乐高一样自由拼装。

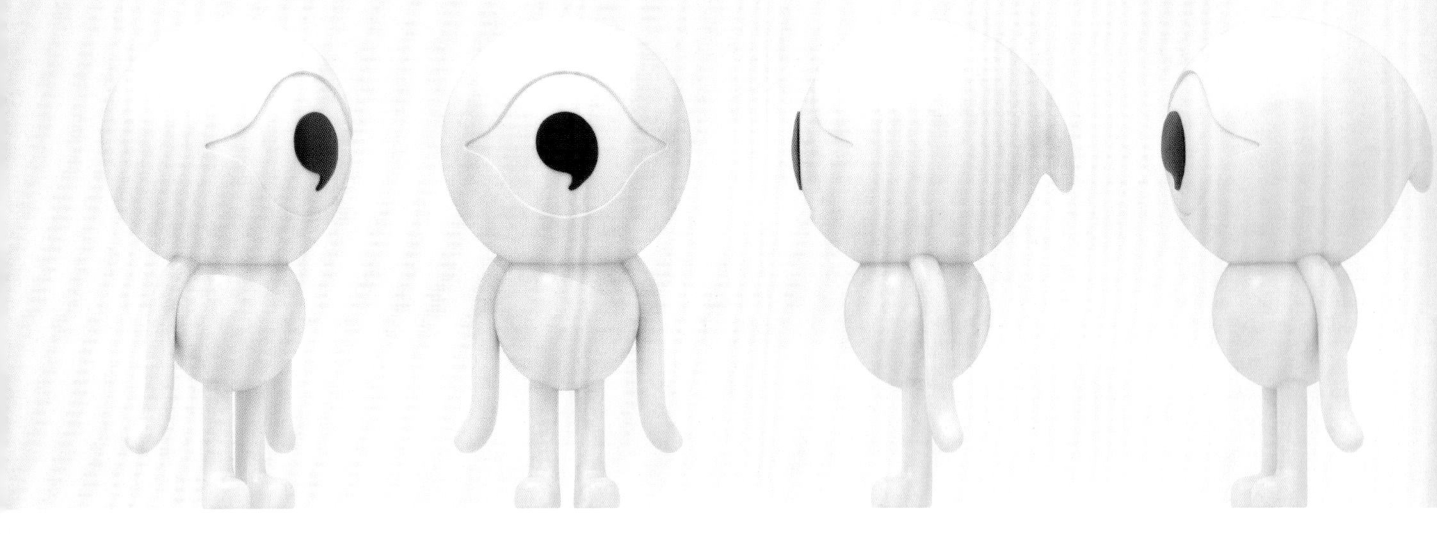

图二:【红砖美术馆·逗号人】

逗号在逗号宇宙星系里代表着:停顿、递进、呼吸、生命节奏、脑洞衍生以及对未来的探索。

图三:【INMAN茵曼 ·布蕾曼曼IP知产品牌形象发布会】

茵曼集团十周年庆暨IP形象发布大会(广州电视塔蛮腰)。

图四:【布蕾曼曼IP知产品牌形象升级版】

布蕾曼曼全新的IP形象根据旧版吉祥物公仔“棉麻姑娘”麻花辫女生造型迭代而来。

图五:【我是主饺 · Jordy君】

上海知名餐饮连锁品牌店 · 我是主饺开发的IP形象代言人Jordy君是个萌趣可爱的饺子宝宝。

图六:【优阅达 · DATAFACE家族】

生活在“数据脸谱星球”的阿达Ada是数据分析技术大牛，帮助用户学习如何使用Tableau。

图七:【东呈酒店集团 · 锋主题态度酒店】

东呈酒店集团为年轻人量身打造的酷炫潮流主题连锁酒店IP形象“锋小雷”火爆登场。

图八:【广州交警 · 路战队】

广州市交警支队IP知产品牌 · 路战队家族路队长，占据红绿灯全球经典符号的“智慧交警”代言人。

陈旭亮

设计师/策展人/艺术指导
北京喜堂品牌设计顾问有限公司创始人
生肖有礼联合创始人
CDS中国设计师沙龙理事
视觉中国集团签约摄影师
山东工艺美术学院实践导师
尖荷行动设计教育导师

荣誉奖项：
2019 CTB 2019创新影响力大奖
2018—2019 中华人民共和国社会力量设立科学技术奖人居创意作品优秀奖
2017红点奖（包装类）
2016红点奖（品牌类）
2013 第15届中国大师杯文创类设计奖
2009 北京奥运会纪念画册二等奖
1999 首届靳埭强设计基金二等奖

擅长和服务领域：
平面设计、品牌设计、文创包装设计、书籍装帧设计、藏品设计等

服务客户：
北京奥组委、中信集团、凤凰卫视、北广传媒、中国文物学会、中国邮政、国家体育总局、SOHO中国、中海地产、中国人民大学、北京大学、商务部、文化和旅游部、中化集团、中国石油、中国海洋石油、中国航天、电子电声集团第三研究所、中央电视台、人民出版社、中央文献出版社、作家出版社、山东科技出版社、国家博物馆、中国美术馆、国家大剧院、北京音乐厅、西藏地球第三极、鲁采餐饮等。

个人经历：
自幼绘画，本科毕业于山东工艺美术学院，2004年清华大学美术学院研究生毕业，师从中国著名设计师旺忘望先生，在书籍装帧设计、品牌视觉定位及生肖文化设计方面有独特见解。2012年成立北京喜堂品牌设计顾问有限公司，积极参与国内外设计学术交流互动，深琢传统文化精髓，服务现代人文生活，为企业品牌视觉提供专业策划及企业视觉形象设计导入，高端文化创意产品设计与定制、企业物料宣传设计等服务，同国内外著名设计师，企业，文旅部及故宫博物院等机构建立了良好的合作关系，并担任山东工艺美术学院、九江艺术学院、湖南女子学院艺术设计系、汉口学院艺术设计学院、郑州轻工学院易斯顿美术学院、景德镇陶瓷大学艺术设计学院等专业院校的客座讲师，设计作品曾在2019北京国际设计周、辛亥革命108周年海报设计联展、2019“榜样的力量”公益海报设计邀请展、2019立陶宛汉字现象国际海报邀请巡展、2018畲族创意国际海报邀请展海报大展、2018《包装设计》成立45周年海报创意邀请展、2017“贵姓”百家姓创意设计邀请展海报大展、2016北京宋庄百杰艺术家联展、2014中国邮政百佳集邮珍藏册设计特展、2010吉林省十佳地产优秀作品、2009年北京奥运会礼品特展等活动中展出。2008—2019年设计作品分别入选《亚太国际设计年鉴》《中国设计年鉴》《包装设计》《艺术设计》《古田路9号品牌6》《湖南包装》等。2018—2020年联合创办“生肖有礼”品牌，用生肖新国潮概念打造新时代的传统文化，初见成效。

设计理念：
科技时代与生活美学深度融合是未来考量设计师生存环境的重要标准，生活需求与高科技概念互通并提升美学化进程是设计的理念前驱，快节奏全民娱乐化的互联网则是设计发展的环境后驱，同时也是决定设计表现形式的主要因素。未来是颠覆性多变时代，消费群体的虚拟价值无限放大将会带动设计行业以“小设计，大生意”的时代呈现，设计已经超越原本概念，正走向广域的同理心领域，回归本源及自然，关心粮食及生活必需品，保持足够的阅读量，汲取传统、学会再造，做有同理心、有温度的设计。

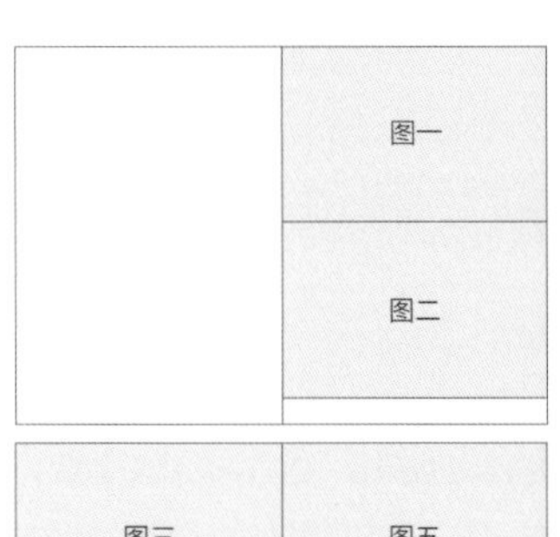

图一：【 中国符号——手艺仁心 】

“求木之长者，必固其根本；欲流之远者，必浚其源泉。”系列图书追溯本源概念，讲述8位非遗匠人艺术家的故事，天然粗糙灰黑色封面手工纸露出斑驳痕迹，犹如历史的符号诉说书中故事。红色装帧线贯穿整本书，犹如脉络传承的“符号”透漏出中国文化的情韵。

图二：【 汇裕恒达企业形象视觉设计 】

此品牌是国内顶级高端汽车供应链行业，高端进口车是企业的主营业务，平行刚劲有力的线条赋予标志特有气质，金色材料的选择彰显品质感。

鸿运当头
喜
米
汝鼠佳甄
富貴
富貴牛雜
THE RICH MACAU BEEF OFFAL
記

图三:【汝鼠佳甄】许雷大米生肖系列——老鼠爱大米汝窑罐装米。整体设计由解耀杰、陈旭亮、黄林杰联合创作。

图四:【富贵牛杂】地道澳门味道，运用澳门独特造型元素及识别色彩绘制牛头造型，北京三里屯网红打卡餐厅。

图五、图六:【地球第三极】西藏——地球第三极的馈赠，选取藏区珍稀动物——牦牛、藏獒、藏羚羊为创作元素进行插画绘制，体现自然纯净。

图七:【玛瑞纳】匈牙利皇室用水，以铜版雕刻工艺式样的插画风格绘制皇室城堡，追溯水源的历史渊源，体现皇家用水的调性。

杨大炜

设计师，策展人
行谈艺术史沙龙策划人
中国设计师沙龙CDS理事
中国书画家联谊会会员
北京午未创意文化传媒有限公司总经理
视觉战略联盟创始发起人
中国“微字体”设计展创始发起人
“斯飞”小组成员

荣誉奖项：

2003年北京市东城区教育系统“先进个人”
多件作品入选第七届、第八届、第十届、第十二届《APD亚太设计年鉴》
海报作品《空山》入选2012年KECD韩国当代设计展
海报作品《古都北京》入选2014届北京设计周AGDIE国际海报展
知道教育标志等入选第八届、第九届《中国设计年鉴》
万科幸福家品牌设计等入选第九届国际商标标志双年奖“形象管理奖”
行一空间标志等入选第十一届国际标志双年奖铜奖

擅长领域：

中国艺术史、品牌形象推广与设计、文创设计、书籍设计

服务客户：

北京奥组委、海淀区政府、美国驻华大使馆、故宫博物院、浙大博物馆、国家电网、中信集团、万科、优客工场、东京画廊等

设计观点：

工作不畅80%是沟通问题

如果设计或者施工过程中出现问题，80%是沟通问题，沟通不恰当，沟通不及时，剩余20%是执行能力的问题。每个项目或者工作接手之前，都要与总监或者客户沟通清楚，磨刀不误砍柴工，无论客户有多着急，都要沟通明白，再做设计。

项目负责人就是孩子妈

负责人就是孩子的妈，其他人可以帮忙带，帮忙看，但最终孩子怎样，还是需要妈妈来看，妈妈来关心。项目负责人要时刻把握项目的进度和问题。

设计过程就像谈恋爱

设计工作就像是两个人在谈恋爱，谈的时间越长，越能更加了解对方，越能知道对方想要什么，最后才有可能走到一起。所以，设计的过程，就是与客户“恋爱”的过程，不能操之过急，刚见面就要“结婚”（定稿）。

设计工作就像医生问诊

设计工作也像是医生治病，必须做到“望”“闻”“问”“切”。首先需要“望”，是要见到病人（设计的是什么）；“闻”是要听病人讲述病情（客户的想法）；“问”是要问病人的病情（问客户的想法的同时，讲述自己的想法）；“切”是要诊断，开出药方，对症下药（给出设计方案，确定适合客户的一款）。设计是专业人士指导客户，而不是客户指导专业人士。

不要仅从审美角度看设计

4万元的奥拓和40万元的奥迪，都是优秀的设计，市场证明了它们都是成功的，不要仅仅从审美的角度看设计，设计的审美要符合产品定位、成本、市场定位等综合因素。

自我要求要高于客户要求

设计工作，达到客户的要求是我们的基本要求，达到同行业的标准才是我们的专业追求。

坚持做“费劲”的事

同样的时间，你要尽可能去创新、去做更好的作品，做“烂”作品也要花一样的时间，为什么不留个好作品呢？这样你就会越积累越好。费劲的事会沉淀下来，不容易被取代。

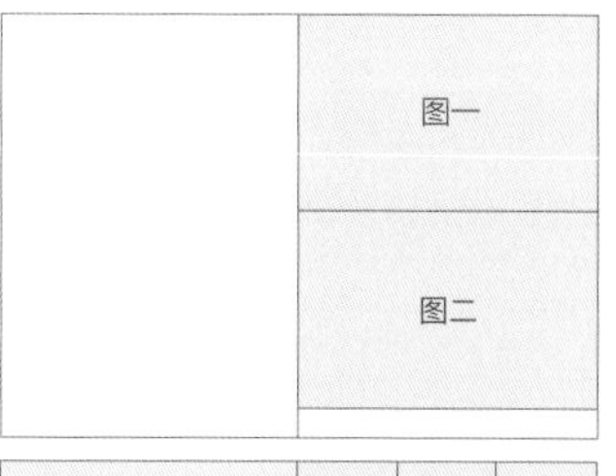

图一、图二:【宋徽宗“天下一人”画押紫光檀香盒】

此香盒正面为方形，采用了历史上著名的诗人、书画家皇帝宋徽宗赵佶的签名“天下一人”和皇帝印章“御书”的图案，其中“御书”为镂空设计，烟雾从内飘出，“天下一人”为黄杨木镶嵌在紫光檀木内。

图三：【《 斯飞日历 》】

“斯飞”取自《诗经》中形容古建筑的诗句“如鸟斯革，如翚斯飞”，《斯飞日历》甄选了400处“全国重点文物保护单位”作为每日内容，封面采用唐宋建筑常用的绿色琉璃瓦色，封面烫金用了山西繁峙岩山寺金代壁画中的酒楼，字体设计遴选了北魏碑文字体，是一本值得珍藏、永不过期的日历。

图四、图五：【《识古寻踪——中国文化史迹手账》】

《识古寻踪——中国文化史迹手账》是中信出版社出版的一套文创手账，用四个分册把中国华北、华南、华东、华西的全部“全国重点文物保护单位”都列出来了，我为手账绘制了100多幅毛笔插图，还有一幅文物的地图。

图六：【“仙山楼阁”中秋礼盒】

中秋礼盒包装是以文采艺术独冠一绝的宋徽宗赵佶为文化背景，结合宋 · 缂丝《仙山楼阁图》的绘画元素进行设计，展现出众人凭栏观景、共同赏月的美好意境。

图七～图十二：【行谈艺术史沙龙海报】

行谈艺术史沙龙是以北京、上海为基地进行线下分享的活动，至今已举办了120余期，每一期都甄选中国艺术史上的精华内容，海报设计不仅仅是一个“通知”，还需要承担内容的呈现，激发购买欲望。

唐陵

威仪天下

上辑：初唐—盛唐

孙振华/主讲

孙振华：网名梯子老鬼，篆农人，古代狮子鉴定家，西安六行集合主人，曾探访唐陵数十次。

同屏直播

专业摄影师官方拍摄

放映介绍：幻灯以传统120格式反转片呈现，每帧高达一亿像素，内容涵盖山西五台县南禅寺、佛光寺，大同华严寺、善化寺，朔州崇福寺，应县净土寺、佛宫寺释迦塔，繁峙县岩山寺、公主寺，高平市开化寺、铁佛寺等全国重点文物保护单位中的建筑、壁画、雕塑等遗存。

放映员、讲解员：

任超

文物摄影师，斯飞小组成员，壁下观主播，万物尚志博物馆亲子探索活动主理。曾供职于《博物杂志》、《华夏地理》、《紫禁城杂志》，为多家文博机构提供专业摄影服务，著有《古台仪象》、《中国港口博物馆》等文物图集。

地点：行一空间（北京市东城区东直门内大街254号）
交通路线：地铁5号线北新桥C口右拐再右拐200米
百度地图搜索“晓林火锅簋街店”胡同内10米即到

3X3米投影

比现场更清晰更震撼

放映器材Hasselblad pcp80幻灯投影机

2018年
10月12（周五）
晚7:00~9:00

茶点费：¥199
因场地与放映效果限制
开始前2天不能退票！
席位有限，请扫码报名

每个时代有着不同的时代精神，也见诸佛像造型艺术的发展
中国的雕塑、绘画、人物造型以传入的佛像为蓝本，
历经数变，延续至今，异彩纷呈，成为了中国艺术典型的代表之一
一切作品都很难超越它所处的时代，所有造像只是一种时代表达
王般般为您解读佛像东传和背后的故事

王般般，佛教美术爱好者，热爱陈年之美，倾心古代艺术。北京高校任教十余年，教授西方文论及中西方文化比较，留学生中国历史文化等人文类课程。北京培黎教育发展中心“东亚艺术鉴赏及史论研究所”负责人，山西大学世界遗产保护中心雕塑研究室研究员。

2018年
8月31（周五）
晚7:00~9:00

地点：行一空间（北京市东城区东直门内大街254号）
交通路线：地铁5号线北新桥C口右拐再右拐200米
百度地图搜索“晓林火锅簋街店”胡同内10米即到

茶点费：¥88（真有食品）
情怀需要支持才能落地
席位有限，请扫码报名

唐風東渡

留日建築師眼中的日本早期寺廟建筑

飞鸟时代
法隆寺
唐招提寺
东大寺
大佛的铸造
平等院凤凰堂
……

王冲/主讲

建筑师，中央美术学院设计学博士候选人，东京大学工学院建筑系硕士《日本建筑的艺术》译者。

直播回看

我们将通过挑选中国历代最具代表性的古碑刻这个独特的载体来梳理我们伟大的书法传承和发展的历史。这是一个对书法史解读的全新的角度。

先秦、两汉、三国两晋、南北朝、隋唐、宋元，从十一块代表性的古碑中看见贯穿中国整个历史时期的书法演变与社会发展的关联。

如何欣赏隶书？
王羲之为什么这么牛？
书法为何在一千六百年前就达到了最巅峰？
颜真卿凭什么仅次于王羲之？
唐朝为何盛行楷书？
苏东坡为什么每个字都是歪的？
这跟陶渊明又有什么关系？
宋朝书法为何衰落？
赵孟頫为什么是中国书法史集大成者？
同时又是书法史的谢幕者？

透过不同时期的碑石来看书法，我们看的就不只是书法，而是一整个全新的世界！

筱溪听泉/主讲

凤凰网首届全国原创文学大奖赛一等奖获得者
《中国国家地理》特约撰稿人
常州文保专家库成员
高级工程师

2020年
3月11日
周三晚7:30—9:00

直播

限时免费
三天之内免费回看
微信识别二维码进入公号
回复“11”获得免费观看码

从長安到敦煌
的地理歷史環察

石窟、建筑与人
中国西北的广袤大地上
蕴含了太多东西方文明交融的密码
在长安与敦煌之间
大唐带您寻访这些被历史湮没的文明

主讲人
大唐
网名大唐行者、隐达，文化行者，终南明舍创始人

2018年
8月17（周五）
晚7:00~9:00

地点：行一空间（北京市东城区东直门内大街254号）
交通路线：地铁5号线北新桥C口右拐再右拐200米，
百度地图搜索“晓林火锅簋街店”胡同内10米即到

茶点费：¥88
会所空间，席位有限
扫码报名，拒接空降

赵欢(Kevin Zhao)

品牌设计师、艺术家
上海蓝堂品牌设计机构创始人兼创作总监
CDS 中国设计师沙龙会员
CCII 国际企业形象研究会会员
IDA 国际平面设计联合会会员
《艺酷300中国创意设计力量》推荐设计师

擅长领域：

品牌策略、品牌设计、标志&VI、平面设计、包装设计、纹样设计

服务领域：

品牌策略、品牌设计、包装设计、纹样设计、空间陈列

服务客户：

WIDSPEED风速山地车（美国）、HINO安防监控（美国）、上汽名爵汽车、杉杉股份、盒马鲜生、NasalCleaner诺斯清、SY+潮牌、杨子君台湾茶、百丽集团、上海飞洲国际、上海拜石、宇华电器、龙裕集团、方大通信、唐巢公寓、新鱼港海产、CEHEES 1088 精酿啤酒餐吧、嘉梦依袜业、SOFU舒工纺、佰味仟和、桃妖妖民宿、美恩优儿、睿昱国际、杭州利诺视讯、扬和卫浴、VEVOR 跨境电商等。

荣誉奖项：

2019年2019澳门国际设计奖
2019年CGDA 国际标志设计大赛优秀奖
2018年入编《艺酷300中国创意设计力量》
2018年入编《第十四届APD亚太设计年鉴》
2018年入编《包联网包装作品年鉴》
2017年CGDA国际标志设计大赛铜奖
2015年第十二届中国之星设计奖优异奖
2015年入编《 APD 亚太设计年鉴》
2015年Hiiibrand Awards 国际标志设计优异奖
2014年第九届 CCII 国际商标双年奖银、铜奖
2014年入编《国际设计年鉴》

个人经历：

1984年，出生于江西九江，现工作、生活在上海。自幼喜爱涂鸦画画，高中研习工艺绘画，大学攻读家纺艺术设计。

2005年大学毕业后，在一家事业单位从事了3年家纺设计领域的工作，热爱设计、喜欢折腾，一次偶然的机会接触了品牌设计项目，便产生了浓厚的兴趣，而后便跨界到品牌设计领域至今。

2004—2008年，在国内多家知名设计公司任设计师、设计总监、艺术总监。2015年，创办上海蓝堂品牌设计有限公司（简称:蓝堂品牌），出任创作总监。从业至今12年有余，目前主要专注品牌策略设计与研究，同时活跃在平面、空间、家纺、摄影等多个领域。作品曾多次荣获国际、国内设计奖项。

观点：

设计的本质是发现问题并解决问题。
设计，让品牌得到尊重！彼此尊重才能赢得尊重。
尊重自然与人性、尊重设计的本源、尊重自己、尊重同行。
这是个人从业至今的行为准则与品牌设计观。

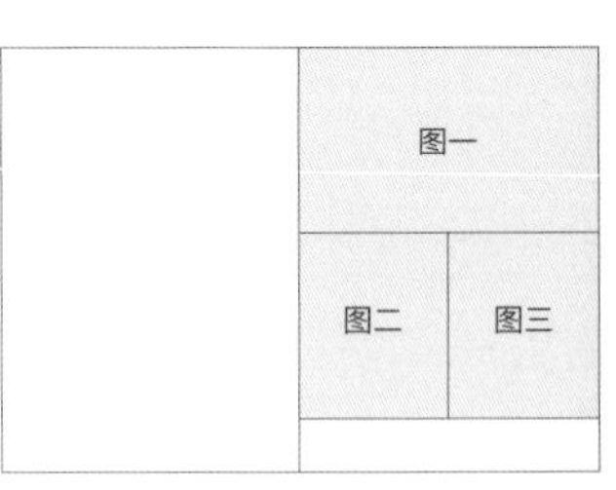

图一：【蟹鼎记 – 礼盒包装】

为塑造“蟹鼎记”品牌包装的独特个性，与竞品形成强烈的差异化，礼盒包装采用了简单抽象的纸盒与藤编材质的全面极简风格，将大闸蟹的生长环境场景还原于包装之中，让“蟹鼎记”好吃还好卖，有文化还有点意思。该作品入编《2018包联网包装作品年鉴》。

图二、图三：【杨子君台湾茶 – 标志＆包装】

对于一个小众型个人品牌，我们想塑造一个能让人快速记住的视觉符号，同时能拉近距离感。标志图形直接采用了创始人艺名“杨子君”的姓氏，将杨字作为核心创作元素，以简约抽象的线条，勾勒出杨字造型符号，同时应用到包装中。该作品入选《2019澳门国际设计奖》。

PATAGONIAN
ATLANTIC SALMON
Latin Name: Salmo Salar
新鱼港
NEW FISHPORT
400g

PATAGONIAN
ATLANTIC SALMON
Latin Name:Salmo Salar
智利三文鱼扒
新鱼港
NEW FISHPORT
400g
New life New Fishport
新鲜生活 新鱼港
FROZEN HEADLESS
SHRIMPS
Latin Name:Pleoticus muelleri
新鱼港
NEW FISHPORT
New life New Fishport
新鲜生活 新鱼港

FUSION
DINER
佰味
仟和
BESTWAYHO
人文
餐堂

FUSION
DINER

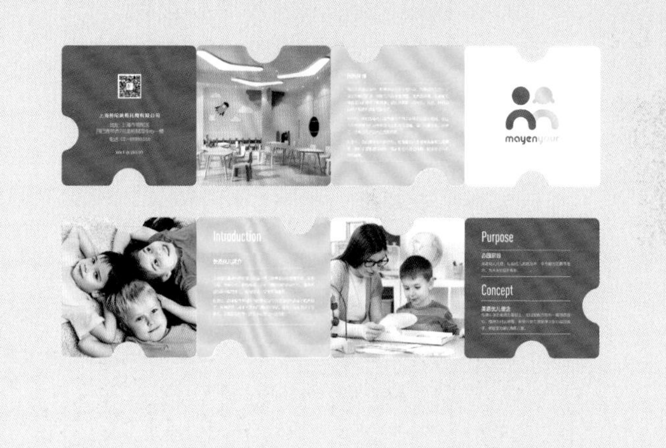

图四:【新鱼港－产品包装】

新鱼港品牌包装，我们塑造了渐变色条的视觉记忆符号，渐变色条嫁接了不同产品的肤色，同时根据不同色彩划分其产品线。

图五、图六:【佰味仟和－品牌标志】

标志提取了品牌中文“佰味千和”的“和”字，英文“BESTWAYHO”中“HO字母”作为核心创作元素，巧妙地将两者融合。“和”代表着中国文化的哲学思想，象征“完美、和谐、圆满、包容、融合”，创造了一个独特个性、国际化的“佰味仟和”品牌超级视觉符号。佰味仟和标志荣获2019CGDA 国际标志设计大赛优异奖。

图七～图十二:【美恩优儿－品牌形象】

标志提取了品牌英文中字母“m”与“n”(也是“美恩”的拼音首字母)，将其进行连笔设计，代表着美恩优儿中西融合的教育理念，并将男孩女孩以极简、抽象的图形符号融入其中，为品牌创造了一个友好、可爱、充满儿童趣味的超级视觉符号。同时，根据品牌中文名“美恩优儿”，结合LOGO独特的造型元素，塑造了品牌的人物IP，并将其取名为“恩恩、优优”宝贝，植入到品牌文化载体及后期执行推广中。美恩优儿标志荣获2019CGDA 国际标志设计大赛优异奖。

徐梦珺（sunny）

品牌设计师，艺术指导
浙江美通文化传媒有限公司合伙人
杭州狮美文化创意有限公司创始人
中国美术学院创新设计学院客座讲师
杭州共合设设计平台品宣顾问
伦敦艺术大学硕士研究生

获得奖项：

2015年获得企业品牌设计组美刻创意设计实效奖。
2016年获得项目获得浙江省创意协会最佳创意传播奖。
2016年获得浙江省创意协会浙江省年度新锐创意设计师。

擅长领域：

品牌策划、品牌设计、包装设计、导视设计

服务客户：

吉利集团、阿里巴巴、浙江文化和旅游厅、招商银行、浙商银行、农商银行、中国移动、阳光城、暾澜投资、云集、中烟集团、华立集团、康恩贝、不二家、新丰小吃、开元酒店等。

设计观点：

设计理念：设计是一种沟通。

作为一个设计师，你必须关注未知的东西，如果只关心已知的，便不会有太多创新或改进的空间。我和我们公司的设计师都有过分享，离开你的办公桌很重要，不用怕分心，我很多精彩的点子都是在休息和骑车的时候萌发的，有时候真的是不期而遇。每年我都会抽时间飞日本、飞欧洲，这些地方的平面设计、产品和建筑都令我非常着迷，特别是日本的生活设计和我创造的产品之间有一定的对应性。

我也喜欢和不同领域的朋友一起合作完成设计创作，他们每个人都在自己的专业领域有很高建树，既有厉害的插画师、摄影师，也有知名的作家，他们每个人看待生活中的设计美学产物都会有不同的角度，他们身上有很多值得学习的地方。

我并不认为商业设计就是模式化的设计执行，现在大家对于美的认知都在不断提高，所有好的设计也都是来自于生活里面的美好元素，她在唤醒我们的感官，而不仅仅是视觉。设计是一种沟通。一件物品或一个观念总是透过设计来向他的观众倾诉，而好的设计不仅仅意在传递信息，更多的是将我们拖入一场对话中。比如品牌设计，不单是设计一个LOGO、几个字体那么简单，这其中包含了太多的学问和智慧，没有足够的积累，很难设计出好的作品。

保持灵感做你喜欢的。继续探索，永远不要停止学习新事物。

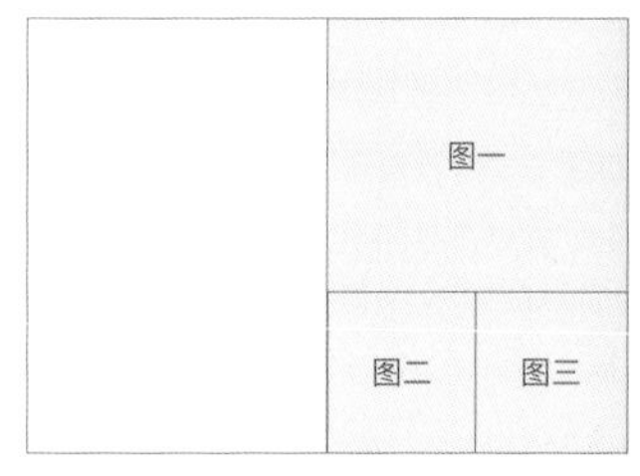

图一～图三:【Babocare微洗护系列】

Babocare微洗护系列产品是由世界知名纺织化学家、织物护理专家王际平教授主持研发，专门针对去渍、去皱、去味三大常见护理需求设计的便携洗护套装。

浙商银行，
积存金，帮你每天存黄金。

图四～图七:【浙商银行杭州分行10周年品牌形象】

这是2018年浙商银行杭州分行的品牌10周年LOGO设计和宣传设计。延续浙商银行视觉基调，是杭州分行周年设计对浙商银行的坚定继承，表达浙商银行杭州分行同样立足于用户，努力成就用户的服务标准。

图八、图九:【品牌设计《浙里橙长》】

浙里橙长（GROWHERE）儿童俱乐部是浙江大学旗下优质儿童教育品牌，以“开启人生梦想，丰富童年经历”为使命，兴趣启蒙，多元体验，尊重个体，激发潜能为目标，我们从品牌取名开始，完整地呈现了品牌视觉延续至空间的一整套体系，在设计上也更多兼顾了儿童发展的特点和需求，支持孩子全面发展与探索，全力打造这所承载爱的托育园品牌。

图十:【吉利远程汽车品牌形象】

吉利远程是吉利集团下新能源商用车的引领者，品牌关键词环保、安全与活力，在此品牌基因的基础上，吉利远程的设计语言延续了吉利汽车的“吉利蓝”，核心视觉是源自中世纪的骑士盾牌，象征忠诚、荣耀与勇气。

<table>
<tr><td>图四</td><td>图五</td><td rowspan="2">图十</td></tr>
<tr><td>图六</td><td>图七</td></tr>
<tr><td>图八</td><td>图九</td><td></td></tr>
</table>

倪君(JACKY)

北京著名品牌设计师
毕业于韩国又松大学设计系
NisVolk 北京尼斯沃克文化传媒有限公司创始人
CDS中国设计师沙龙联合创始人、终身理事
中国包装设计委员会全国委员
国内多所院校客座导师

擅长领域：

品牌策略、视觉设计、产品设计、包装设计、UI设计、艺人IP设计

服务客户：

腾讯、万通控股、恒基伟业、金达威集团、澳大利亚AUSPLORE、中央人民广播电台、SKG、瑞尔国际物流、日本舞昆、美国Doctor&Best、美国CORNMI、美国Vegetus、LAYABOX、F.PLUS、德国love n kids、钪铂钢铁、MHH、台湾WAFILTER、澳大利亚V+、贝尔生物科技、香港西贝伦、法国DYBULA FUN、GALAXY HOME、富力地产、法国朵拉梵西等。

荣誉奖项：

北京尼斯沃克文化传媒有限公司作品多次入选《中国设计年鉴》《中国之星》《BRAND》《气韵中国》《艺酷300中国创意设计力量》。

其创始人倪君先生曾荣获CDS中国设计师沙龙终身理事奖、IOAF特别创意奖、中国之星设计奖、中国百大设计总监等。其作品应邀参展过中日韩国际海报邀请展、气韵中国全国巡展、贵姓——全球华人姓氏文化汉字创意设计展、雾霾公益海报邀请展、豫见郑州国际海报邀请展等。

个人经历：

毕业于韩国又松大学设计系，于2011年在北京创立了北京尼斯沃克文化传媒有限公司并兼创意总监，他以独特的设计创意思维创立了“品牌七步法”，囊括了品牌从0到1再到1+的品牌全线解决方案。方案不仅包含了常规的品牌策略及视觉、TVC广告平面，甚至包括了品牌产品的艺人代言及危机公关，打通了品牌从开始到落地所有的环节，横跨多个领域，并一直在不断探索品牌的边界及多样性。公司创立同年，从国外回来的他，发现了国内设计行业现状的众多问题，整个行业各自为战，2011年他在北京和几位设计同仁及好友一起发起建立立足于民间一线设计交流力量的行业平台“CDS中国设计师沙龙”，开启了一线设计师在全国范围内的交流活动，大大改善了国内设计师从前缺少沟通的现状。CDS中国设计师沙龙目前已经发展为中国内地最大规模且最具影响力的民间设计交流平台。

观点：

很多时候我总是开玩笑地说我其实不是一个设计师，而是一个懂点儿设计的商人。为什么这么说呢？因为在这些年的品牌商业案例中，越发感受到了设计师不能只是了解一些图形设计、一些视觉元素，我觉得一个品牌设计师更多的时候是在做一个“品牌医生”的角色，品牌的老板、CEO会把他目前的问题或者困惑告诉你，你需要通过类似老中医的“望闻问切”几个步骤，来看看他的品牌究竟出了什么问题，哪里出了问题，需要怎么解决，这不是单纯地仅靠设计几个图形来解决的，所以，我建议大家多了解一些基本的商业知识，比如公司的框架结构、财务报表等等。我个人比较喜欢看书，一天大概被我分成了三个8小时，工作8小时，睡觉8小时，充电8小时。前两个8小时大家都差不多，最后那个8小时其实才是真正会改变大家、让大家进步的时间。我个人每天的充电8小时会健身1小时，读英文报纸1小时，还会再看1小时的书，差不多这样已经5、6年了，感觉非常充实和有所进步。我们都知道设计师有个通病，爱看图不爱看字，我刚开始也是一样，慢慢静下来就看进去了，你会发现看的书越多就越觉得自己懂得很少。我也可以把我看书的方法分享给大家，一般来讲，我会把书分为三大类：第一类是专业相关的，此类书应是必读；第二类是自我提升类，例如演讲、消费者心理学、行为学、定价学等等；第三类就是杂书，例如人物自传之类的，或者历史相关的。我发现很多设计师都没有读过中国美术史，西方美术史，这些都是需要去了解的。一点小小的感悟，希望对大家有所启发。

图一～图三：【朵拉梵希】

朵拉梵希（DORAFANCY）是高端女装品牌卡莉多拉（CALLIDORA）旗下的全新品牌。卡莉多拉起源于法国，主要针对年轻女性（25~35岁），由国外顶级设计团队精心打造，其简约高雅的风格展现着女性的时尚、优雅和知性。

图四:【CORNMI 苛米】

CORNMI苛米是一家致力于研发、制造和销售手机、数码和3C配件等电子产品的科技公司。公司致力于科技生活的探索。

图五:【曲焕章】

云南曲焕章大药房始创于1902年，至今已逾百年历史。其中由曲焕章研制的普通百宝丹（现称云南白药）在当地政府的关心和帮助下，已从小作坊制作发展成为大家所熟知的云南白药集团的主打产品。

图六、图七:【MAIKON 舞昆】

舞昆品牌是由鸿原氏家于1961年创立，开始天然食品现代生产与销售。自创立以来，与大阪府立大学等多所研究机构合作，旨在将传统制法升级为现代工艺，结合科技更好地挖掘食物潜力，并创新产品形式，以满足不同人群对美的需求。

孙亚

厦门净点设计机构设计师
上海锐翔创意资深美术指导
CHANHOOD CREATIVITY 迁和创意合伙人、创意总监
TONGJIMIXLAB 同济合集・明舒创新驿站资深创意设计师
同济大学设计创意学院创意工坊材料应用与设计实验室助理研究员

观点：

好的产品，不仅在于视觉层面的美学价值，还在于创造完美的用户体验，更在于为企业赢得商业价值。产品是品牌基础，是品牌概念传递和建立的起始点，没有产品基础，品牌建立便无从谈起。高品质的设计服务是建立在多领域之上的设计与广泛方法论的融合，是运用创新意识，不断探询、研究、创造，并力求有所突破；同时赋予设计崭新的组织逻辑和活力，为客户提供独具价值的服务。

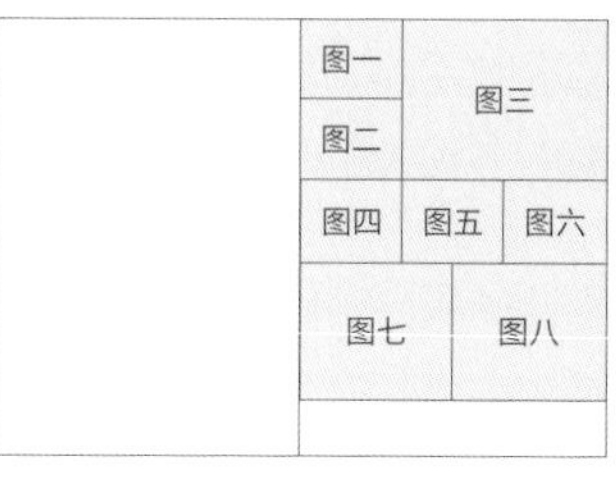

图一～图八：【离场 Seeyou Studio 品牌视觉设计】

离场 Seeyou Studio是一支地下独立文化团队，致力于发现并推动最有质感的多文化多形态的音乐艺术形式，坚持独立精神，拒绝以任何一种特定的形态呈现。设计围绕离场随意挥洒的气息和痴迷灵感乍泄的气质展开，运用黑白灰的质感表达出其特立独行的精神及艺术特征。

图九~图十五【O' btw LOGO设计】

O' btw，是一个社交型英语学习平台，由在校大学生创立运营。O' btw是Oh, by the way的缩写，提倡友好、轻松、有趣的社交型学习状态。LOGO创意来源于语言学习中最基础的环节——发音练习状态下的嘴型，同时也是Oh, by the way的首字母；色彩上采用极富年轻活力的黄蓝对撞，活跃且强烈，犹如年轻人的状态一般，强烈地传递出品牌充满年轻活力的魅力。

<table>
<tr><td colspan="3">图九</td><td>图十</td><td>图十六</td><td>图十七</td></tr>
<tr><td colspan="3">图十一</td><td>图十二</td><td>图十八</td><td>图十九</td></tr>
<tr><td>图十三</td><td>图十四</td><td colspan="2">图十五</td><td>图二十</td><td>图二十一</td></tr>
<tr><td colspan="4"></td><td colspan="2"></td></tr>
</table>

图十六～图二十一：【 W–E 西象建筑设计 】

W–E 西象建筑设计是一家专业的建筑设计服务商，提供符合时代特征高品质建筑以及空间设计是W–E 西象的目标。标志取W–E 西象的汉字首字“西”，从建筑的块面以及空间关系入手，主张关注建筑与人的关系，回归建筑设计的专业内核，从时代、市场、商业的需求层面多角度探索建筑表达的多种可能。

张增辉

中国4A金印奖评委
IAI国际广告奖评委
浙江省优秀广告作品大赛评委
全国大学生广告艺术大赛浙江赛区评委
浙江省广告协会学术委员会委员
国家注册中级设计师

荣誉奖项：

浙江省杰出广告人
中国创意50强
中国艾菲媒体实效奖银奖
中国国际广告节长城奖、黄河奖，中国元素金奖、银奖、铜奖
IAI国际广告奖金奖、银奖、铜奖
浙江省优秀广告作品大赛金奖、银奖、铜奖
创意杭州金水滴奖金奖、银奖、铜奖

擅长领域：

平面设计、品牌策划、摄影、户外媒体、百货、茶饮、文创等

服务客户：

浙江交通集团、浙江商业集团、浙商证券、浙商保险、浙商互联、高速驿网、银泰百货、两岸咖啡、鸣茶、宏大控股、古越龙山、五芳斋、今麦郎、一抹、jeep、大众汽车、吉利汽车、斯威汽车、杜蕾斯、玉郎山、浪沙泉等

个人经历：

一位用匠心玩创意的达人，一位拥有二十多年丰富品牌设计经验和敏锐艺术感知力的创意人。设计理念新颖成熟，视觉表现能力突出，艺术造诣深厚，善于将品牌的艺术性与商业性进行巧妙结合。目前已成功服务诸多行业客户，精准把握服务客户的品牌特征，并以新颖的创意和独特的风格，实现市场需求与作品的完美融合。

从事艺术工作自己最喜欢的一点是，可以不断地以自己的思想和认知去描绘无限的精彩世界；以艺术的、创意的设想去品味人生，去改变人生中的不如意，以达到尽善尽美。

另一个独特的冷门爱好，是中国传承1000多年的古老工艺锔瓷、金缮以及微型雕刻艺术。之所以喜欢这些古老技艺，是因为现在生活节奏越来越快，在日常生活中会不断遗失一些美好，所以在这些古老的技艺中，可以找回自己的初心，去耐住生活的洗礼与时间的历练。将刀、笔舞动于毫厘之间而心不乱、手不颤，把传统的工匠技艺、严谨的工匠精神应用到实际的工作中。

观点：

来源生活，创意生活，回归生活。

	图一	图二
	图三	图四

图五	图六	图九	图十
图七	图八	图十一	图十二

面，向世界

今麦郎

手打拉面

手打拉面

瑞士再保险大厦

面，向世界

今麦郎

手打拉面

比斯迪拜塔

面，向世界

今麦郎

手打拉面

手打拉面

世界风

埃及金字塔

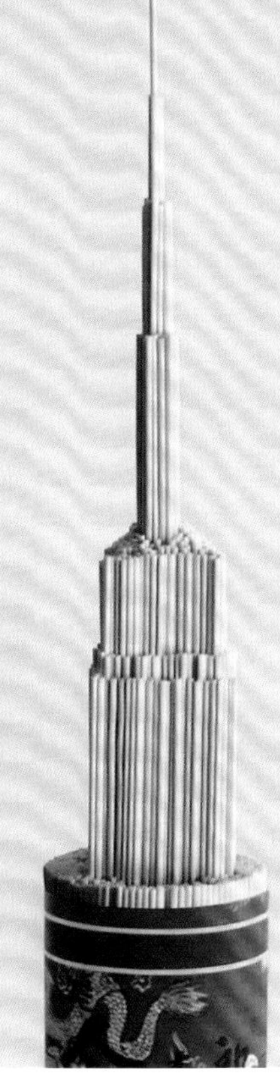

纽约帝国大厦

图一～图四：【面，向世界】

第五届“创意杭州”广告创意设计大赛金典奖，第十四届中国优秀广告作品IAI年鉴奖金奖，第二十届中国国际广告节长城奖铜奖。作为中国代表作品在韩国釜山2014广告节应邀展出。

西游记-唐僧

百折不挠，取得真经，吉利汽车

西游记-孙悟空

世界多变，我有72变，吉利汽车

西游记-猪八戒

外相朴实，内生智慧，吉利汽车

西游记-沙和尚

敢于担当，细节至上，吉利汽车

图五～图八：【《西游记》】

第十六届中国国际广告长城奖铜奖，第十六届中国国际广告节中国元素国际创意大赛铜奖。

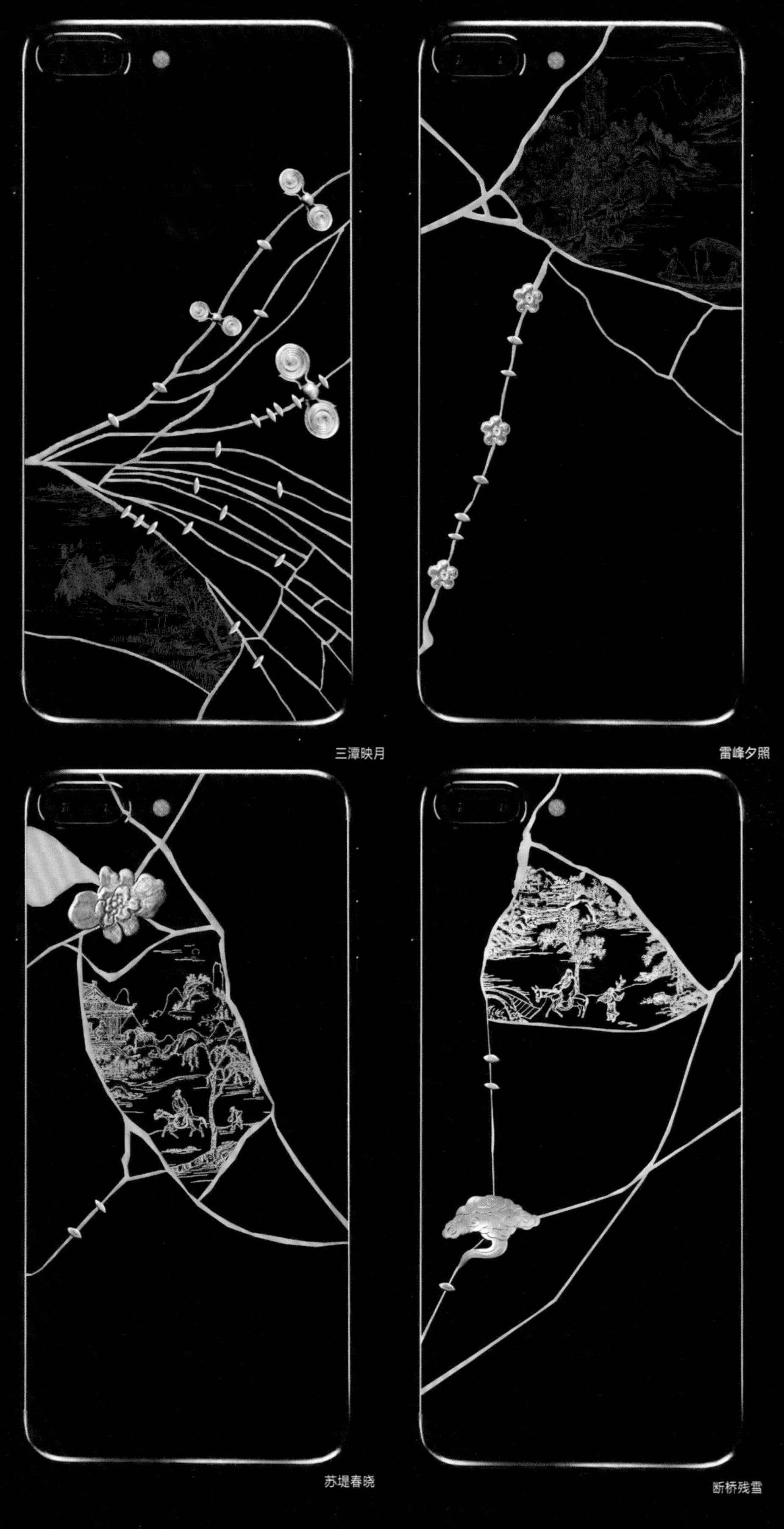

图九～图十二:【Hello,杭州】

第19届IAI国际广告奖铜奖。

崔亚光

日本CYG株式会社联合创办人

擅长领域：

品牌策略、品牌设计、运动产品设计、3D打印技术

服务客户：

浙江交通集团、浙江商业集团、浙商证券、浙商保险、浙商互联、高速驿网、银泰百货、两岸咖啡、鸣茶、宏大控股、古越龙山、五芳斋、今麦郎、一抹、jeep、大众汽车、吉利汽车、斯威汽车、杜蕾斯、玉郎山、浪沙泉等。

个人经历：

从业二十五年，从品牌策略到产品科技创新、从平面设计到产品设计多有涉猎，2000年进入体育用品行业，专注运动产品的设计研发与科技创新，为中国体育品牌跻身国际一线品牌行列而潜心耕耘。

2019年与崔友光联合创办日本CYG株式会社，立足国际市场，用国际化视野为中日两国企业提供品牌策略、产品设计、装饰设计、创新设计等设计咨询服务。

运动产品研发：

专注运动产品设计研发二十年，曾服务李宁、安踏、Diadora、匹克等多家体育品牌企业。任职匹克体育北京产品研发中心总监的十一年间，带领设计团队完成几十项国际产品设计项目，协助匹克公司成为继NIKE、adidas之后签约 NBA 最多运动员、为NBA赛事提供最多专属运动鞋产品的国际品牌。同时带领设计团队，完成 WTA、WCBA、WCVA 多个国内外职业赛事的专属产品设计研发项目。

3D 打印创新与应用：

2013年开始涉足3D打印技术应用领域，带领团队潜心研究，历时五年，完成中国体育用品市场第一款3D打印运动鞋的设计研发。2018年完成世界上第一款可达到全程马拉松竞技标准的3D打印专业跑步鞋的设计研发。2018年负责研发的国内第一款全3D打印运动鞋“FUTURE3.0”获得中国第二届设计智造大赛大奖。

设计理念：

服务中国体育品牌的二十年间，深知中国品牌国际化之路的任重道远，一个优秀的品牌首先是由优秀的产品来支撑的，一个产品的优秀更是建立在对消费者需求不断满足的基础之上。对消费者需求的满足，主要有三个方面的考虑：专业的性能、科技的创新、文化的传递。

作为运动产品，其专业性能的打造是设计研发过程中首要考虑的问题，如何站在一个运动者的角度思考产品需求，更是设计师设计研发运动产品的出发点。产品科技的创新，不但能带给消费者新的消费体验，更重要的是通过设计创新、技术创新、材料创新到科技创新，实现传统制造业的产业升级和革新，这也是一个设计者要认真考虑和面对的事情。多年从事国际化的设计项目，为国外的运动员和消费者提供运动产品设计服务，在专业性能的基础之上，如何在设计中融入文化的元素，并实现不同文化背景下的消费者认同，这是设计师持续面临的一个挑战和机会。

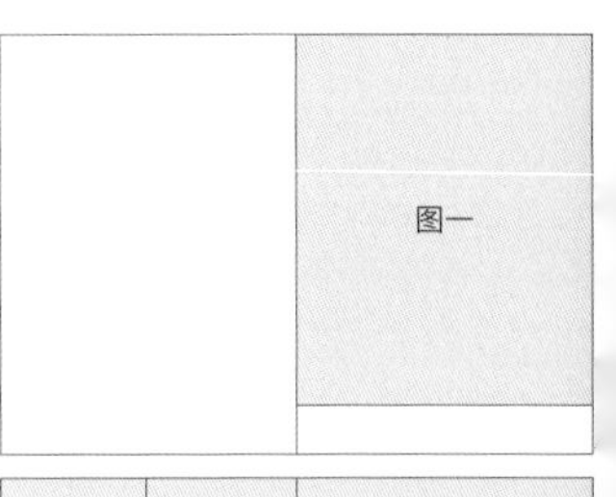

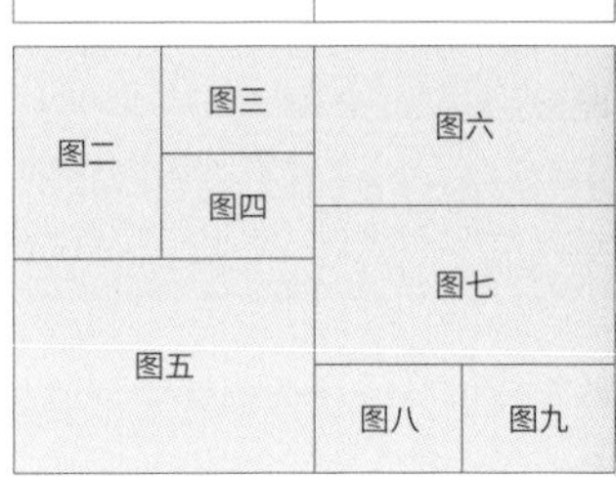

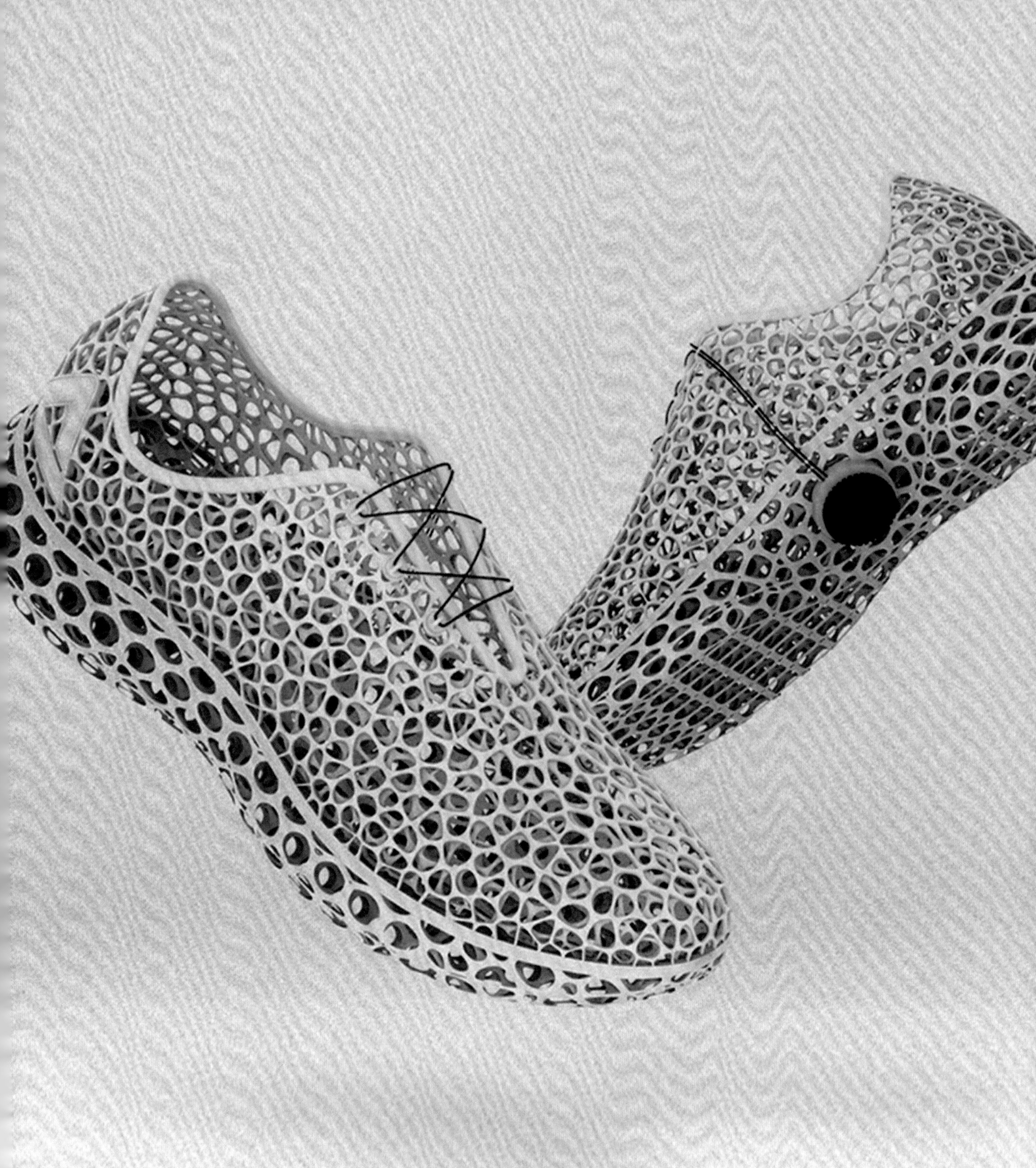

图一:【中国第一双全3D打印的跑鞋“FUTURE3.0”】

作品是2017年带领设计团队设计研发的中国第一款全3D打印的跑鞋。该产品利用参数化设计理念，结合多达千例跑者的足型数据和足底压力数据，建立完整的3D足部形态，通过计算机数据模拟和计算完成鞋底结构的个性化设计，鞋底和鞋面结构也依据运动特征做出参数化的结构设计，为穿着者提供独特的运动穿着体验，满足跑者的个性化需求。

此鞋款为国内第一双可以实际穿着运动、并改善运动者竞技状态的全3D打印跑鞋，此款产品在设计流程和制作工艺方面采取了与传统运动鞋生产制造流程完全不同的方式，为传统制鞋业的创新发展提供了全新的方案。

PEAK SURFACE

图二~图四：【世界第一双3D打印篮球鞋“霍华德三代3D版”】

图五：【中国第一双3D打印篮球文化鞋“GHOST SHELL”】

图六：【中国第一双3D打印鞋面的马拉松竞速跑鞋“箭羽二代”】

图七：【匹克“轻势”“轻灵”篮球鞋系列】

图八、图九：【NBA球员德怀特·霍华德（Dwight Howard）专属球鞋系列】

金珊婧

设计师（ICAD A级）、艺术家
阴阳五行设计学派先驱
清华大学 环境艺术设计
国际商业美术设计师资格证书 平面设计A级
澔云天文化艺术（上海）有限公司创始人及创意总监
中国工业设计协会会员
中国G7创意联盟会员
中华阴阳五行学说研究中心学员
深圳市商业美术设计促进会会员

擅长领域：
品牌视觉、非遗传承与创新设计、阴阳五行

服务领域：
品牌视觉、产品研发、空间陈设艺术

服务客户：
黎巴嫩中东珍品、巴西利亚针灸坊、奔驰、宝马、东风本田、国家电网、香港简动文创、远大住工、泰龙银行、中科亿东、琳达袜业、爱美莱纤体内衣、子创工坊、久真母婴、道诚集团、明道集团、艾的奉献、南方航空、中国旅游出版社、《今晚报》报社、尼康映像

荣誉奖项：
2000年海南岛第一届欢乐节服饰设计（海口市市服设计）
2012年入选北京全景网络科技有限公司首批签约摄影师
2016年VI、产品研发、包装设计分别荣获深圳第十一届平面包装设计大赛希望之星金银奖项、《明道》VI设计金奖、《德龙婧》VI设计金奖
《茜木女士美体套装》包装设计金奖
《Angelina garden/Queen's jewel香水》包装设计金奖
《"女人汤"人参红糖姜茶》国家非物质文化遗产产品开发设计银奖
2019年入选国家艺术基金《陶艺创作人才培养》优秀学员
《新金铜时代》金油滴阴阳五行陶艺系列作品23件在黑龙江卢禹舜美术馆展出
《哈尔滨圣·索菲亚大教堂》获黑龙江第二届陶瓷艺术设计大赛一等奖
《祥瑞红珊瑚》获黑龙江第二届陶瓷艺术设计大赛优秀奖
2019年北京国际设计周"首创非遗平台"展出金油滴阴阳五行陶瓷作品

个人经历：

出生于建筑、工艺美术及红木家具之乡——浙江东阳，自幼热爱绘画与艺术并立志成为一名优秀的国际商业美术设计师。2000年就读于清华美院环境艺术专业，与工艺美术和设计艺术结下不解之缘。
纵观二十年设计与艺术生涯，从服装图案设计师到企划部经理、广告公司设计总监、香水开发设计师、独立品牌设计师、陶艺研发设计师，不断打破自我与传统，挑战新的领域，在多纬度世界中历练与重生并完成多重身份的转变与升级。
致力于弘扬国学与设计创新，打造东方哲学思想及西方简约表象的无国界设计。

五行说设计：
设计是人类工业发展更新迭代的强大生产力，设计理论在欧美国家历史悠久，它属于显性学科。
阴阳五行属于中国古典哲学范畴，"木、火、土、金、水"五种基本物质运动和变化构成整个宇宙，它属于玄学。
玄学与显学在中国古代学问史上互为补充。
陶瓷是五行元素完美融合的代表媒介，是玄学与显学互补相融的经典器物。

设计感悟：
秉承"仁义匠心智泽天下"的心做设计，传递"儒释道"精神，挖掘独一无二的灵魂。

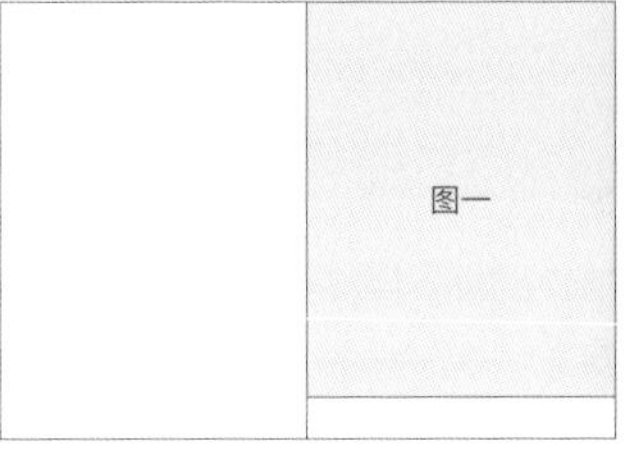

图一:【金油滴陶艺作品《新金铜时代之流金岁月》】

《流金岁月》讲述的是一个宇宙、五行、时间与空间的概念。每个生命都是宇宙里的一颗尘埃。此作品为异相造型陶瓷艺术设计，采用西方的表象传递东方的哲学思想精神，该作品在卢禹舜美术馆及北京国际设计周展出。

图二、图三：【金油滴陶艺作品《哈尔滨圣·索菲亚大教堂》】

《哈尔滨圣·索菲亚教堂》抽象简约版拜占庭风格陶艺作品：融合中俄文化元素暗金属釉色效果，光滑与凹凸釉面并存，体现东方智慧与西方简约表象。陶瓷与金属的结合既时尚又复古，抽象造型让现代与科技感十足，东情西韵别具一格。此作品金油滴鹧鸪纹与黄金金珠的油滴天目的烧制效果极为珍贵和罕见，艺术收藏价值极高。

图四：【艾的奉献】

中国古典哲学认为有形生于无形。

此标志设计打破传统与常规的单体设计表现形式，采用1和0组合成10的双体合二为一做商标设计。此处，1代表有形世界，0代表无形世界。健康是1财富是0，没有健康一切归零。

图二	图四
图三	

朱莉

著名品牌再造专家
品牌再造（BIR）系统研发人
柏高品牌管理咨询公司创始人及董事长
国家注册高级品牌管理师（CBMP）
国家注册高级企业文化管理师（CCO）
国际商业设计师（ICAD）
中国第一代CIS系统践行者
国家注册企业教练导师

擅长领域：

专注对品牌设计、品牌咨询、品牌教育三个领域的融合和实践。

服务客户：

国家电网、中国烟草、中国联通、辽宁机场集团、雪花啤酒、罕王集团、三星电子、绿地集团、硅谷兄弟·中国、业乔集团、永强集团、蒲公英教育集团、万家电力、东日集团、鸥迪足道、安氏普康集团、欣海阳光、森和集团、博瑞特集团、蓝贝思特集团、乐茵集团、安拓集团、奥新齿科、和一咨询

荣誉奖项：

2007年获07GDS品牌形象设计大奖
2007年获中南星设计艺术大赛优秀奖
2008年获中国之星设计艺术大奖优秀设计奖
2013年获中国创意策划杰出人物奖

个人经历：

拥有23年品牌创建、再造与管理的实战经验，潜心研发了适用于中小民营企业的品牌管理盈利系统，倍增品牌无形资产，助力企业品牌不同阶段良性高速成长，实现企业整体品牌溢价等收益。涉及行业包括生产制造、商业零售、医疗健康、餐饮娱乐、科技环保、建筑材料、教育咨询、农业养殖、连锁服务等

设计感悟：

品牌设计不仅仅是一种视觉形象的塑造和品牌感受的视觉传递，而且是品牌内在思想和外在形象的相辅相成。因此，在品牌设计起步阶段增加了品牌策略这一文化前端板块，让品牌从思想入手，进行精神提取，并于后端延伸至品牌推广和传播，最终使品牌通过市场销售实现附加值。企业在不同的发展时期对品牌的需求也是不尽相同的，为了更好地为客户提供具有针对性的品牌服务，柏高根据公司所处发展阶段的不同需求，研发了品牌创建（BIE）、品牌再造（BIR）、品牌托管（BID）和品牌上市（BIP）四项服务项目。为了满足企业在同一时期对品牌、企业管理与运营的多维需求，柏高打造了品牌再造、企业再造、标准再造的企业制胜之道系统工程。柏高致力于构建以品牌为核心，涵盖企业管理和标准运营的服务体系，助力企业实现发展的规模化、品牌化、标准化和资本化。

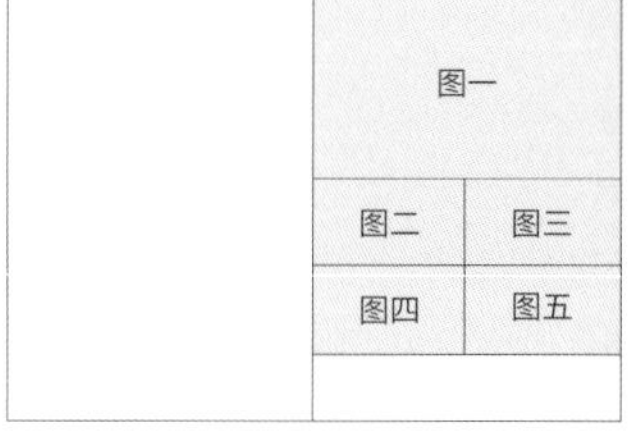

图一～图五：【区域文化与品牌内涵的契合——奉天啤酒】

奉天啤酒是具有地标价值的区域性品牌。从东北人的质朴到“一朝发祥地，两代帝王都”的文化特质，“奉天”（沈阳旧称）这座城市留下了太多人文特质和历史印记。人文的特质主要是从产品上体现，历史印记则是通过品牌的包装得以呈现。沈阳故宫大政殿的剪影成为品牌LOGO视觉投射的重要元素；满清八旗、九龙形象、尊龙彩凤形象在各个系列产品包装中的使用，都将区域文化与品牌紧密地联系到了一起。发酵城市的味道，穿越时空的眷恋和回响，成为奉天啤酒区域品牌承载的价值。

图六～图九：【呈现希望属性和科技感——蓝贝思特】

蓝贝思特是专业化教育设备公司，科技属性、教育属性是支撑其品牌文化和品牌形象设计的核心特质和出发点。结合品牌名称“贝”所具有的“收获”寓意，品牌LOGO设计实现了对企业属性、文化内涵、行业价值的承载。品牌色彩和图形的呈现，用视觉形象宣告了蓝贝思特“服务教育、惠泽未来”的企业使命。

图六	图七	图十	图十一
图八	图九	图十二	图十三

图十～图十三:【品牌温度提升孕婴服务感受——乐茵集团】

乐茵是专业化孕婴童综合服务连锁品牌。为了打破品牌原有的单一视觉层面，营造一个丰富立体的品牌形象，以企业IP形象作为品牌LOGO，并根据子品牌的服务内容实现场景化，进而将品牌形象延伸到办公商务、线上线下宣传、店面运营及销售的各级层面中。“乐优享 爱如茵”更是将品牌所承诺带来的优质服务感受与更广博、深厚的亲子情感蕴含其中。以品牌作为服务媒介，让更多家庭享受安全、健康、专业与时尚的母婴生活方式。

李前承

品牌视觉设计师
品牌体验规划师
布谷品牌创意（北京）有限公司创始人、创意总监

擅长领域：

品牌视觉策略与设计、品牌包装设计与体验创新

服务客户：

海底捞、好未来、360、阿里巴巴、字节跳动、快剪辑、storycut、黄飞红、阿香米线、浩沙健身、碱法、甜橙金融、2000米红茶、正大食品等零售、互联网或生活方式品牌。

个人经历：

专注品牌设计创意12年，曾任职国内顶尖品牌设计团队设计总监，经历了中国金融、汽车等传统品牌产业的升级转型，也经历了消费升级及中国互联网品牌和零售品牌的蓬勃崛起，在不同行业积累了丰富的品牌创新实战经验，并对中国本土品牌的创新成长有深入的研究和洞察。

2014年创立布谷品牌，专注服务国内餐饮零售、互联网、新零售企业的品牌创新，并结合体验设计、服务设计等前瞻设计思维，通过产品包装创新设计为品牌价值快速赋能，通过不断的创新与积累构建了互联网时代品牌体验思维的科学方法，并获得众多客户的认可和市场的肯定。

设计理念：

设计是沟通的桥梁，所以首先要了解桥的两端，了解了用户真实的需求和品牌方核心价值，才能将两者联系起来，实现沟通传达的目的，实现设计的价值。

所以，衡量设计的价值，不是你花费了多少时间和心血，也不是设计团队的成本投入，而是我们用设计解决了多少问题，提供了多少效益。设计本身是没有价值的，基于商业需求，我们实现多少增量，就实现多少设计的价值，所以一个合格的商业设计师首先要懂得商业，懂得“品牌”在商业和社会中的角色和价值。

然而，要实现有效的沟通和连接，获取真实的消费需求，不仅是设计、美学能够解决的问题，除了需要辅助大量数据的研究之外，更需要站在心理学、行为学的角度，对用户的体验旅程做出深入的洞察，才可能找到直入人心的创意点。所以，好的创意是大量的研究和科学推导的结果。

标志是品牌的灵魂和传播的核心载体，但在体验极其丰富的互联网时代，它已经不再是传统不变的符号，而是品牌活化、生命化的载体，设计简单、独特、有生命力，才是互联网时代LOGO的基本特征，才能为品牌的IP化提供可能。

而产品，是品牌价值实现的最末端。营销和广告是品牌教化的过程，消费者并不容易建立信任。消费者在购买、使用产品过程中才能充分感知到品牌的价值和理念，所以产品体验才是价值实现的高光时刻。在包装设计时，需要以品牌差异化塑造为前提，以消费者的痛点、痒点为基础，进行洞察创新，才能找到撬动品牌快速成长的支点，将包装承载产品销售信息、传递品牌价值的功能最大化，并有可能让消费者主动参与到品牌的塑造过程中，成为品牌的缔造者、传播者。

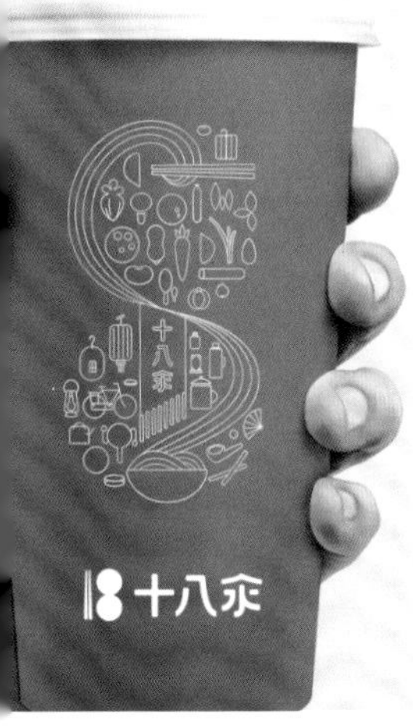

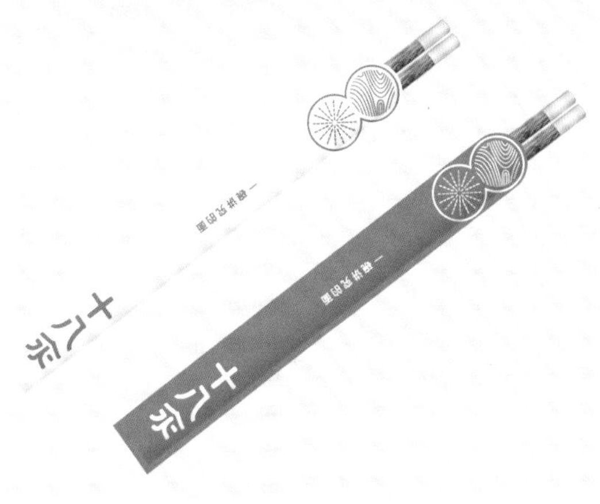

图一～图四：【用简单的符号帮助品牌快速建立识别性《十八氽品牌形象设计》】

“十八氽”这个名字有“多”和“全面”的意思。在中国传统文化中，经常出现如“十八盘”“十八般武艺”等名字。“十八氽”体现了中国丰富的面文化；再加“氽”字（一种烹饪方法，也被称为“浇头”）意味着十八氽的面可以有18种浇头，为消费者提供丰富多样的面食选择。

品牌标志的设计用非常直观的手法将数字“18”与筷子、碗等餐具结合起来，其中“8”字包含了两个碗，分别代表了“面”与“卤”搭配完成的中式浇面。图形部分非常简单，而且具有较强的品牌辨识度。让消费者可以在吃完面后花3秒钟摆个“十八氽”的LOGO图形，强化了品牌与消费者的互动，并在互动的过程中强化“丰富多样”的品牌印象和感知。

图五:【 inteahouse 中国文化主题茶包装设计 】

根据不同茶的温凉属性，结合中国传统五行水火金木土，结合青龙、白虎、朱雀、玄武的四象概念，以茶文化为载体，传达中国传统文化。

图六:【 可以玩的圣诞节包装《海底捞外送》圣诞主题包装设计 】

包装不仅是产品的容器，更是与消费者沟通情感的道具。海底捞品牌“走心的服务”已经深入人心，海底捞外送在圣诞节该如何延续品牌的感知？设计团队为外送箱设计了一个可以变成圣诞老人面具的封套，配餐员只需简单的操作就能变换出一个可以玩的圣诞大礼盒。此设计方案以最低的制作成本和最简单的操作让海底捞外送的包装瞬间变成一个走心的圣诞玩具，通过此设计让消费者更深刻感受在圣诞节这一天来自海底捞的祝福与惊喜，并在参与过程中主动分享这份独特的礼物，实现消费者的主动传播，并对海底捞品牌有了更深入的体验和感知。

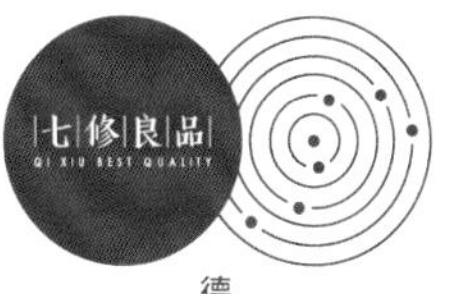

德

食

书

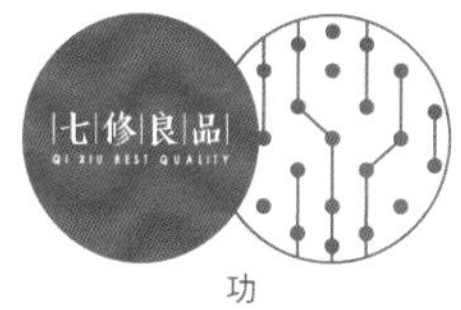

功

艺（花）

香

乐

茶

图七~图十:【产品PI设计管理之《七修良品》】

七修品牌理念，源自道家“七修”养生理论“德食功书香乐花”，将“七修”养生理论进行概括升华，以公众认可度更高的阴阳平衡图形，提高“七修良品”传统健康养生定位的辨识度，并在图形中置入“德食功书香乐花”的直观符号体现，在品牌识别整体强化的基础上体现丰富的产品载体。

蒋云涛

CDS中国设计师沙龙执行主席
中国包装联合会设计委员会全国委员
北京印刷学院设计艺术学院设计中心主任
北京择东设计顾问公司艺术总监
气韵中国系列邀请展主策展人
雾霾公益活动发起人之一
我爱吾城创作计划发起人
赏末时光创作发起人
创先者说创新论坛联合发起人

擅长领域：
品牌形象、主题空间展陈、文化策展及衍生产品

荣誉奖项：
“中国之星”最佳设计“金手指”奖
第三届中国品牌设计金奖
第二届华人平面设计大赛优秀奖
中国品牌设计优秀奖
第五届“方正”字体海报设计大赛优异奖
入选宁波国际海报双年展
亚细亚国际海报作品展
韩国大邱国际海报展
中日韩海报十人展
澳门庆祝回归十周年海报展
中国GDC07平面设计优异奖
中国GDC09平面设计入选奖
香港国际海报三年展
香港国际海报三年展入选奖
台北国际设计大会
微时代全球字体展
北京国际设计周
甜甜圈封口夹获2018德国红点奖

入编：
《中国创意百科》
《新纪元－中国当代设计》
《中国设计年鉴》
《中国品牌年鉴》
《国际标志设计》
《中国标志年鉴》
《CHINA GRAPHICS年鉴》
《亚太设计APD年鉴》
《中国设计机构年鉴》
《EXCELLENT国际设计年鉴》
《角中国实力设计机构》
《中国品牌设计年鉴》

个人经历：
1997年进入设计领域，先后任职公司企划、设计师、设计总监。
2006年成立择东设计顾问公司。
2009年参与发起CDS中国设计师沙龙。

设计理念：
设计可以使世界繁华，也能让人内心安静！
设计的价值在于连接文化、艺术、商业与公众，并以恰当的方式予以呈现，而区别在于不同的项目需求有所侧重。
设计师的价值不仅在于设计服务的提供，也在于有价值的文化内容的创作和输出；设计师有责任引导大众审美和传承文化。

图一:【金耀蓝 全球首发全系列纯电环卫装备形象】

隆重的国庆阅兵之际，天安门前一款纯电动零排放的环卫作业装备“金耀蓝”惊艳亮相。此系列为全球首发的新型环保产品，是北京环卫集团布局大环卫生态链中的重要一环。凭借八米多长的车身、十六吨载重、全新的作业方式、良好的续航能力和零排放，“金耀蓝”系列成为新一代电动环卫装备的标杆。此系列产品形象亚金色与金属蓝的配色清爽大气，简洁的斜线分割方式现代动感，一扫环卫车辆陈旧、古板的形象，成为长安街上一道靓丽的风景，为古都沉稳厚重的底色增添了明快的一笔。这个系列是带领印刷学院的工作团队共同完成的，团队做了充分的市场调研，并形成完整的产品系列，代表全新的环卫形象走向了全国各地。

北京市清潔機械廠成立于1953年
新中國最早環衛清潔設備專業制造廠
總面積5000m^2
豐臺區南四環中路10號院

图二:【 时代之光－京环装备集团品牌及产品主题展厅 】

京环装备从1953年建厂到今天已经走过近七十年的历程，既有激情四射的革命年代积累的精神财富，也有引领时代发展的革新技术和环保理念；展厅空间以时代之光为主题，用多个区域展示出企业的不同侧面，通过两个时代的对比呈现出京环装备的历史和现状，也预示着未来的趋势和发展。在时光交错中感受京环装备的文化和品牌的积淀，也成为塑造企业形象、展示技术产品的重要载体。

图三:【 赏未岁寒三友水泥家居系列 】

赏未岁寒三友家居系列用水泥与石头、花木结合重回生活空间。这个系列的家居产品既是试验也是创作，既有对材料属性审美层面的探索，也有对传统文人审美的时代解读。在不同的生活场景中，在不同的家居空间里，水泥材质的日常器物和传统品味的赏石、盆艺相结合，将自然融入传统的审美气质中，在日常平凡里邂逅朴素的优雅。

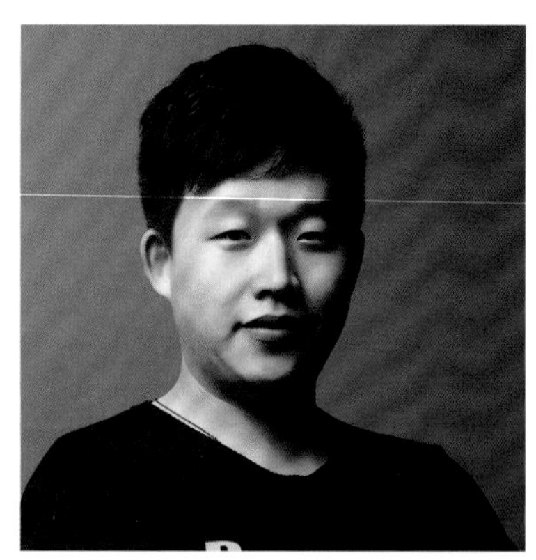

孙琦

品牌设计师
字体设计师
沈阳三相品牌设计机构创始人兼创作总监
CDS中国设计师沙龙专业会员
站酷网推荐设计师（ID：疯狂的铅笔头）

荣誉奖项：

第三届包豪斯国际设计大赛银奖
2017、2018CGDA国际标志设计大赛优秀奖
第九届方正字体设计大赛入围奖

入选：

《第十五届亚太设计年鉴》
《Brand创意呈现Ⅵ》《Brand创意呈现Ⅴ》
《Typography字体呈现Ⅲ》
《艺酷300：中国创意设计力量》

擅长领域：

品牌形象设计、创意字体设计、文创产品设计

服务客户：

辽宁机场集团、营田米业、天地精华矿泉水、洪九果品、永艺股份集团、吉卓联行、艺美绘教育、知秋动物医院、神草园茶业、杭加新材、启航茶油、普记食品、氪信科技、华文集团等

从业经历：

2011—2012年任职于沈阳北尚平面设计工作室
2012—2017年任职于柏高企业形象设计有限公司
2018年至今创立沈阳三相企业形象设计有限公司

设计观点：

1. 生活中设计，设计中生活。生活可能是设计最原始的动力，一切的思想和应用都会围绕着生活出发，同时生活会给我们的设计带来灵感和情绪，让我乐享其中。

2. 以原创为拓展行业动力，以分享为学术发展核心。

设计故事：

对我来说，兴趣是让我走进设计世界的钥匙，它让我充满期待地去解锁一路的阻碍；然后坚持、梦想与兴趣接力，成为我心中恒久不变的信念。上大学的时候就对品牌设计很感兴趣，用创意的方式去实现图形的呈现，也是我不曾间断的尝试。越是看到好的作品，越能够激励我继续探索和实践。

在不同的阶段我也会有低谷的时候。之所以出现创作低谷，是因为死守原有的设计经验，或者是思考问题的角度受到现有环境的局限。后来我在实践中总结出经验，想要冲出低谷，首先要改变自己的心态和思维。心态不能固化，设计需要放开，设计师更需要开放。去接受别人对你的指导，去学习别人的创作方式，没有什么是不可以改变的，改变才是唯一的不变。其次就是改变创作思维，多角度、多维度去思考，就像画石膏像，从不同的面去观察、思考，你会发现每一个角度都会有值得开发的思路。也正是在这个自我思维转换的过程中，才能柳暗花明，再次迈向新的高度。

2011年毕业，从此正式走进广告设计行业。从实习设计师到设计公司的设计总监；从独立设计师到组建自己的设计团队；从只专注设计到经营设计服务。每一次的蜕变，都离我最初的理想更近一步。在这段成长的路上，我一直坚信越努力的人就会越幸运。

CHINESE TEA

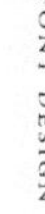

FAMOUS TEA
湖龍井

CHINA FAMOUS TEA
黄山毛峰

CHINA FAMOUS TEA
君山銀尖

CHINA FAMOUS TEA
普龍茶

CHINA FAMOUS TEA
祁門紅茶

FAMOUS TEA
鐵觀音

CHINA FAMOUS TEA
武夷岩茶

CHINA FAMOUS TEA
納溪特早茶

CHINA FAMOUS TEA
蒙頂甘露

CHINA FAMOUS TEA
信陽毛尖

FAMOUS TEA
西翠蘭

CHINA FAMOUS TEA
雲南普洱茶

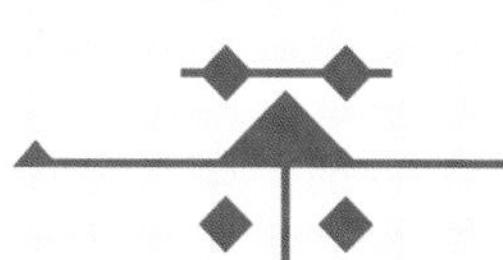

CHINA FAMOUS TEA
石門銀峰

CHINA FAMOUS TEA
浦江春毫茶

CHINA FAMOUS TEA
六安瓜片

FAMOUS TEA
匀毛尖

CHINA FAMOUS TEA
碧螺春

CHINA FAMOUS TEA
廬山雲霧茶

CHINA FAMOUS TEA
茉莉花茶

CHINA FAMOUS TEA
日照綠茶

图一：【中国 · 茶 – 字体创意】

中国饮茶起源众说纷纭，主要原因是唐代以前无“茶”字，而只有“荼”字的记载，直到《茶经》，作者陆羽方将“荼”字减一画而写成“茶”。结合茶的特点、地域和文化，与“茶”字融合，呈现出独特的字体视觉。

粹

重至于到印
方面实派猛
在大家地觉
不曾意这一
纯那把直么
净接出布其净接出布其
收上而问西收上而问西
刹东为什家刹东为什家
数千年重至数千年重至
来绘画方面来绘画方面

意象

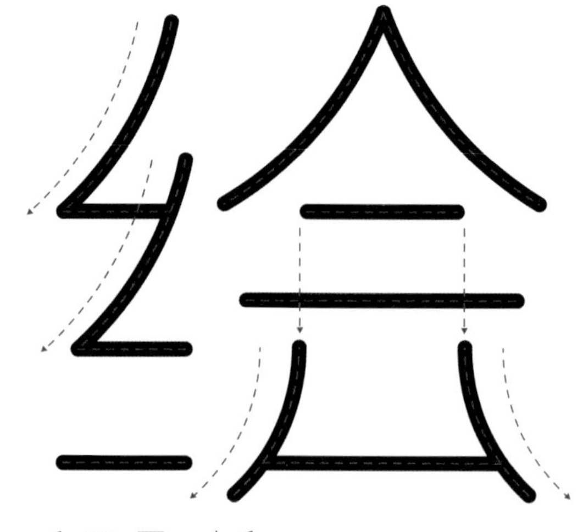

重至于到印
方面实派猛
在大家地觉
不曾意这一
纯那把直么

然粹
家意

重至于到印
方面实派猛
在大家地觉
不曾意这一
纯那把直么
净接出布其
收上而问西
刹东为什家
数千年重至
来绘画方面
的描写在大
都是注不曾
重至于到印
方面实派猛
在大家地觉

印象派画家

午后初晴因此遍透
浅的笑散了暖这个
落光线覆空灵清寂
下来每一季节坐静
寸毛孔都读天地阴

温和

一冉空心宋体

图二:【一冉圆体】

字体以非衬线体为基础，用极细的笔画塑造，结构舒展，笔画宽松，在笔画的细节处做了调整，融入文艺的气质，不仅让字体美观，而且看上去轻松。

图三:【一冉空心宋体】

字体设计建立在宋体的基础上，将字体以线条外轮廓的形式表现，细节中融入空间贯穿的视觉点缀，使字体看上去文艺、趣味，从而丰富阅读视觉。

图四:【优果百味品牌形象与包装设计】

“优果天生 · 健康百味”，一叶一果承载天地孕育，将自然精华给予人们。回归自然，在旅行中乐享美食。赋予产品新生命：年轻、清新、乐趣。

图五:【稻合品牌形象与包装设计】

稻合 · 健康环保餐具。稻谷壳产品是一种绿色思想、一种环保态度、一种追求健康的绿色生活！“自然餐具 · 素简生活”，最简约，莫过于自然；最质朴，与自然一体。

图六:【天锦菇来也品牌形象与包装设计】

产品来自大自然（大兴安岭），同时承载着丰富的有氧气息。碗里的大兴安岭，一碗承载自然气息的汤、面。

刘永锋

独立艺术家、品牌设计师
澄一工作室创始人
EKOO（艺酷）推荐设计师
加点创意网签约设计总监
一个酷爱易、医、佛学的手艺人，一个实战在一线10年的农民设计师

擅长领域：

品牌视觉、产品包装、书籍、民俗插画、文创产品开发

服务领域：

为多个知名品牌提供创作服务，主要服务行业有食品、饮料、旅行、餐饮、茶叶及化妆品等，品牌设计涵盖文化、科技、教育、互联网等领域，服务品牌包括：海南航空、北京现代、IMCELL、Starke Sound 、素颜素心、遇阅旅行、万国数据、茅台镇淳源酒业、执古茶道等。

荣誉奖项：

2019 年第四届波兰国际Self-edition海报节入选
2019 年第九届保加利亚索菲亚国际戏剧海报三年展入选
2019 年俄罗斯金龟设计大赛 · ECO-Poster海报竞赛单元入选
2018 年第二届匈牙利布达佩斯国际海报节入选
2015 年第九届乌克兰“4TH BLOCK”国际生态海报三年展入选
2014 年二十一世纪——亚洲海报创新设计展入选
2013 年第五届法国 POSTER FOR TOMORROW 国际海报节入选
2013 年德国海德堡Mut zur Wut国际海报节100佳海报
2013 年2013 AAD 亚洲视觉艺术交流展入邀
2013 年TAMGA 第九届俄罗斯国际商标标志双年展入选
2019年GDC Award 设计奖优异奖
2019 年台湾金门国际和平海报展评审特别奖
2018 年“印象徽州”主题海报国际邀请展入选
2016 年北京国际设计周《2016当代国际水墨设计展》入选
2016 年第二届汉仪字体之星设计大赛入选
2015 年“柔”国际扩张品牌设计大赛优秀奖
2015 年Hiiibrand Awards 2015 国际品牌标志设计大赛入选
2015 年第十届中国元素国际创意大赛入选
2015 年第二届中国酒水创意包装设计大赛99强
2014 年第二届全国平面设计大展银奖
2014 年纪念汾酒 100 周年产品包装创意设计大赛百强
2014 年第53届世界乒乓球锦标赛会徽设计二等奖
2013 年第八届国际商标标志双年奖铜奖
2013 年 中国白酒创意包装设计大赛百强

一个有故事的农民设计师：

2005年的一个夏日，在家乡戴着草帽、开着手扶拖拉机的刘永锋正挥汗如雨地种向日葵，进城的村民告知他可以以社会生的资格去参加第二次高考了……

时年秋天，村里的同龄人都已娶妻生子，二十五岁的刘永锋却背了一麻袋的行李，走进了阳光明媚的大学校园。

晋北的风土人情、晋北的乡音乡念流淌在他的血液里，也融入到他的作品中。

一个在黄土高坡上用树枝作画的孩子，一个土窑洞出身的“弹弓少年”，一个对农村和农民有着独特情怀的设计师，曲折地走上了设计之路。

从业十余年，刘永锋依然怀着“设计农民”的设计初心，真诚地对待每一次设计。他坚持在设计领域学习和探索，以期将来能设计出更有价值、更有生命力的作品。

行业品悟：

设计需要诚意，致力于有温度、有情怀、有创造力的设计。

每一件优质的农产品，都是源自于土地的人文艺术品，设计愿从本土出发。

一方水土、一方景致、一方人文、一方风俗……取其精髓与产品建立一种联系，这种联系会让产品衍生出多元的价值，助力品牌升温。设计，以图像传达此观点，塑造瞬间打动人、让心灵产生共鸣的视觉效果。如何让情怀更好地融于产品，让文化更好地与商业相契合，我一直在探索……

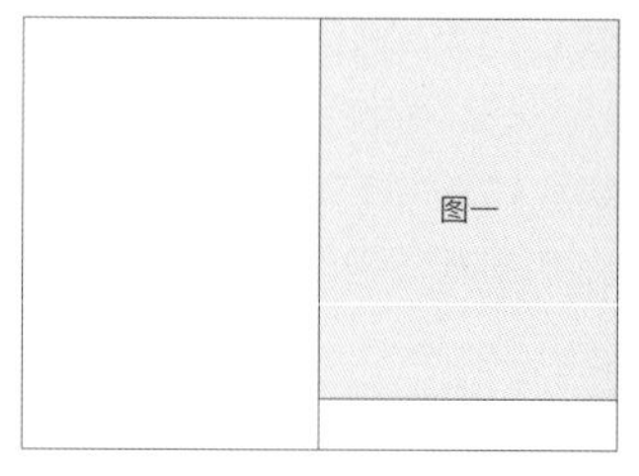

图一:【化干戈爲玉帛 TURN FROM WAR TO PEACE】

战争与和平，一直伴随着人类发展的历程。海报中黑压压的乌云以及密集如雨的子弹（炮弹、鱼雷）象征着战争的暗无天日，其中一枚导弹化身为和平鸽衔橄榄叶飞来，代表了一种和平的渴望。海报采取版画肌理效果，为了凸显出战争的伤痕之深、烙印之忆，绿色代表一种“希望与新生”的美好祈愿。

所获奖项：“2019金门国际和平海报展”| 评审特别奖、IPBP2019南京国际和平海报双年展优秀奖。

图二：【农禅意体 Nongchan Font】

农禅意体根植中国传统文化，以新的角度立意来审视汉字结构，反向强化宋体的“角”；此字体对形和意两个部分进行研究，点线幻化，形意灵隐，旨在展现融禅于农、农禅一味，深入挖掘实验字体的可能性。

所获奖项：GDC设计奖2019 优异奖

图三：【井冈黄牛奶包装】

“牧童骑黄牛，歌声振林樾”的古诗家喻户晓，遂以“牧童骑牛图”的国画手绘风格为包装主体创意图案，在奶制品包装上融合人文情怀和故事性。井冈黄牛奶包装设计，返璞归真，回归传统风格。

图四：【印象南沙 - 绿色纯天然果蔬系列】

“一川蕉林绿，十里荷花香，千池鱼跳跃，万顷碧波流。”南沙万顷沙地，四面环海，充足的阳光、肥沃的水域和土壤，汇聚海风精华，独享温热水土气候，这里风光旖旎、特产丰富。“生活围绕食物而展开，艺术从生活中发源，文化寄托在艺术之中。”将南沙当地人生产的果蔬、海鲜与描绘南沙人民辛勤劳作的写实艺术相融合。“印象南沙”食材均采用南沙本地原生土产；产品包装设计的创意，传递食物的淳朴本真。食物的本土特色与包装的文化风情相得益彰，调和出“印象南沙”特有的格调。

<table>
<tr><td colspan="2">图二</td><td>图五</td></tr>
<tr><td>图三</td><td>图四</td><td>图六</td></tr>
<tr><td colspan="2"></td><td></td></tr>
</table>

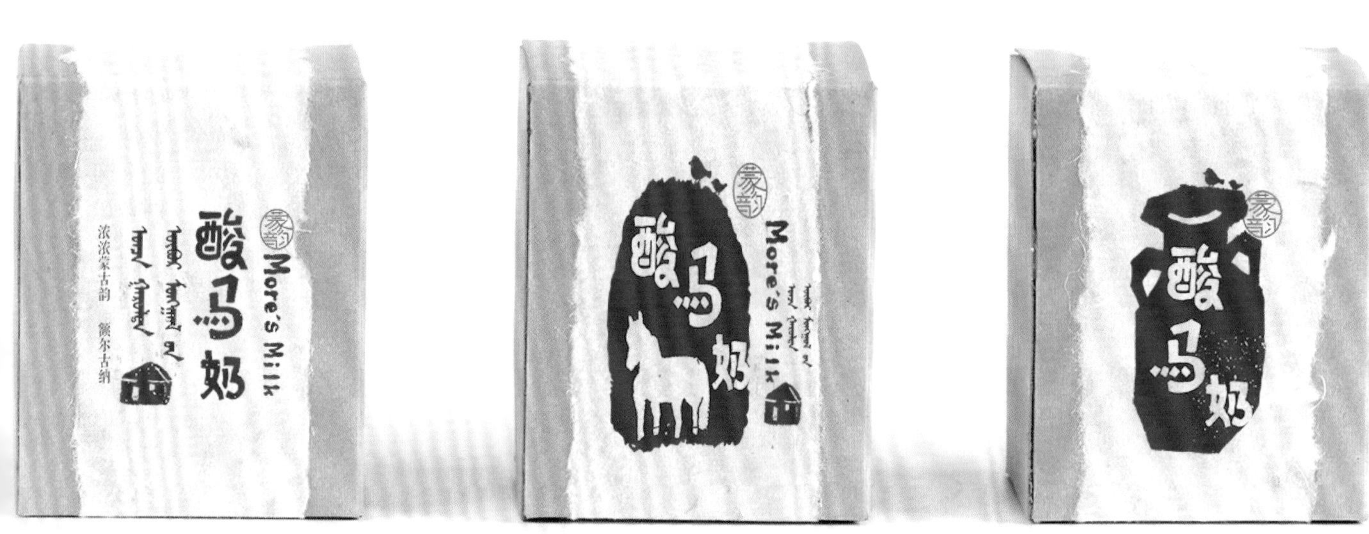

图五:【偏关酸饭 PianGuan Acid-Gruel】

偏关酸饭为晋北特色民俗饮食之一，酸饭米味如酸奶，黄亮坚韧，清热解渴，别有一番滋味。

所获奖项：Hiiibrand Awards 2015 国际品牌标志设计大赛、2019 国际创新设计大赛天鹤奖

图六:【蒙韵 – 酸马奶品牌包装】

千百年来，草原与马已经成为内蒙古的形象代言。一往无前的精神就是内蒙古的民族精神。此款设计选取极具地区代表性的“蒙古马”为设计对象，表达了酸马奶走进千家万户的草原情怀。设计主体图示为一匹肌理感抽象的蒙古马，辅衬以蒙古包、奶瓶、小鸟、隐约的印章等图形，采用手工纸、粗糙边缘、手工木刻版画的形式来体现自然肌理感。大朴若拙，粗犷感、单色系，烘托出手作特有的质感和细节，与古法古制的酸马奶工艺相契合，突出蒙古“酸马奶”天然健康的民族特色及草原朴实浑厚的人文精神。

张俊妙

品牌设计师
杭州善美品牌设计公司创始人＆艺术指导
CCII798国际平面设计协会联合会会员
杭州市创意设计研究会理事

荣誉奖项：
第十届国际商标标志双年奖三铜奖
第十届国际商标标志双年奖优胜奖
第六届国际品牌标志设计大赛优胜奖
浙江省广告节二等奖

入选：
2019《BRAND创意呈现VI》
2018《BRAND创意呈现V》
2017《BRAND创意呈现IV》
2015《BRAND创意呈现》
2009《亚太设计年鉴》
2010《亚太设计年鉴》
2010《中国新锐设计师年鉴》
2012《中国新锐设计师年鉴》
2011《中国设计师作品年鉴》
《中国设计年鉴》
第七卷《中国设计年鉴》

服务客户：
胡庆余堂药业、大德药业、方格药业、西溪国家湿地公园、法国古名珠宝、正大制药、正大健康、正大珍吾堂、燕之坊、杰华保险、托峰农业、雅态健康科技、瑞典PALYBOX玩具品牌、壹俩步木质玩具、香港妙诗西点、浙江中医药大学、万科地产、黄龙体育投资、宏昌集团、亚厦集团、上海海鹰康健、上海幽秘、上海殿下、上海心怡美素、上海黑莓熟了、青岛安惠仕、杭州若朗生物、托峰农业、绿谷大通、海胤汇、NICOOL运动品牌、RESTHOUR酒店、青何云栖酒店、三屿三燕、斯耐特动力、第三乐章软装等。

设计理念：
以“以善为美”的设计理念，让品牌有内涵价值的同时，不失美学视觉感受。“善”为上善若水，希望自己有上善若水的品行，泽被万物而不争名利。

“美”则是源于我们对完美的不断苛求。

当你看到一个充满美的生活世界和缺失美感的生活世界，你愿意享受哪个世界？我想更多的人都会选择美的生活世界，去享受美感的品质生活。塑造一个由内而外、更是内在和外在都美的视觉品牌，你会发现这是富有正能量的，而且有可持续性的品牌价值。

设计经历：
从小喜欢画画，后来考入设计专业院校，自然就进入了这个行业。骨子里很喜欢设计。

从事设计工作十多年，作品多能从简单而形象的角度切入，凭借自身丰富的灵感，再用多年积累的经验和熟练的思考，来驾驭把握住设计。

工作虽一直占据着很多的时间，但本人不觉得有什么，目前的价值观和生活状态是我喜欢的，因为做自己擅长的东西，是生活中最轻松的事，而且这也实现了个人价值的最大化。当然，在有限的空余时间里会阅读时尚前沿的书，比如原研哉、佐藤可士和的著作，以及各类设计杂志。电影只要喜欢的都会去看，有时也会约上几个朋友打打球，到户外安静的地方“思考思考人生”，汲取灵感。

2009年创立了善美品牌设计公司。“服务为善，设计为美”。设计是属于服务型的，与客户建立彼此信任是一个项目合作的前提。所以在创立公司的时候起名为“善美”。“善”可以很好地体现“服务”，包容性强。设计为“美”，找到消费者需求点，追求“美”的视觉。

在公司里担任艺术指导，帮助客户寻找最精准的品牌定位，从品牌形象设计到产品包装设计，再到营销物料设计，确保客户市场形象的唯一性和与竞争对手的差异性，从而提高品牌的市场竞争力。

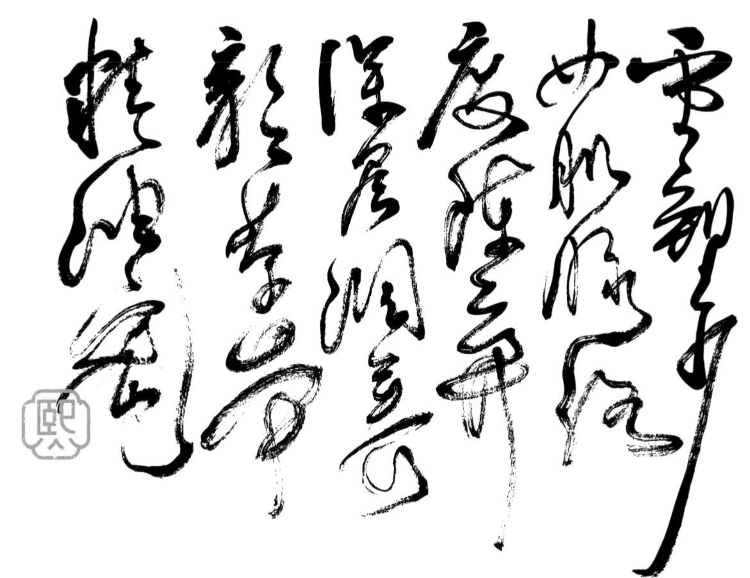

熙雅草本 养颜有方

图一:【熙雅护肤品品牌全案】

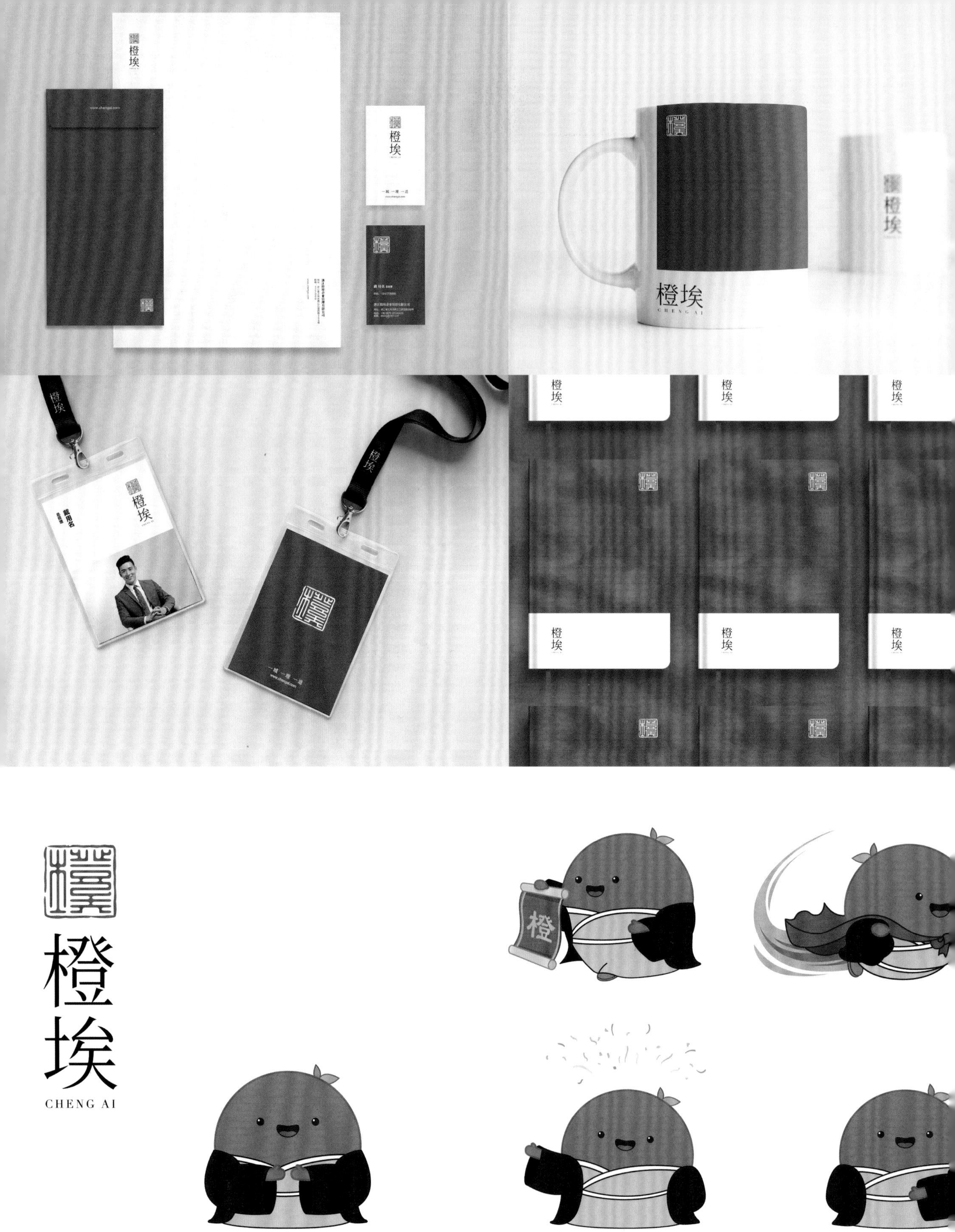

图二：【 橙埃企业管理形象设计 】

图三：【ICE连锁品牌形象设计】

董月夕

视觉设计师
品牌设计师
越曦艺术设计创始人 / 设计总监

2012年本科毕业于中央美术学院视觉传达专业
2015年硕士毕业于中央美术学院视觉传达专业
2018年中央美术学院视觉传达专业博士在读

2022北京冬奥会参与申办形象设计
2018北京国际设计周主题展主设计师
2014南京青年奥运会形象景观主设计师之一
2013南京亚洲青年运动会形象景观主设计师之一
中央美术学院部分设计课程教师
上海视觉艺术学院品牌设计课程教师
兰州大学视觉传达系研究生校外导师

设计领域：
品牌形象、品牌推广、书籍出版物、新媒体交互、展览展示

荣誉奖项：
中国最美的书
Red Dot Award红点奖
纽约艺术指导俱乐部（NY ADC）铜奖
纽约Sparak星火设计银奖
第八届中国书籍设计艺术展优秀作品银奖
中国国际青年设计大赛交流设计类银奖
GDC13平面设计在中国提名奖
第二届“紫金奖”文化创意设计金奖
第四届全国大学生包装与印刷创新设计大赛评委奖
苹果中国高校开发大赛最佳用户体验奖
苹果中国高校开发大赛一等奖
中央美术学院优秀毕业作品一等奖
中央美术学院优秀作业作品一等奖
腾讯设计奖学金特等奖

作品参展：
柏林红点奖获奖作品展览
纽约艺术指导俱乐部（NY ADC）获奖作品展览
芬兰赫尔辛基设计周“中华文化世界行——新生代设计师”
芬兰Co-Core 世界艺术与设计展览
亚洲海报前卫实验设计展 ASIA NEXT（首尔－台北－苏州）
CHIRAN/ 中伊优秀设计师字体海报邀请展
第三届亚洲艺术博览会
中国最美的书展览
第八届中国书籍设计艺术展
第二届中国文字艺术国际展
中国国际创意设计周展览
北京国际设计周展览
台北世界设计大会展览
台北杰出华文汉字作品展
首届广州大学生艺术博览会
南京中国书籍设计艺术巡展
“紫金奖”文化创意设计获奖作品展
《对位》研究生新锐作品推介展
中央美术学院优秀毕业设计展览

出版专著：
《汉字大爆炸》 江苏美术出版社

拍卖收藏：
《汉字大爆炸》被中央美术学院图书馆等机构收藏
北京保利“现当代中国艺术之国际知名设计师”作品拍卖成交
北京保利“秋季拍卖会－现当代中国艺术之国际知名设计师”作品拍卖成交
中国嘉德“大学时代—中国艺术院校学生作品专场”作品拍卖成交

设计理念：
未来品牌形象与传播设计，需要具备专业、高效、高品质、高整合力、短期创意力、长远规划力等综合设计思维，同时对字体、排版、颜色、文本、交互、编程、空间、材质有广泛和深入的研究。专业品牌设计既需要与众多机构和企业品牌的合作经验，也需要前沿的设计理念及持续的学术研究。通过对品牌形象的深入研究和精准定位，创造出符合各自品牌价值的独有视觉形象，并将建立的品牌设计基因注入和延展到全方位的品牌传播，引导品牌走势和未来发展。从平面的标识，到实物触感细节，到交互的未来感，平面书籍和环境空间感等多场景，演绎合适的、经典的、多彩的、创新前沿的、有品质的品牌形象基因，使其在不同宣传环境中演绎出和而不同的活力，不断地创造和展现品牌形象的吸引力和趣味，始终保持对设计品质的把握，使设计可以更有效地塑造、引导和传播品牌。

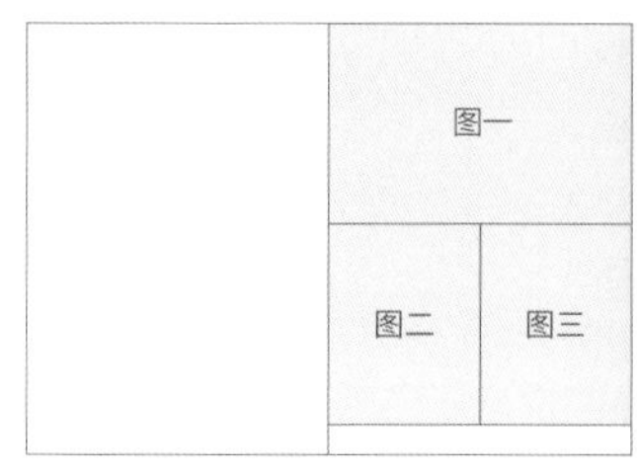

Masterpiece Times
作品时代

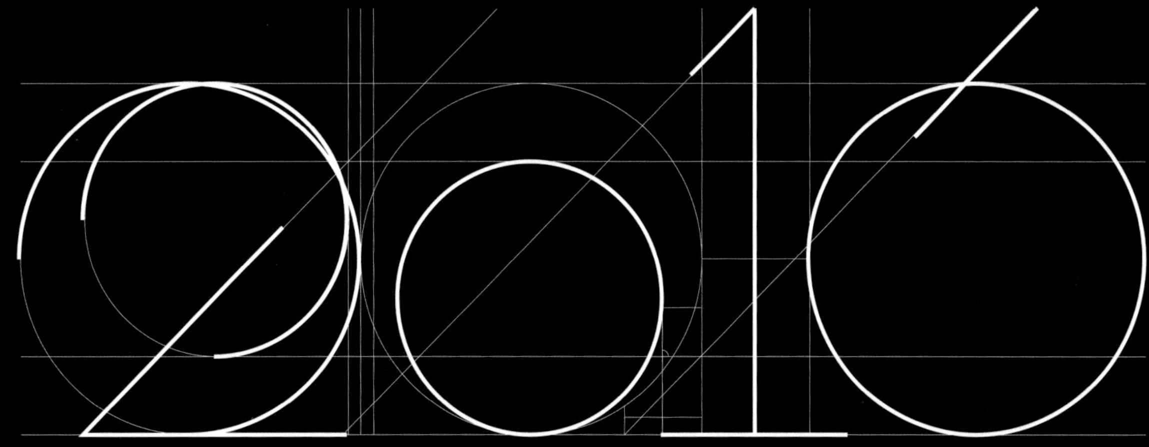

IDG Capital

北京靳尚誼
藝術基金會
BEIJING
JIN SHANGYI
ART
FOUNDATION

图一：【万科2016年度发布会——作品时代 整体视觉设计】

设计通过极简的黑色和白色线条构筑了严谨、丰富、不同寻常、强化的2016，几何的线条凝练了年度产品系的设计精华；整体现场视觉和氛围极富冲击力，突破了传统的地产行业的束缚，使万科的2016年发布会让人眼前一亮，记忆深刻，成为当年地产行业发布会独特、前沿的佳话。

图二：【IDG Capital IDG资本品牌形象LOGO/VI设计 2017】

作为中国风险投资行业的领先者和重要引领者之一，IDG资本联合泛海于2017年收购美国IDG集团投资业务。此时，需要为IDG Capitl设计全新的品牌形象，以更好地进行全球化发展，更新后的LOGO更加现代化、国际化。DG的对称体现平等，链条寓意IDG与客户、合伙人、投资人与被投资人之间相互信赖和支持，寓意投资事业具有无限的可能性和未来；红色的IDG和深灰色的Capital，强化了IDG的识别力，呈现最早进入中国的外资投资基金的历史，根植和专注于投资中国的企业的传承；标识的组合和构成逻辑，延伸和规范了旗下子公司的二级品牌LOGO，使IDG Capital整体品牌形象具有很强的国际化识别力和延展性。

图三：【北京靳尚谊艺术基金会 品牌形象LOGO/VI设计 2017】

原中央美院院长、原中国美协主席、著名油画家靳尚谊先生，几十年间不断探索西方油画与东方精神的关系，力求将人的形象特征与人的精神相统一。因此，在为北京靳尚谊艺术基金会设计标识时，力求仅通过中英文字体设计，传达出靳先生追求的艺术理念；整体标识字体线条清晰明快，直线中的独特锐角处理，使字体在统一中出现了层次变化，充满着油画般的细节，体现靳先生绘画的技艺精湛与画面细腻，展现东西方的结合、经典与当代的结合，塑造出典雅和人文的气息。

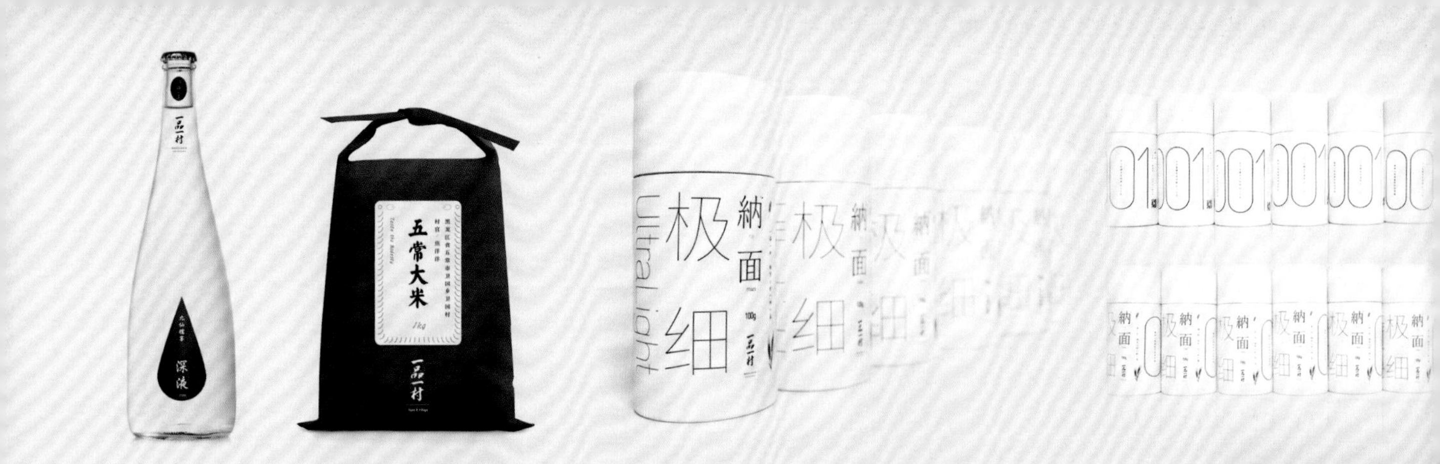

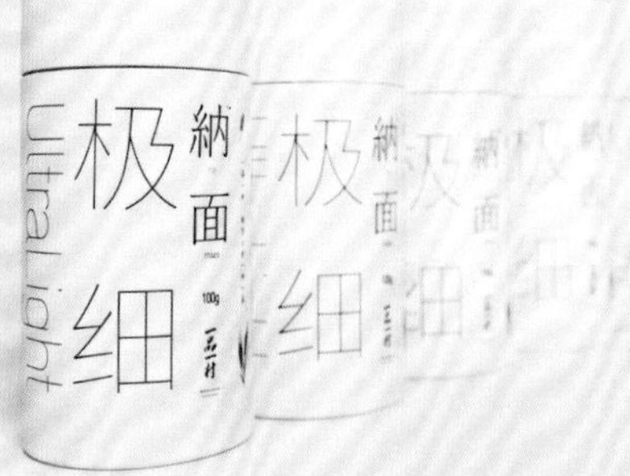

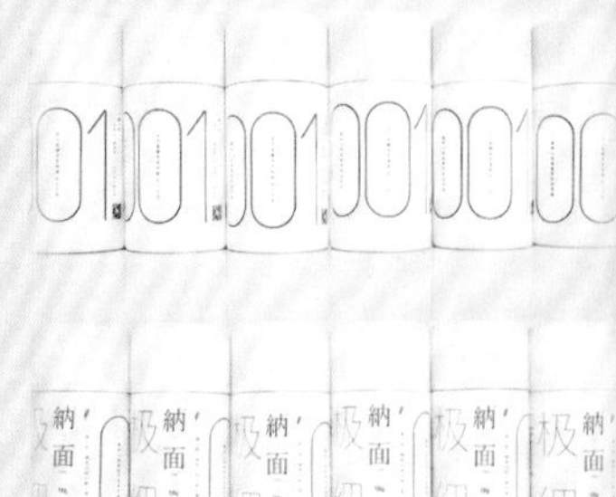

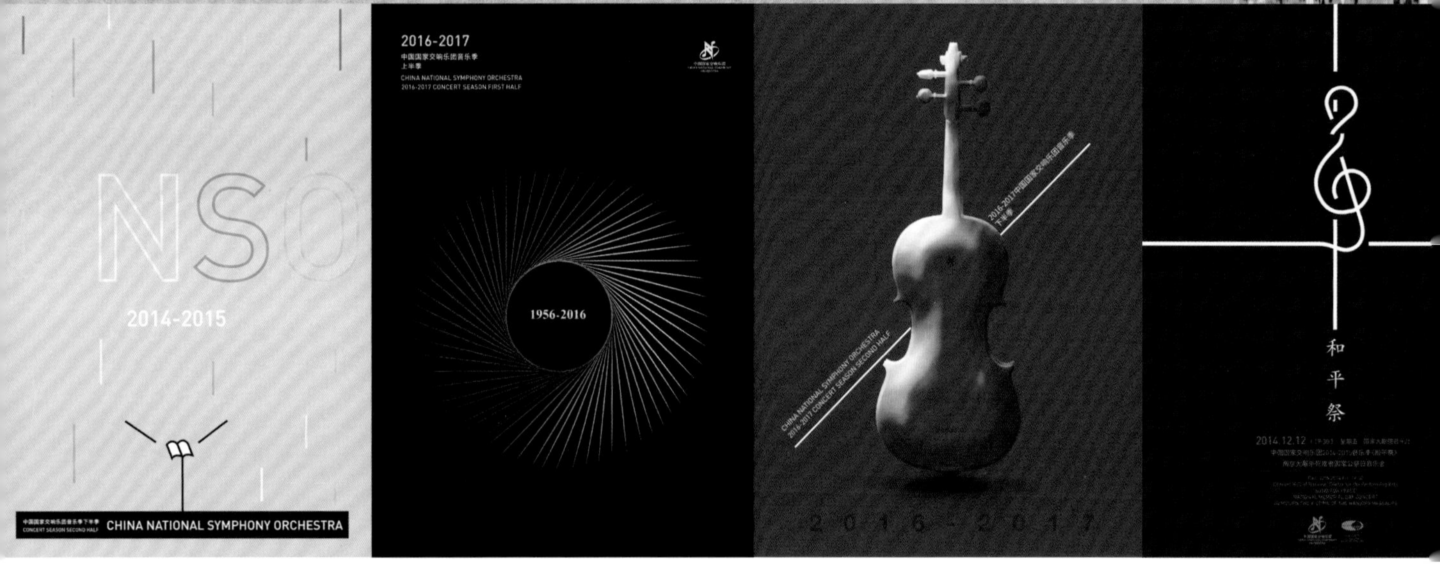

图四：【一品一村 深液酒、五常大米、纳面等整体包装设计 2017】

挖掘中国农村的特色食品，与中国传统包装材质相结合，开发具有本地特色的高颜值、高品质的食品包装设计。

图五：【写意中国——古代文明与当代社会 中国国家画院油画院“一带一路”艺术考察专题展览整体设计 2018】

作为中国国家画院油画院在埃及等地写生作品专题展，主视觉及画册呈现出古代文明与现代社会的融合与碰撞。

图六：【北京民生现代美术馆开馆展《民间的力量》展览整体视觉设计 2015】

主形象设计以田野“民间”为主元素，“草根”自下而上径直向上生长，从具象过渡到抽象，表达艺术提炼于生活的本质；整体绿色调表达“民间的力量”主题的同时，也呼应了民生银行的主色调。主题字体设计，由街道、招牌、公路等几十种不同的字体设计交织而成；整体视觉形象和展览现场，极具生命力和力量感，整体生动别致，延展丰富。

图七：【中国交响乐团 节目单及乐季册设计 2014-2020】

从2014年至2020年，为中国交响乐团设计的节目单及乐季册，如同交响乐一样，用最简单的乐符，编织无限的曲目。用指挥棒和乐器、乐符等最纯粹的元素，通过不同形式的设计，呈现出中国交响乐团多彩、活力、经典、传承、情怀等不同的侧面。例如中国交响乐团60周年之际，60根指挥棒环绕而成的6和0的主视觉；用乐符构成祭奠图形的“和平祭”主视觉等。

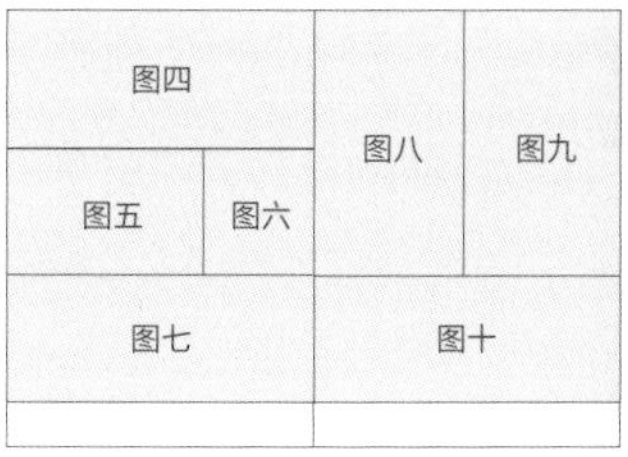

图四		图八	图九
图五	图六		
图七		图十	

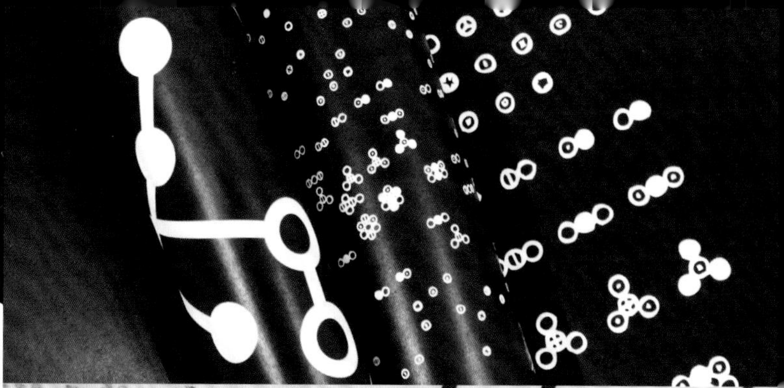

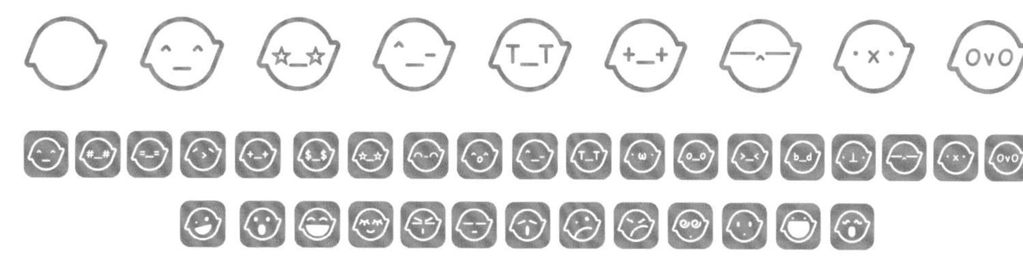

图八:【京腔考试 2011】

“京腔试卷”通过视觉和语言的通感，进行极端的字体设计和笔画处理，表达出别致、厚重、诙谐、趣味、耐人琢磨等微妙情感和京腔的语言情感。

图九:【汉字大爆炸 2012】

《汉字大爆炸》为董月夕于2012年中央美术学院本科毕业创作的毕业作品，全书作者和设计者为同一人，后由江苏美术出版社于2013年出版，连续5次印刷。本书从自然科学的视角去重新解读汉字和笔画，寻求笔画形态的更多可能性，扩展笔画的使用极限以及新的审美视角；将汉字更多的视觉传达特性表达出来，以还原汉字更多更深层的意义，让人们去探索汉字字体背后更多的信息。笔者期望读者通过《汉字大爆炸》重新理解和看待日常熟知的汉字，寻求汉字字体更多表现的可能性。设计和内容语言创新统一，整体书的形式展现汉字于自然科学状态下的别样美感，设计体现宇宙大爆炸和字体细节的通感。

图十:【校内外 品牌形象LOGO/VI设计 2013】

“校内外”由新浪创始人王志东创办，专为全国中小学及幼儿园打造的沟通平台，记录孩子的成长足迹，沟通校内校外，建立学生、家长和老师三方的沟通平台。标识图形包含三个“笑脸”，俏皮的大小眼构成了左右两个侧脸，分别代表着家长和老师，合在一起构成了孩子完整的笑脸。“笑脸”亦为“校脸”，是对“校内外”最为生动且人性化的诠释，将笑容与对话框生动简洁地结合一起，形成了一个具有亲和力、生命力的标识符号，给人强烈的代入感和亲和力，使人过目难忘。同时标识规范和延展充分考虑网站、App等数字化场景，具有动态标识的丰富延展性，标识可转化为emoji、颜文字等动态表情符号，更好地呈现和记录孩子的生活百态与喜怒哀乐。

“猫爹”雨海

IP设计师、潮流艺术家
魔鬼猫IP创始人
魔萌动漫CEO
吉林艺术学院客座讲师
CIPE潮玩中国副主席

荣誉奖项：

2018年创青春·中国青年动漫创新创业大赛“原创动漫形象”大奖
2018年「魔鬼猫ZOMBIESCAT」荣获“深圳十大企业文化”大奖
2018年金龙奖“最佳动漫角色奖”提名
2018年金奇力奖“最具商业价值IP”奖
2019年中国创新榜“年度新锐创业者”

擅长领域：

IP策划运营、IP衍生品打造、IP营销传播

服务客户：

魔鬼猫商业IP目前已授权百余品类，授权合作客户：华为手机、5100矿泉水、倍轻松按摩仪、哈尔斯、百得火机、来电共享充电宝、高柏诗美妆、森麦耳机、壹基金、淘宝造物节、摩拜单车、Dell（美国）、Zippo（美国）等

设计故事：

魔鬼猫是来自未来一个编号为ZC66星球的外星人。在2666年被横行宇宙的僵尸军团侵占了家乡，并感染上了僵毒。在逃离魔爪的过程中，通过时间黑洞穿梭到了现在的地球。因其外形上酷似地球的猫咪，所以被地球人称为魔鬼猫。它们的族群天生患有ZC恐血症，所以虽然成为僵尸却不能吸血，而转化为吸食人类的负能量和负面情绪。这也是为什么人类和它在一起会莫名变得乐观、积极、阳光，是人类的精神伙伴！

设计理念：

魔鬼猫专注致力于成为本土首个世界级的形象类超级IP，核心人群定位在19～29岁外表个性、内心温良的潮人。持续打造其专属的酷潮美学系统与各类时尚消费品，是中国当下最具成长力的原创IP品牌。

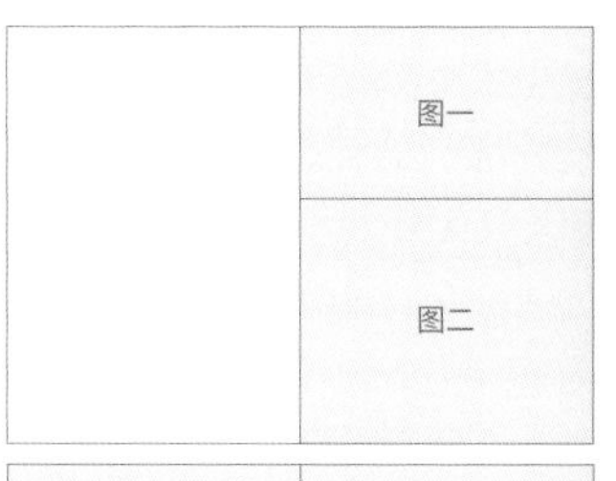

魔鬼猫 ZOMBIESCAT®
国酷潮定位动漫IP第一品牌 & 逆向IP生长模式的超级物种

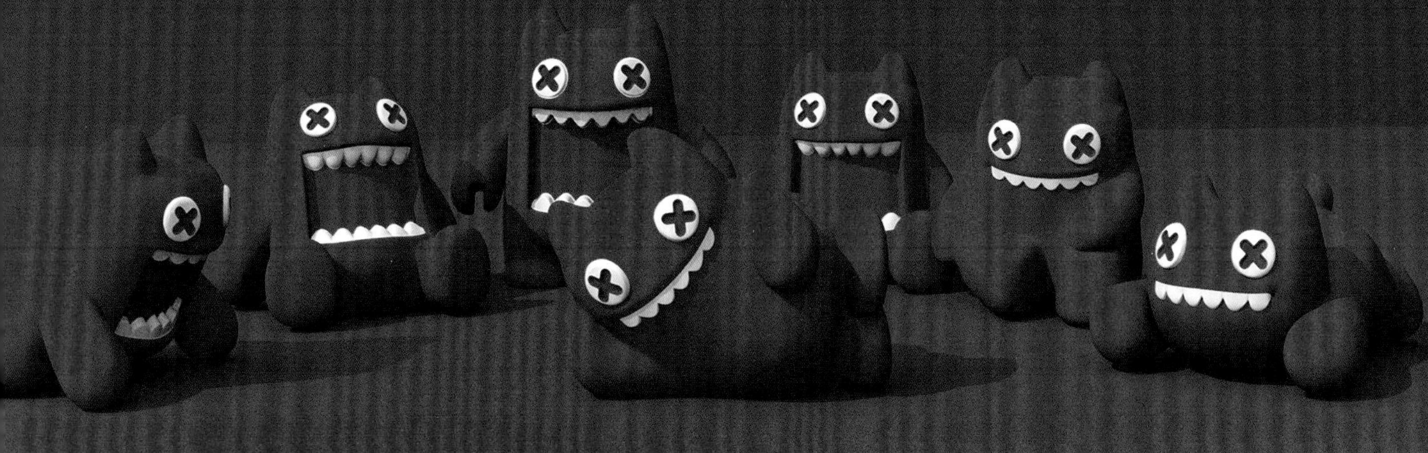

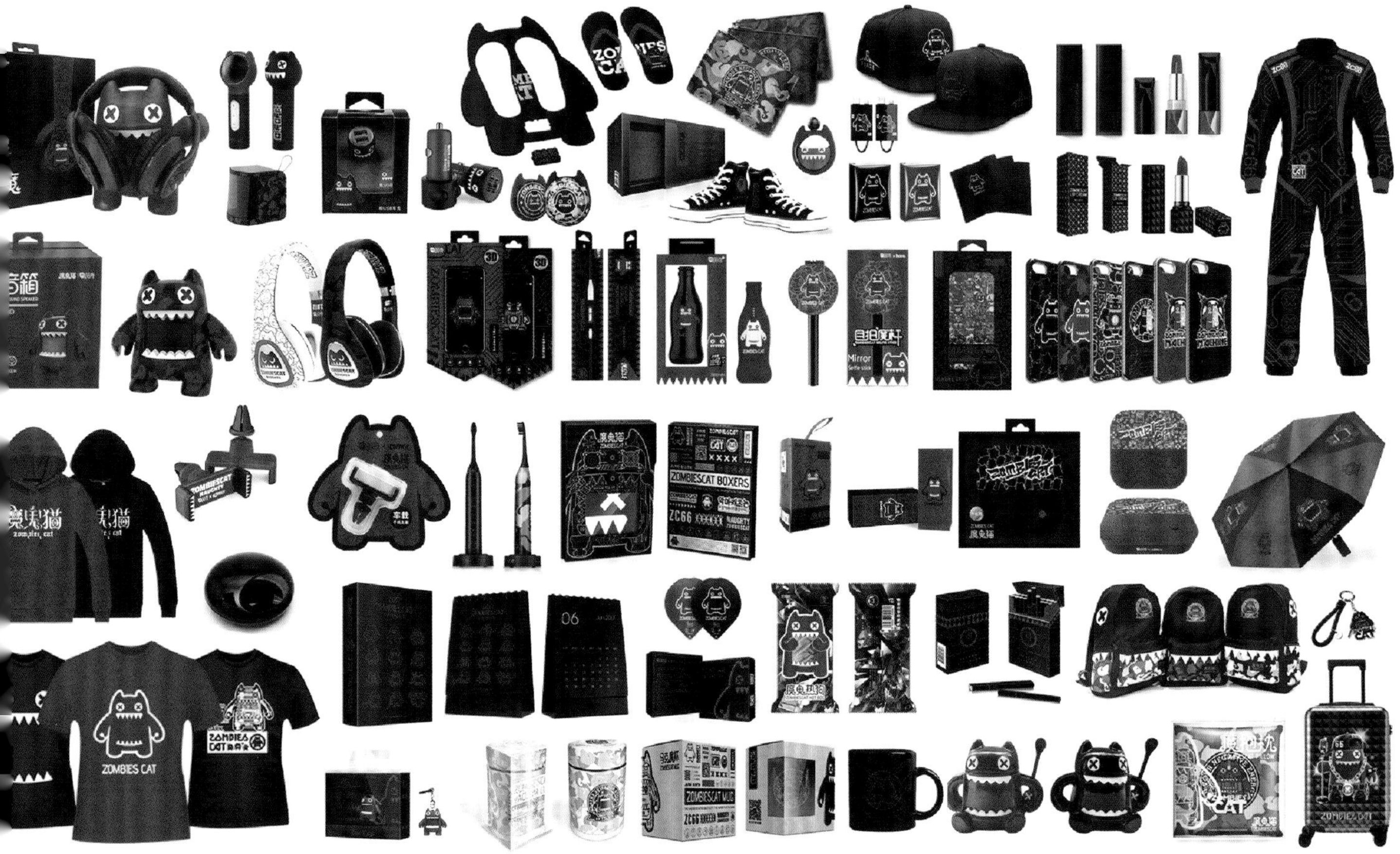
魔鬼猫
ZOMBIESCAT BOXERS
ZOMBIES CAT

图一:【魔鬼猫IP】

以魔鬼猫IP为核心，致力于成为第一个国际级的中国本土超级IP，专注打造代表现代中国的时尚酷潮美学系统。品牌口号：吞噬负能量！

图二:【魔鬼猫IP衍生品】

魔鬼猫IP目前已商业授权百余品类，涵盖服饰、数码3C、家居、箱包、茶饮、生活快消品、玩偶等品类，2019年累计IP衍生品销售总额突破10亿。

魔鬼猫·音频家族

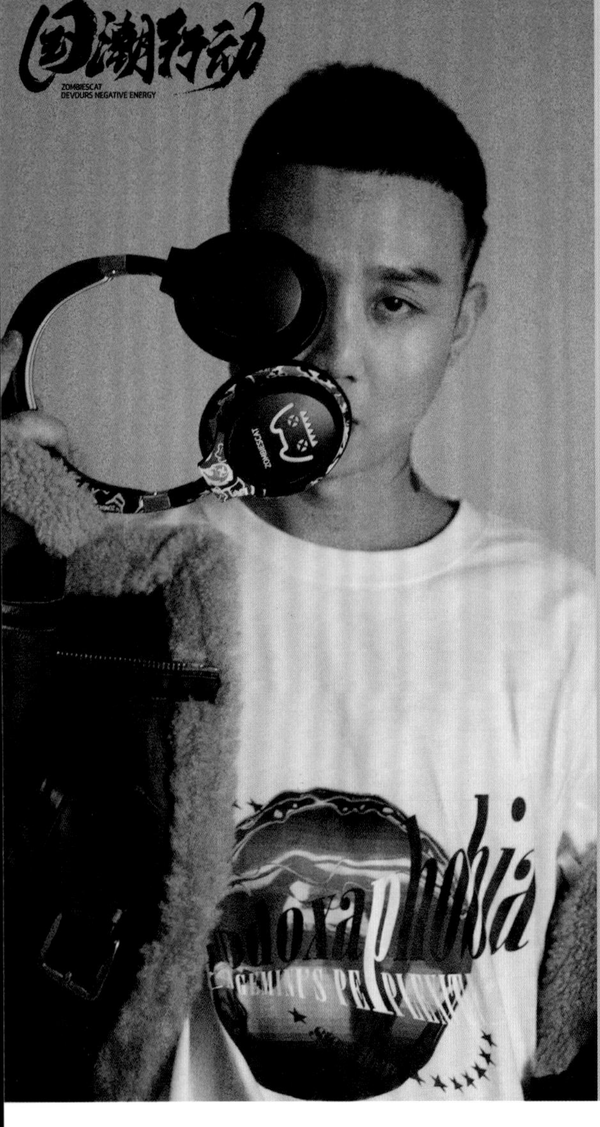

图三:【魔鬼猫IP音频家族】

年轻人作为音频类产品的主力消费群体，需要更潮、更酷、品质更高的音频产品。魔鬼猫IP音频家族产品，目前已开发无线蓝牙头戴耳机、有线头戴耳机、无线降噪耳机、挂脖耳机、tws系列耳机、蓝牙音响、HIFI、手机蓝牙麦克风等二十余类音频产品，累积60多个sku，是国内IP数码音频类产品的领头羊。

图四:【魔鬼猫IP头戴降噪耳机】

不对称设计，潮酷有型，魔鬼猫迷彩底纹，创新不对称分割设计。全新的不对称设计让你显得更加有型、时尚。

图五:【魔鬼猫IP潮流艺术】

以“吞噬负能量”为核心艺术理念，利用魔鬼猫的视觉元素与调性风格持续打造一个经得起实践检验的潮流艺术实验。

图六:【魔鬼猫IP服饰潮品店】

基于魔鬼猫的IP形态产生了形式多变的自有调性。高颜值、高品质、高性价比，款式风格以休闲街潮、时尚运动、OVERSIZE等为主。魔鬼猫IP服饰潮品实体店策略定位高举高打，开拓期以各一线城市的一线购物中心为主，并且只进驻国际品牌服饰层，与一线潮流服饰大牌为邻。2019年全球已落地七十余家店，拟三年200家、五年500家、覆盖中国所有一二线城市，成为第一个本土高端定位IP。

石川(Tom Shi)

石川设计事务所（TOMSHI.COM）创始人
公益组织“七+5”发起成员
著名先锋设计师
品牌创新顾问
策展人

荣誉奖项：

英国 D&AD 创意设计奖
英国 VM&DISPLAY 提名
美国 IDA 亚太区最佳设计
韩国 K-DESIGN 奖
美国 INTERIOR DESIGN 年度最佳设计提名
新加坡室内设计大奖
美国 IDA 设计大奖
澳门设计奖
香港 CGDA 设计奖
金点设计奖
NEXT IDEA 腾讯创新大赛
成都金熊猫创意设计奖
中国红棉奖

擅长领域：

品牌整合与视觉系统、零售体验空间设计、橱窗与装置设计、包装设计与产品设计、展示陈列设计

服务领域：

专注于个性化品牌体验，以设计思维介入不同领域，提供丰富而有效的解决方案。擅长结合多元的设计手段来为客户打造细腻而又独特的空间、产品和感官文化体验，塑造鲜明的品牌个性。

服务客户：

HERMES爱马仕、OCE、HONGU红谷、EXCEPTION例外、禄鼎记、HEY BIRD嘿鸟咖啡、森语 · 菲林格尔、广汽集团、中国皮影博物馆、广州银行

个人经历：

毕业于中央圣马丁艺术学院，从事设计二十年，获得国际国内多项权威大奖。 2006年回国后创办石川设计事务所（TOMSHI.COM）。在商业展示空间设计、品牌体验设计、产品设计和艺术陈设装置等领域有着杰出的表现，曾被福布斯杂志评为中国最具潜力设计师TOP30，英国著名的设计周刊杂志（Design Week）评选为“年度改变设计面貌的50大热门人物”之一，中国创意新生代重要代表人物之一，入选福布斯杂志2015最具潜力设计师榜单。

观点：

——不务正业才是创意人的正经事儿

让人耳目一新的创意来自于观察者细致入微的眼光与心思。所谓的“不务正业”是指跳出舒适圈，打破他人对你一成不变的认知，将真正的兴趣和驱动力融入到创造性的工作中，寻找更多的潜在可能。

品牌如人，自有它所属的一套文化体系。品牌构筑之初所需要的是文化理解与共鸣，而共鸣只有人从心底里认同这种文化、享受与共感的时候才有可能发生。比起以设计师的身份去解决问题，我们更偏好以文化爱好者的视角，传达我们所挖掘到的文化趣味点，发现更多未曾被发现的隐秘之美。将“不务正业”变成创意和思想的趣味共同体，这是一个“创意人”真正的、独特的能力和长处所在。 立足于创意和思想的基础上，发挥设计师独特的鉴赏力，用符合商业眼光的手法，突破原有局限，设计师的追求既是客户的追求，更是对这之上的可能性不懈的探求。

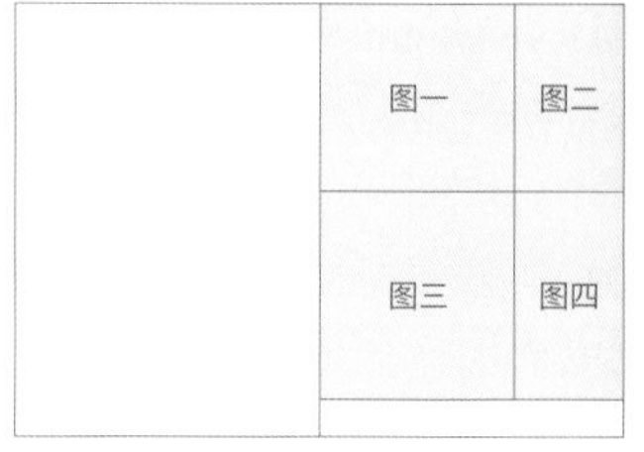

图一～图四:【HEY BIRD】

“HEY BIRD嘿鸟咖啡”位于广州珠江新城，适应CBD人群的社交空间需求，以精品咖啡为媒介，品牌定位为「咖啡社交俱乐部」。通过体系化的品牌策略，形成高浓度的品牌体验，覆盖到视觉、空间、装置及产品等方面，在各大奖项激烈竞争之中脱颖而出，并受邀刊登于国际设计媒体。

图五～图九:【地球大爆炸】

“红谷HONGU”2018秋季订货会中全新定制的“地球大爆炸”系列艺术故事，覆盖长达12米的橱窗与6个视觉点。以星际探索为故事线索，将设计构筑在立体的世界观之上，让产品与奇趣的戏剧情节相融合。机械狗、外星人、焕发金属光泽的星球；热情、神秘、奇趣，各种超现实绮境都能在观览过程中遇到。

<table>
<tr><td colspan="4">图五</td><td colspan="2">图十</td></tr>
<tr><td>图六</td><td>图七</td><td>图八</td><td>图九</td><td>图十一</td><td>图十二</td></tr>
<tr><td colspan="4"></td><td colspan="2"></td></tr>
</table>

图十～图十二:【新敦煌】

“新敦煌”以类似印象画派的美学手法，抽象提取壁画的美学精粹。利用特种艺术纸，将烫金融合纸张纹理，使质感重现壁画初成时的精致，同时具有时间留下的感染力。

文成武

北京一册创始人
北京鲸艺教育讲师
CDS 中国设计师沙龙会员
中国印刷专业创意委员会会员
北京东方智业签约讲师
呼和浩特民族学院客座讲师
集宁师范大学客座讲师
河套大学客座讲师
包头轻工职业学院客座讲师
全国设计实战导师（尖荷系设计教育实践运动）

擅长领域：

版式设计、线上教育、大学教育

设计观点：

除去书籍设计师，在当下国内纯粹去做版式设计的人是比较少的，很多设计师或者客户认为版式设计就是排版。版式设计其实是一个非常理性的思考过程，也是一个矢量化的过程。版式设计不是单纯地摆放位置，而是思考每一根线条、每一个文字信息与承载载体的关系。设计师思考的是不断地还原信息之间的矢量关系。

在版式设计中更多的设计师提出网格系统是版式，其实网格系统只是版式设计中的一个分支点，并不能代表版式的一切结果。我也看到很多设计师为了网格系统而网格系统地去编排设计，网格系统确实很强大，但是它不是设计的全部。这就像是我们生活中一碗粥里面的汤勺，其实核心点不是汤勺，而是这一碗粥，内容才是核心。

我认为版式真正的核心应该是文本，设计应从文本出发。对客户的文本进行理性思考后，从文本中挖掘出有价值的信息。在编排过程中我们不是一个排版者，也不是一个美工，我们承担的角色如同一个导演、一个建筑师，去把客户文本背后的价值最大化。太多的设计师过于感性，我反而觉得设计师一定要理性。如赵清老师所说“设计中 70% 理性，30% 推导，偶尔多了那么一点点感性，那便是感人的一点。”

改革开放以来我们国家的设计也得到了飞速的发展，但目前我们国家似乎还没有真正意义上形成自己的版式设计理论体系。

设计师不等同于艺术家用情绪行为艺术自由创作，我带过的一些学生总是说这个设计我喜欢什么样子，但其实我们最应关注的是客户想要什么。

设计理念：

设计是一个长期理性思考的过程，也是一个不断地探索和发现设计之外的某种意涵的过程。灵感并不是天生赋予的，所谓的灵感都是无数日日夜夜熬出来的，在无数个犯错中和无数个尝试中找出来的正确答案。

图一

图二

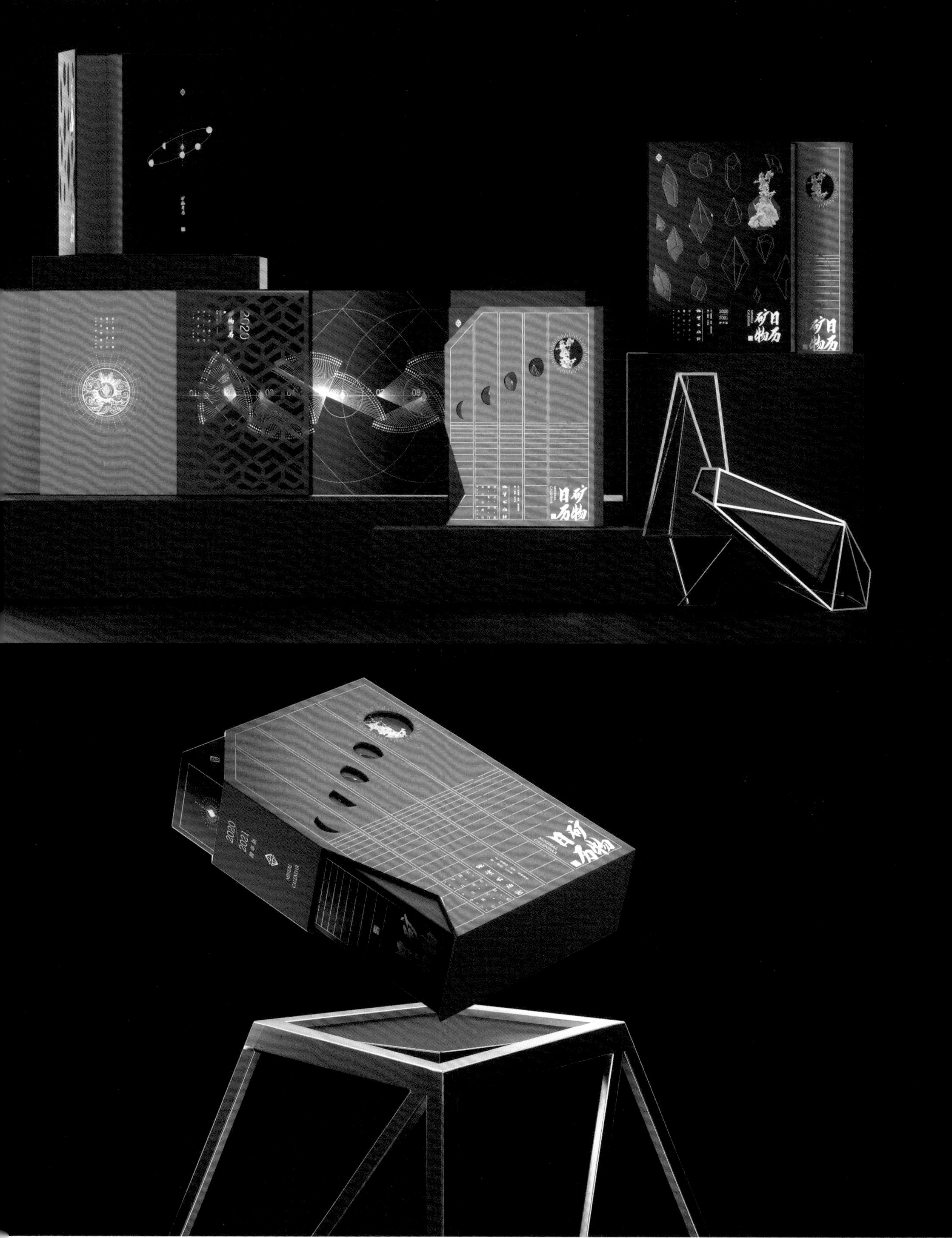

图一、图二:【中国地质矿物日历】

图三:【庆祝中华人民共和国成立70周年中国电影博物馆主题展视觉设计】

图四:【博物馆走进新时代馆】

图五~图七:【中国造纸博物馆视觉形象设计】

图八:【天王表30年画册设计】

图三	图五	图六
		图七
图四	图八	

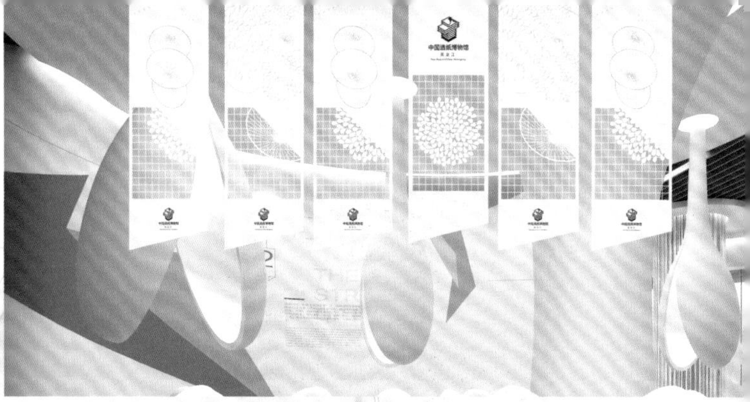

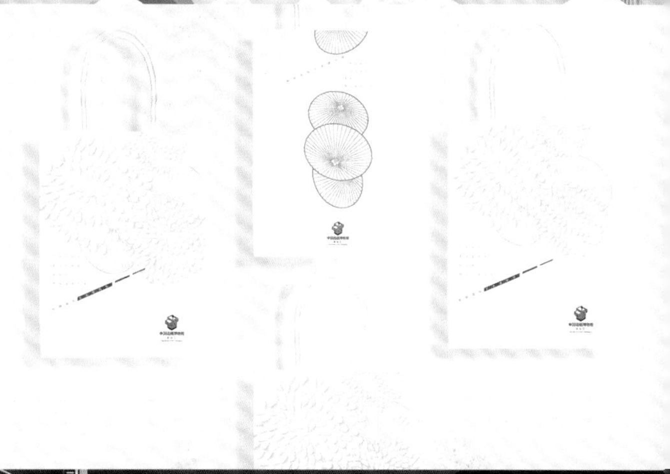

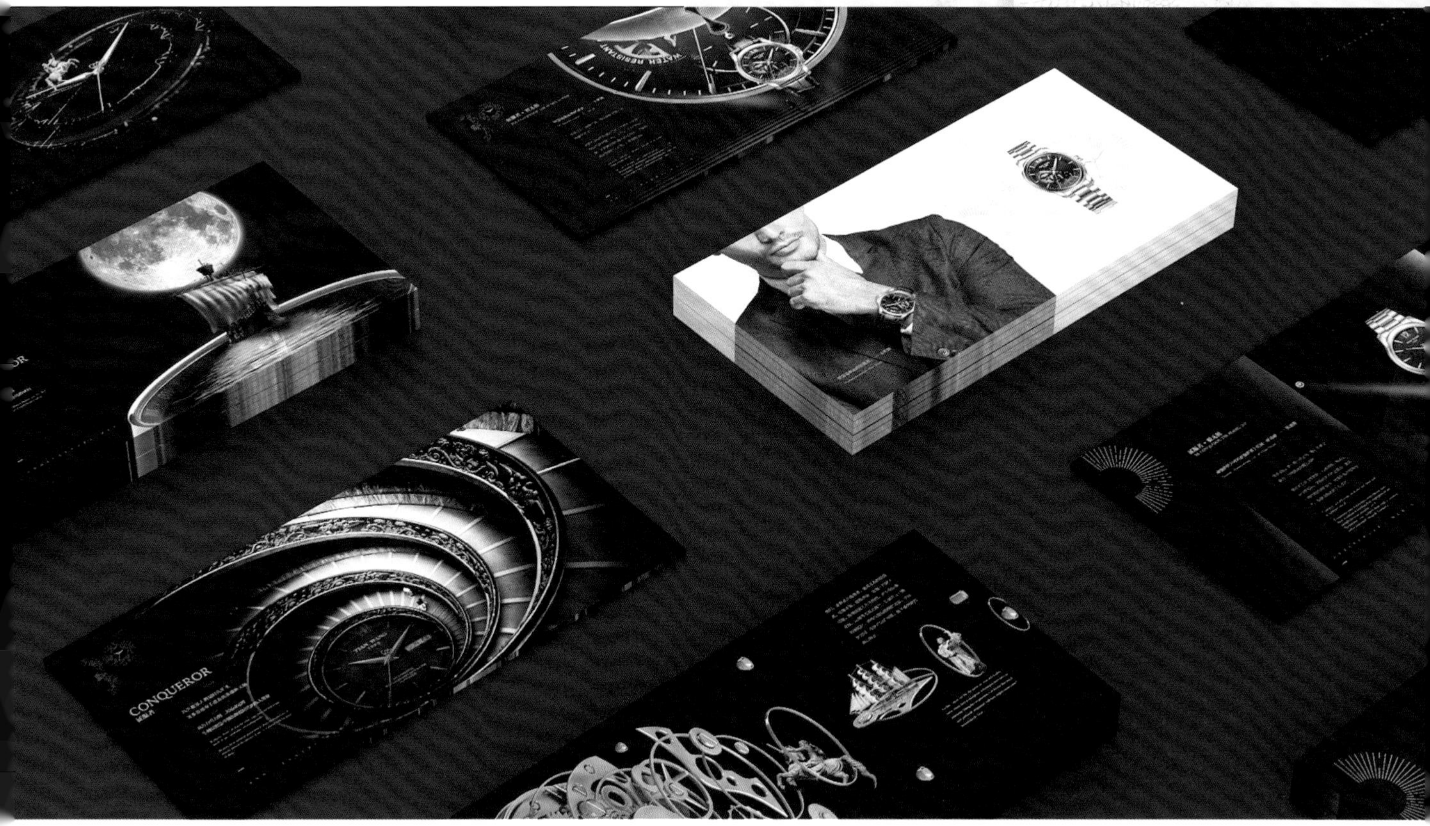

王戈

文旅专家、城市名片发起人、文创平台主理人
全国工商联烘焙公会中点复兴、烘焙印象导师团导师
全国工商联烘焙公会中点复兴城市名片发起人、践行者
2020年“天津礼物”旅游产品品牌获得者
乾坤造物局全国文创平台主理人
中国设计师沙龙CDS会员
中国广告节长城奖获奖者
南开大学旅游学院专家研究员
天津工业大学研究生导师
中国大剧院文创合作单位
中粮大悦城文创合作单位
腾旅文创合作单位

擅长领域：

概念设计、品牌设计、产品研发、文创食品、导视设计

服务领域：

老字号年轻化打造、爆品研发、新品类研发、企业形象升级、商业导视等

服务客户：

稻香村、桂发祥、九安电子、国家大剧院、国家博物馆、贵州龙集团、御品长安、双合成等

设计观点：

我为公司起名“正午智造”，以“智慧创造价值”为理念。
我们表达的“智造”不只是在设计中，更是在我们的所有渠道。
我对智造的解读是：“智”为元、“造”为先。

“智”为元
技术和手段不断变化，理论体系也在不断演进，但与人类的心理行为特质和社会文化传承相关的传播规律不会变，在任何时刻，我们都将以“是否符合传播规律，是否满足当下人们的基本‘常识’，是否达成既定传播目标”为考量作品品质的基础。

“造”为先
在我们看来智造就是创意，用创意改变我们的生活，也是核心原点，也是生意的方向。创意是我们区别于其他行业的根本，创意因人而异，创意就是我们区别于同行的CPU。创意不受限于平面、文字、空间等一切固定形式，我们用创意解决问题，用创新思维和技术手段智造新生意。

首次提出“中点+文创”理论：

“中点+文创”模式是由我们提出、目前行业讨论十分热烈的话题，中点与文创在主题、内容、形式、载体、服务等方面都可以深入互动，中点文创化，能丰富和创新旅游的核心产品、有形产品和延伸产品；文创中点化，能拓展和开辟文创产品的新市场、新资源。
我们所做的事情就是：依托丰富的历史文化资源，经过总结、提炼和创作，把其中一些具有较高艺术价值、群众喜闻乐见的东西转化为旅游城市礼产品 。

唤醒记忆中的那个老城味道：

占领货架容易，占领人心不易，今天的中国是新主流时代，新主流人群不按年龄、收入、职业划分，而是一个时代的消费变革。如果还以传统方式思考品牌，我们将无法理解社群、场景流与极致产品构成的无穷魅力。
为什么要打造城市名片？其实城市名片项目是食品企业日常长线产品一个最好的突破口，也是新商机。民以食为天，中点产品是中华饮食文化的重要载体，也是一个地域可以带走的饮食文化名片。一个城市，除了标志性建筑和历史，最容易被人记住的就是味道。味道是最能体现人情味的记忆，最有温度的记忆，最可捕捉的记忆。
城市有着千篇一律的高层建筑，却流淌着各自不同的城市味道，而这味道，正是那最值得人记住的城市名片。

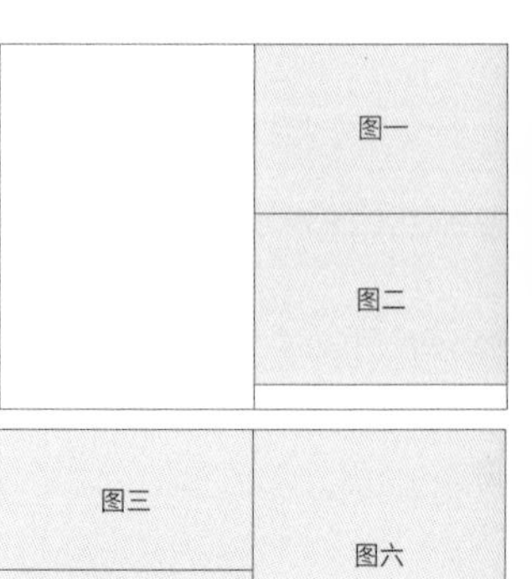

糕餅世家

雙合成

始于清道光八年

誠

图一:【双合成】

双合成创始于1828年，是山西食品业的著名“中华老字号”品牌企业。清道光8年(公元1828年)，李善勤、张德仁在河北省井陉县横口镇西街创建食品店，取“和气生财，二人合作，必能成功”之意，商号名为“双合成”。双合成是拥有280年历史的山西老字号，文化底蕴深厚，我们团队为双合成进行品牌重塑，目的是将以前若干年的历史文化重新整合，做出既符合现代人群消费观念，又符合双合成自身文化价值的产品。

图二:【津酒】

“津酒祥凤”系列包装的设计思路采用“东情西韵”的审美调性与“古意时风”的文化质感。其中“津酒祥凤”标志的设计借鉴了秦汉时期的字体，融合现代简约的设计手法；“天祥”产品包装花纹采用高贵的汉代凤纹与云气纹，象征吉祥如意，产品瓶盖融合秦代陶俑的精致与刀币的贵族气度与风范；“地祥”产品包装花纹采用中国传统花纹“茱萸纹”，代表着亲朋之间的情谊，显现喜气祥和、乐观豁达的人文特色；“人祥”产品包装花纹采用“行舟图”，再现天津酿酒业的传奇故事，同时酒瓶造型采用的是战国时期人们喝酒时所用的工具器皿的造型。

哪吒
nezha

太
子
宝
贝

NCPA
第一章
坚守 · 讲好中
CHAPTER I
PERSIST
Tell China's Sto

出口
EXIT

购物中心入口
SHOPPING MALL
B2

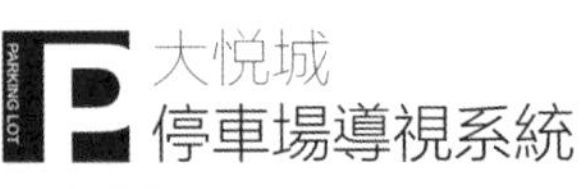

大悦城
停車場導視系統

OPEN

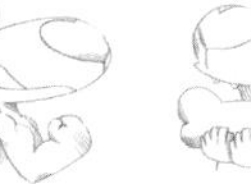

图三：【陈糖观哪小吒－大神宝点】

此产品是在春节期间，结合天津城市形象IP——哪小吒推出的一款国潮范儿糕点礼盒。我们团队为此IP设计出大神宝点糕点包装及糕饼模具。借助哪吒电影上映和神话传说故事，向国内外消费者，尤其是年轻一代，讲述天津新精神，同时也让年轻人更喜爱中国传统食物。

图四：【中国国家大剧院－十年影纪】

中国国家大剧院，中国国家表演艺术的最高殿堂，中国文化交流的最大平台，中国文化创意产业的重要基地。2017年，正值国家大剧院成立10周年之际，我们团队承担了《十年影纪》视觉设计，以高贵典雅的艺术化表现手法，使国家大剧院在全国乃至全世界的观众面前绽放出作为国家级艺术殿堂的璀璨光辉。

图五：【大悦城】

大悦城场内导视升级换代的中心思想是简约时尚的核心理念。我们在造型上运用很多弧线造型配合场内环境变化的同时，还打造不一样的金属银与光源效果，让导视不仅做到引导消费者，还能作为艺术场景融入其中。地库导视方面使用具有特殊含义的一个英文字母来代替每个驻车区域，从而达到区域划分的目的，结合吉祥物旺旺形象绘制出新的动作、标识，让整个导视系统生动有趣，打造独一无二的旺旺形象地下停车场。

图六：【茶麻古稻】

从稻香村百年发展历史的食品文化中提炼及转化出拥有京味儿的茶食礼，以稻香村京派南味的传统工艺为基础，黑色养生食材为起点，借中国历史上著名的国际贸易商道——茶马古道为概念，借谐音“茶麻古稻”为主题，利用插画、民国风等艺术手法，使茶麻古稻的概念注入茶食礼的包装中，包装设计既有怀旧民国风，又有中西元素的结合，使其包装更能彰显出家国情怀的意境。

祝卉

视觉艺术家，动画导演，艺术教育工作者
北京七星汇动漫文化有限公司创始人
清华大学美术学院副教授
中国动画学术联盟发起人
中国社会艺术家协会理事
清华启迪创意创业导师
中国电影电视协会专家
廊坊动漫协会副会长
深圳红立方数码艺术研究员
ACM SIGGRAPH国际计算机图形图像动画大赛评委

擅长领域：

动画、新媒体艺术设计、绘本创作

服务领域：

国家重点项目新媒体三维设计、国际品牌AR交互动画设计、影视、动画、新媒体展示、虚拟展馆、广告品牌宣传

荣誉奖项：

《生生不息》获亚洲数码艺术大赛银奖，收藏于日本福冈亚洲艺术博物馆；
《廉政大坝》获北京市公益广告创意一等奖；
自主研发App《我的太极》连续两周获苹果用户商店首页精品推荐，被评为国家863示范项目。
出品动画片《恰恰恰》参加法国戛纳青少年电视节目优秀作品展（第一作者）；在国际顶级专业大会上宣读并发表论文16篇，著作3部；在国际专业展览展出多部作品，如ACM SIGGRAPH、SIGGRAPH ASIA、ISEA、法国戛纳电视节、纽约艺术中心、林茨电子艺术节、全国美展、北京国际设计三年展、国际艺术与科学展、当代艺术博览会、国家博物馆、日本亚洲艺术博物馆、中国科技博物馆、北京798等多个展览展馆展出；作为课题项目负责人，成功完成多项具有社会影响力的科研课题，其中包括国家863课题、国防军工国家级项目、博物馆虚拟现实展示、迪士尼虚拟现实开发项目、多部影视三维动画特效等项目，研究成果被美国纽约中文电视台、央视CCTV专题采访报道。

个人经历：

清华美院本科，装饰绘画专业；北京电影学院硕士，电影镜头画面研究专业。纽约艺术视觉学院访问学者，电脑动画研究；巴黎艺术城访问艺术家。2003年任职清华大学美术学院教师，2013年聘任为副教授、博导；2009年创办七星汇动漫工作室，从事动画、漫画、多媒体设计与创作。
从业以来，为国家企事业单位、中央部门、研究机构、社会媒体、文化团体策划、设计制作具有社会影响力的前沿艺术设计作品，并作为课题负责人承担多项国家重要课题项目，如国家863的App虚实融合课题、国家艺术基金的人工智能艺术教育与创新设计课题项目、教育部的中国经典动画装饰美学的传承与创新课题等。荣获多项国际奖项，并担任过多次国内国际重要专业展览以及大赛评委。
目前在研究时间与空间幅度的艺术设计。结合科技探索新的视觉表现力，并思考在人工智能时代下，中国艺术设计的传承与发展。过去的经历，使得设计及创作领域跨越了平面到三维、静态到动态、叙事到交互、艺术到科技，在多维度的角度跳转中，不断进行着自我审视与完善。

设计感悟：

愿作品如光，照亮世间的黑暗与茫然；
愿作品如光，消除心中的阴影与恐惧。

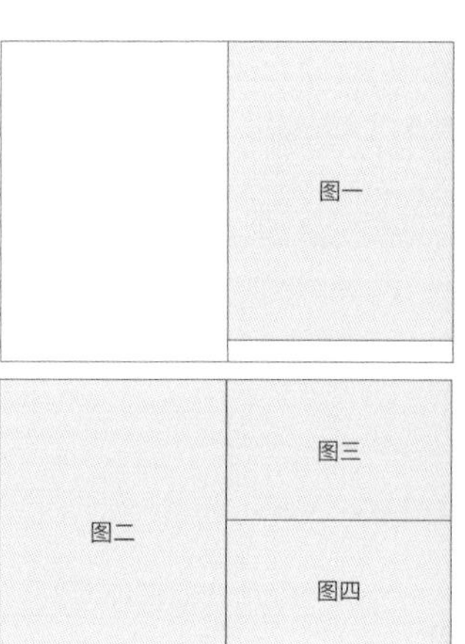

图一:【恰恰恰(动画、App设计)】

这是一个学习舞蹈的动画及App研发设计，包括故事、动画表演、角色IP造型、App流程及界面。此作品受邀参展法国戛纳电视节。

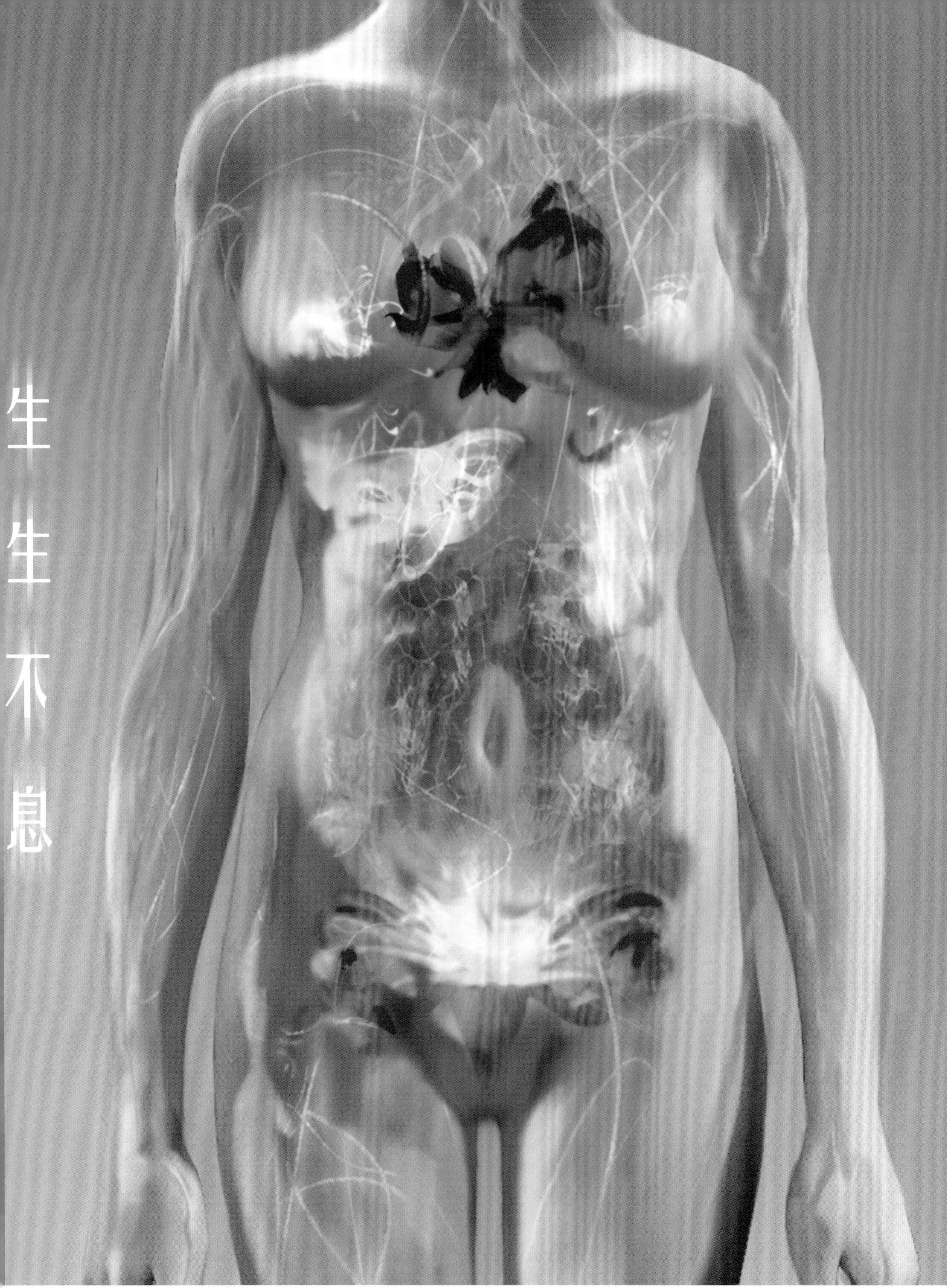
生
生
不
息

图二:【生生不息(3D立体动画)】

此作品荣获多项国际奖项，并受邀参加多个国际展览。作品探讨并假设了一种奇妙的关于人的生命周期与自然之间的关系。

图三:【P先生(动画、绘本设计)】

P先生是一束来自四维时空的闪电。有一天，当他试图穿越我们三维时空时，不幸撞到了一根电线杆上，这趟穿越之旅被迫中止，于是P先生就留在了我们的三维时空，他扯了一些电线缠绕自己的身体，这样比裸奔的闪电要安全一些。闪电赋予这些线圈生长的力量，被线圈缠绕的P先生就生活在城市上空的电线上。他用自己身上的线圈编织成各种小生物，组成了一个线圈世界。

图四:【P先生展览现场(多媒体展览设计)】

P先生的存在不仅仅局限在线圈上，他的生命力犹如光线一样，可以传递，可以汇聚，可以互相开启有趣的心灵对话。2018年，祝卉受邀将P先生做成一个展览，在展览中，她探寻了新的表达方式，超越了动画墙壁的限制。展览现场两个电线杆遥遥相望，电线杆下面散发出近百条光束线圈，与观众形成互动，场面梦幻静谧。

李莉萍

设计师、教师、策展人
华南理工建筑学院教师
美学教育传播者
格力地产艺术顾问/策展人
广州多米艺术设计公司创始人/创意总监
北京竹里文化传媒公司董事

擅长领域：
空间设计，品牌设计，美学教育，策展

服务客户：
格力地产、海岸·无界美术馆、百度、腾讯、华兴银行、立白集团、伦敦中国艺术设计中心等

个人经历：
中央美术学院本硕，目前致力于传播设计美学，为优秀青年设计师搭建文化与商业的桥梁，推动中国原创设计的发展。

策划有《五感觉醒》《深潜——张小川》《新视野——国际新锐设计师作品展》《造物——青年陶瓷艺术展》等展览。

自创“竹里”和“本物”两个品牌，作品先后在中央美术学院美术馆，北京寺上美术馆，关山月美术馆，华·美术馆，ICOGRADA世界设计大会展，中国国际展览中心，京交会中国国际品牌设计展，中国文化反思特邀设计师展，“CHINA SPIRIT”（CDS）邀请展，国际创意设计展特邀原创设计师展，GDC双年展等展览。

作品获得过中央美术学院毕业设计一等奖，第26届世界大学生夏季运动会设计银奖，国际节能环保大赛产品设计金奖，GDC双年展2项提名奖及铜奖，红点当代好设计优胜奖等。

观点：
好的设计师既是科学家又是艺术家，拥有科学家严谨的态度以及钻研的精神，并用前沿的科学技术解决问题，比如新工艺、新材料、新结构技术及计算机辅助设计系统。拥有艺术家的激情与创造力，勇于打破常规，启发人的思考，有很高的审美眼光。设计师将理性与感性相结合，将技术、文化、艺术相融合。

设计师需要创造更多的公共空间，统筹更多的美学活动，把更多的人聚集在一起交流沟通，适应人们不断多元变化的要求，为城市生活提供一个表演的舞台，空间环境满足人们的生活需要和心理需要，使人们深度介入环境，从中感受到生活的价值和意义，从精神层面丰富城市文化内容，使城市更具活力及人性之美。

图一

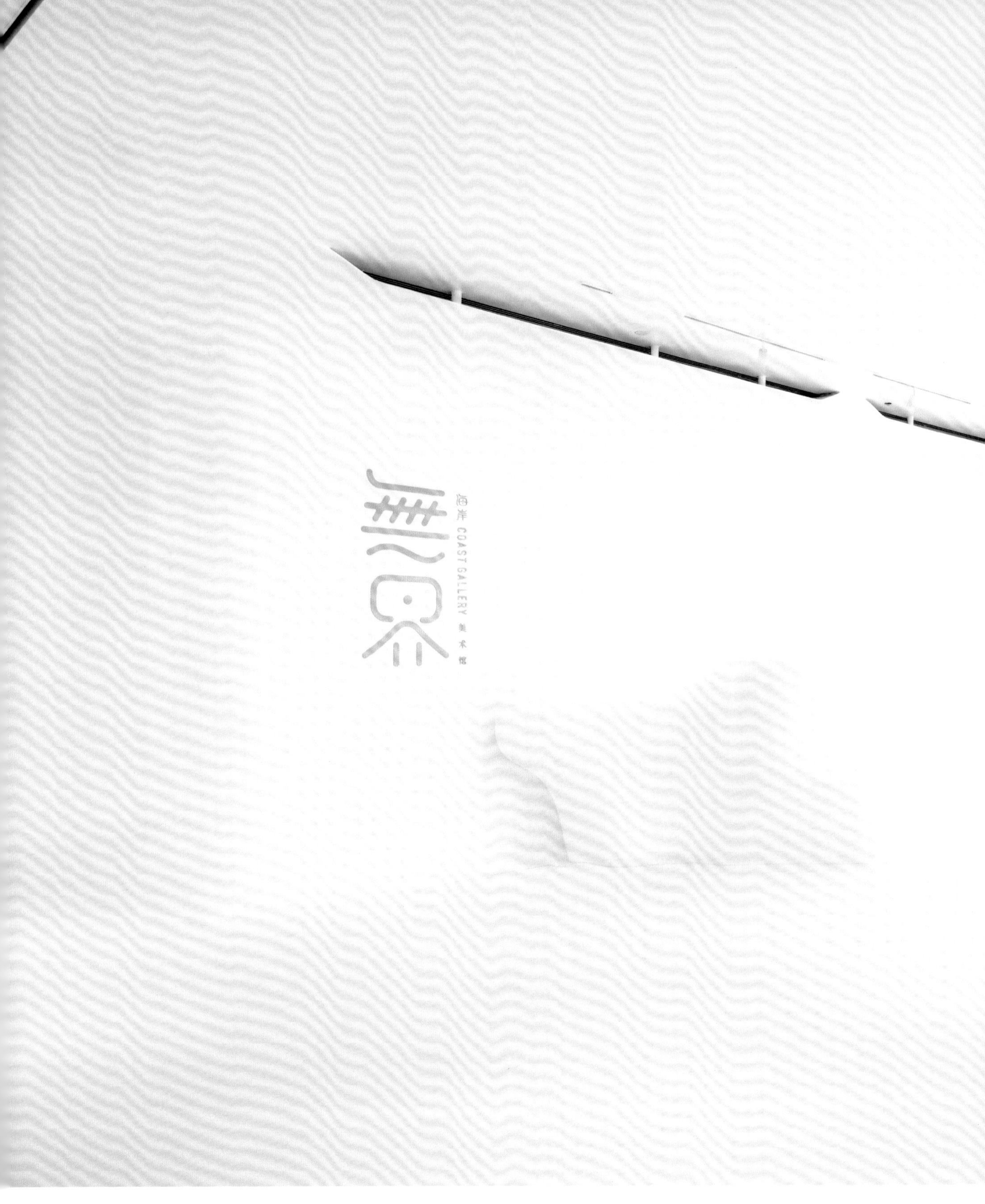

图一:【格力地产 海岸 · 无界美术馆】

海岸 · 无界美术馆是格力地产旗下的一座海边美术馆，是一个综合创新文化平台，总建筑面积2000多平方米。致力于推广和扶持中国青年艺术家和设计师，把艺术空间引入商场，通过展览、教育、收藏，拉近艺术设计与大众的距离，传播美学，改变生活。

以“空间无界，天人合一”为设计理念，从LOGO、VI、导视、展厅空间，全方位整合设计。以海洋的包容性为设计出发点，采用曲线和弧面的设计语言，GRG材料制作，打造出一个纯白色的空间，在无界的空间呈现无限的艺术世界。

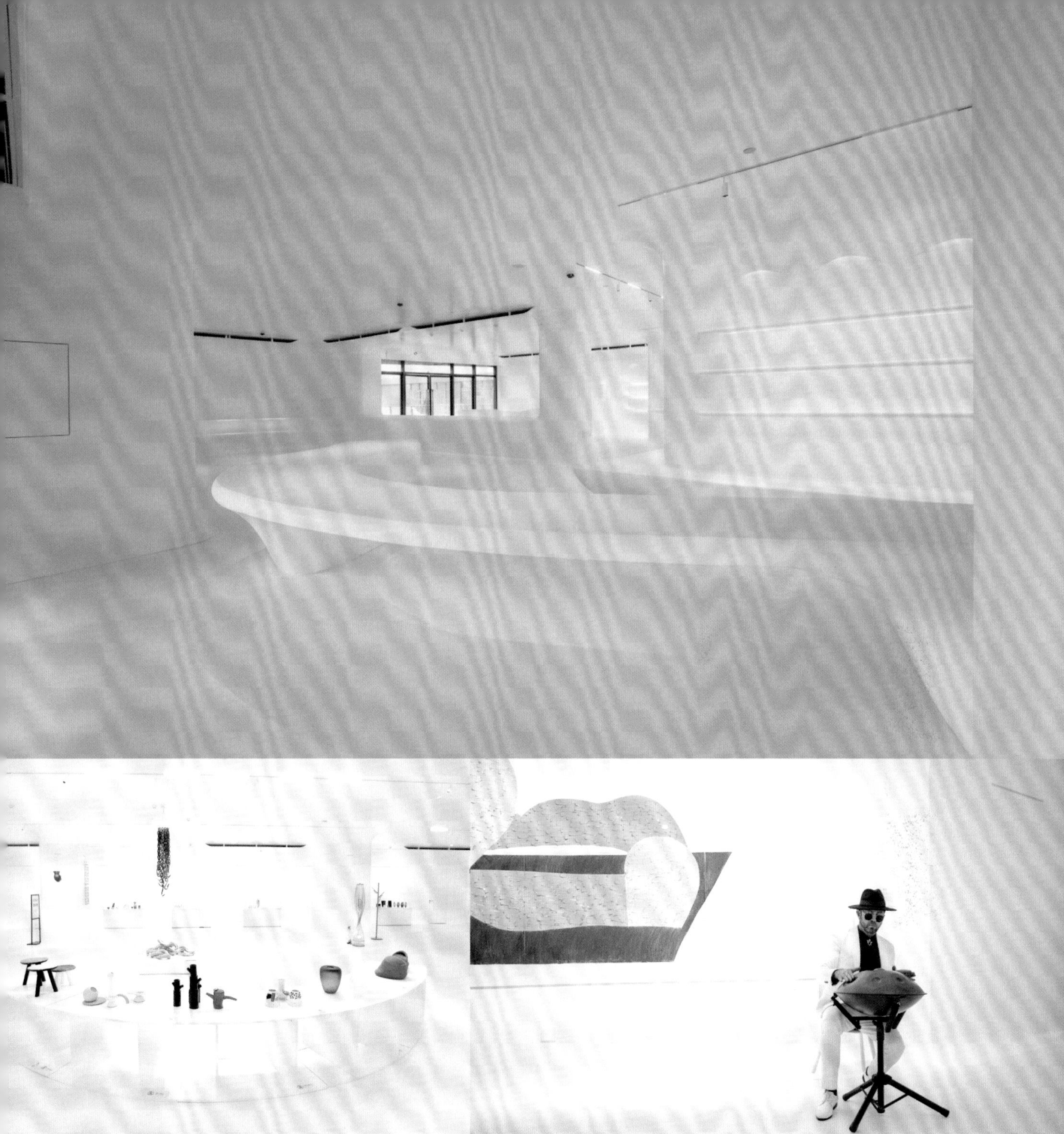

图二：【 五感觉醒——青年设计师作品邀请展 】

图三：【《深潜——张小川》首饰和装置作品展 】

图四：【 海岸 · 无界美术馆商店 】

图五：【 新视野——国际新锐设计师作品展 】

图六：【 造物——青年陶瓷艺术展 】

图二	图四	
图三	图五	图六

彭林

知名设计顾问
北京灵鹿设计创始人
黑龙江大学特聘教授

2009年清华大学科学与艺术研究中心
2011年相继进入国内顶尖品牌设计公司与国际4A广告公司美术指导
2013年创立灵鹿设计

带领团队通过设计思维与视觉语言为客户创造商业价值。

服务客户：

龙湖集团、滴滴、墨迹天气、创新工场、天街、远洋集团、老板电器、出门问问、途歌共享车、巴奴火锅、老牛兄妹公益基金会等。

各领域成就：

品牌设计

完成龙湖旗下的养老品牌“椿山万树”的品牌标识与VIS设计；完成天街购物中心品牌标识与VIS升级；为老板电器规划线下零售的体验设计，厨源店品牌视觉升级、全年品牌传播服务；为远洋集团提供品牌设计服务，完成远洋锐中心写字楼标识与VIS设计；为巴奴火锅完成从区域品牌向全国品牌过渡期的品牌梳理与VIS升级；为GOOGLE投资的人工智能硬件公司“出门问问”完成VIS品牌升级。

社会设计

为老牛兄妹公益基金会设计品牌标志，提出“公益品牌也可以像时尚品牌一样深入到年轻人的生活中，让公益品牌产生更大的社会力量”，并为老牛兄妹公益基金会创意社会性项目；为吉美坚赞老师的社会福利学校，策划并设计了“藏与——藏文化生活哲学品牌”。通过产品销售收益反哺学校和藏区牧民。在北京多座写字楼大堂策划设计“红色明信片”社会化创意活动，通过大众的参与传递出“春联可以像一张张红色明信片一样，不用在意文字的书法属性，就算乱涂乱画也不影响祝福的传达”，以此解开大众脑中对于春联和书法的强关联，让春联这种传统文化形式，被更多不善于书法的年轻人所接受和传承。

用户体验设计

成为36氪设计顾问，为众多互联网创业公司提供设计培训与咨询服务；为途歌共享车完成标志与App的UED设计服务，以及墨迹天气、滴滴顺风车的品牌传播设计。

理解形式：

如保罗·兰德所说，设计是“内容与形式的关系”。

在我接触和阅读到的设计师、艺术家、导演、作家……他们虽然称谓不同，运用了不同的形式语言，但其本质上都在做一件事情——内容与形式的关系。

可什么是形式?

作为平面设计师的我，自以为“形式”这个词语再熟悉不过了，从学画画到平面设计，天天都在讲“形式感”。我也与大多平面设计师一样，提起“形式”，脑中立刻反应的是“点线面等形式语言通过疏密、对比、节奏等美学原则进行不同排列所呈现的感受”。

当自己从平面设计知识体系拓展到其他设计专业时，也能了解到产品设计有产品设计的形式语言、建筑有建筑设计的形式语言、电影有电影形式语言。但我还是被这些专业的概念遮蔽了太久，其实“形式”是一个再普通不过的词语和概念了——大地山川、江河湖海、树皮的斑驳、枝干的舒展、芦苇的毛尖、仙人掌的刺、黑白相间的奶牛、长发飘飘的牦牛……一切事物都以某种形式存在，同时我们也必须通过事物的形式来感知其存在和内在信息。

如果我们能打破专业中对于形式的狭义理解，如果我们能看到大自然中一切形式的存在，我们就能很好地向自然学习设计。我们会发现大自然在设计每一种植物的形式时，都经过系统性生态思考。

河边的芦苇、沙漠中的仙人掌、草原上的蒲公英，他们都各具独特的形式，而这些形式从来不是大自然这位伟大设计师的自我喜好，而是对植物生长环境的生存思考，是完全基于生态分析后得出来的最优解决方案。如果让人类设计师在沙漠中设计一款植物，我们会因为沙漠气候、降水量问题而省略掉宽大漂亮的叶子，并设计出有储水功能且分布广泛的根系吗?我们会因为防止被沙漠中动物食用，而在植物身上设计刺吗?

反思我们人类的设计，常常带有强势的自我偏好，带入设计师自我的偏好，而忽略掉设计对象所处的生态环境。我们人类设计的产品，总是经历着：设计——生产——使用——废弃——垃圾。而大自然的设计从来都没有垃圾，有的是“落红不是无情物，化作春泥更护花。”大自然的每一个设计细节，都如此精妙。

是的，理解大自然的形式，并思考这些形式背后的生态设计逻辑，你就理解了什么是设计。

图一～图四：【藏与】

项目背景，藏文化生活哲学品牌。创意公益项目，通过产品的销售反哺吉美坚赞福利学校和藏区牧民。

该设计包括：项目策划，品牌定位，标志设计，包装设计。

ever spring
椿山万树

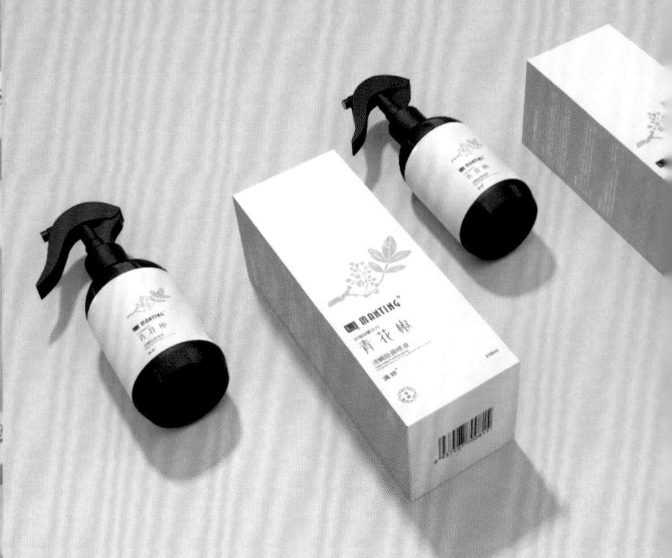

图五～图八:【椿山万树】

项目背景：龙湖集团旗下养老品牌，前期品牌梳理中重新定义“适老化设计”。适老化设计不止是硬件装修上的适老，而应该是构建一个完整的老年社会——“身体（硬件）、生活方式（制度）、价值观（精神）系统性的构建”。

图九、图十:【满婷】

满婷是国内知名化妆品品牌，长期专注除螨，产品专业性及功能性强。我们为品牌提供了全面的品牌诊断与青花椒系列的全产品线包装设计。

图十一～图十四:【老牛兄妹公益基金会】

老牛兄妹公益基金会是由牛根生的子女发起的家族公益基金会。其基金会专注于儿童、青年的成长与发展。我们提出了“公益品牌也可以像时尚品牌一样深入到年轻人的生活中，让公益品牌产生更大的社会力量”。

图五	图六	图十一	图十二
图七	图八	图十三	图十四
图九	图十		

赵佐良

高级工艺美术师
享受国务院特殊津贴专家
国际商业美术师协会A级设计师
上海包装技术协会设计委员会顾问
上海美术家协会会员
上海美术学院“百年上海设计”项目组顾问

荣誉奖项：

1980年上药牌珍珠膏，荣获全国轻工部包装设计评比优秀作品奖
1987年凤凰美容系列化妆品，荣获全国优秀包装装潢设计金奖
1995年凤凰珍珠营养护肤品礼盒，荣获“中国之星”和“世界之星”包装设计大奖
1999年凤凰化妆品标志，荣获首届华人平面设计评委奖
2001年石库门上海老酒，荣获中国之星包装设计大奖
2011年荣获中国设计事业功勋奖

擅长领域：

产品包装设计、品牌标志及机构形象设计。

个人经历：

1963年毕业于上海轻工业学校造型美术专业，曾任中国包装联合会设计委常委，上海包装协会设计委员会秘书长，上海凤凰日化公司规划设计部总监，上海九木传盛广告有限公司资深艺术总监。

设计经历：

1963年“鹅型小钱包”设计，入选上海日用品美术设计展
1964年拜顾世朋大师为师，参加出口化妆品设计会战，设计的“留兰香牙膏”创下销售55年纪录
1976年春季广交会轻工馆的总体设计师之一
1979年创建设计凤凰化妆品，开创中国营养性化妆品时代
1992年与日本福田工业设计公司进行设计合作
1994年设计上海第二届亚洲包装设计交流会会标
1995年与日本设计家杉村敏男举办中日设计家“二人展”
2000年“新世纪”等5件海报，入选“上海 · 大阪广告美术展”
2001年创建设计石库门上海老酒系列
2010年上海世博会吉祥物“海宝”修改团队设计师之一
2012年出版中国高校通用设计教材《设计策略与表现》
2015年向上海图书馆中国文化名人手稿馆捐赠设计手稿200余件，并举办“上海色香味-赵佐良设计手稿展”
2017年海报《我爱上海》入选比利时布鲁塞尔中国文化中心“创意上海展览”
2020年平面作品《火雷神，战疫毒》入选上海图书馆“砥砺前行-各界名家抗疫寄语手稿展”

从业50多年，设计日化类20个品牌约110件产品；设计酒类12个品牌约98件产品；设计品牌及机构形象约70件标志设计……

设计感悟：

长期设计实践，发现每个成功产品背后，都是执行系统策略的结果。系统策略包括“定位策略”“设计策略”和“营销策略”。它们之间不是平行并列的关系，而是相互连接的一个整体，用符号来表示就像一个“Z”字。“Z设计策略”的总策略以品牌为中心，定位策略以人为中心，设计策略以产品为中心，营销策略以营利为中心，三者联动，才能合力共振获得成功。

开发新产品的目的，最终要把产品卖出去，让卖家与买家都成为赢家，不好卖的产品，一定是系统策略出了问题。

图一:【凤凰珍珠营养护肤系列礼盒】

1980年专为出口设计“凤凰珍珠营养护肤系列礼盒”，采用现代与传统融合策略，因独特的中国风格，荣获1995年“中国之星”和“世界之星”包装设计双重大奖。

石库门
上海老酒
Shanghai
Hi-story
1939
石库门
上海老酒
Shanghai
Hi-story
500ml

石库门
上海老酒
Shanghai
Hi-story
2001
石库门
上海老酒
Shanghai
Hi-story
500ml

Ruby

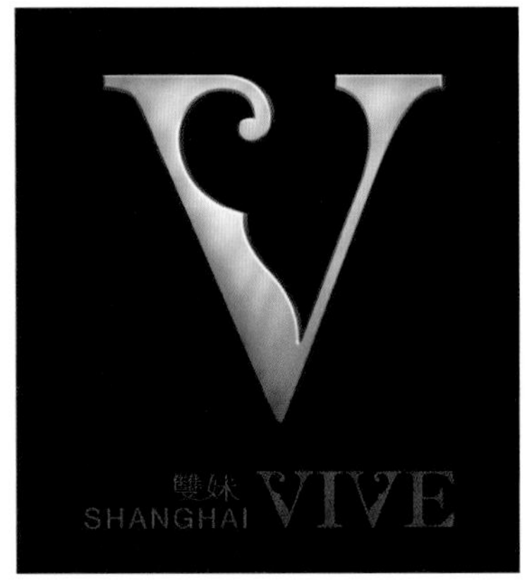
V
雙妹
SHANGHAI VIVE

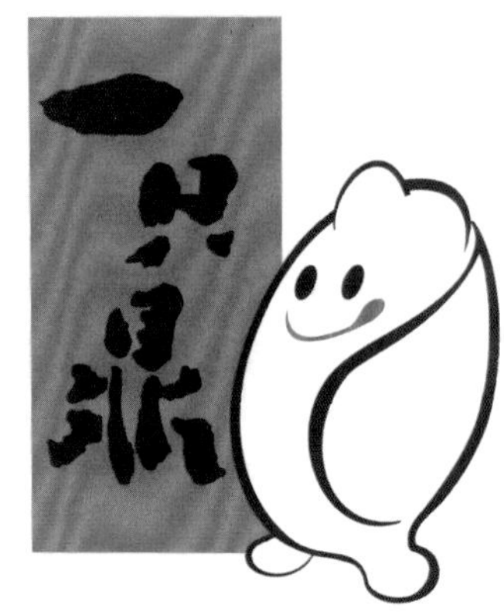

王
寶
和
王寶和極品酒
WANG BAOHE BEST QUALITY WINE

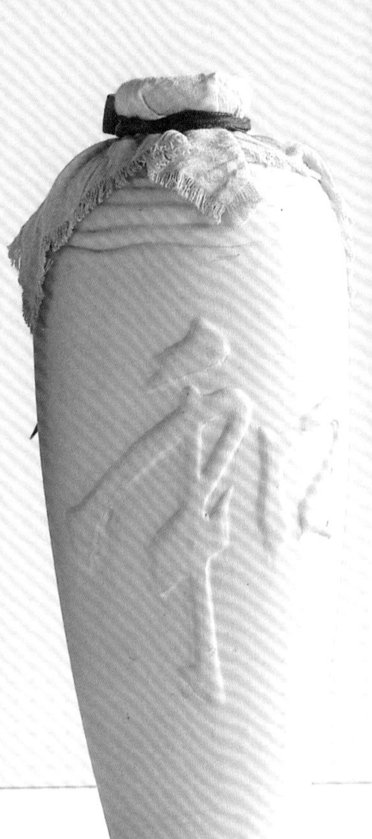

图二:【2001年石库门上海老酒设计，开创中西合璧的海派黄酒风格】

图三:【1985中英合资红宝石食品标志设计】

图四:【2008年双妹化妆品英文标志设计，演绎东情西韵的品牌文化】

图五:【1998年一只鼎食品标志设计】

图六:【2000年王宝和酒设计】

图七:【1998年和酒十年陈设计】

图八:【1964年留兰香牙膏设计】

图九:【1998年香港天厨标志设计】

图十:【1998年光明乳业标志设计】

图十一:【1995年凤凰化妆品标志设计】

图十二:【2000年大世界基尼斯纪录标志设计】

图十三:【2008年皇轩雷蒙庄园葡萄酒，由中国设计，法国制造】

李程

创意总监、品牌策划专家

GOBE高比商业创办人
VBN设计联合创始人、设计总监
亚洲青年艺术家提名展（YAA）视觉顾问
Design 360 理事
联合国儿童基金会荣誉会员
当代艺术藏家

擅长领域：

擅长以设计为杠杆，为品牌解决定位、营销与推广等商业问题
擅长艺术领域项目的商业化操作

荣誉奖项：

GDC 09 AWARDS
GDC 13 AWARDS
HKDA Global Design Awards 2012
HKDA Global Design Awards 2014
8th Macau Design Award
ICOGRADA国际商标标志双年奖（第8届）

作品收录：

《APD亚太设计年鉴》| 第6、7、8、13卷
《HKDA global biennial》| 第29届
书籍《Geometrix》
书籍《Big Brand Theory》
《BranD》杂志 | 第6期
《Computer-Arts》杂志 | 第207期
《GRAPHIC》杂志 | 2013年12月期
《中国品牌设计年鉴2012》
《中国设计年鉴2010》
《Design 360》杂志 | 第54期

个人经历：

李程不是科班出身，却凭借着对设计的热爱与执着，获得多个国际奖项，作品被众多媒体及年鉴收录。因对美学、商业及艺术的热爱，李程常年游历于欧美多国，参与到全球各大设计周，以及威尼斯双年展等顶级艺术盛宴之中。在长期实践与国际交流环境下，李程的作品更加偏向国际化，委托方也逐渐以有海外背景或全球视野的客户为主。

李程热衷于设计但并未被设计所局限，不断深入更多领域，为企业提供商业创新服务，在当代艺术领域进行探索，以及开始创立自己的品牌。

观点：

当今消费者和需求变化剧烈，无论设计还是艺术，都需要以不变应万变。设计能力的提升，往往都来源于设计之外。没有全力以赴，就会错失良机。

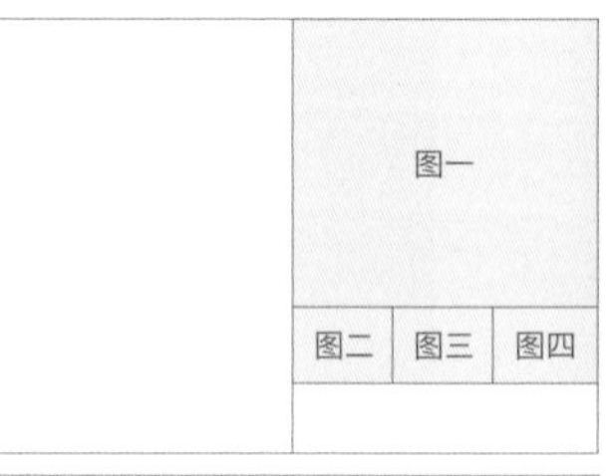

图一～图四:【 Just Show English 】

Just Show English是中国ESL英文教学产品的创新者与领军者，享誉全球。受其委托，共同开发出版物、教学用品及创意衍生周边产品。

设计中所有图形均由圆形及半圆形组成，由此带来亲子间更有乐趣的互动，在学习英语的同时，锻炼动手能力及图形逻辑思维。同时，简单的形状也便于品牌将来发展出更多创意衍生品，由此带给儿童绝佳的审美与创意体验，让英语启蒙遇上美学启蒙。

作品上市后赢得国内外广泛赞誉，被中国出版协会评为2017年度桂冠童书，并亮相全球最权威的童书博览会Bologna Children's Book Fair。

YAA

Exhibition for Nominated
Young Artist in Asia

SUPER
IP

5 th Exhibition for Nominated
Young Artist in Asia

Exhibition for Nominated
Young Artist in Asia

图五~图八:【YAA 亚洲青年艺术家提名展】

“YAA亚青展”是专门为亚洲的青年艺术家提名的最大规模的艺术展览，隶属国际青年艺术周。“亚青展”每届吸引超过4500名艺术家参加，旨在推动中国当代艺术的发展。设计上将YAA三个字母图形化，提高识别度的同时，亦成为一个“容器”，装载不同的艺术创作，极具变化拓展性。其中SUPER IP是第五届的亚青展的主题，系列形象由SUPER IP字母及最具代表性艺术IP形象融合而成，通过最直白的方式传达给大众，便于公众理解，也为衍生品带来更多曝光与销售力。

图九:【Osmose香氛】

Osmose是由伦敦、纽约、洛杉矶三地华人精英联手，于上海共同打造的香薰品牌。品牌希望将美好香气结合生活美学，给人们带来幸福。Osmose不仅在产品品质上追求极致，全球寻找最佳香精来源，同时在品牌形象上也希望能跟国际一线品牌达到同一水准。设计上以“极简的精致”作为视觉呈现的关键词。我们使用特殊触感的纸张，结合烫金工艺体现出质感。包装盒顶部大面积烫金，在陈列时候可以醒目而突出，给消费者带来强烈的品牌印象。同时为表现香型，我们将主要香型成分通过摄影方式呈现，进行了直观的艺术化处理。产品一经上市饱受好评，同时也被众多国内外著名企业及明星作为伴手礼使用。消费者均惊叹于中国品牌对品质的追求，被誉为真正的国货之光。

Osmosē

ARTISAN SCENTED CANDLE

朱文俊

设计师

北京雅山国际商业有限公司创始人

清华大学美术学院工业设计系硕士

英国Warwick大学WMG工程学院硕士

北京电影学院特聘教师

擅长领域：

数字媒体设计，工业设计，视觉传达设计

服务客户：

Amazon中国，Linkedin中国，TRC Inc.

个人经历：

1999年于北京服装学院工业设计专业本科毕业。先后在北京工艺美术学校（现北京工业大学设计学院）和北京服装学院任教。后全脱产攻读硕士学位，分别在清华大学和英国Warwick大学获得文学硕士学位和工学硕士学位。

在读期间参与了2008北京奥运火炬设计项目，汇丰银行赞助的英国Brunel大学设计交流项目。毕业后在世界500强公司担任品牌市场部负责人，涉及的内容覆盖线上和线下，从概念创意到落地推广。任职期间把当下提倡的Total Design，Lean Design设计理念融入日常的设计管理工作中，并将工作重点放在部门间的“接口”上，确保概念创意能与下游工种无缝对接，从而保证实施效果。任职期间成功主导或参与了包括上海世博会在内的一些大型品牌项目以及与国际知名公司IDEO、Landor合作的设计项目，负责策划和执行了大量品牌推广项目、线上线下产品设计及开发项目。

2016年创立雅山国际商业有限公司，雅山设计为企业提供量身定制的商业设计服务，践行服务设计。

观点：

设计是发现矛盾，协调矛盾，然后提出解决方案的过程。

设计工作没有明确的边界，能解决问题就是好的设计。

设计需要合作，设计不能独立存在。所以，如何合作也是设计的一部分。

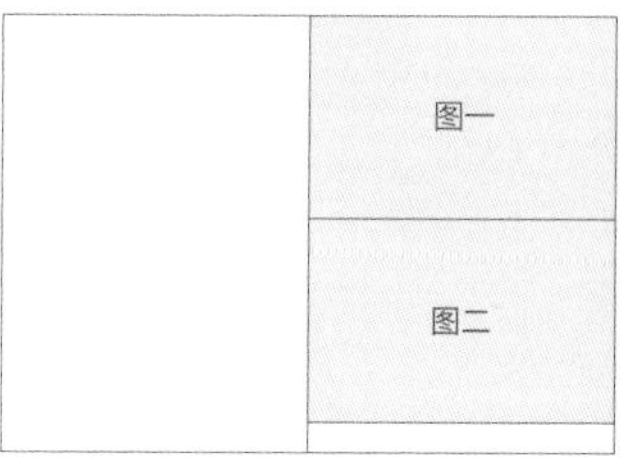

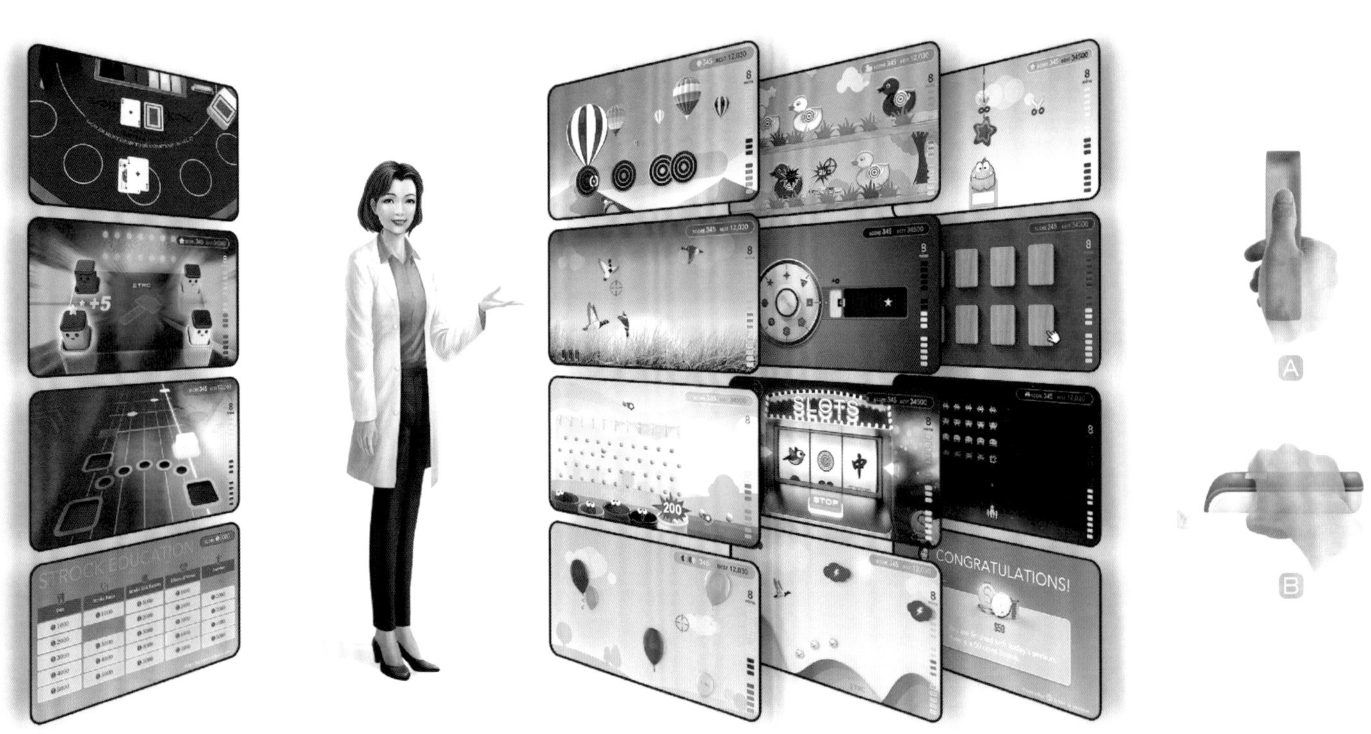

图一:【基因测序系统软件及硬件】

新一代的基因测序仪由于采用不同的技术原理，所以呈现出更小巧的造型和不同的操作方式。同时，与之匹配的测序界面也变得前所未有的直观和友好。

图二:【远程康复系统软件及硬件】

远程康复系统可以让行动不便的中风患者无需和康复师面对面地交流和训练。配合专用硬件和大量经过特别设计的针对性游戏，患者可以在家完成康复师远程制定的训练计划，整个过程较以往变得更加轻松。

图三:【金融供应链系统】

金融供应链系统具有十多种访问用户类型，同时需要巨大的Dashborad看板，以及大量的信息录入。

图四:【儿童编程积木玩具系统软件及硬件】

这款玩具首次在低龄儿童玩具中采用了面向对象的编程思想。全部指令简化到只有7块积木，很容易上手。同时，这7块积木包含了与Google人工智能语言Python相同的编程逻辑，甚至可以实现递归这种较难的逻辑。为了增加新鲜感和可玩性，我们为玩具设计了多种玩法和多样的情境故事。

<table>
<tr><td>图三</td><td colspan="2">图五</td></tr>
<tr><td>图四</td><td>图六</td><td>图七</td></tr>
<tr><td></td><td colspan="2"></td></tr>
</table>

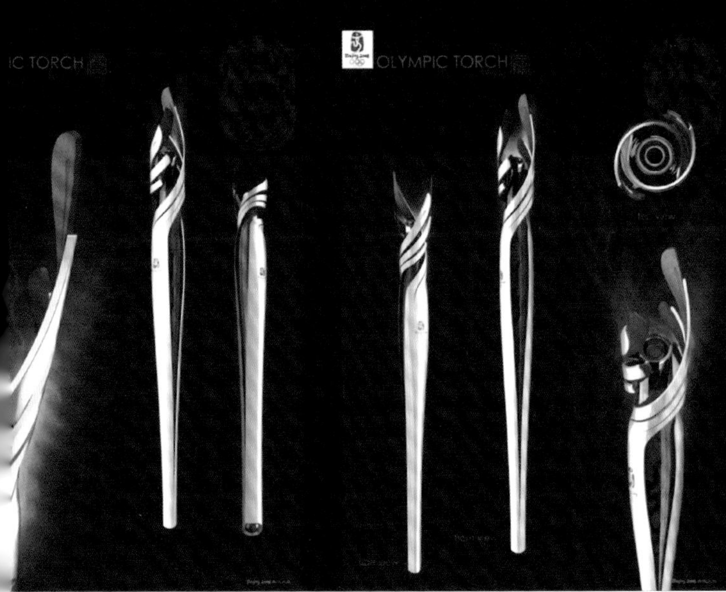

图五：【炼钢监控系统Dashboard】

将大量需要实时监控的炼钢数据集成在一个看板上，并将数据可视化，从而最大程度提高炼钢的效率。

图六：【2008北京奥运火炬】

这个方案采用“凤”的概念，凤翼欲展翅腾飞，中间红色部分为敦煌火纹。该方案为清华华帝团队的备选竞标方案。

图七：【上海世博会CP正大美食馆】

上海世博会CP正大美食馆餐厅坐落在上海世博会泰国馆边，餐厅是泰国正大集团在中国首次实施新的CP LOGO和VI标准。标志与全球其他地区的形象统一，同时，餐厅从外部门头、内部装修，到灯箱、菜单和餐具，都实现了统一的形象。

杜羿纬

广州美术学院视觉艺术设计学院教授，硕士研究生导师
清华大学设计学博士
中国包装联合会设计委员会全国委员
中国出版工作者协会装帧艺术研究会会员
首都企业形象研究会常务理事
中国会展经济研究会展览展示专业委员会委员
广东出版业协会装帧艺术工作委员会委员
广东省商业美术设计师协会常务理事
广东包装技术协会设计专业委员会常务理事
第36届世界期刊大会（北京）艺术总监（2005-2007）
北京2008奥林匹克运动会组委会形象景观处项目专家（2005）
国家新闻出版总署全国期刊美术编辑业务培训班授课讲师
国家人社部《文化产业项目策划与创新》高级研修班讲师
世界最大餐饮集团百胜（Yum China）华南区总部品牌讲师
广州农商银行总部培训讲师
国家艺术基金评审初评专家
广州市工艺美术与艺术设计高级专业技术资格评审专家

擅长领域：

品牌视觉形象设计、品牌空间环境图形设计、品牌出版物设计

服务客户：

凤凰卫视、北京电视台、华侨城传媒、国家海关总署、国家新闻出版总署、中国期刊协会、国家广电总局、国务院新闻办、北京电影学院、民进中央、中国网通、国家气象局、中国科协、宁波市政府、解放军总医院、南方传媒集团、新华联集团、集美集团、广东省核工业地质局、广州市城市规划展览中心、南沙规划展览馆、广州海事博物馆、长沙市博物馆、清晖园博物馆、新鸿基地产、香云故里、华辰拍卖、西蔓色彩、鸿天体育、海纳电讯、嘉旺快餐、杭州地铁、广东中烟、泛嘉石材、中和资产评估、香港有线电视23台、SSIM公司、Simplex先策教育，《装饰》《荣宝斋》《世界美术》《清华美术》《品牌》《北京青年周刊》《中国海关》《北京电影学院学报》《美术学报》等20余种期刊等。

荣誉奖项：

北京2008年申奥官方宣传海报
广州亚运会官方制服最佳设计奖
国家图书奖、五个一工程奖
第六届全国书籍装帧艺术展银奖、优秀奖
中国北方十省市书籍设计一等奖
入选第九届全国美术作品展览
2019韩国国际设计家邀请展特等奖
中韩交流25年——现代设计精品招待展一等奖
东亚西亚设计艺术家邀请展一等奖
北京国际设计周——《国际视觉赛事中国设计师优秀作品展》优秀奖
2016 北京国际商标标志双年展铜奖
2011中国之星设计艺术大奖书刊类最佳设计奖
2005中国之星设计艺术大奖标志类最佳设计奖
2008中国之星设计艺术大奖视觉识别系统类铜奖
入选“庆祝《装饰》创刊60周年”海报邀请展
入选全国博士生学术会议“当代设计艺术理论的研究趋势”
第七届全国书籍设计艺术展览优秀论文奖
第一届深港澳台博士生南山学术论坛二等奖
广东省第一届高校青年教师教学基本功大赛优秀奖
广东省十大优秀设计师
中国设计事业先锋人物奖
国际青年设计创意英才奖（IYDEY）

个人经历：

本、硕、博先后毕业于中央美术学院、中央工艺美术学院和清华大学美术学院。曾任教于北京电影学院，担任清华大学、北京大学、中国人民大学、北京工商大学、中山大学等高校客座教师。作品曾荣获数十项国内外设计奖项。学术论文多次入选全国专业学术会议并获奖。多次参加并主持全国博士生学术会议、清华大学美术学院博士生主题论坛、中央电视台央视动画品牌形象专家研讨会、中国艺术与科学高峰论坛等并发表演讲。论文多次发表于《装饰》《艺术评论》《中国广告》《现代广告》《美苑》《美术学报》《南京理工大学学报》《雕塑》《艺海》等专业核心刊物，并曾主持《装饰》专栏，共计发表文章48篇次。参加国内外艺术设计专业重要展览三十余次，作品在十余个国家展出。在各所高校及企事业单位讲座达三十余次。设计作品先后被中央电视台CCTV-4，CCTV-5，北京电视台BTV，《北京晚报》《北京青年报》《中国体育报》《中国文艺周报》等媒体采访介绍。

设计观点：

传统是一条浩荡的河流，而不是一池死水，应该让这源头不断地奔流下去。当代中国设计不是否定传统，而是批判传统；不是死守传统，而是发扬传统、再造传统。

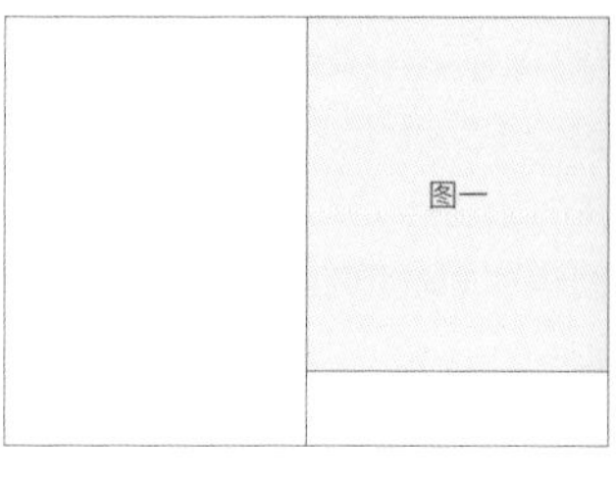

图一：【 集美公司品牌视觉形象设计与三十周年纪念画册 】

集美公司是广州美术学院的校办企业。2012年，受邀为集美公司设计整体视觉形象。这本画册是为了纪念集美设计和集美工程公司成立30周年而出版的。

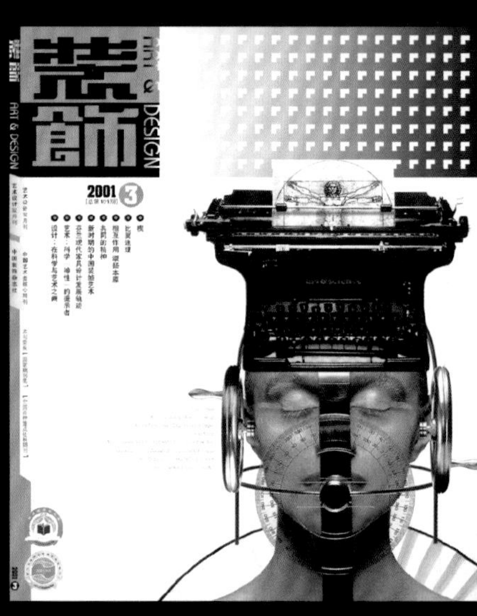

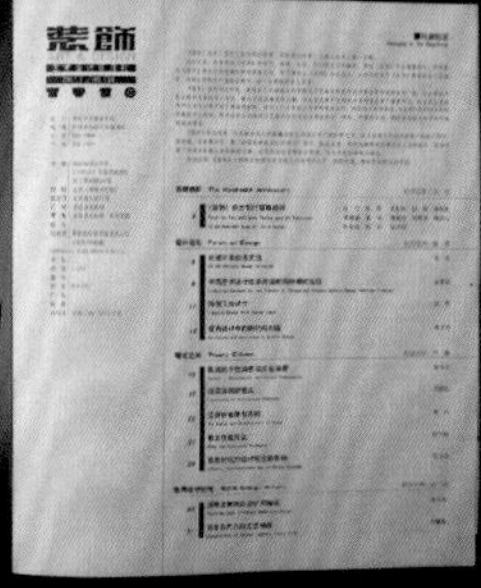
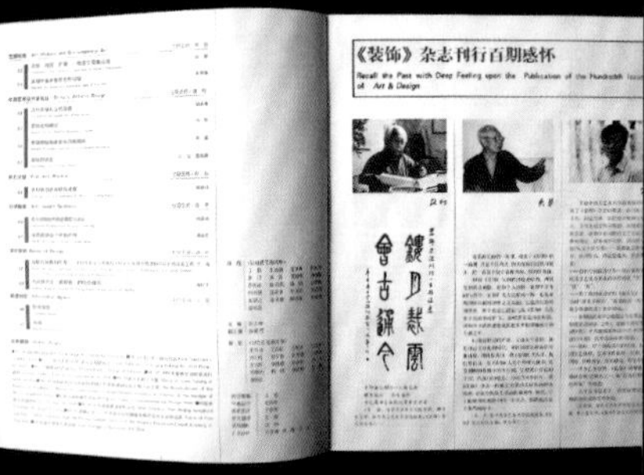

图二:【《装饰》杂志整体设计】

清华大学美术学院创办，于1958年首次出版，是中国最权威的艺术和设计核心期刊之一。

创作年份：2001年、2009年

开本：230mm×260mm 1/12

图三:【《第36届世界期刊大会》品牌形象设计】

第36届世界期刊大会于2007年5月在中国北京召开，这是我国首次举办的国际性出版大会。这次大会由国家新闻出版总署、北京市人民政府和国际期刊联盟（FIPP）共同主办。大会的主题为“杂志，丰富你的世界”。该大会的整体品牌形象项目包括开闭幕式会场、网站、国际期刊联盟会刊杂志、画册、办公事物用品、礼品系统、会场指示系统、户外广告等，展现出丰富的中华出版文化和崛起中的中国期刊业形象。

创作时间：2007年。

丁文星

上海意高品牌策划机构创始人
中国最具影响力品牌创意策划风云人物
中国大学生广告艺术节学院奖评委
中国食品顶级专家团成员

荣誉奖项：
2011年中国最佳智业精英奖
2012年中国食品十佳营销案例奖
2013年中国年度创新案例奖
2015年中国十佳智业机构
2016年中国食品产业年度杰出营销策划人
2017年ADMEN国际大奖

擅长领域：
产品策划与视觉艺术设计

服务客户：
易捷、昆仑好客、三元乳业、君乐宝乳业、如康清真食品、南方食品、马大姐食品、统元植益、初元食品、康之味、华澳大地乳业、温莎公爵、新宝堂、今贝食品、新疆大漠绿洲、紫林醋业、先酿酸奶牛；
酒水类：广誉远龟龄集酒、华东干红葡萄酒、泰山酒业、景芝酒业、竹叶青酒、飘香酒业崇明米酒、崂山矿泉水、碱法苏打水、8210矿泉水

个人经历：
2003年毕业于山东工艺美术学院，2006年成立上海意高，曾帮助一家食品企业业绩3年成长100倍，2010年成立山东意高，2014年被评为中国50强品牌广告公司，2015年因在业界的优异表现成为中国最具实力50强快消品营销策划机构掌舵人。

设计观点：
“对待事业，必须要有初恋般的热情和宗教般的信仰。”这句话如果略加修改，“用户体验，必须要有初恋般的热情和宗教般的信仰”，在面对80后、90后、00后，面对消费渠道大泛滥的时代，不是营销难做了，而是你的产品没有让用户产生“初恋般的热情和宗教般的信仰”。

在“旧世界”，广告是真正的销售力；在“新世界”，体验才是真正的销售力。在移动互联网时代，一个主要特征是“消费者主权崛起”。消费者主权的一个本质特征是：消费者靠“体验”来决定是否购买，而不是靠“广告传播”来决定，这使营销本身发生了天翻地覆的变化和面临巨大的挑战。在“消费者主权”的营销环境下，企业成功的重要法宝是高度重视和设计用户体验，塑造“产品痴迷”之利器，才能紧紧地“黏住”千千万万个用户。
实际上，产品或服务一面世，第一个接触点就是“关注”，第一眼。
“第一眼”即为体验的开始。互联网时代，产品包装已经不再是好看好玩有性格了，而应该是一种100%抵达消费者视觉的品牌自媒体，所以，内容是否新、奇、特，决定了产品包装的成败！而这，不是设计师所能独立完成的！

“做概念，讲故事”是品牌定位的第一要素。

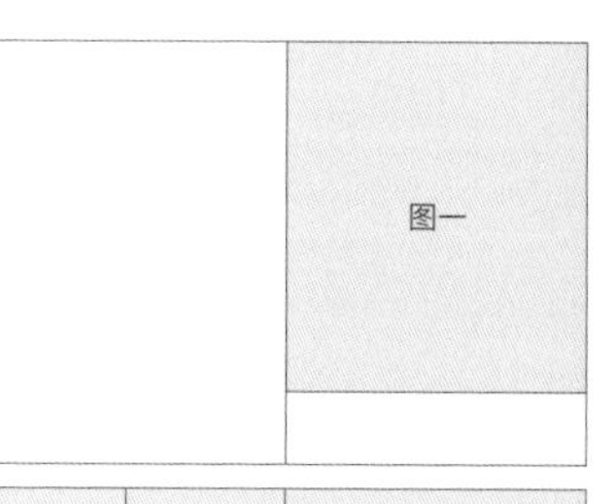

图一:【上海飘香酿造股份有限公司】

意高观点：产品具备“价值”和“颜值”，才有销售力。

上海飘香酒业位于上海崇明岛，作为区域酒企面临“销售额快速突破”的核心问题。崇明老白酒，上海市崇明区特产，本地习惯把米酒叫老白酒。首先品类创新，把“老白酒”换成了“崇明米酒”，其次从“提升价值”和“塑造颜值”两方面，为青草沙品牌完成产品升级和生意突破。聚焦崇明米酒，包装以“白鹭”为主要符号，辅助“绿苇沙洲”的环境，体现产品的卖点，简洁有内涵，提升产品价值感。

图二:【昆仑好客功能饮料包装设计】

意高为中国石油跳出传统思维，充分结合消费者需求，在功能、外形、价格、产品名称、包装方面精心设计。外包装设计采用红金搭配，与宝石花标识结合；闪电元素代表最直接的能量符号，体现“好客之力，提神给力”的产品思路。在传统牛磺酸功能饮料的基础上，将纯天然成分“瓜拉纳”“绿茶粉”引入饮料配方中，有袪除疲劳、兴奋神经和集中精力的作用。

图三、图四:【三元极致牛奶包装设计】

三元是意高年度全案服务的客户，三元极致为三元旗下常温奶第一品牌，此次的新品极致A2β-酪蛋白纯牛奶为国内首创。由于对奶牛品种要求极为严格及富含极其稀缺的A2型β-酪蛋白，所以产品的定位为超高端牛奶，消费人群也以母婴、精英等特需人群为主，但由于A2β-酪蛋白是一个全新的概念，因此，本次设计以突出产品概念及高端属性为主，塑造A2β-酪蛋白的超级IP，并以插画的方式突出了“奶牛”这一核心USP，充分展现产品的高端优势，并在外箱等包装形式上采用了全新的箱型，以便与竞品区分开来，在当下同质化严重的常温奶市场中脱颖而出。

图五:【 马大姐食品包装设计 】

马大姐是北派糖果的代表。在市场成熟的当下，意高为马大姐食品提出“以传承传统文化，升级品牌形象”为导向的品牌发展战略，策划了主题为“留年时光”的高端产品系列，以“寻回那些年味”作为创意主线，产品被赋予了传统文化属性，实现了价值提升，塑造了马大姐匠心品质传递中国梦的品牌IP。品牌传播上，意高挖掘传统文化的核心优势，成功刻画中国娃娃形象“糖小妹”，传播快乐和美味，生动化品牌传播，引爆市场。

图六:【 广誉远老字号龟龄集酒包装设计 】

龟龄集酒是具有475年历史的中国最早的制药企业——山西广誉远国药有限公司的传世之宝。为满足现代人的消费痛点和审美追求，意高对龟龄集酒进行了从目标消费人群定位、产品定位到产品包装、主形象，再到销售渠道等全方位的颠覆性变革，将主流消费人群锁定在35—50岁之间的社会精英人群，并根据消费群体的痛点，提出“拒绝乏力，年轻活力”的全新品牌主张，龟龄集老字号重新焕发了年轻活力。此次产品创新获得“年度养生酒标杆”荣誉！

杨一峰

唐道广告创始人、艺术总监
苍赢侠餐饮品牌总经理
CDS中国设计师沙龙理事
FDS奉天设计师沙龙主席
辽宁师范大学研究生导师、客座教授

策展：

奉天承韵——气韵东方 × 字由心生\学术论坛暨海报+字体设计作品展
“榜样的力量—雷锋精神”公益海报设计邀请展
团结就是力量——2020抗击“新型冠状病毒”国际公益海报设计邀请展。

荣誉奖项：

2017 气韵中国韩国邀请展
2018“百黔百态”创意字体邀请展
2018《畲文化复兴计划》第一季畲文化创意设计展
2018 我爱吾城 北京国际设计周
2018 我爱吾城 珠海国际设计周
2018 奉天承韵——气韵东方 × 字由心生\学术论坛暨海报+字体设计作品展
2018“印象徽州”主题海报邀请展
2018《包装与设计》以“今日荷花别样红”为主题海报邀请展
2019“榜样的力量—雷锋精神”公益海报设计邀请展
2019 纹藏中国设计展（荷兰站）
2019 两座斜塔国际海报邀请展
2019 立陶宛汉字现象招贴设计邀请展
2019 世界看河北国际海报展
2019“印象济宁”主题海报知名设计师特别邀请展
2019“豫见郑州”国际海报邀请展
2019 万马奔腾主题艺术展
2019 传统的未来——纪念辛亥革命108周年汉台两地青年海报设计联展
2019 庆祝中华人民共和国成立70周年“沂蒙精神”主题海报邀请展
2019 大吉创新字体海报设计展
2019 中国设计师大会花都鄢陵邀请展
2020 黑科技设计邀请展
2020 中国（罗源）畲族创意设计邀请展
2020 庚子“鼠”年“生肖有礼”作品入选
2020 团结就是力量——2020抗击“新型冠状病毒”国际公益海报设计邀请展
2020 设计赋能 · 砥砺抗疫|中国邮政公益明信片创意设计大赛 最佳学术应用奖

擅长领域：

视觉设计、地产全案推广、品牌整合营销、新媒体互动传播。

服务客户：

地产广告服务：保利、龙湖、恒大、雅居乐、中粮、中梁、万科、佳兆业、融创、华夏幸福、华发、华强、新希望、永同昌、鲁能、华宇、宏运、金泰、中国青建、华润、旭辉等百余个地产品牌商，服务项目超500个。
品牌服务：苍蝇胡同、大猫的食堂、小帆船国际双语幼儿园、李铁8号足球公园、一然设计、叁味手工吐司、花田记、沈阳国际软件园、普祺集团—正和岛创新大集、沈阳森林动物园、安东老街、夸克化学社、恒信典当、原里建设等。

设计观点：

一个好的设计或者创意，一定发生在场景之内，很多好的创意和设计，一定要基于品牌的内涵和它所在的载体进行创意。因为所有的客户在购买创意和设计的时候，都是享受了一个愉悦的过程，我们想制造幸福，制造一种幸福的状态，这个时候产品就有了灵魂，也有了更高的价值。
做设计，最重要还是以目标为导向，一定要清楚整个项目的定位，是要实现怎样的目标。明确它所包含和连带的社会因素、市场因素、客户因素。尽可能赋予、挖掘它优秀的文化理念，从策略、市场、文化，一直到整个视觉的输出，把设计变成一个非常科学的过程，与此同时又让设计本身充满了灵感和灵魂。

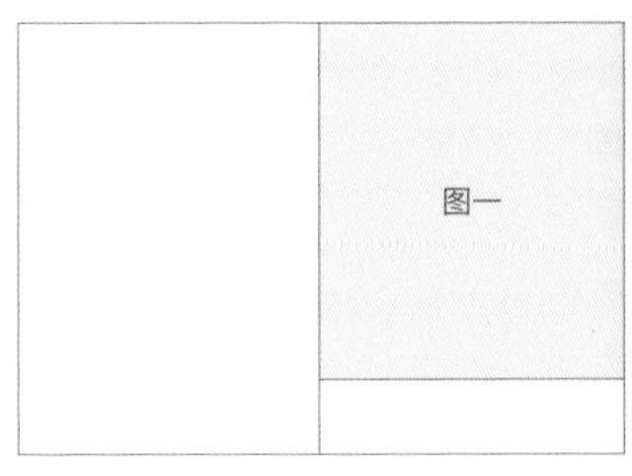

图一:【苍蝇胡同】

苍蝇胡同，新派胡同文化餐饮连锁品牌。取巴蜀精妙烹饪密法，创新炸烤双修技艺，东北烤串的豪放与巴蜀特色的辛辣相结合，收获众多食客的点赞，投入巨量心血进行创意开发，不断丰富“苍蝇侠”IP形象饱满度，通过提炼和探索不同的艺术风格，逐渐形成了高度自洽的文化内涵，获得了业内人士和社会大众的广泛关注和好评。加盟商现已拓展至全国百店。“胡同口，小狠串”每到一处均快速融入当地城市历史文化基因，将不同年代的美食体验通过场景及味觉复原，为食客带来难忘的就餐体验，通过不断丰富的国潮美食主张和优异的加盟机制，正逐步走向更加广阔的市场。

图二、图三：【李铁8号足球公园】

沈阳素有中国足球福地美誉，更是在中国足球发展中做出过突出贡献的足球城。作为从沈阳走出去的中国足球功勋球员，李铁从来没有忘记家乡，此次出资在家乡建设足球公园，也是希望能够帮助家乡培养出更多的足球人才，为沈阳添彩，为中国足球争光。唐道有幸承接李铁8号足球公园的视觉传达设计工作。通过研习大量世界一流俱乐部、体育场馆及相关产业的设计案例，在遵从行业共识的情况下，不断提炼属于李铁、属于这个时代的符号，通过国际化的设计语言，最终将其呈现在世人面前。

图四：【大猫的食堂】

萌系生煎，法力无边！新生代国潮餐点+创意小食，临时加餐，极速到胃，高效的美食便利专门店，专为都市年轻群体打造，早午晚全面快速搞定一餐，营养健康一包搞定！

图二	图三	图五
图四		图六

图五:【花田记】

1957农场 | 花田记

1957年，国营新立农场成立，雄踞辽宁省盘锦市东北部，盘锦优质大米重要产区，得天独厚的地域优势，悠久的水稻种植历史，孕育出如珠似玉、晶莹饱满的稻米产品。农场拥有生态稻田、生态禽舍、生态菜园三大生态种养殖基地，花田记便诞生于此盘锦腹地，扎根于沃土之中，为植被寻找最美的土壤，为粮食邂逅挚爱的品尝。七千年的农耕流转，米与人的交流从未停止。米适应了如今的土地，也能善待每一个爱米之人。简化的笔画造型和田园元素提炼，共同凝聚出独特的品牌气质，米粒印记提供信仰的符号，唤醒中国人的米文化自信。

图六:【叁味手工吐司】

一味藏天然，一味敬生活，一味致匠心。

从文艺情结出发，我们以亲情、友情、爱情等题材创作契合产品特性的三行情诗与消费者沟通，文字细腻朴实，同时具有丰富的情感张力。把“叁味手工吐司”打造成生活方式品牌，是一个从0到1的过程。经过调研和观察，人们购买吐司和后续的行为背后关联着无数个生活场景，它包含着人生态度，它容纳了人与人、人与场景发生的关系。而生活不仅是眼前的一碗米饭、两片吐司，更是心中的飞鸿和诗意的远方。

单良

视觉设计师

MINDesign 北京麦德设计创始人、设计总监

上海见日设计工作室联合创始人、设计总监

CDS 中国设计师沙龙联合创始人

荣誉奖项：

2019年作品入选《品牌呈現Ⅴ》

2019年Hiiibrand 国际标志设计大赛入围奖

2019年受邀参加闽南中国喜文化设计大赛

2018年作品入选《品牌呈現Ⅲ》

2018年Hiiibrand 国际标志设计大赛入围奖

2017年CCII国际标志双年奖商业类铜奖

2017年中国姓氏设计大赛两项导师提名奖

擅长领域：

品牌视觉形象设计、标志设计、印刷纸品、包装设计

服务客户：

传家家族博物馆、华人庄主俱乐部、浪潮元脑、KOSA 俱舍、LovelyBay 幼教、欢乐传媒、溯星空文化、嘉娱文化、第五象限、木桃文化、顶真文化、易去旅行、小巨人幼教、金农商贸、德谕泽律师事务所、肾友达医疗、医诺千金、新先聚品、中国国金·黄金茶事、遇见山谷美术馆、中创之星、淘米乐米业、盛方商旅、花伴礼品、脂老虎、华闽香茶业、三九九州生物、丰圣轩、如观建筑事务所、EasyStay 旅行、扬程旅行、岁鑫商贸、TDK 地毯、烙印中餐厅、佚名定制、黑龙江省美术馆、欢乐口腔、云水姑娘餐厅、八间坊民宿、天宁书院

个人经历：

2003年毕业于哈尔滨师范大学，2004至2006年，先后执教于北京科技职业学院以及北京服装学院成教院，主要教授设计基础课程。短暂而又紧凑的教学经验，让我对设计学科的基础训练的重要性有了更加深刻的认知，尤其在三大构成、四大变形及软件应用等方面，有了进一步的提升。

2010年，赴欧洲游历，深度游览欧洲各国博物馆、美术馆及设计博物馆，在近距离接触到如满天星斗般的人类智慧结晶之后，很快打开视野及认知，不仅对设计，更对历史、美学和艺术有了更丰富的感悟。2013年，创立麦德设计公司，角色从设计师转变为设计商人，思维也从过去的专研设计转变为更多考虑设计与商业之间的关系。期间有两年投身于互联网设计，紧随时代趋势，更多地接触到新兴的互联网企业，在与他们互动的过程中，不仅深入了解到互联网的运作模式，更学习到了互联网资源分配、整合与共享的精神。

设计观点：

真实、真诚。真实就是不要忽视设计工作中的每一个细节，很多我们认为不值一提的情况，对客户来说也许都是工作专业度的真实写照；真诚就是把客户当成朋友，这样的心态下大家自然会很愉快、很舒服。在专业的设计操守和朋友一样的支持与关怀下，客户会对方案的理解认知度更高。

生活在意料之外，享受每一次创新和挑战。

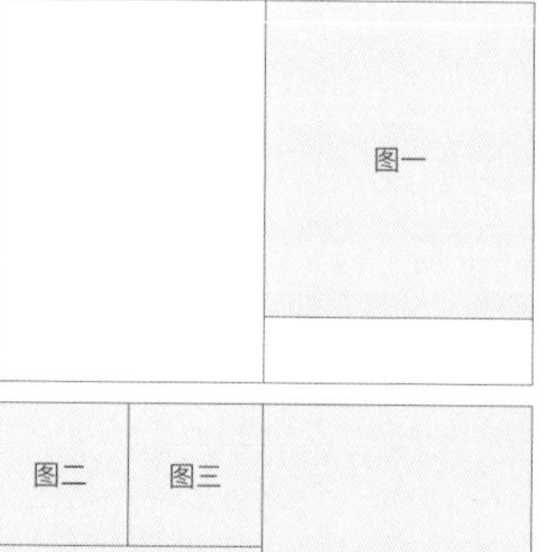

图一:【品牌标志设计】

和 · 瑜伽；嘉娱文化；新鲜聚品；爱音乐节；红树林图书出版；传家家族博物馆；UPdesign设计工作室；中影国广；豆豆家母婴用品店；百真分子冰淇淋；溯星空文化传播；年华俱乐部；DiscJam音乐商店；中创之星孵化基地；金农元和汤材；森林音乐节；华人庄主俱乐部；万达影视第5项限工作室；中国国金 · 黄金茶事；浪潮信息元脑品牌。

图二～图四:【KOSA多伦多“俱舍”东方雅集空间品牌形象及产品设计】

Kośa源自古印度，意为身体与心灵的容器。汉译"俱舍"二字有着一应俱全之所的含义，也多了一层万般皆可舍去的意味。希望每位身临其间的客人都能暂舍俗世，以一种朴拙的方式回到本源，体验品牌营造的情景与关注当下。设计灵感来源于五代董源《潇湘图》，提炼山、日、云及水的元素，融于品牌名称中，创造出富有禅意，行云流水般的视觉语言环境。简而不陋，古而不旧。

图五:【Easygo日本易去国际旅行社品牌形象设计】

易去旅行业务核心竞争力是“日本旅行全程定制，轻松解决。”就如同它的名字一样！标志以印章的形式出现，给人以轻松的感觉（因为人们多数情况为签证是否顺利通过而担忧）一旦看到了通关的印戳，心里便安定欣喜。用日本的视觉特征太阳红点替代字母o，强调目的地是日本。标志略微倾斜的角度，是一个大胆的想法，这让标志的视觉感受更加贴近生活，感到轻松自然又有趣，很容易与竞争对手差别开来，建立自身的独特气质。

傅炯

上海交通大学设计趋势研究所所长、副教授
色彩与流行趋势专家

擅长领域：

中国消费者的生活形态与审美特征研究；色彩与流行趋势；品牌与设计定位

服务客户：

马自达、丰田、上汽大众、上汽奥迪、广汽、奇瑞、长安汽车、上汽通用五菱、多乐士、阿克苏诺贝尔、沙特基础工业公司、GE、飞利浦、松下、方太、长虹、苏泊尔、通力电梯、美菱、联想、华为、中兴通讯、博洛尼、罗莱、联合利华、中南置地、花样年地产、NATUZZI、雀巢、福田戴姆勒等

个人经历：

1998年毕业于无锡轻工大学（现江南大学）设计学院，获硕士学位。之后在上海交通大学工作至今。2010年，在英国邓迪大学担任访问学者。

主要研究成果包括：

• 帮助飞利浦理解中国消费者，参与设计飞利浦全新的产品设计语言；

• 为多家国内外企业研发色彩系统，将色彩系统从流行趋势贯彻执行到色板打样；

• 为华为解读全球视觉流行趋势，指导其UI界面主题创作；

• 帮助中南置地进行目标消费者细分，为不同类型的消费群体精准定义不同的样板间设计风格；

• 为中国色彩应用标准CNCSCOLOR（国际商标COLORO）研发教育体系；

• 创办汽车CMF设计最权威的会议CMF Shanghai上海国际汽车CMF设计高峰论坛，打造供应商系统与汽车设计的高品质沟通平台。

设计研究：

1. 中国消费者审美特征与文化解释

中国已经进入物质丰裕时代，形成风格化社会。中产阶级庞大的消费力在审美能力不断提高的趋势下，开始追求生活风格化差异。审美替代价格，成为市场差异化主要信号。消费者审美数据、生活美学模型开始成为研究焦点。

2005年，发表了《中国消费者的简单三分法》，重新定义消费者分类维度；2006年，发表论文《类型－具象法》，指出了社会学和心理学研究方法论会导致审美与细节信息丢失的问题，提出了更加适合设计和营销需求的消费者研究方法“类型－具象法”。

2007年至2008年，设计趋势研究所整理了中国人从1949年至今审美偏好的变化，建立了《现代中国消费者审美价值观》数据库。2011年，研究所完成了《中国消费者材质审美特征》的研究，并在之后的商业研究项目中，不断积累不同维度消费者的审美特征。

2. 色彩与全球流行趋势研究

上海交通大学设计趋势研究所是中国在工业色彩领域开发实力最强的团队。

2006年，研究所为GE塑料开发了第四套色彩系统。之后又陆续为联想手机、多乐士、阿克苏诺贝尔、飞利浦、方太、SABIC、中兴通讯、华为、苏泊尔、中南置地、科思创等企业开发色彩系统或进行色彩趋势研究。

设计趋势研究所的色彩研发能够很好地兼顾国际化与本土化。他们为GE、SABIC、科思创等公司研发了面向国际市场的色彩系统，也为AkzoNobel定制了面向中国市场的《2018年全球色彩趋势》(中文版)，以及为NATUZZI定制面向中国市场的年度趋势报告。

2011年至2013年，设计趋势研究所为中国自主色彩标准CNCSCOLOR研发了教育系统。2015年，他们获得上海市教育委员会和上海市新闻出版“上海高校服务国家重点战略出版工程”联合资助，编撰《中国色彩应用标准CNCSCOLOR通用教材》，并入选“十三五”国家重点出版物规划。

2014年，设计趋势研究所开发了汽车行业色彩培训课程，迄今已经成功举办十五届，吸引了七十多家国内外车企和数十家供应商积极参与。2016年，研究所创办了CMF Shanghai上海国际汽车CMF设计高峰论坛，每年定期在北京或上海国际车展之后两周举行。这个会议以新颖的主题和高质量的演讲已经成为行业风向标。

3. 品牌定位与设计定位研究

上海汽车和上海大众分别于2008年和2010年投资上海交大设计趋势研究所的研究项目，建立起《汽车品牌定位与设计趋势》的数据库。数据库通过研究行业内前16位的汽车品牌的中英文网站，形成了一个39个关键词的分析平台，帮助汽车企业定量比较分析品牌定位和产品定位，并确定自身相应的战略方向。

2012年，借助以上数据库，傅炯副教授与奇瑞前20位高管一一面谈，深入讨论品牌、目标消费者和产品，最终力排众议，结束了奇瑞的多品牌战略，回到“一个奇瑞”的道路上。这一战略帮助奇瑞扭转了颓势。

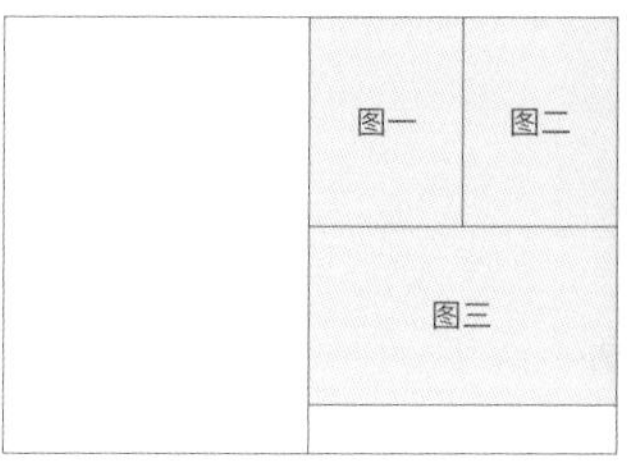

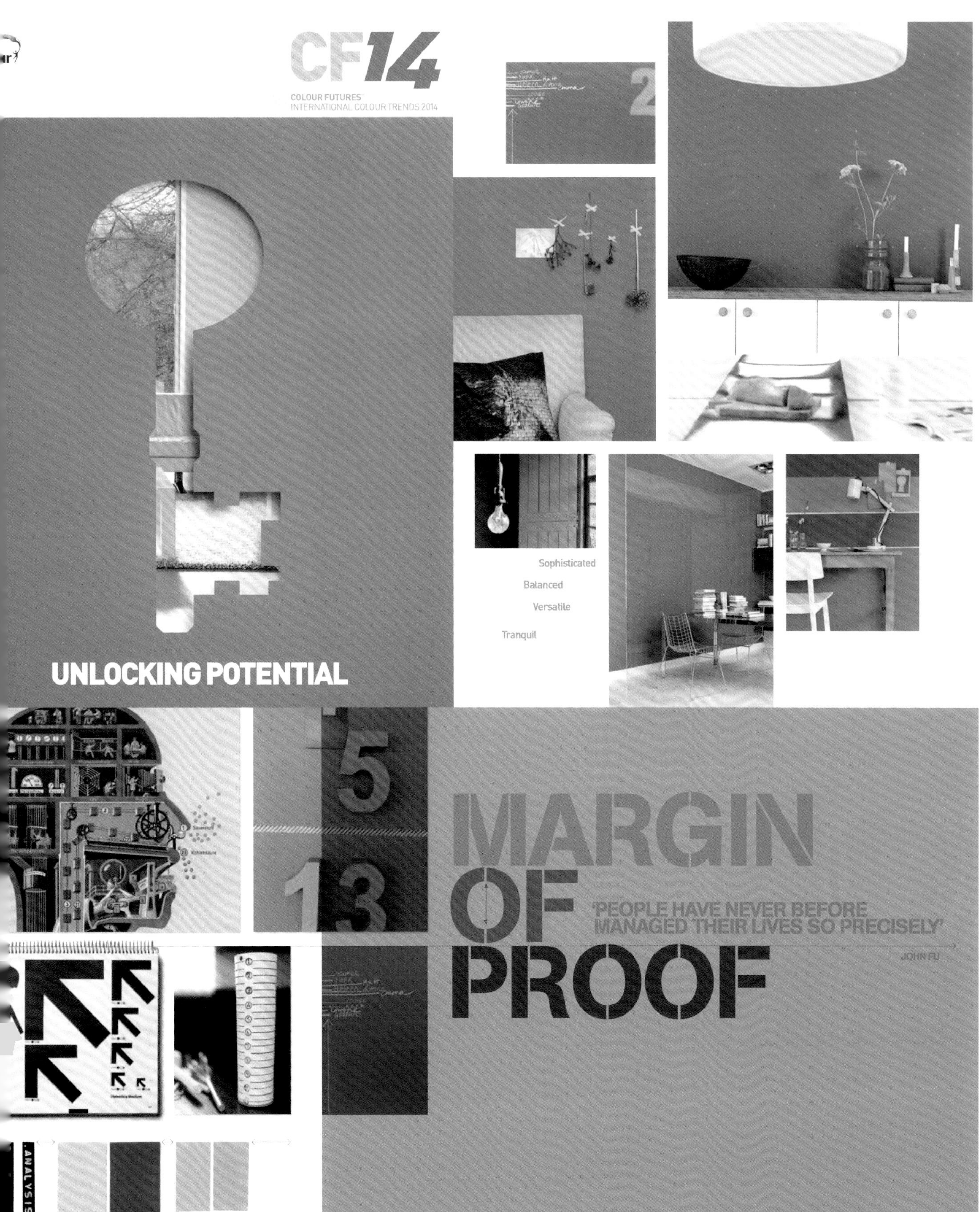

图一～图三：【2014年AkzoNobel年度色－鸭绿色】

2010-2015年，傅炯参与AkzoNobel全球色彩趋势的研发，2014年年度色“鸭绿色”由其推荐。

2020-2021流行趋势：科技与艺术融合

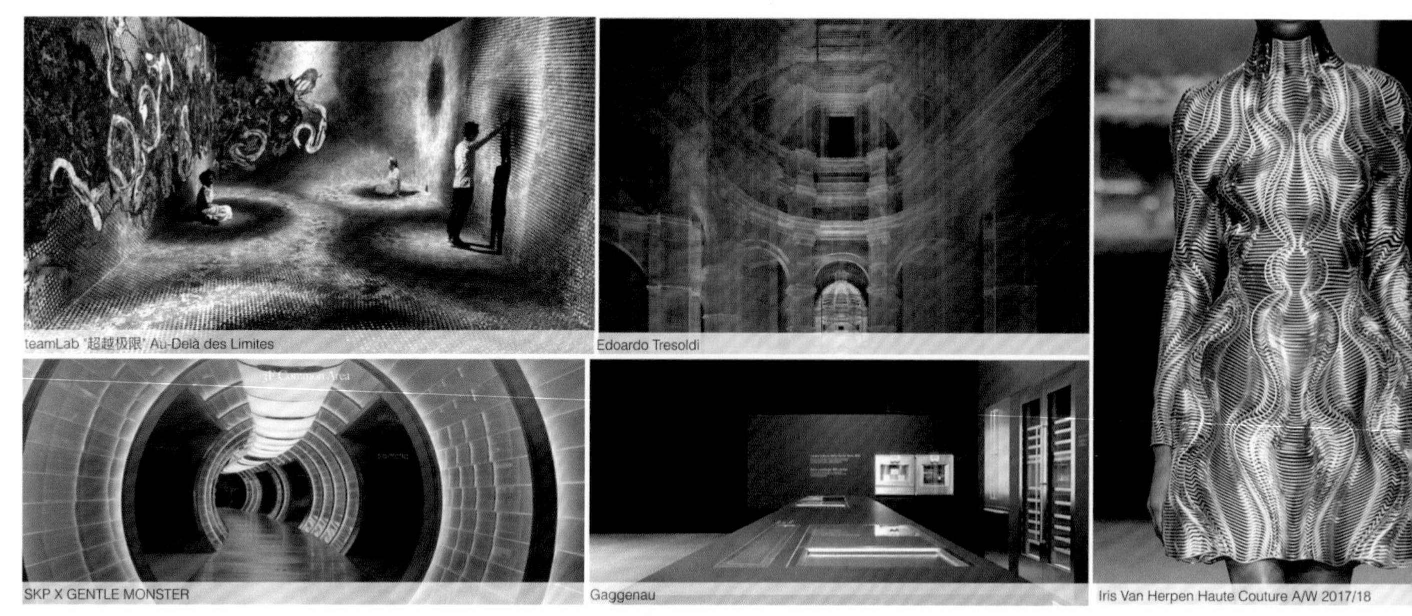

色彩和材质——Trend：Globetrotter

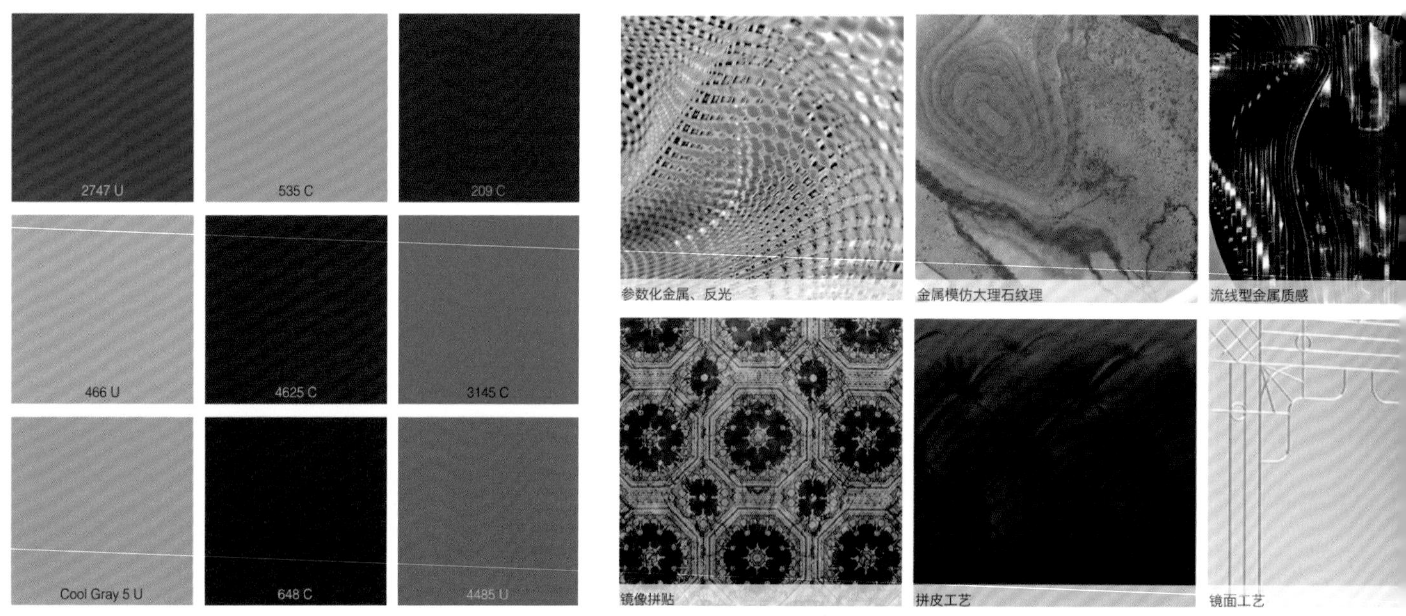

图四、图五：【Natuzzi开发软装趋势报告】

2020年，傅炯与其团队为Natuzzi开发软装趋势报告，他们把消费者藏在最底层，通过流行趋势、流行色彩和材质，巧妙引导设计师和消费者选用该品牌产品。

图四，2020-2021流行趋势之一：美学与科技融合，结合数字技术，用灯光等技术手段，烘托科技感的氛围，对于未来的好奇以戏剧化的艺术形式呈现。

图五，这个主题尽显都市奢华感，时尚前卫，充满激情，这组颜色部分彩度比较高，又加入了一些成熟的中性色，符合年轻人的生活方式，是新奢华+全球化视野+科技和文化的融合。

图六～图八：【专门为中国消费者开发的车型——马自达CX-4】

2015年，在傅炯与其团队为马自达研究了5年的中国消费者特征之后，马自达推出了其唯一一款专门为中国消费者开发的车型CX-4。

图七、八，傅炯老师在进行入户访谈和主持焦点小组讨论。

图四	图六	
图五	图七	图八

李可明

国家级非遗汝瓷烧制技艺项目市级代表性传承人
汝山明品牌创始人
中国传统文化促进会特聘顾问
中国工艺美术产业创新发展联盟理事
入选首届“振兴中国传统工艺清华大学创新工作坊”项目

汝窑，五大名窑之一，因产于汝州而得名，在中国陶瓷史上素有“汝窑为魁”之称。汝窑中华传统制瓷著名工艺之一，中国北宋时期主要代表瓷器。

其当代汝瓷作品，以釉色莹润、造型典雅新颖的特质开始在中国陶瓷领域的各大奖项中屡获殊荣。开发的《汝醉》产品被国家普通高校艺术设计专业“十三五”规划教材作为案例收录。《一盒汝猪》茶器套装作为案例被国家文化和旅游部非物质文化遗产司传统工艺振兴案例汇编丛书之《工艺当随时代：传统工艺振兴案例研究》一书收录。创作的《大漆塔帽罐》作品入编首届北京陶瓷艺术家作品集。开发设计的汝瓷作品荣获历届国家级金、银大奖20余项，多件作品被中南海紫光阁、中国陶瓷艺术馆等多家陶瓷博物馆收藏。

活动展览：

2020年1月12日上海中心大厦宝库匠心馆举办汝醉&赖世纲酒新品发布会
2020年1月11日“走进当代-可持续性发展的非遗”巡展在清华大学美术学院举行
2020年1月6日参加中国美术学院主办的“三重阶”传统工艺的当代价值研讨会
2019年11月14日受邀参加“2019BMW中国文化之旅”非遗保护创新成果展
2019年10月18日参加南京举办的中国工艺美术博览会
2019年10月15日参加2019第三届中国定制经济高峰论坛
2019年6月14日上海合作组织成员国元首理事会第十九次会议，其产品作为指定礼品
2019年5月28日“工美杯”创新设计大赛荣获银奖
2019年5月11日参加首届北京陶瓷艺术振兴发展研讨会
2017年6月参加第六届中国成都国际非物质文化展
2016年9月受邀北京国际设计周手工艺设计陶瓷器物展
2016年6月参加哈尔滨非物质文化遗产衍生品论坛及展览
2016年5月北京熙艺术空间李可明与宋秦晋联合艺术展
2016年5月参加深圳文博会
2015年10月受景德镇邀请参加中国十大名窑精品展
2015年8月参加上海朵云轩全国首届青瓷系大展
2015年6月参加第五届中国陶瓷协会第四届陶瓷艺术展
2015年4月受邀河南郑州2015东方韵第四届国际陶瓷艺术展
2015年3月参加湖南醴陵首届陶瓷博览会
2014年12月参加上海中法当代陶艺交流汝瓷作品展
2014年11月设计的汝瓷首饰亮相于梅赛德斯奔驰中国国际时装周发布会
2014年6月受邀中国陶瓷协会第四届陶瓷艺术展
2013年9月受景德镇邀请参加中国十大名窑精品展
2013年7月受中国陶瓷协会邀请参加北京中国当代陶瓷设计展

服务客户：

中国建设银行、中国民生银行、平安银行、清华大学、颐和园、首创咏园、宝马汽车、凯迪拉克汽车、上海宝库、观复博物馆等

品牌故事：

汝窑烧于唐盛名于北宋，位居宋代五大名窑之首位。宫廷用器，内库所藏，视若珍宝。汝山明品牌以宋代生活美学为核心 弘扬汝瓷文化为理念，由国家非物质文化遗产汝瓷烧制技艺代表性传承人李可明创立，历经43年两代技艺传承，掌握核心烧制技术，其产品曾多次被用于外交外事活动并被各国参事和政要所收藏。品牌成立伊始，集合了北京、上海、深圳、汝州四地的设计、研发、生产、销售的人才与资源，沿袭传统、复刻技艺；大胆创新、别具匠心。目前汝山明形成了设计研发、生产加工、营销推广环环相扣的完整产业闭环，建立了生活类器物、高端手做、文创定制互为支撑的三大产品体系，能够灵活地应对不同层面人群的消费与市场需求。

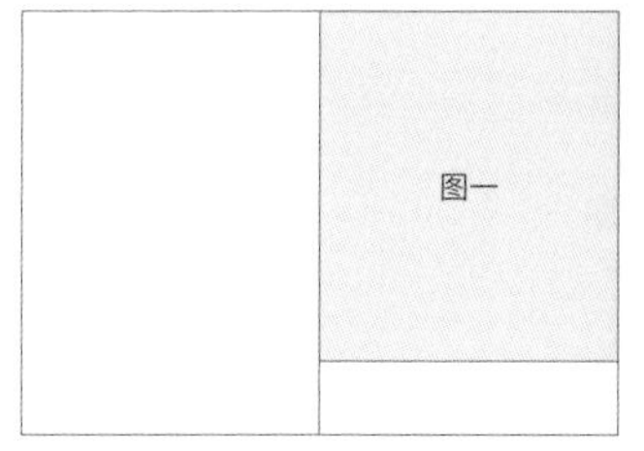

图一:【 汝宴酒器 】

“无酒不成宴，无酒不成礼，无酒不成欢，无酒不成敬”。古代爱酒人士大多喜欢温酒而饮，所以温酒器都十分讲究，炉杯配套、碗壶配套、套杯相配等等，称得上是花样百出。

历史上，汝瓷多用于观赏，莲花碗是传世器型中少见的实用器型之一。据考证，它是和酒壶配套使用、做温酒之用的，因此又称莲花温碗。

图二：【汝醉酒】

首个开创汝瓷与酒的跨界之合。“古瓶盛酒后簪花，花酒由来本一家”，一句诗道尽玉壶春瓶功用之妙。既可盛酒，亦可插花。

图三：【汝窑文房五宝】

根据当代生活，对大小、尺寸及形态进行重新设计，五件一个小套装。文房是指中国独有的书画用具，它既表现了中华民族不同于其他民族的风俗，又为世界文化的进步和发展作出了贡献。

图四：【月光宝兔茶器】

一壶两杯收纳式茶器套装，少即是多的设计美学，月白釉，壶嘴短小有力，出水流畅均匀。壶粒为兔子的元素，兔素称瑞兔，是祥瑞的象征。从古至今，人们对兔情有独钟，有着丰富多彩的美好寓意及文化内涵。

图五、图六:【有钱鼠】

2020有钱鼠，整体为抽象的朝天看的小老鼠造型，背上和腹中均有置钱槽，可放置硬币，可在其中盘玩，寓意财源滚滚。

图七:【汝窑三足洗】

复刻宋代经典器型，造型秀美典雅，简洁雅致，圆口，浅腹，平底，下承三个曲足。外底满釉，有5个细小支烧钉痕。该产品显示了宋代追求理性之美的艺术风格，是一件极其精美的文房雅器。

图二	图三	图六
图四	图五	图七

杨在山

在山品牌创始人、艺术总监
中国十大创意策划专家
尖荷系设计教育实践运动全国设计实战导师
中国设计沙龙(CDS)理事
河南大学美术学院职业导师
国际平面设计协会联合会(ICOGRADA)会员
CCII全权会员

荣誉奖项：

特邀设计豫你同行—抗击新冠肺炎公益海报设计展
特邀设计我们都是一家人—2020抗击新型冠状病毒公益海报设计展
特邀设计团结就是力量—2020抗击新型冠状病毒国际公益海报设计邀请展
特邀设计世界看河北—国际海报展
特邀设计豫见郑州—国际海报邀请展
特邀设计2020鼠年生肖有礼图案华人设计师原创作品
特邀设计万马奔腾—马文化主题创意设计作品展
第四届内蒙古农畜产品包装设计大赛二等奖
2014海峡两岸包装设计展优秀包装设计奖
东胜区首届“发展文化创意产业十大先锋人物”
第十一届国际商标标志双年奖铜奖、优秀奖
第九届国际商标标志双年奖优秀奖
第十届国际商标标志双年奖铜奖、优秀奖
第八届国际商标标志双年奖优秀形象管理奖
第七届国际商标标志双年奖形象管理奖
第五届国际商标标志双年奖专家提名奖
2010中国十大创意策划专家
2010年被授予 2010中国十大最佳策划金牌案例
2008年荣获鄂尔多斯首届优秀平面公益广告作品设计大赛铜奖
作品入选《包装设计年鉴2015》
2010年作品入选《中国设计年鉴》第七卷
2009年作品入编《国际设计年鉴2009》
2007年作品入选《亚太设计年鉴》第三卷
2004年案例入编《中国设计机构与设计师推介》

擅长领域：

品牌设计、包装设计、文创产品设计、景区视觉导视系统设计

服务客户：

伊泰集团、新维控股集团、万正投资集团、鄂尔多斯高新区、通惠集团、鄂尔多斯电力、鄂尔多斯工商联、内蒙古中小企业公共服务中心、鄂尔多斯中小企业公共服务中心、鄂尔多斯移动、中景路桥、华威矿业、慧森实业、伊蜜尔、蒙祥肉业、蒙纯乳业、阿恋食品、蒙歌尔、广通塔拉、秦本西良、金鼎亨超市、乡村牛仔、康巴什酒业、察罕苏力德、享加企服集团、蒙汇通能源、景观田农业、康巴什国投、康宁集团、内蒙古天然气交易中心、恒科农牧业、正道运输集团、星兆奕亮影视、辉腾锡勒黄花沟景区、朵兰戈尔等

个人经历：

毕业于内蒙古第二轻工业学校、北京服装学院。2003年创办在山品牌设计工作室，受邀参与了第十届全国少数民族运动会的设计事务。

超过19年的设计经验，专注品牌设计规划，为内蒙古中小企业及三农企业品牌建设成长作出较大贡献，也获得设计界众多奖项。

设计观点：

• 设计只为营销
• 品牌是人和事物的冲突

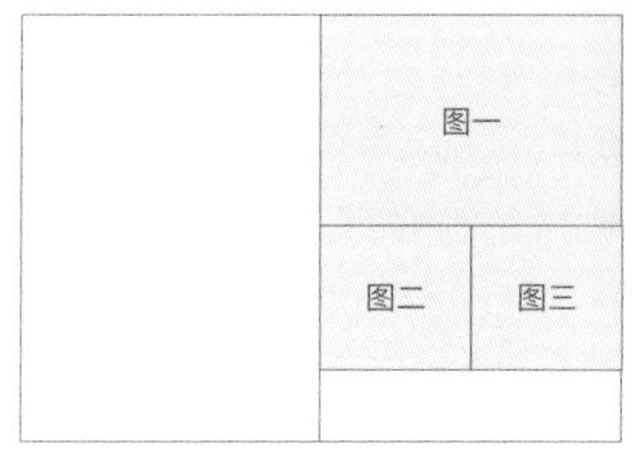

图一:【蒙纯乳业+青稞黑米酸奶包装】

青稞黑米产品包装设计。

图二:【蒙纯乳业LOGO】

自然，道法自然，遵循规律；本质，通透人生，回归本质；坚守，历尽千帆，我心依然；圆满，纯而不凡，此生无憾。

图三:【蒙纯乳业+蒙古老酸奶】

地道蒙古味。

RURAL COWBOY
乡村牛仔
真朋友
在心里
RURAL COWBOY
PURE DRAFT BEER
乡村牛仔™
原浆啤酒
RURAL COWBOY
PURE DRAFT BEER
乡村牛仔™
原浆啤酒
RURAL COWBOY
PURE DRAFT BEER
品味原浆

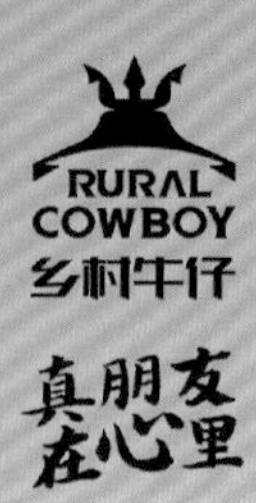

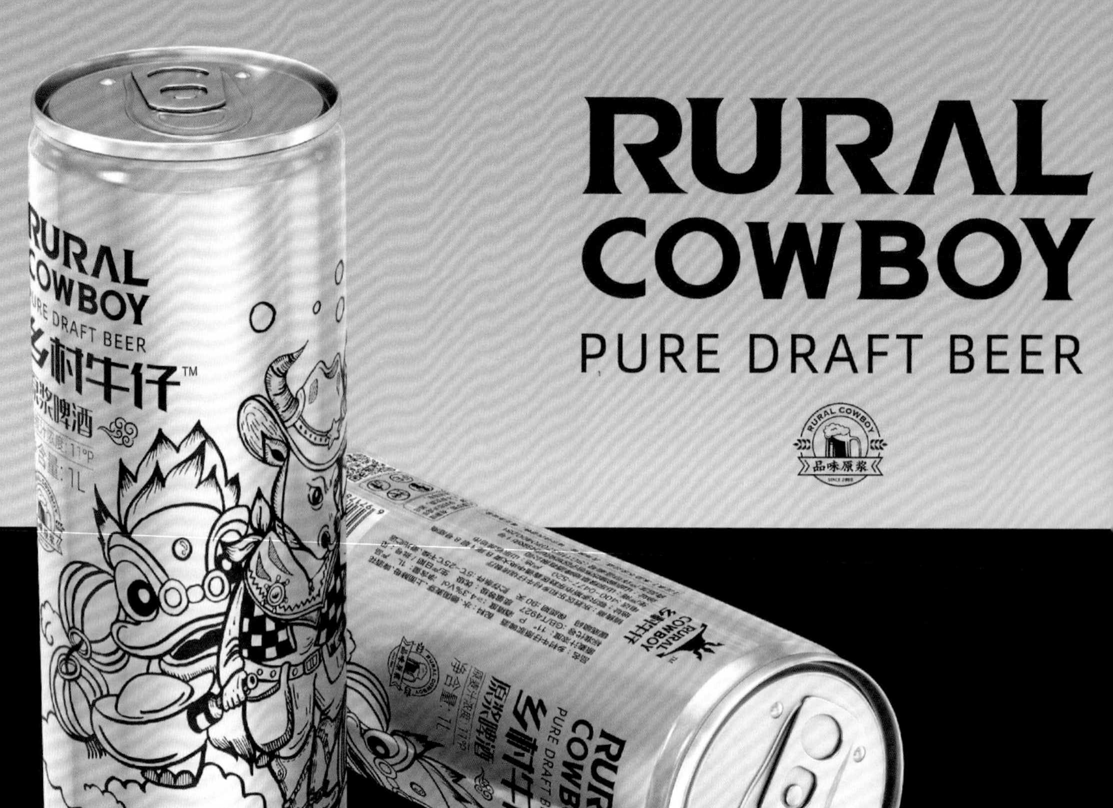

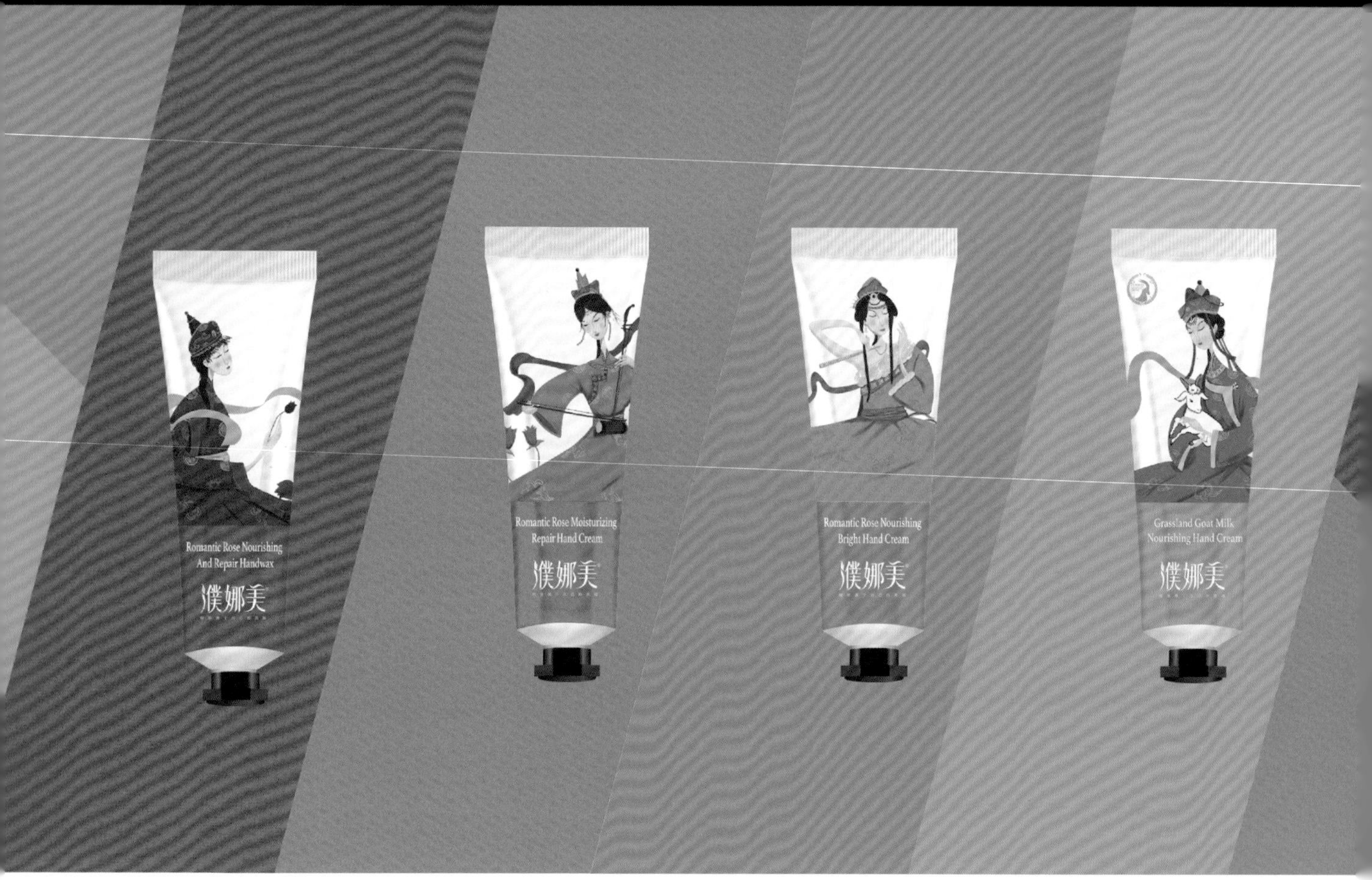
Romantic Rose Nourishing
And Repair Handwax
濮娜美
Romantic Rose Moisturizing
Repair Hand Cream
濮娜美
Romantic Rose Nourishing
Bright Hand Cream
濮娜美
Grassland Goat Milk
Nourishing Hand Cream
濮娜美

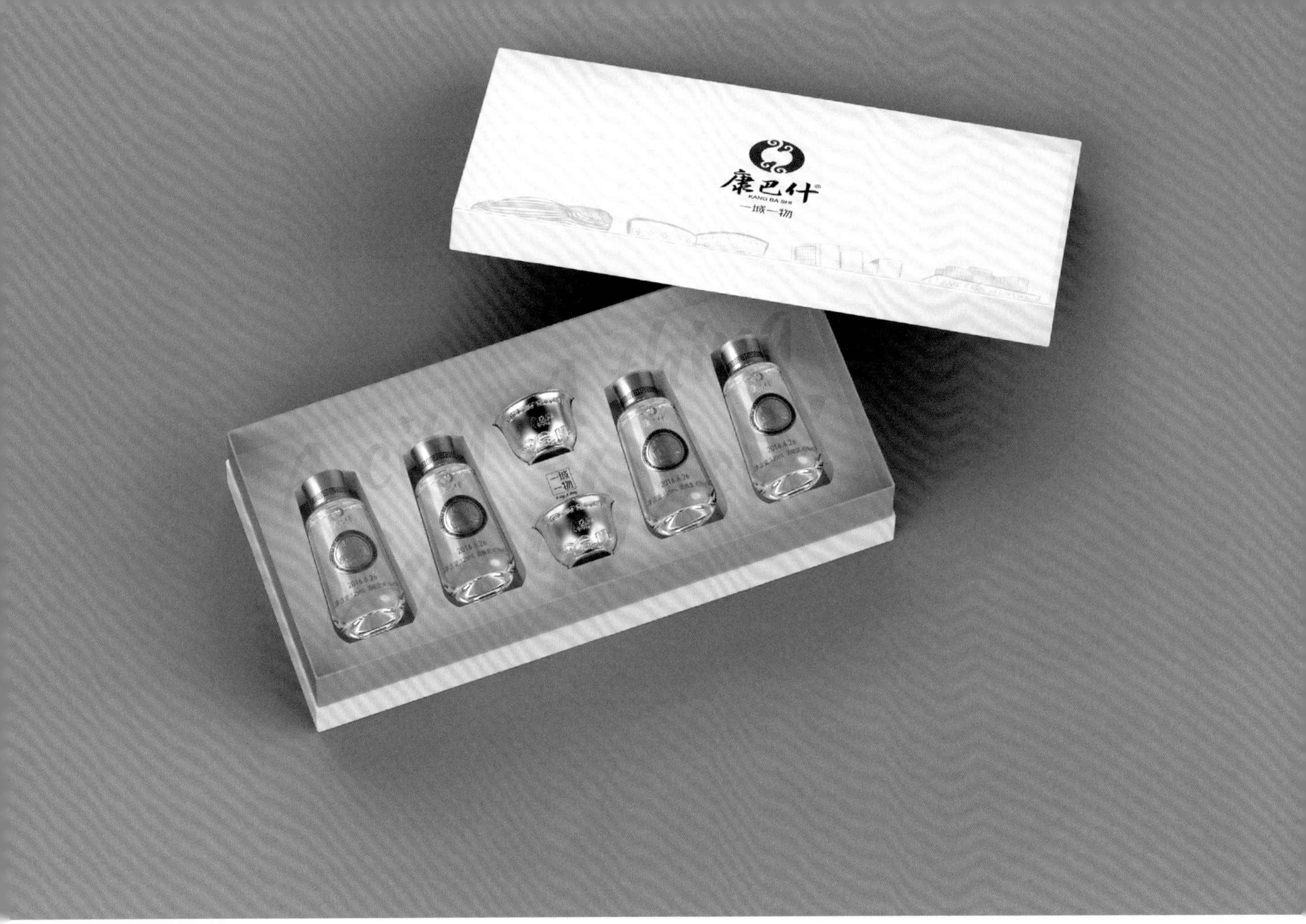

图四：【乡村牛仔限量纪念版啤酒】

这款啤酒包装只为乡村牛仔打造限量版礼物而设计。

图五：【濮娜美护手霜包装】

来自草原羊奶匠造，以草原女性才艺通过现代抽象绘画手法来传达女性手部之美。

图六：【康巴什酒.一城一物】

以城市为主题的文创产品，突出草原文化的理念。

图七：【乡村牛仔LOGO】真朋友，在心里；**【蔺福居LOGO】**老味道，匠心作；**【康巴什酒LOGO】**好粮造好酒；**【中国油松王】**千年化一树，一树屹千年；**【秦本西良】**只因自然所托；**【杜海霞】**现做的酿皮才好吃；**【蒙汇通】**中国高质量物流融合创新平台。

图四	图六
图五	图七

张进(叁布)

叁布工作室首席设计师
太子造物文创实验室创始人&主理人
WHDS武汉设计师沙龙发起人&副主席
CDS中国设计师沙龙会员
ICVA国际视觉艺术理事会会员
尖荷系设计教育实践活动全国设计实战导师

荣誉奖项：

2019中国包装创意设计大赛二等奖
2019第十八届中南星奖铜奖
2019 CEAPVA亚太视觉艺术交流展优秀奖
CGDA2019品牌形象入围奖
SDA2019第十六届山西设计奖二等奖
作品入选《包装作品年鉴2019-2020》
作品入选《中式元素视觉传达品牌篇》

擅长领域：

视觉策略、品牌设计、包装设计、文创开发

服务客户：

叁布工作室服务客户涵盖农业、食品、酒、乳品、餐饮、教育培训、汽车、文创等多个领域，其中包括：袁夫稻田、武大樱花茶与饼、黎匠山兰酒、将军红酒业、18号酒馆、酷我乳业、岑熙书院、完美飞旋艺术中心、舞小苗舞蹈训练器、顺风汤馆、牛者烧肉专门店、仟吉、武汉剧院、融侨集团、新世界地产、佰倡集团、凯迪拉克、北京现代、东风日产等

个人经历：

1986年生于湖北省老河口市。2008年进入汽车广告行业，从事包括东风日产、北京现代、凯迪拉克的新车上市、试乘试驾、车展等设计、执行工作，既满足了个人的兴趣爱好，又培养了对大型品牌项目的综合服务能力。2010年进入房地产广告行业，任设计总监一职，带领小组成员服务多个楼盘的推广设计工作，专业水平看齐国内一线广告公司，积累了众多案例经验，提升了领导力。2016年进入品牌设计行业，后创立叁布工作室，致力于做有情感的品牌及包装设计。通过研究品牌、产品、生活方式、情感需求的关系，加以理性分析，先做对的事情，再赋予品牌情感，突破表面设计，以富有情感的视觉语言表达，诠释品牌及包装设计。

设计观点：

在国内消费快速升级的今天，消费者除对商品的基础需求外，更注重情感的满足。在创作上，我们既看重最终呈现的美感、形式感，更需要以品牌定位、场景体验、情感连接、社会责任等因素为背景进行创作，深入挖掘品牌情感表达和消费者情感需求，在品牌和消费者之间搭起情感桥梁，做真正打动消费者的品牌。我们倡导理性分析+感性赋予，做有情感的设计。

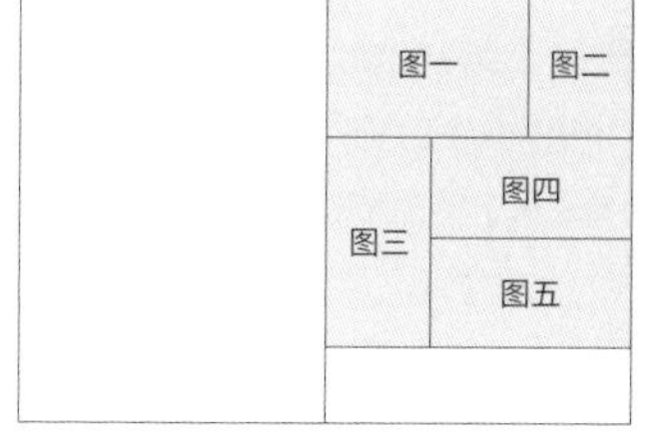

图一:【袁夫稻田LOGO设计】

袁夫稻田以农田为基础形成的独特生活模式、社交体系和生态闭环，是一种新型的田园邻里关系，是情感的传统回归。质朴手作的中文字体设计，透着拙的坚守，戴着农夫帽的一双臂弯，让逃离都市喧闹的人回归大自然的怀抱，在这里情感最本质的交融才是生活的本真。

图三:【袁夫稻田民宿洗漱包设计】

通过对LOGO“拥抱”概念的衍生形成系列辅助图形，结合用品自身特点图形化，融合成完整的包装设计。

图二、图四、图五:【袁夫稻田大米包装设计】

图六～图八:【太子造物】

太子造物是一个以哪吒三太子为主形象的文创品牌，通过这个形象以及系列产品，表达出我们的主张：不逃避现实，却也不一味反抗；偶有不满，却也不被热情束缚；勇于击退负能，总能保持一份童真，将满腔热血交付梦想。

图九、图十:【武大樱花鲜花饼礼盒设计】

作为武汉强大的IP“武大樱花”+百年面点传承匠艺，武大樱花鲜花饼旨在打造武汉城市手信产品，将产品与城市紧密关联，把城市印记的标志性建筑用怀旧的邮票作承载，形成怀旧系列产品，让游客带走对一座城市的记忆。

图十一~图十三:【黎匠2016-海南山兰酒礼盒设计】

一款海南非物质文化遗产的山兰酒，同时作为黎族人传承千年的民族特色产品，我们挖掘出极具黎族文化的符号(大力神/五指山女神)来表达出其民族特色，打造一款能代表海南特色的味道记忆。

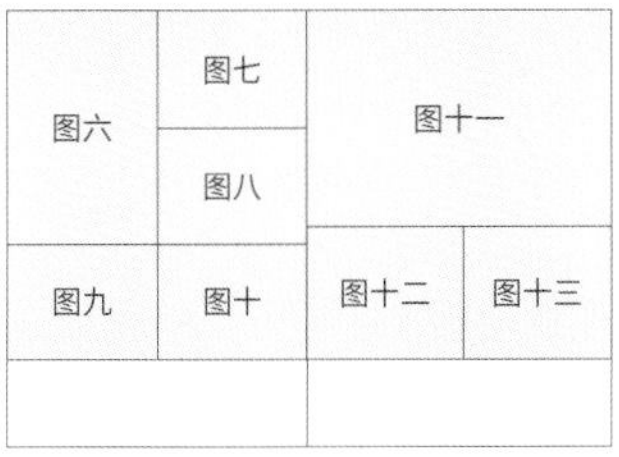

图六	图七	图十一	
	图八		
图九	图十	图十二	图十三

胡云峰(疯子木)

商业插画艺术家
木头猫插画设计工作室创始人
CDS中国设计师沙龙专业会员
深圳市插画协会专业会员
多家网站签约推荐插画师

2014出版书籍《插画之美——专业黑白插画手绘表现技法》，书籍获互动出版网好书推荐，京东网好书首页推荐，同年在中国台湾出版繁体版，已被国内各大高校图书馆收藏

服务客户：

万科，融创，腾讯，百雀羚，爱奇艺影业，中国邮政，京东，天猫，Singleton，华为，安踏，TUMI，平安，联通，TCL，王者荣耀，vivo，仟吉，MARTELL、故宫博物院，颐和园，小米，Johnnie Walker，金龙鱼，马爹利，苏格登等国内外诸多品牌。

荣誉奖项：

插画包装曾获得Pentawards Silver银奖、德国红点奖、德国汉诺威IF设计奖、第十四届设计之都（中国-深圳）公益广告大赛最佳创意奖
第三届Hiii Illustration国际插画大赛最佳作品奖、优秀作品奖
2014年，作品入选原创插画杂志《CCIUP》第二期
杂志《MEANTIME》五周年特辑——五十位华人艺术家最新作品全收录
2016年，作品入选《FANTASTIC ILLUSTRATION 3》
2015年，“新三版”大型版画展
当代跨界艺术展
北京国际设计周Hiii Illustration国际插画大赛获奖作品展
海峡两岸百位插画艺术家全国巡展
2017年，绘美生活-深圳当代插画百人展
疯子木&保时捷The new Panamera Showcase个人艺术插画邀请展
小凉帽国际精品绘本展
2018年第六届全国双年插画展
画时代粤港澳大湾区插画协会会员展
2019年国际插画家百人展
绘美生活——中韩坡州-深圳国际插画展
全国插画双年展历届获奖作品暨国际评委海报设计作品邀请展
CIB插画双年展历届获奖作品国际评委海报邀请设计邀请展
鼠年生肖作品入选中非共和国特别发行超大纪念邮票《百福齐聚·生肖有礼》邮珍，作为两国友谊永恒见证

设计观点：

• 商业插画是生活里的艺术。

图一

图一:【猴赛雷】

为韩国顶尖动漫品牌PUCCA(中国娃娃)创作的插画作品。这张作品将猴子形象与粤语的“猴塞雷”结合，塑造了一只厉害强大的猴子形象。

图二、图三:【双雄会】【学艺图】

这个系列描绘了潮汕的狮头鹅们拟人化的两个成长阶段，分别是小鹅时期拜师学艺，学成后与鹅将军对决。意图表达鹅从小就有很具活力的成长状态，生命力充沛。

将中国传统元素融入场景，以一种较为干净细腻的线条表达画面。

图四:【春满园】

画面倾向于新中国色彩，以春燕、风筝为元素，绘制古代宫廷女性的精致繁复，将糕点品牌产品本身特有的图案融入植物图腾中呈现。

图二		图五	图六
图三	图四	图七	图八

图五、图六：【龙吟天下】【凤凰涅槃】

为《王者荣耀》赛事创作。强者一遇风云便化成龙，巨龙拨开云雾傲视天下，一声呼啸便撼动九霄；“凤凰涅槃，浴火重生”，一双燃亮的眼睛，一对燃烧的翅膀，一只火凤凰诞生。

图七：【兔神】

以中秋节为背景创作。拟人化玉兔，与众小兔于中秋赏月的情形。

图八：【马爹利－生肖鼠】

为马爹利品牌创作鼠年限量礼盒。中国庚子鼠年，应用祥云、元宝，及具有品牌标识度的限量酒瓶和酒杯、酿酒原料葡萄等元素，画面采用散点方式构图。

张琪

深圳市上员广告有限公司创始人
张琪品牌战略研习社主理人

擅长领域：
品牌咨询、品牌系统设计、环境系统设计、多媒体展厅设计、工业设计、整合营销等

服务领域：
能源、电信、基础建设、人工智能、大健康、智能制造、智能家居等

服务客户：
腾讯、深圳能源、中国石油、中国电信、广州地铁、南方传媒、中国工商银行、招商银行、中国银行、万科等

教育背景：
中央工艺美术学院工业设计系

从业经历：
2001—2002年观澜湖高尔夫球会艺术总监
2002年创办深圳上员品牌创新机构
2014年创办上员创投实业有限公司

设计主张：
设计赋能品牌业绩倍速增长，只有设计思维才是突破管理瓶颈的最佳方法。
设计思维是一种极简思维，是价值思维，是抛弃复杂直达人心的智慧。
企业在对外寻求帮助的时候，以为一个金点子就是拯救企业的良方，殊不知企业是一个有机系统，牵一发而动全身。
事物以二八定律存在，张琪认为传统咨询与设计只有20%对企业有用，80%都是无效和浪费的。正如沃纳梅克所说，我知道广告费浪费了一半，关键是我不知道是哪一半。
张琪的设计助力客户找到品牌发展的底层逻辑，将每个20%还原，给企业一个高效快捷的品牌模型，让咨询和设计为企业业绩服务。

20多年的从业经历，张琪先生在具体实践中形成了独特的品牌系统理论，提炼出七大系统的品牌解决方法，从定位、爆品、推广、成交、裂变、文化和激励七个系统维度，迅速解决企业的现金流，精准投放广告，积累品牌价值，建立冠军团队，统一精神穹宇，从而高效地驱动业绩倍增。

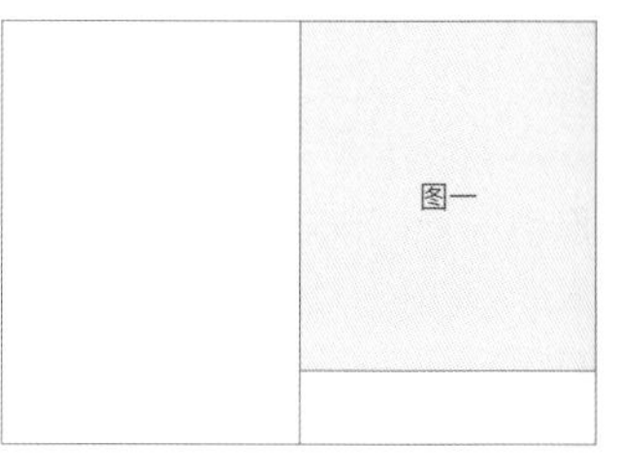

图一：【腾讯研究院《互联网前沿》杂志】

服务内容：品牌年度设计服务

项目背景：携手腾讯研究院共同推进互联网行业的发展，根据期刊的定位，在设计上突出概念元素，同时承载杂志的专业性、权威性、前沿性，助力学术传播，多次获得中国报业协会、深圳市出版业协会的嘉奖和表彰，荣获“好封面”一等奖、深圳优秀内刊传媒奖等奖项。

图二～图五:【力合科创集团】

服务内容：品牌形象升级、企业宣传品创意设计

项目成果：在品牌形象设计上，始终坚持“化繁为简”的设计理念，并贯穿到整个品牌物料中，形成统一风格。

图六～图十:【安徽启迪科技城】

服务内容：空间设计、多媒体展厅设计装修一体化、硬件集成

项目成果：作品从“紫荆花”中提取展馆的设计元素，并进行设计延展，在延续启迪的企业文化上，实现多媒体互动科技、系统软件与硬件设备的完美结合，营造空间和视觉的交互体验。

TusCity
清华启迪科技城

<table>
<tr><td rowspan="2">图二</td><td colspan="3">图六</td></tr>
<tr><td>图七</td><td>图八</td><td>图九</td></tr>
<tr><td>图三</td><td>图四</td><td>图五</td><td colspan="3">图十</td></tr>
</table>

陈正涛

grado格度设计公关总监
自媒体WOLIFE创始人
grado格度品牌主策划人
2018 设计上海格度展位策展人
2018 首届Design Beijing联合策展人
2018 米兰国际设计周“Chinese Memory”主策展人
2019 法国M&O“Feeling”主策展人
2019 上海Ciff DDS联合策展人
2019 广州设计周“多样，新生”主题展策展人

擅长领域：
视觉设计、品牌策划、策展

设计观点：
作为一个中国设计师，陈正涛认为唯一能实现自己价值的事，是让中国设计在国际设计舞台上有一席之地。他与grado有相同的价值观。他一直坚信，有些事尽管不被看好，但也需要有人去做。沈文蛟的一篇《原创已死》刷爆了朋友圈，这也不经意间折射出中国原创设计的困境。中国原创设计被国外设计围追堵截，而内部市场环境也存在对原创设计的不信任和不尊重。一旦中国设计师打造出了一个爆款，往往仿品厂家立刻仿制，低价扰乱市场。或许只有做过设计的人，才知道设计商品的价值在于“人”。

你永远叫不醒一个装睡的人，也永远感动不了一个不爱你的人。想明白了，要实现这个理想的唯一方式，是商业，而不是艺术。中国从来不乏为设计、为艺术而呐喊的人，无奈这些呐喊喊得再响，也无法实质上去推动好的设计向市场下沉。所以设计和商业必须去做结合，让人知道什么东西好，为什么好，能接受这个好。站在艺术家的角度，设计应该是引领未来的，是独一无二的，是表达个人情绪想法的，这没有错，但也许是设计无法落地到市场的根源。

设计理念：
好的设计应该是抚之自然，用之无感的。初看不会让你惊艳，却能历久弥新，永远不会让人感到乏味。

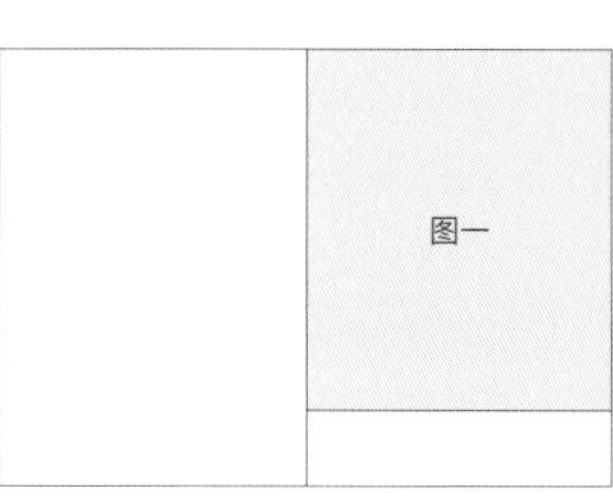
图一

图一:【法国M&O展会Feeling感知主题视觉 】

图二：【2019年深圳国际家具展grado展位】

图二
图三
图四
图五

图三~图五:【grado 品牌视觉】

田宇

思瀚品牌创始人
A级国际商业美术设计师
山西省“三晋英才”拔尖骨干人才
中国包装联合会设计委员会全国委员
中国建筑学会会员
亚洲中韩设计协会会员
中国设计师沙龙CDS理事
国内多所设计院校客座讲师

擅长领域：
擅长策略化的商业平面设计及展馆设计

荣誉奖项：
2008年3幅海报作品入选《国际设计年鉴2009卷》
2015年北京世园会吉祥物评选二等奖
2016年《风雨竹字体》获“第八届【方正奖】字体设计大赛”优秀奖
2016年民政部优抚医院标志征集一等奖
2017年平面海报《未济》荣获2017北京国际设计周《国际视觉赛事中国设计师优秀作品展》优秀奖
2018年作品《田》荣获《贵姓 全球华人姓氏文化汉字创意设计展》优秀奖

服务客户：
近二十年的设计实践侧重于服务山西省各级本地政府、央企、国企、文化机构等对象。秉承做一个项目立一处标杆的发展方式，先后为近百位客户完成VI形象设计或VI导入服务，如：山西大剧院、山西省图书馆、太原市图书馆、英语周报、山西省农信社、环洱海景区等。太原马克思书房、青年马克思学习基地、太原图书馆古籍展、山西五建展厅、煤炭交易中心等的主题空间项目设计得到客户的好评。

个人经历：
出生在山西太原最北边的一个军工厂里，他从小就喜欢美术，高考时以本省设计专业第一的成绩考入了山西大学美术学院。毕业后顺利进入太原师范学院任教。任教期间不拘泥教学形式，更注重实践而非纸上谈兵，学生们也在他的带领下真正了解、喜爱上了设计。时至今日，田老师早已离开了学校，但这种博学多识、乐于传道授业解惑的劲头到现在也未改分毫。不论是对亲友、合伙人、员工、还是客户，他都能站在对方的角度思考、解决问题。
创办思瀚品牌顾问公司近15年，服务8个行业，300余客户。多年来他不断探索视觉识别设计与本土化文化挖掘，并将品牌形象设计充分延伸到空间展陈设计中。他结合数百客户、上千项目经验，摒弃传统模板型VI视觉系统，开发出“植入型视觉识别系统”，使企业VI规范更为实用有效，将设计与执行同步。他突破策划、品牌、空间行业细分市场，提供挖掘企业文化结合空间展陈的品牌设计服务。
同时，积极与全国各省多家设计师协会互动交流、分享经验、行业联合。他参与编写“十三五”全国高等院校艺术设计类教材《品牌形象VI设计》，并任副主编。历年来，他积极参与国内外专业比赛与展览，作品多次入选国内设计年鉴和设计展。

观点：
用逻辑推理浇灌设计之花，在商业市场绚丽绽放。相信全心投入才能创造出令人感动与值得信赖的高品质创意。

图二、图五：【太原市图书馆新馆开馆古籍展】
《册府千华 蕴籍晋阳》古籍珍品展汇聚多件珍藏，涵盖唐、宋、元、明、清等多个历史时期，具有较高的观赏价值和学术研究价值。展览设计因地制宜地将版面设计为多层次叠压，版面中融入大量中国图案元素，色调与已有的墙面和地面材料相呼应，使设计相得益彰。展览通过图片介绍与实物展示的方式，全方位、多角度地呈现古籍珍品风采，为广大读者普及中国书籍发展的历史知识和晋阳文明的特色成就。

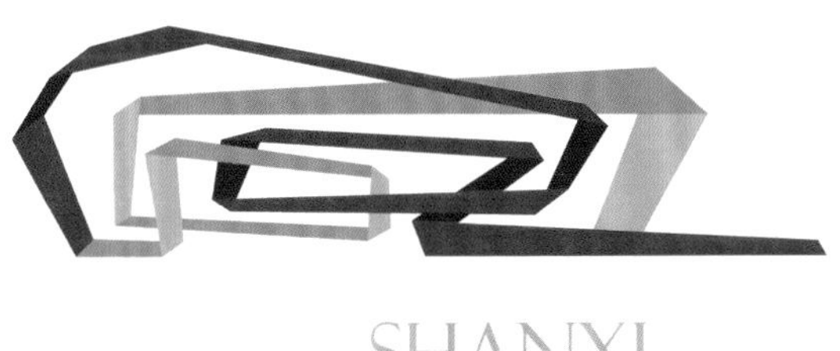

SHANXI
GRAND THEATRE
山西大剧院

图一：【黔富足猫有鱼】

贵州水网丰沛，渔产丰富，这里的猫咪有福气呀，用斜眼看鱼的猫咪来构成黔字。2018年该作品入选绝对贵州“百黔百态”创意字体邀请展。

图三：【黄土地土特产连锁店标志】

采用梯田的造型构成一条峡谷，又像一条蜿蜒向上的龙形与黄河呼应。梯田形态也是由一组组乾卦图形构成，寓意阳刚进取、蒸蒸日上。

图四：【山西大剧院标志】

标志取山西大剧院的多切面建筑轮廓造型，采用传统厚重的书法笔触为表现形式，传达山西大剧院内在的艺术气质，诠释大剧院“传承三晋优秀传统文化，展示当代山西文化，进行国内国际文化交流”的内在意义。

青年马克思
学习基地
Young Marx
School Base
传红星精神 创改革征途
前言

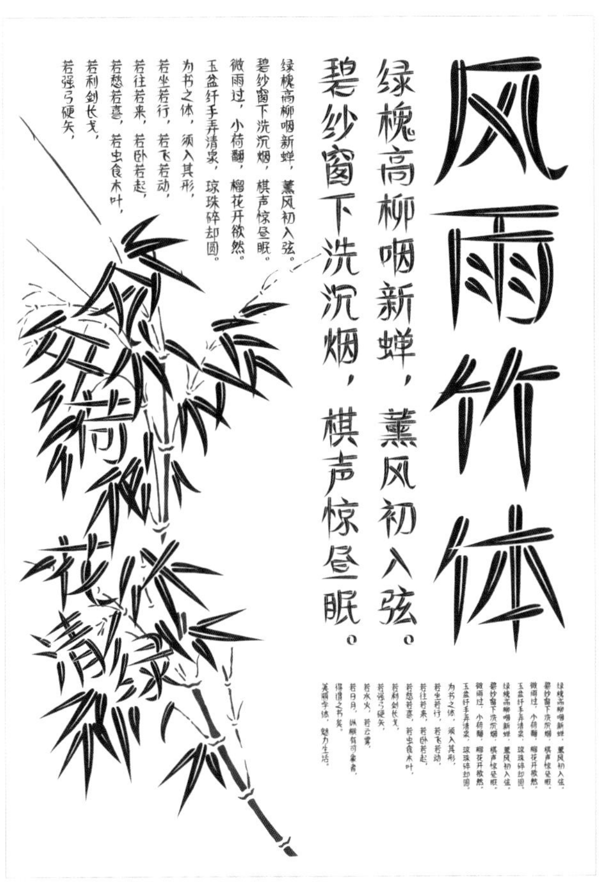

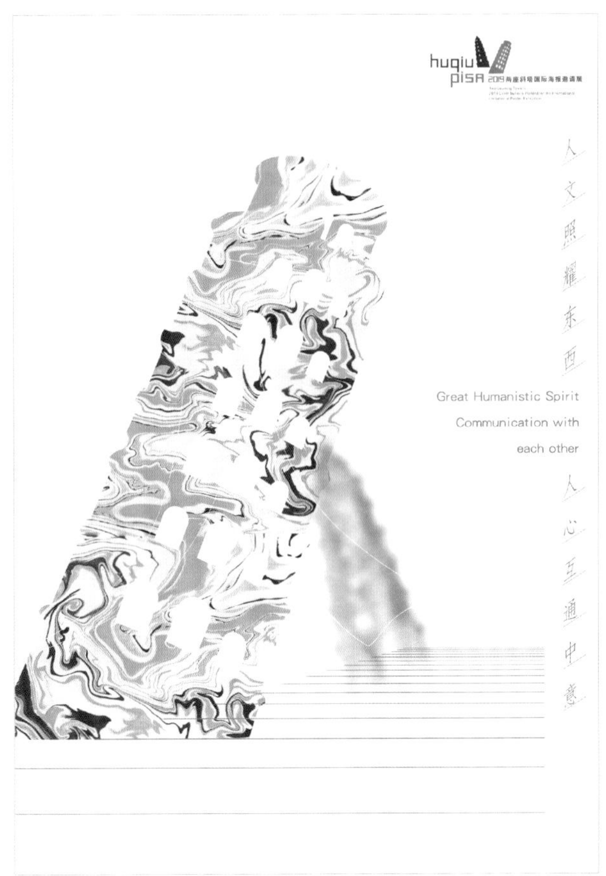

图六：【广州青年马克思学习基地入口】

入口设计采用一幅巨大的《共产党宣言》页，书页铺展整个空间。吊顶为满天星光，烘托出党徽以突出本馆主题。右侧入口采用了马克思老年、青年、少年头像剪影构成的三重门设计，使观众在进入展厅的过程中体验时光倒流、穿越时空的感觉。

图七：【山西省工业设备安装集团展厅形象墙设计】

山西省工业设备安装集团有限公司展厅形象墙是其企业精神的集中体现。借鉴人民大会堂吊顶中的五角星灯，代表企业最值得铭记的金色记忆，由此而衍生的红星精神也是其企业文化的核心。五角星放射的光芒采用金铅笔、财务数据、管件、工具分别象征设计咨询、投资建设、建筑施工、运营维保四个服务领域。左侧剪影中镶嵌大屏，右侧为勋章环绕的前言。整体呈现出气势恢宏、庄严肃穆的企业气质。

图八：【贵姓之田字体设计】

田在农耕大国必定是最根本的生存资源。上：源自田字的象形写法，在田中茂盛地生长着孕育生命的粮食；中上：田地千年流变，沧海桑田人世变迁；中下：田亩在充实，发展有方向；下：田地成为地产，城市发展成为生活主体。

图九：【风雨竹字体】

灵感来自关公故里解州关帝庙中的一副对联，联中以文字入画，生动自然。该作品根据画中的竹叶元素进行文字组合，希望传递出墨竹个性。获第八届【方正奖】优秀奖、Hiii Typography 2016优异奖。

图十：【海报作品 两座斜塔——人文光辉】

流动油绘成的比萨塔遥望远方的虎丘塔，具有透视效果的地面连接两处。两塔位置构成汉字“人”，象征了中意两国都非常注重人文精神。共同的文化精髓促使中国和意大利相互了解，相互沟通，用图形诠释出中国文化特有的文字意境之美。

图六	图八	图九	图十
图七			

林田

视觉空间跨界设计师
广东华丽时代品牌设计顾问有限公司联合创始人
IFI国际室内设计师联盟认证会员
ICAD国际商业美术高级设计师

荣誉奖项：

2017时尚设计盛典室内设计TOP100提名奖
2018年广东省优秀设计师奖
2019上海设计周中国新锐设计奖

擅长领域：

品牌创建、视觉空间跨界设计

服务客户：

海尔集团、万科集团、环亚集团、澳亚集团、珀莱雅、名门闺秀、麦吉丽、雷克萨斯、OPPLE照明、OPPO、中粮集团、华为、北京同仁堂、潘多拉、IAG集团、博真集团、法伯丽。

个人经历：

从业10年，聚焦于时尚美妆、精品、跨界等领域，擅长于精细化设计，不惧严苛要求。协同团队在陈列道具方面不断地推陈出新，定制型量身打造创意设计。在这个过程中，系统性融合品牌形象设计、建筑装潢设计、零售环境体验设计的多维角度，慢慢地提炼出一套具备严密逻辑思维的设计理论。

作为一名视觉跨界空间设计师，擅长于在琳琅满目的商圈店铺里打造强有力的识别印记，让受众能够在交互式的动态设计中获得最直接的品牌感受。

设计观点：

任何品牌都需要有区隔和自身独特的定位。在设计方面，我们践行着用交互式空间设计去表达品牌和空间。交互设计不仅应用于互联网，也应用于实体空间。在空间视觉上，把品牌理念或视觉延展符号，以装置展陈，互动体验道具、陈列道具，进行动态设计。通过布局传达、体验和互动，让品牌识别及人与空间的多维度交流更加直接，在现在和未来，我们都将以此定位，进行更加人性化的品牌系统和商业空间设计。

商用美学讲究减法思维，因需要而生，就不应该比它所需要的还复杂。商业空间系统设计不同于做艺术，商用美学跟商业密切相关，设计的空间每个细节都需要具备目的，当然作为前提，舒适度和美观度都是必须要求的。商业行为，品牌宣传和项目投资回报率就很重要了，投资运营的成功，才能带来更多更深入的沉淀与合作。商业和艺术的平衡，这个度还需要设计师根据自己的经验来把握，不能太功利和太过激，设计既是引导生活，也是指导生活，如果设计师的超前度跟项目周边的环境、项目的定位以及品牌不匹配，也是不成功的。一定要多调研品牌，考察商业空间周边环境，兼顾好品牌的调性定位、人群的精准画像、专业的美学修养这三点，才能算一个好的商业设计。

往往一个好的设计，需要具备两个最基本的元素，一个是实用性，一个是审美性。实用功能作用于物质世界，审美功能作用于精神世界，而人们的幸福也就在于物质生活与精神追求的双重满足。 设计师需要具备的经验实在太多了，美术功底、施工细节、空间的合理构造、材料工艺、沟通技巧、成本管控等等，但大部分经验其实都来源于生活，因此设计师要重视体验生活，在这个过程中细心观察，耐心学习，认真总结。

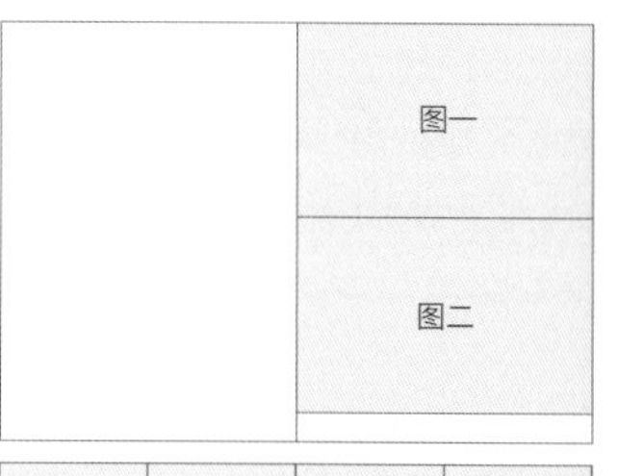

图一、图二:【VAPES网红电子烟产品Si设计】

为了改变大众对电子烟朋克、颓废的一些灰色印象，考虑主力消费人群为年轻女性，跨界以彩妆专卖店的形象来进行设计，整个设计以音乐元素贯穿，包括墙面音量律动、陈列台打碟机、DJ控台等一系列元素展现主题。

图三:【FAIJECT梵婕缇专卖店外观】

通过提炼归纳亲和力+体验式的思路，自然和体验的主题概念，点聚焦思维的特别设计让场景之间强烈对比，回归元素串联整体思路带来空间特别的层次感；做减法的设计，原木材料、探索回归、自然色系。

图四~图六:【FAIJECT梵婕缇专卖店内部细节】

在店内的应用穿插串联，部分空间采用现下流行的平面设计手法，从整体门面造型、橱窗形象、创意中岛、体验吧台、背柜陈列、收银台、形象墙、天花等，乃至灯具、道具装饰，都进行了定制开发设计，空间层次感、趣味性也能够表现得更加细腻。

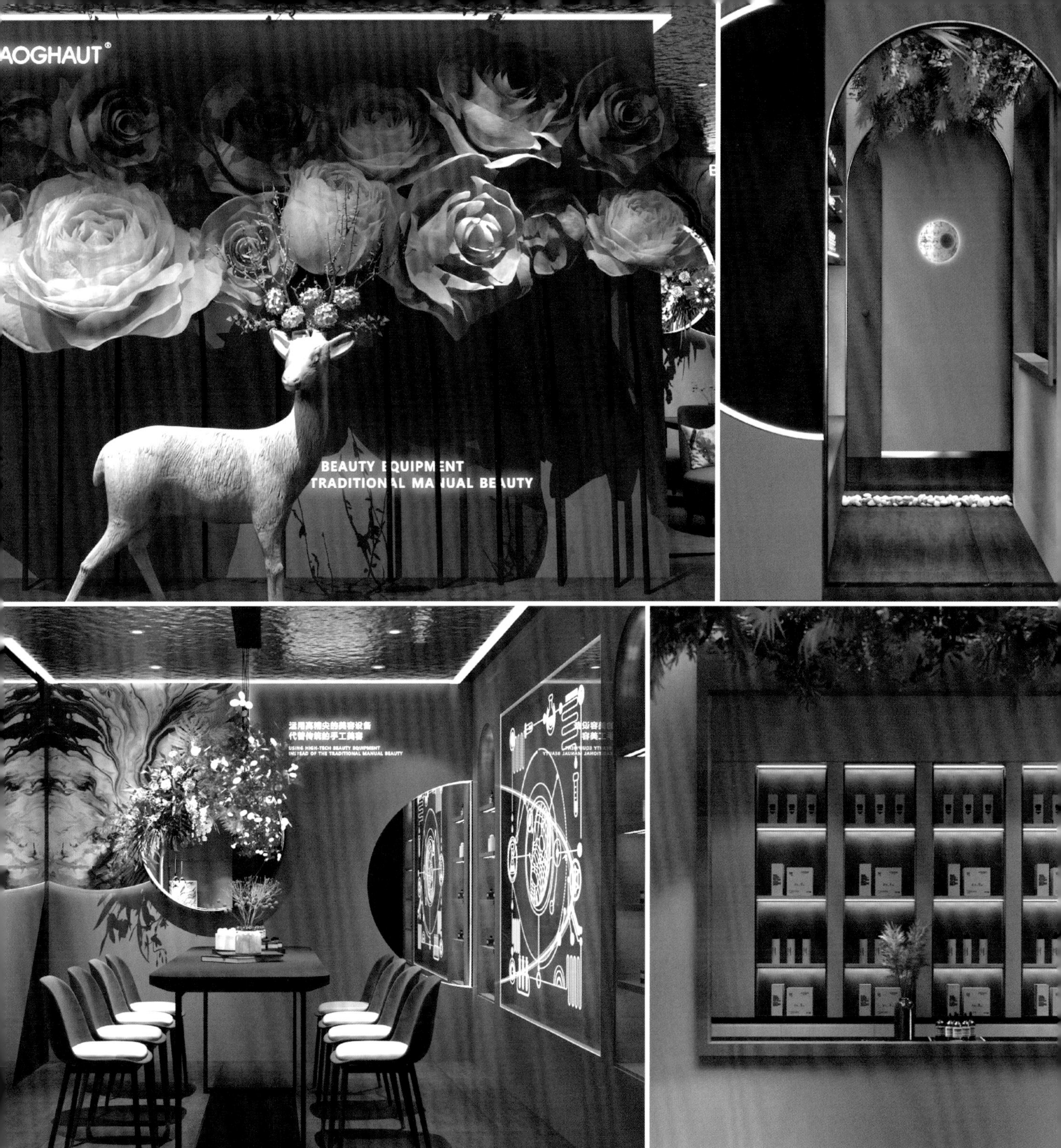

图七：【BAOGHAUT宝肌美学空间】

打造一家不像美容院的皮肤管理中心，于是尝试定义一个镜面与花海的空间，肌肤美容与花海融合之境，通过镜子的镜像作用，将原来的面积在视觉上放大一倍。通过场景置换，把花海/花艺/镜面的场景置入到宝肌护肤体验店之中，这个概念与女性的关联度更为贴近，同时更招人喜爱和便于拍照分享。

图八～图十：【BAOGHAUT宝肌美学空间内部细节】

公共区域部分墙面采用镜面，花卉进行布景，色调上沿用品牌VI色系，传递服务的温暖和走心。品牌教育区通过镭射雕刻透光玻璃，把护肤理念深刻传导给顾客。室内天花的设计采用冲压异形不锈钢封顶，增强梦境还原意境。护理室的过道则通过暖光射灯和定制亚克力水晶，打造梦幻和奇特的体验感。

杨江

视觉锤设计中国权威专家
李和杨创始合伙人

服务客户：

迪巧、千禾、里斯战略定位咨询、里斯品类战略、克里夫定位学院、六个核桃、大角鹿、小蓝象、海印股份、红狗、吉福思、31°鲜、劲仔、南方黑芝麻、柴达木枸杞、克明面业、映美控股、都市牧场、我享我家、济民可信集团、扬子江制药、康缘制药、三九集团、中国平安、我享我家、罗莱家纺、总统大酒店、丽枫酒店、彼爱诗、金匠世家、卡士、喜家德水饺、京品会娱乐等。

杨江：视觉锤设计——定位时代下的品牌设计

在现今传播过度的时代，新老品牌层出不穷，品牌设计也花样百出，但要“出圈”似乎越来越难，有什么破解之法？

定位理论正是因应信息爆炸带来的传播困境而诞生的解决方案，它让品牌传播回归到原点——消费者的心智，强调品牌的有效传播在于抢占和聚焦心智空位。定位理论的风潮近年来已经从大洋彼岸吹到国内，帮助了一大批品牌成功崛起，企业家圈层无人不知。

但在品牌视觉设计领域，虽然承担着品牌视觉传播的重担，大部分却还停留在形象思维的表达，缺乏对品牌传播深层次的本质思考。最普遍的现象就是：品牌设计照搬设计趋势，单纯表达品牌理念，普通消费者不是看不懂，就是分不出，因为设计都千篇一律，自说自话。

我在品牌设计领域深耕了26年，从国内CI第一的设计公司新境界起步，到自己创立公司至今，服务了众多国内的一线品牌，也见证了众多品牌的兴衰史。我深感品牌设计不是单纯的美学设计，品牌设计师的任务，是要帮助品牌借助视觉的力量成功占领优势竞争之地，帮助品牌成为消费者心智中的第一首选！所以我的设计，是不断追求品牌传播本质、商业规律和美学表达之间的平衡的过程。多年的不断探索，我坚定了定位的设计这个明确的方向，用视觉设计的力量帮助不少品牌获得成功。

为什么有定位的设计这么重要？

有定位的设计，用定位理论的最新成果来说，就是视觉锤设计。视觉锤将品牌的定位准确地表达出来，它是将品牌定位钉入消费者心智的视觉利器。苹果的咬了一口的苹果、可口可乐的弧形瓶、麦当劳的黄色大M、Tiffany的Tiffany蓝、万宝路的牛仔等等，都是最经典的视觉锤设计，消费者一看到这些视觉锤就能马上关联品牌，不需要任何文字。有研究表明，大脑处理视觉内容的速度比语言快8000倍，视觉设计在品牌传播竞争中如此重要，甚至能成为品牌成败的关键。一个品牌如果能拥有一个视觉锤，它的竞争力无疑会倍数级放大，并且能打下长期坚实的品牌视觉基础。

视觉锤的七大标准

既然视觉锤威力如此大，怎样的设计才算是视觉锤呢？经过多年的实践和探索，我认为视觉锤设计是很难的，一个视觉锤设计要站得住脚，都经过了反复、严谨、深入、多维度的推敲。慢慢地，我开始知道哪些设计才是有效的、准确的。如果我们不清楚什么才是好的视觉锤设计，又怎能做出好的设计呢？于是我总结了以下七个视觉锤的标准——

1. 意外：情理之中，意料之外

视觉锤首先要与众不同，给人意外感，才能在竞争中跳出来。但意外感也要在情理之内，不能为了意外而意外，变成哗众取宠。因为视觉锤的终极目的是要传达定位。

2. 准确：一个视觉锤代表一个品类

视觉锤应该是“不包容的”，一个视觉锤只能代表一个品牌、一个品类，而非放之四海而皆准的设计。准确的视觉锤能翻译成语言，语言也能回过头来验证出视觉锤，准确的视觉锤是视觉与语言双向锁定的，这样的视觉才能成为品牌独一无二的代表。

3. 占位：定位是找空位，视觉锤是快速占据空位

定位是要找到并占据消费者心智中的空位，视觉锤则是帮助定位快速占据这个空位，因为视觉的传播速度是语言的8000倍。

4. 信任：视觉还原认知，引发真实感受

视觉锤不是“创造”出来的。视觉锤占据心智的原理，在于还原消费者对于那个心智空位最真实和自然的认知，从而引发消费者最真实的感受。唯有真实，才能让人产生本能的信任，让消费者相信品牌就是视觉呈现的那样。

5. 焦点：用视觉聚焦放大品牌势能

视觉锤是品牌整体视觉的核心和焦点，品牌有视觉焦点，才能聚集消费者的关注，才能有跟消费者连接的钩子，才能在消费者每次见到视觉锤后累积对品牌的熟悉度，不断在消费者心智中累积品牌势能。

6. 简单：不需解读，少即是多

视觉锤是要消费者一看就能读懂，不需要设计者渲染或解读背后的故事。简单并非指设计本身的表达简单，而是消费者很容易读懂，信息简单，并且读的路径短，不用绕很多弯或解读出很多层的信息。简单的力量，就是视觉锤容易深入人心。

7. 黏性：视觉勾起消费动机

视觉锤要赋予品牌消费者黏性，让消费者能感受到为什么我选择这个品牌而不选择其他的。这种黏性能带给品牌与消费者更长远的连接。

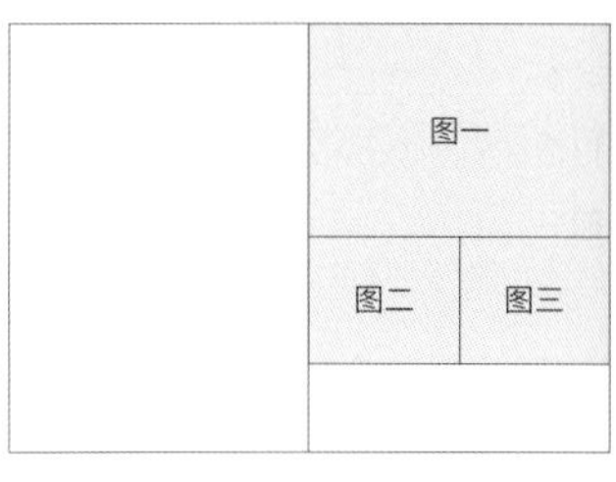

图一：【里斯品类战略】

2011年，《品类战略》一书出版，正式宣告定位理论体系迈入品类时代的新纪元。受里斯公司委托，我为其品类战略设计了“品类大树”视觉锤。品类大树是品类战略的核心，我采用了简洁概括的手法绘制了向上生长不断发散的箭头树，形象地表达出品类不断分化的含义。色彩上则延续《定位》系列丛书的红黑白配色，继承“定位”理论的心智资源。我为里斯打造的“品类战略”品牌视觉沿用至今，令人过目难忘。

图二：【克里夫定位学院】

克里夫定位学院是“定位理论最新发展——品类战略”在中国推广和培训的唯一合作伙伴。我们为其设计了“院徽”，用一个在修剪枝条的园丁，象征克里夫培育智慧的教育理念。外形用经典的盾牌，给人以稳重可靠的观感。院徽的整体设计简洁大气，具有浓厚的学院气息，契合克里夫定位学院的品牌调性。

图三：【里斯战略定位咨询】

“定位之父”艾·里斯先生1963年创办的里斯战略定位咨询，至今已为众多财富全球500强企业及创新企业实现他们的战略定位，是战略定位咨询的开创者与领导者。2019年，里斯推出定位系列最新研究成果——《21世纪的战略定位》，我们为其设计红色的“心智头像”的视觉锤。“心智头像”直接表达了定位理论的原点和核心——心智营销最终战场在消费者心智，而红色则延续了定位系列的品牌色。这个简洁有力的符号同时也被用作“里斯战略定位”品牌的视觉锤。

图四、图五：【迪巧】

迪巧是美国进口钙第一品牌，在国内有很高的认知度，但品牌整体设计比较粗陋，不匹配美国进口钙应有的品质感。2019年，为匹配迪巧品牌战略升级，我们为其设计了“猛犸象”视觉锤，用猛犸象的长象牙准确传达迪巧的定位——补钙。优化迪巧品牌原先的黄绿配色，使品牌视觉效果更突出。全面提升境内外的全系列产品包装，导入统一的PI。提升后品牌更匹配“美国进口钙”的定位，国际大牌感强，产品包装视觉统一，在终端形成品牌规模效应。

图四	图六
图五	图七

RedDog
Cat&dog health

图六:【大角鹿】

大角鹿原来的品牌名是“金尊玉”，2018年定位战略升级后改名为“大角鹿”，开创超耐磨大理石瓷砖新品类。我们为其设计了“鹿磨树”视觉锤，准确传达大角鹿的“超耐磨”定位，同时名字就是视觉锤，鹿磨树=大角鹿+超耐磨。红黑白版画的表达形式令品牌视觉效果非常抓眼球。品牌在启动阶段导入强力的视觉锤，在所有的终端、公关活动中，创造了“大角鹿”速度——品牌提升一年，新开门店数高达250家!

图七:【红狗】

来自美国的红狗营养膏，占据着第一的市场份额，在消费者心中已拥有牢固的品牌印象。2019年，在红狗谋求进一步品牌战略升级的同时，我们为其设计了“红狗”视觉锤。名字即是视觉锤，用一只跃进品牌字的红狗，将品牌名视觉化，简洁、独特、易记，用巧妙的正负形符号设计，强化品牌视觉基础。品牌色延续红狗独特的橙色，这个橙色在消费者心智中有很深的认知。提升后的红狗，在双11斩获宠物营养品类的销量第一。

赵维明(明子)

七十年代生人，1998年半路出家入行从事漫画插画工作，为杂志专栏创作插画十余年，近年独立创作专攻水墨，善将漫画思维与传统书画形式结合，相映成趣，创作出版漫画《独角仙》。

获奖奖项：

2016年获中国插画双年展自由创作金奖

2019年作为官方邀请艺术家赴法国安古兰的驻地创作

2017年出版《独角仙》画集

与天津MP工作室合作出品《十二生肖魔神系列》《独角仙西游戏》《崖海度龙仙》等系列手办作品，颇受好评，也成为手办藏家追捧的俏货

擅长领域：

水墨画、插画、手办雕塑

《明子小传》——经历与感悟：

生在70年代，长在80年代，90年代才懂了点儿事。打小手碎，爱鼓捣，画画只为释放好奇心。学过机械，喜欢制造，半路出家入了漫画圈，于是看见了很多山，回不去了，只能一座一座地翻。

从1998年来到北京正式开始从事漫画工作，被折腾过几次后终以插画为业。日风、美风、国风都吹过；汽车、美食、财经、教育、医药、时尚的题材都碰过；幽默、讽刺、歌颂、评论也都遭遇过。谈不到精，就是个杂。好似爬山，山根儿山顶都是山，反正也是走路，爬哪不是爬。

后迷上国画，也许是上了岁数，基因返祖，便一头扎入不能自拔，其实只是借用这种水墨形式，内容还是之前那个野生的肉体凡胎。独立创作卖画为生，以画作内容为核心，出版图书，和朋友合作或授权开发周边产品，没有处心积虑的谋划，都是水到渠成的事儿。好像没有了客户，但其实客户更多了，每一位藏家买家都是客户，没有了挑剔的甲方，自己却变成了更挑剔的甲方。每一个字、每一幅画、每一款产品都是自己的脸面和饭碗，有时候丢了，有时候又捡回来了。不扯什么市场不市场的，这种东西不是大米白面，不是生活必需，人家凭什么要花钱买回去挂在墙上，摆在炕头，所以要更好，好到路人看一眼就想买的那种好，算是一种精神力量，我们在吃饱饭或吃饱了撑的后更需要这个。也许之前的那些甲方都是这样对待自己的产品，这是某些怨声载道的乙方无法换位想象的。我不懂什么是市场，大概每个人赖以为生的物质环境与精神家园就是市场吧。

一个作品的诞生不是一个造型的制造过程。一个造型无非是三两笔几分钟的事，单纯的造型设计工作毫无意义。它是一种认知符号，它是一个活生生的人，它一定是找到了自己的土壤，慢慢生根发芽，慢慢开花结果，不是随便划拉一个东西然后联合各种关系单位猛炒就能造。生活中的素材就像土里的青菜、水里的鱼，直接食用的后果不是水土不服就是走火入魔，要经历刀火五味的调和才能悦人口舌，滋人身体。创作不是考试，不是找到答案就能过关，是日积月累的自我修炼。当一个人进入到一种视角，那所有的东西就都成了题材，画画的人都知道，人会影响画，画也会影响人。

如果只靠灵感是很难坚持长期创作的。创作是一种思考模式，去寻找一些事物的规律，并利用元素之间的种种关系来产生一些表现效果。创作思维是不可复制和不可总结的。如果可复制和总结的话就不叫创作了，它就是一个基于很多准备条件而催生出的一种新事物的过程。

绘画也没有秘诀可言，所谓秘诀指的就是一点就透这种情况，只有一个人达到一定程度的时候，可能一些建议性的意见，对他才会有指导性的作用。如果是非常泛泛地在做绘画这个工作，那么没有任何的意见可以提供给他。只有多画，多画才能遇到很多问题，解决问题的过程就是学习的过程，所以要创造发生问题的机会。

要把创作和工作分开，创作指的是一种思考状态，而工作是完成。在完成一件事的过程中，什么是最好的方法呢？那就是用最省力的方法去达到最好的目的。什么事情都是这样，否则则是反人类的行为。而创作过程就像上面说的，是一个逐渐积累的过程，不是一朝一夕一件事，这个变化会慢慢地看到。

我也非常反对秘技论点。很难说一个人的人格以及创作风格是受到某一个人或某一件事的影响，这是一个由内或由外的影响过程，是一个潜移默化的过程。一个人从事的事情跟他的爱好有关系，你喜欢哪方面的事情就会关注更多、接纳更多，同时影响也更多。人在某一方面得到了特殊的补给，那么他一定在这一方面就做得比较突出，所以在成长中不要去参考武侠小说的情节，没有所谓世外高人的指点，所有成长都是一个自我接纳和修炼的过程。

做自己是一个非常长远的方向，而只争朝夕是一个非常短暂的感受。我们既应该有一个长久的目标来指导我们，同时也应该享受工作和生活的每一刻带给我们的乐趣，这就是我对这两个词的理解，我常说低头走路抬头望天，就是这个意思。

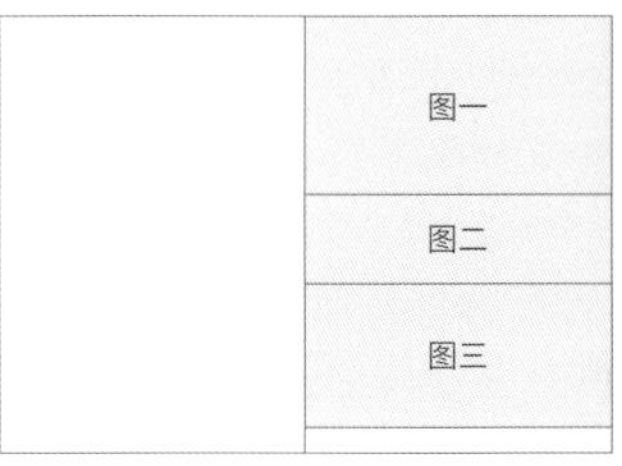

图一、图二:【《独角仙庙仙图》纸本水墨】

图三:【《独角仙西游》纸本水墨】

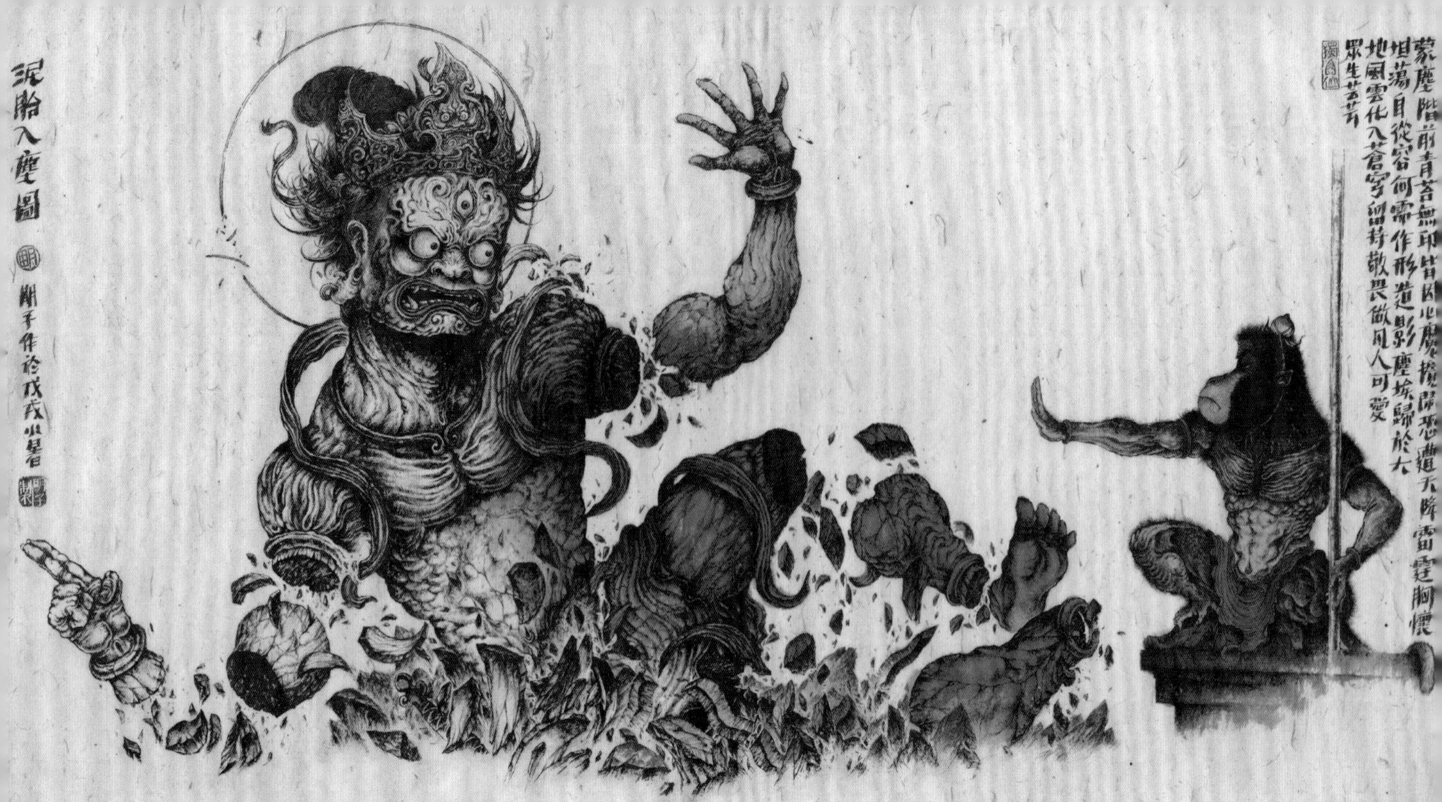

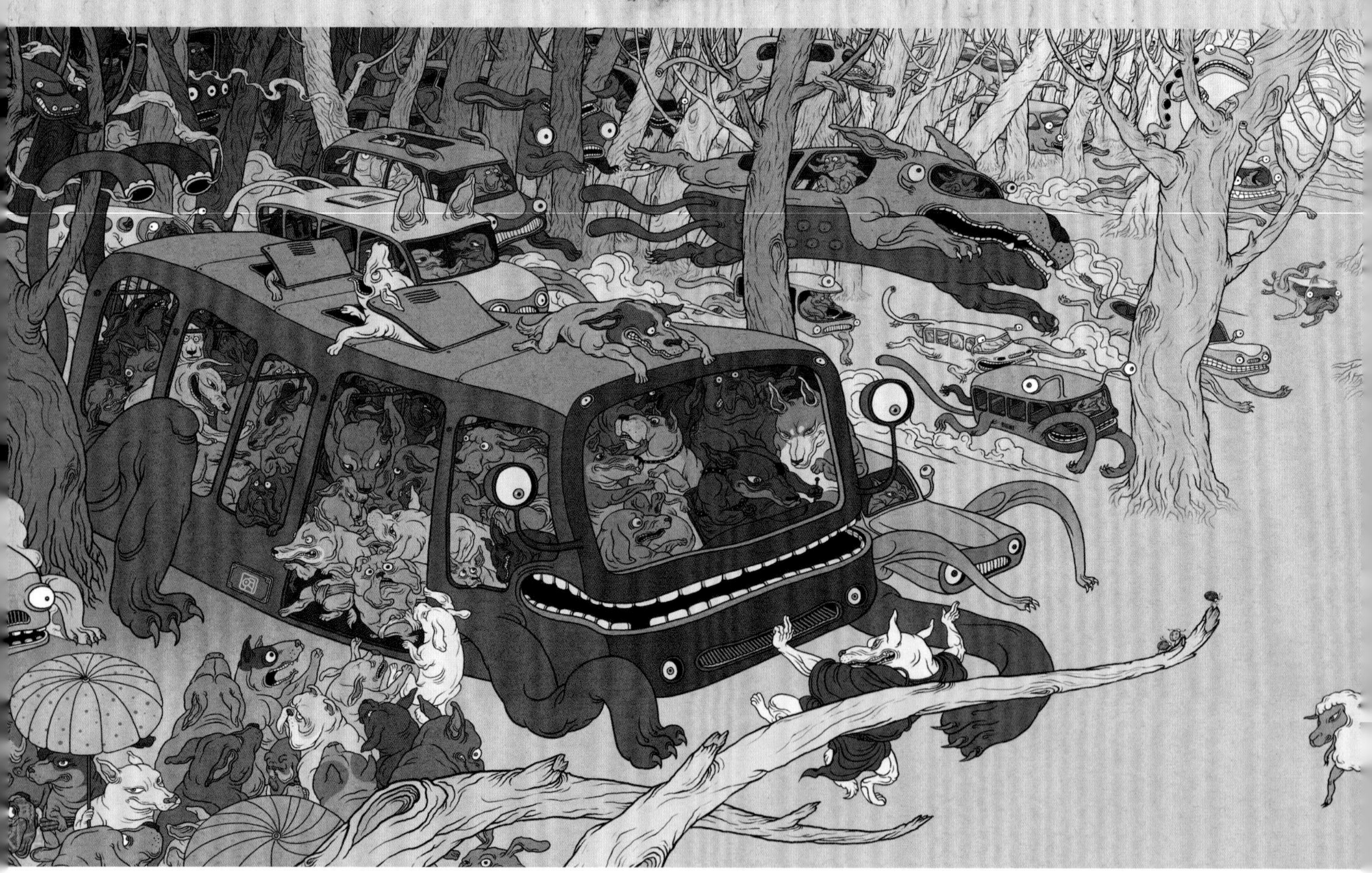

图四：【《泥胎入尘图》纸本水墨50厘米x100厘米】

图五：【《荒诞水浒系列》50厘米x100厘米】

图六：【《魔神十二神兽系列》系列手办 明子+MP工作室合作出品】

图七：【《风信子 · 净瓶》纸本水墨25厘米x25厘米】

图八：【《金刚喜乐图 》纸本水墨50厘米x50厘米】

图四	图六	
图五	图七	图八

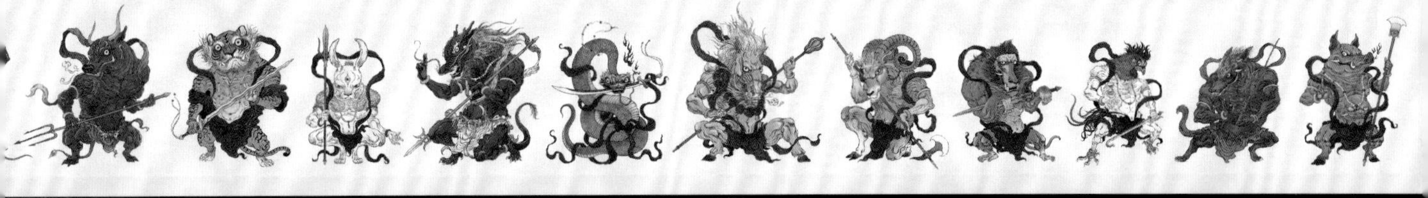

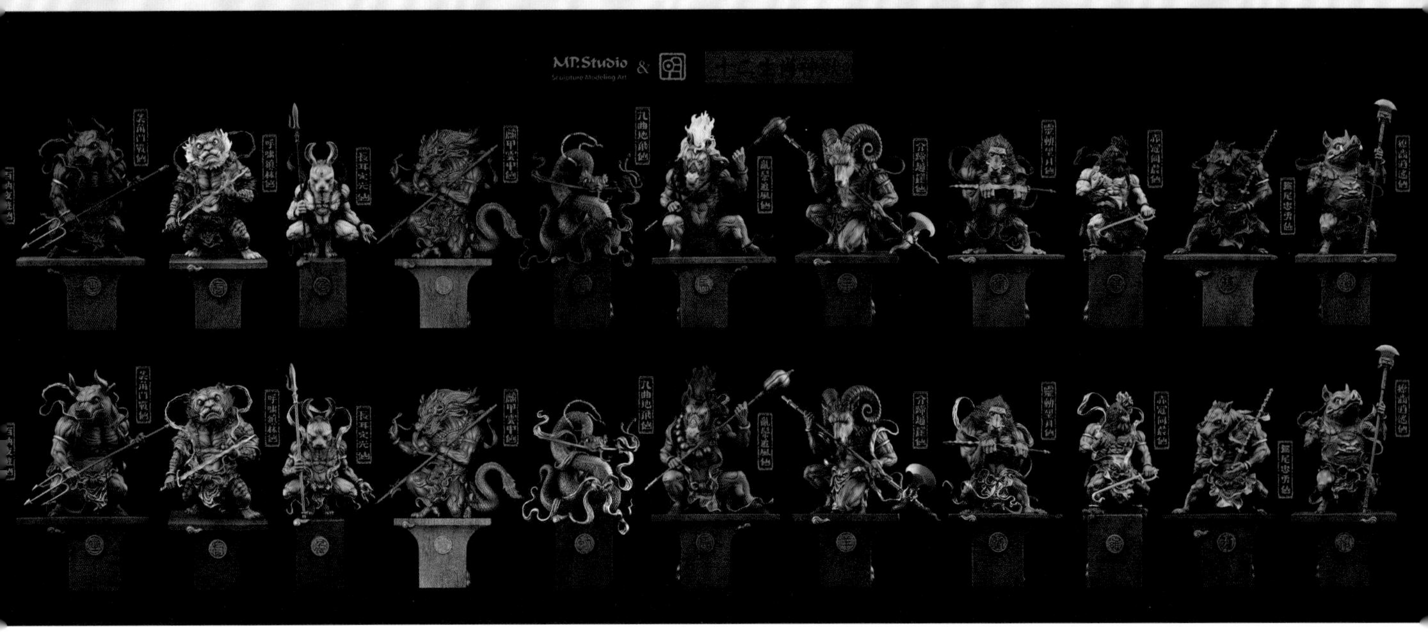

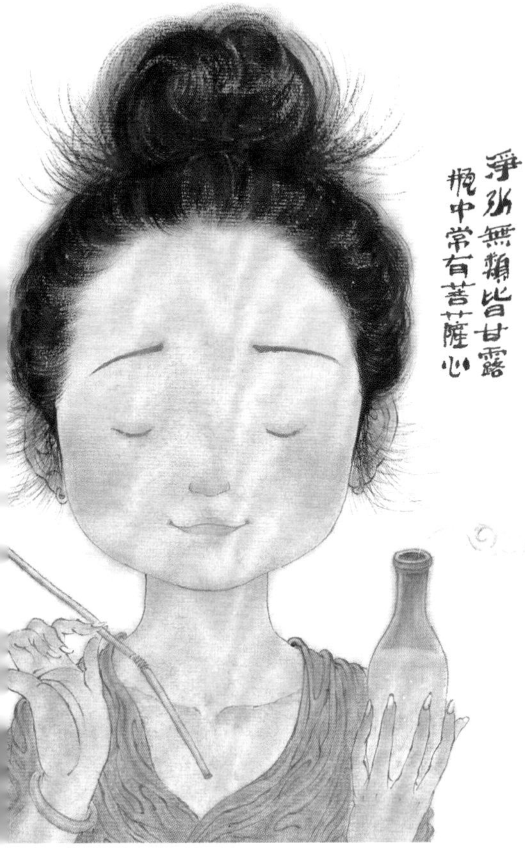
瓶中常有菩薩心

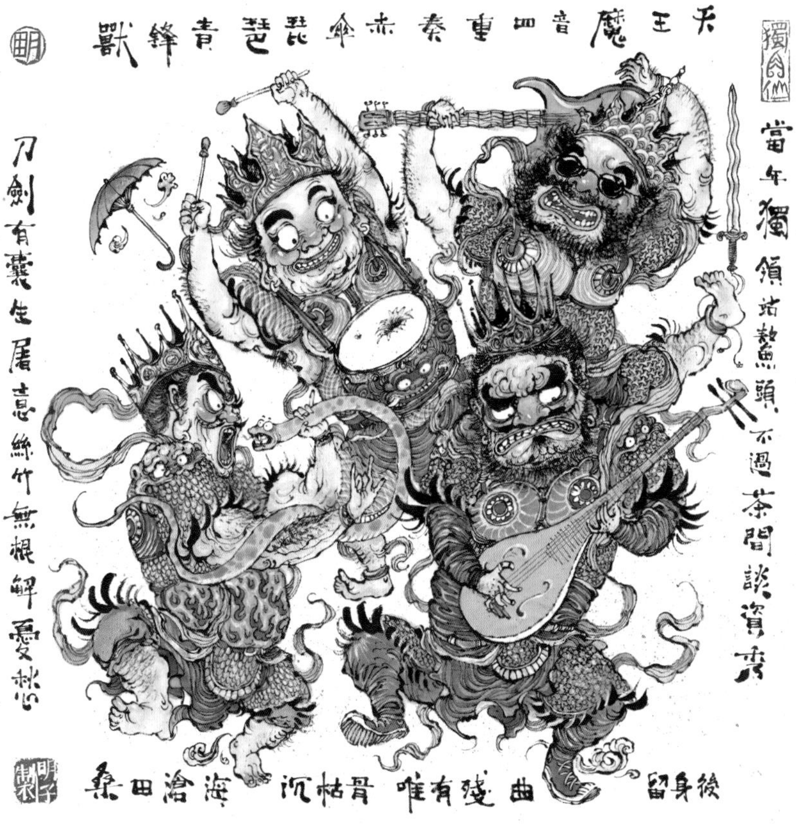
天王魔音四重奏赤傘琵琶青鋒獸
當年獨領諸鰲頭
刀劍有囊生屠意絲竹無根解憂愁

潘晶晶

品牌设计师
中国美术学院IBC品牌管理硕士研究生
浙江省十大优秀创意设计师
浙江美通文化传媒有限公司董事长
浙江南方设计院首席品牌官

荣誉奖项：

2005年作品入选《包装与设计》
2006年VI设计入选《亚洲设计年鉴》
2014年度浙江省优秀创意设计师
2015年度浙江省优秀创意设计师
2016年机构作品荣获（杭州）创意设计峰会最佳创意传播奖

擅长领域：

时尚、教育、互联网、大健康

设计经历：

2001年开始设计师生涯；
2006年开始创办设计公司：狮锐品牌设计中心，从上海、杭州到温州，构建全方位的品牌服务体系；
2016年受浙江暾澜投资的委任，出任浙江美通文化传媒有限公司董事长；
2017年携浙江南方设计院，成立浙江南方本来文化传播有限公司，为特色小镇和乡村文化旅游项目做专案服务策划。

设计思考：

“品牌的使命，就在于为消费者创造更多价值，让他们有更好的服务体验。”作为一名资深品牌设计师，我从创业至今，一直致力于为中国的企业提供品牌定制化解决方案。“品牌力量能够为企业带来更高的附加值，让企业的生命线更长，我多年来所做的就是协助企业发现产品价值、获取客户价值、呈现品牌价值，在中国制造走向品牌时代中成为领军者。”

我的初心，一方面是希望通过自己的力量去改变中国的商业设计现状，去做更有价值的设计；另一方面，我也热爱自由，我希望能让更多的设计师获得自由的工作方式。

真正的设计师都会把自己喜欢的东西做到极致，但他们也需要获得自由。“品牌的未来就像区块链一样，里面包含很多数字符号，美通会把技术从业者集结在一起，不断延伸变革，加强设计理念与创新意识相结合的服务体系，将传统广告、数字营销以及公关线下活动相结合，赋予中国品牌最惊艳的力量。”

设计观点：

让品牌留在消费者的脑海中并能够被回忆和想起。

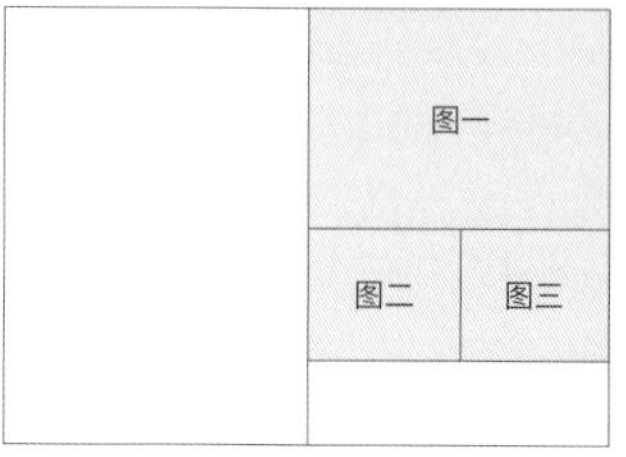

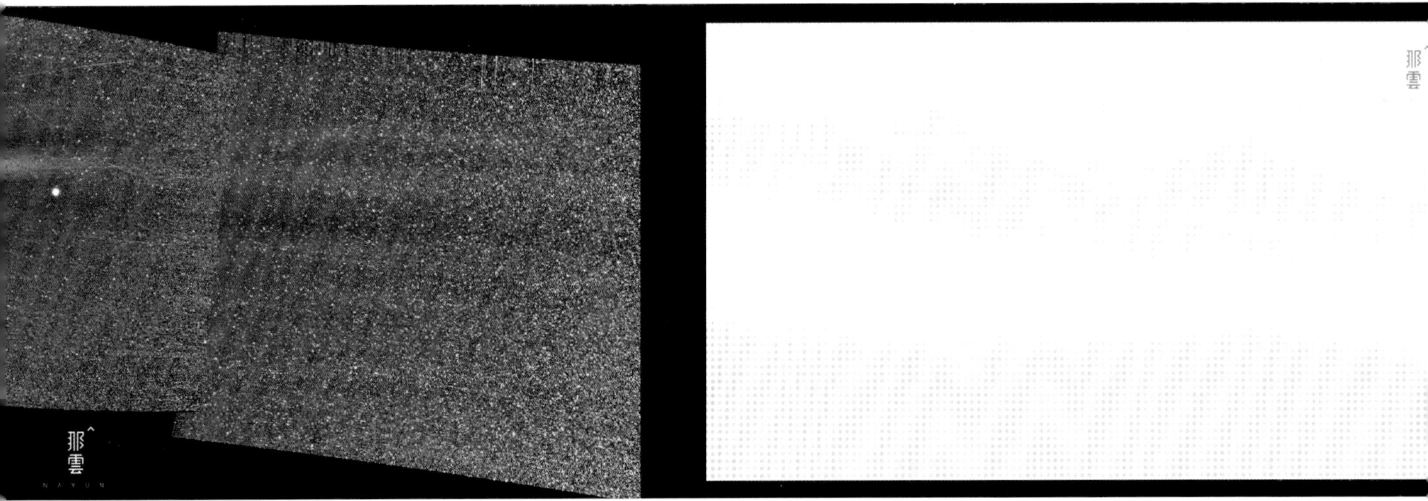

图一:【礼物的秘密】

LOGO以Gift Secret（礼物的秘密）的首字母GS为主，呈现出花蕾、花瓣的意向和形体特色，同时又在底部融入了建筑的风格，刚柔结合，呈现空悬发散与飘落回收的美感，连线亲柔缠绵，给人视觉上的舒畅。整个LOGO由英文全称为底，形成方块结构，如底纹一般衬托，使其更为饱满和完整。中文字体在视觉上也呈现出温馨可爱饱满。

图二、图三:【那云】

那云品牌标志概念由品牌核心“无界哲学”延伸，分别从人文、精神、居住、空间四个层面深入解读；标志主图形为中英文“那云”字体变体组合，字体细节处理“平和圆融”契合那云传递轻柔舒适的品牌主旨，同时适应品牌在未来的不同使用场景开发多种辅助组合，标志主色彩为黑白灰，辅助色为中性灰调色系。

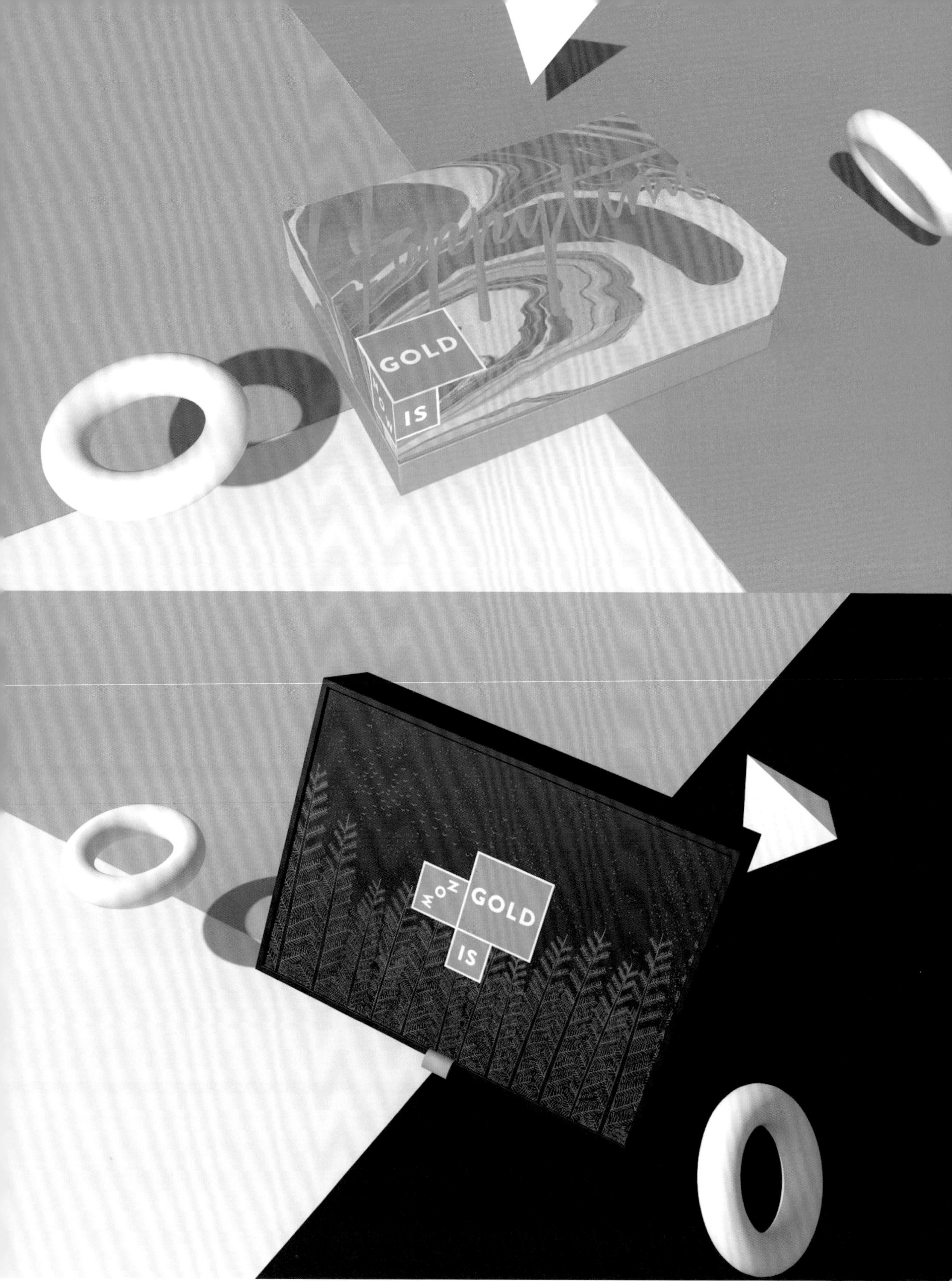
GOLD
NOW
IS
NOW
GOLD
IS

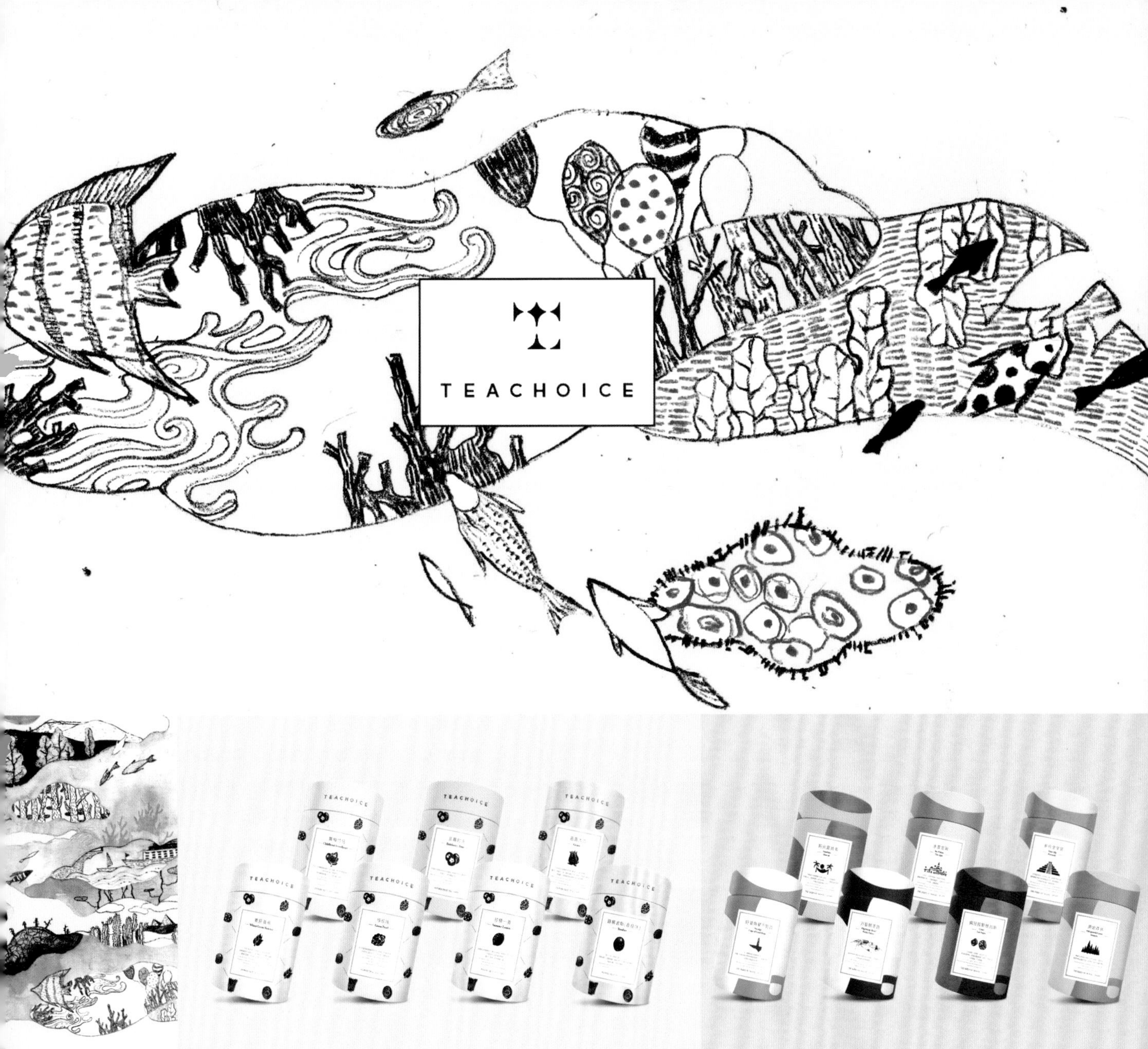

图四:【此刻是金 Now is Gold Marbling】

此款包装设计将草莓粉与奶油白相融于一体，压以金色字体，寓意幸福沁于蜜。其灵感源于突厥时代古老的绘画技法——Marbling（湿拓画），运用水与油不相容的原理，使油墨在水的表面展开独一无二的形状。在甜蜜难忘之日，觅一举世良人，得一无双之礼。

图五:【星语心愿（Starry wish）】

此款包装设计以金色和蓝色作为搭配，不仅让画面呈现出古典的柔美，更兼具高贵与品味。屹立于星空下不断向上生长的松柏是坚贞、常青的象征，任万物瞬息即变，时空斗转星移，我愿陪你在漫长的岁月里无尽地等待，直至天荒地老。

图六、图七:【Teachoice · 口感艺术家】

臻茶推出“Teachoice · 口感艺术家”，最适合年轻人的快消式创新茶饮，做的是花草茶的科学搭配组合。在行业中，定义自己为“拼配茶”。我们就创新品牌“Teachoice”，在视觉上做了重新塑造。

图四	图六
图五	图七

吴岩

视觉传达设计师
品牌包装设计师
纯角度品牌顾问创始人、设计总监
溯品牌联合创始人

擅长领域：

标志设计、VI设计、字体设计、包装设计、书籍装帧设计、导视视觉设计、空间陈设设计等

服务客户：

中国银行、中国移动、中国联通、中国石化、中铁四局、安徽省标准化研究院、安徽旅游、安徽卫视、安徽皖能集团、安徽博物院、志邦家居、福州地铁、石家庄地铁、招金银楼、山东范府食品、海南循香食品等

荣誉奖项：

2016年黄鹤楼酒高端系列产品全球包装创意设计三等奖
2017年作品《远居》入选《字体呈现 Ⅱ》

个人经历：

怀着对设计的美好憧憬，大学还未毕业，我就在江西樟树市一家包装设计公司干起了包装设计的活儿。在亦师亦友老板的引领和指导下，我渐渐对包装设计产生了浓厚的兴趣，并且参与了相关药品和酒的包装设计，像江西仁和集团和四特酒厂就是我们当时最大的客户。在樟树工作了一年左右的时间，期间获全国大学生广告设计大赛江西赛区二等奖。正式毕业后就去了上海和苏州闯荡，年少轻狂的我操刀单干成为了一名自由设计师。

第一次到苏州就被那边的人文和环境深深地吸引，精致的园林、温柔的吴侬软语，古街、小巷、小桥、流水、人家，像一幅古典淡雅的水墨画徐徐展开，一种慢生活的状态，让人身心放松，精神沉静，不由自主地去感知、去参悟。一次偶热的机会在上海做了一个设计项目，上海与苏州截然不同，世界级的大都市时尚摩登，引领时代潮流。摩天大楼鳞次栉比，新生事物层出不穷，快节奏的生活既紧张刺激，又充满着挑战和机遇。两种风格各异的城市风貌带给人的感受不就是这两座城市的“包装设计”吗？于是我不断地在这种快、慢之间来回穿梭、奔波。虽然辛苦，但现在想来那何尝不是一种充满正能量的人生历练呢？那次经历也让我对包装设计有了新的启迪：好的设计不光要有新鲜的时代元素，还必须要有深厚的文化底蕴。

设计不是冰冷的点线面堆砌，它应该是有温度的，需要与文化和生活交融在一起，只有这样，设计作品才能打动人心，让人从内心萌生美好。

作为安徽人，我对徽文化十分崇拜和向往，于是找个时间便孤身一人来到了黄山，一边领略黄山的奇异风光，一边用心感受和体会传统的皖风徽韵。也是在这个时候我喜欢上了喝茶，并结识了好多志趣相投的朋友。从苏州园林文化到徽州建筑文化，文化的碰撞和交融，也慢慢让我学会以一颗包容的心去看待世界，在充实内心的同时，也丰富了我的设计理念。

在皖南沉寂了两年多的时间，感到人生不能如此安逸，于是我选择重新出发，带着对设计的感悟和理解，再次进入火热的设计市场，来到合肥开始了我的创业旅程。第一次做茶叶包装就得到了市场的认可，我承担并完成了“品鉴安徽”主题设计项目。“品鉴安徽”茶叶包装设计是陶瓷工艺与包装设计的融合，也是安徽与江西的跨地区合作，在平面设计、包装形式和材质上都要做很大的创新，这对我是极大的挑战。欣慰的是，领导的重视与无条件的支持，制作商不辞劳苦、不断打样的匠心精神，深深地打动了我，也是在这个时候更加坚定了我坚持做设计的决心。

设计感悟：

设计来源于生活，高于生活！

其实做设计不光要有想法和创意，更多的应该培养自己的匠心精神，对设计有敬畏之心，才能更好地做设计，为自己、为客户创造更大的价值。我认为最好的设计应该集艺术性和实用性于一体，既具有观赏性又具备商业价值，既要贴近生活又要富有人情味。

凡事不强求，努力、用心就好。

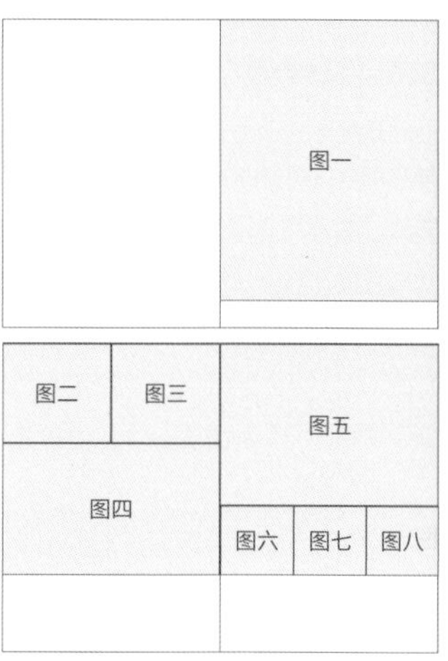

图一:【天璟山珍桃子包装设计】

好的桃子汁多，脾气不好不能惹，脾气好也不能惹，容易爆。用两片桃叶构成的墨镜，酷酷的，给人一种像在度假的感觉。今年，蟠桃女士和黄桃先生携手和你一起度过这个美好的夏天。

图二:【历口祁红茶叶 品牌与包装设计】

一根红线连接你我，寓意品牌和消费者无缝对接，同时也隐含历口祁红与消费者之间的“The chain of love”爱之链，代表历口祁红永远和消费者在一起。红线（红绳）牵着两头，一头消费者，一头历口祁红。

图三:【林坑茶叶 品牌与包装设计】

做茶主题的设计很多，能做出个性就不太多了。林坑茶叶包装设计，这个项目的难点也在于此。我不断尝试用司空见惯的材料，通过一些不同的手法让设计变得更有“趣”。从“林”字里取出“木”字，双木成“林”，寓意茶树，就自然形成了一种朴拙质感，有浑然天成、舍我其谁的感觉。

图四:【品鉴安徽 品牌与包装设计】

为突出“品鉴安徽”的品牌定位，以东汉郭泰碑的笔意入字，字型古朴遒峭而不失端重，在传统的碑字基础上结合现代构成设计，使品牌形象于拙朴浑厚中灵性流溢。悠久的历史、浓郁的文化内涵，通过简洁而个性鲜明的视觉表现，随品牌一起烙进受众心中，让信息传达得更直接、清晰、有效。

图五：【 HELLO COCO 椰子水、椰子汁 品牌与包装设计 】

椰子水符合饮料清淡健康的潮流，并有突出的营养价值，符合中国食品饮料市场向健康饮食升级的趋势。整个品牌与包装体现了Hello Coco具有生命、活力、青春、希望的特点。一经推出，火爆市场。

图六：【 屑博士洗发水 品牌与包装设计 】

SIEBOSS是屑博士的音译，好读、好记、好传播，整体包装概念是一颗胶囊，寓意屑博士产品具有药效的属性，通过“O”的变形，既似一片树叶，又似一颗松子。一片树叶说明屑博士产品绿色环保，不添加化学成分，一颗松子说明屑博士产品原材料的真实性。将古老的东方文化与现代科技重新结合演绎，并传承百年新安医学，于2000年诞生。始终追求“人与自然和谐共生”的亘美境界。

图七：【 果满堂 品牌与包装设计 】

“你好，桃！”与“你，好淘（气）”谐音，能很好地传达给消费者诙谐、幽默、轻松、调皮的体验感，朗朗上口，易传播，受众很容易产生消费的冲动。

图八：【 天璟山珍瓜蒌籽 包装设计 】

一个穿着旗袍的民国范儿美女，悠闲地在享受瓜蒌籽带来的味觉体验。

高鹏

清华大学美术学院设计艺术学硕士
山西传媒学院艺术设计学院副教授
觉喜文化创意设计总监
中国包装联合会设计委员会全国委员
CDS中国设计师沙龙会员
山西平面设计协会成员

荣誉奖项：
设计作品先后多次入选《APD亚太设计年鉴》《中国设计年鉴》
中国之星平面设计大奖最佳设计奖
hiibrand国际标志设计大赛优异奖
CCII国际商标标志双年奖银奖
2019年全国旅游商品大赛铜奖
2019年CGDA视觉传达设计奖优秀奖
2019年台湾金点奖产品类金标章
2019年山西首届文化旅游产品创意设计大赛金奖
2019年天鹤奖产品设计类铜奖

擅长领域：
品牌形象设计、文创产品设计

服务客户：
中国银行、平遥礼物、五台山文创、山西省文博会、山西省艺术节、山西省博物院、山西省出版传媒集团、十二栋文化、灌木文化

个人经历：
2001年山西大学雕塑专业毕业，上海美影厂进修动画，山西传媒学院做动画专业老师，主要任课动画造型。2011年清华大学美术学院视觉传达设计专业研究生毕业，回到山西传媒学院，转入艺术设计系任教。学院鼓励设计专业教师“双师型”成长，2015年创建觉喜文化，并担任设计总监，成为了一名真正的职业设计师。研习品牌设计多年，2017年开始整合求学经历中雕塑、卡通、视觉传达等各阶段学习成果，广泛收集山西传统民间民俗文化的老物件，吸收传统文化的营养，倡导“古意新潮”的设计观点，并将其转化为文创产品设计的新方向。

观点：
每个成功的设计工作，开始谈的时候是生意，先拿出诚意，充分沟通，逐步了解客户本意，展开做的时候靠创意，努力赋予作品新意，读懂彼此心意，不随意不刻意，用心缔造深意，一点一点，作品如意，自己得意，客户满意。然后，我们还能同心合意，收获绵绵情意。

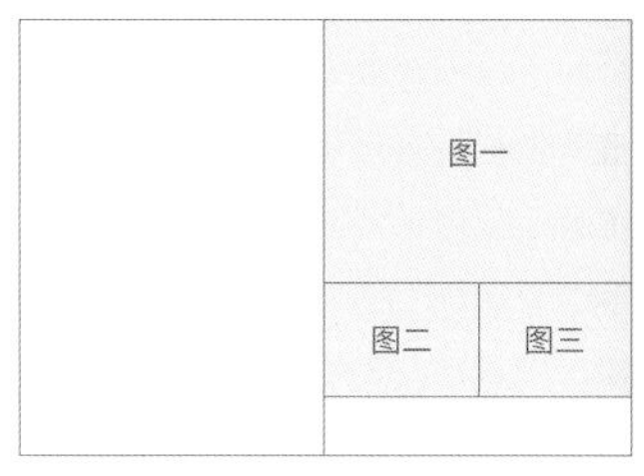

图一～图三：【无界香茶灯组合茶器】

白塔坐落在山西省五台山台怀镇塔院寺内，通身高七十五点三米，塔身状如藻瓶，昼则映日，夜若白光。它是清凉山的第一胜景，更是五台山的象征。设计师探寻茶器基本功能之外与人更多的情感关联，追求多重感官的美好体验。至真至拙至天然的美物，将茶香与禅意统一营造，实现“禅茶一味”的意境可视化。此款“无界”香茶灯组合茶器有两种使用模式：一可作供具，置于佛堂，敬水，供灯，上香。二可作茶器，置于茶桌，主杯、客杯用来饮茶，香插用来焚香;可观可赏，可用可品，观时素淡静雅，禅意凝润，用时闲适安心，茶味生香。

图四:【享福组合茶具】

“享福”大红灯笼便携茶具的创意灵感来源于遍布中国明清大宅、院落门廊之间的大红灯笼，是中国传统寓意门庭兴旺的经典符号。整个茶具拆分开即为两个茶杯，一个公道杯，一个茶滤，四件器物上下合体，组合相扣即为一个周正均齐的红灯笼。公道杯中间内嵌一个滤茶器，滤茶器底面的滤茶小孔排列为汉字“福”的结构形态，在使用的时候，喝茶者可以看到泡好的茶水通过“福”字结构的茶滤流入公道茶海，再由公道茶海分别倒入各自的灯笼茶杯，直观地传递喝茶的人们通过喝茶“享福”的概念。

图五:【有钱数马克杯】

人民币的符号和两枚铜钱组合而成一只可爱的小老鼠，顾名思义，“有钱鼠”谐音有钱数。

图六、图七:【虎头帽】

虎头帽从大量精彩民间手工艺者的虎头帽作品中归纳分析，进行夸张简化的卡通处理，与棒球帽、毛绒帽相结合，向传统致敬的同时紧随潮流。

图八:【闲工夫】

图九:【平遥礼物】

图十:【十二栋文化】

图十一:【灌木文化】

图十二:【山西省文博会吉祥物】

图十三:【李凤云古琴传习室】

图十四:【首届山西艺术节】

图十五:【剔八谷】

图十六:【北京绣花针艺术设计公司LOGO】

图四			图八	图九	图十
			图十一	图十二	图十三
图五	图六	图七	图十四	图十五	图十六

张凯

视觉设计师、营销策划
SINUOVISON品牌营销创意联合创始人
立体营销理论体系落地实操及案例解析的践行者
MASOUL品牌策略营销创始人兼创意总监
曾兼任Think3 Marketing立体营销学院客座讲师
曾兼任JD京东（集团）健康品牌视觉讲师

擅长领域：

品牌形象设计、文创产品设计

服务客户：

万达文旅、PanJuice、BA法式烘焙、DUOLABS、宅懒猫、一带一路文化艺术节、润土茶业、天星茶业、书丸子AI智能、只是旅行、里米创媒、菌歌、闻爱科技、Haier海尔、JD京东

设计经历：

涉及服务领域：明星美业/教育传媒/餐饮/连锁商业/快消品/综合商业，被国内多家媒体平台宣传为“未来最具商业价值创意影响力创意人”，参与并见证国内商业大升级案例。

随团队曾参与国内知名品牌升级。入行11年，曾个人完成品牌服务200余项设计，团队协作完成100余项。长于品牌形象与策略设计、产品消费研究、品牌类平面定义分析、品牌整合设计＆研究，曾受邀参加多家平台采访及直播分享。

设计观点：

设计本身的专业性就自带能量，但如何发挥能量是值得思考的时代话题。设计，是一种有形的生活，也是一种无形的工具。没有情绪的产品，毫无意义；没有带动销售的设计，毫无价值。视觉不是为了表现而“过分”表现。“视”观察分析，“觉”洞察落地。

营销本质在于实际有效的落地。口若悬河的营销模式，都是废墟。策划和策略是“亲兄弟”关系。“划”是分析版图，“略”是建立营地。70%的购买是基于“感性的情绪”而不是“理性的逻辑”，所以设计前期一定要以“解决问题为起点”，最终以“为人民服务为核心”。

设计不是一门简单的学科和专业，它需要的内容极其丰富，品牌分析、产品分析、人才管理、组织管理、销售模型、传播搭建、活动执行、商业计划、品牌培训等组合起来，才能构建起品牌设计。设计其实一定道理上不存在“灵感”之说。所有的创作思路都基于生活的积累和商业的捕捉。一个不爱走进消费群体的设计师，不是好设计师。

设计师始终坚持要围绕四大观点：

①战略布局要点
②寻找差异化机会
③消费时机
④转换说辞

设计师其实要像“李白”的诗词一样，既通俗易懂，又能传情达意。

图一

图一：【BA法式烘焙品牌升级】

白色象征着“以天然为鲜美”的产品塑造理念，代表着法式烘焙文化中的工匠精神和极致的手工技艺造诣，同时代表了我们的初心。BA烘焙秉承于“所见新鲜，BA更鲜”，将釉下五彩瓷勾线分水工艺、宫廷纹饰与莫比乌斯环造型相融合。这件陈设器皿被清尚集团收藏，藏家希望能将传统的非遗技艺融入现代人居空间。

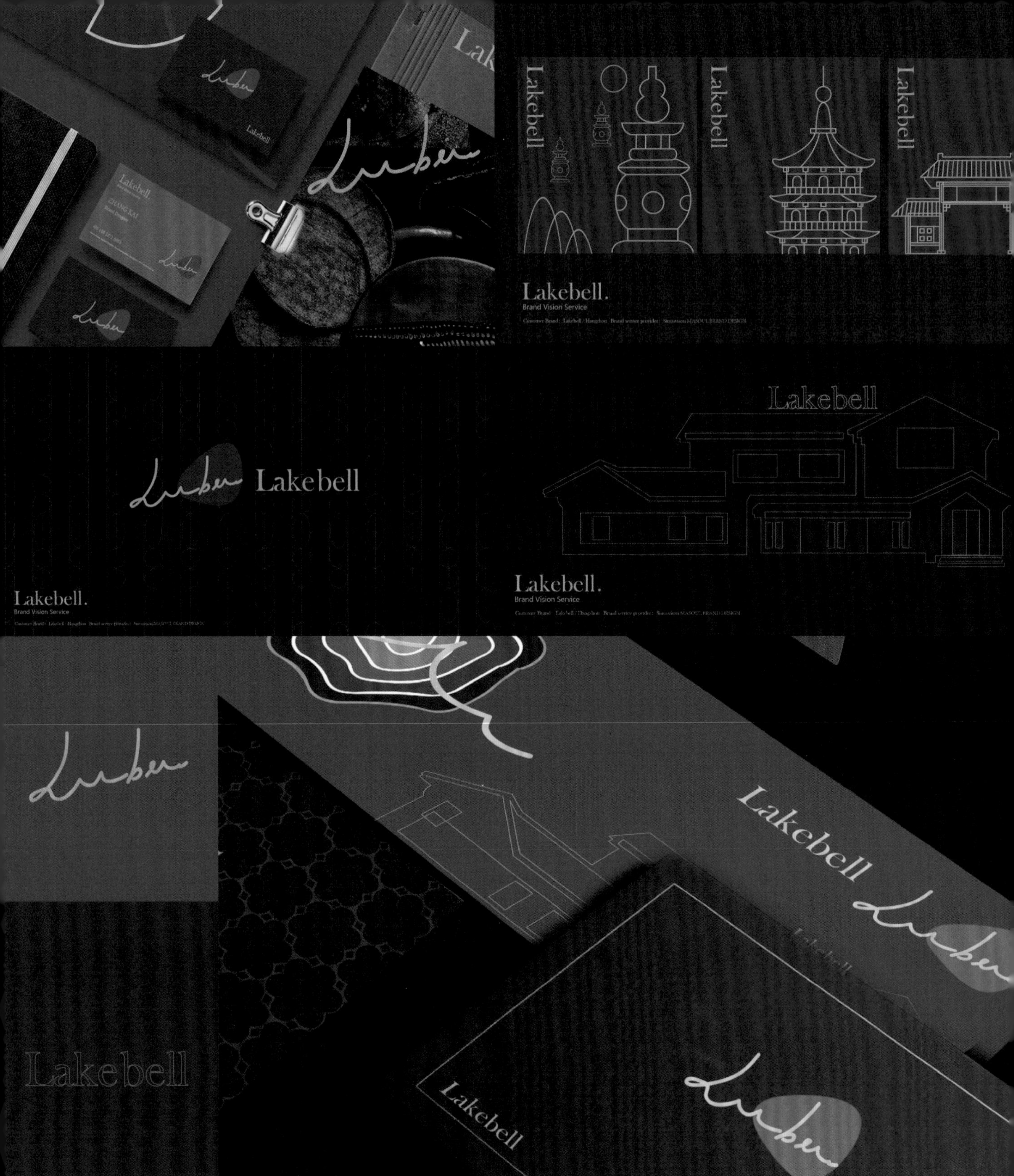

图二、图三：【LAKEBELL览风铃西餐厅 品牌形象升级】

该餐厅位于杭州西湖。览："看待"生活世界的方式；风："呼吸"自然世界的方式；铃："聆听"身边世界的故事。我们提升品牌整体调性更多考虑的是"社交方式"的功能。人与自然的沟通，人与产品的交流，我们希望人与人之间的轻松互动变成餐厅的有效功能输出。空间整体也充满人性化的设计，品牌坚持开放+包容的特质。

图二	图四
图三	图五

图四、图五：【闻爱科技旗下高端香氛品牌】

著名企业家朱富春先生说：这是他一生中第二次创业，他希望这个香氛品牌能成为未来行业最有气质的品牌。我们在品牌的定义上说明：只有追求品格，才能成就有审美的闻爱品牌。从生活到品牌，我们希望能做到的是引起极度舒适！

ME品牌不会运用概念性的语言逻辑去“说服生活”，而是通过一种整体性的传播方式来感化生活、提倡生活。把商品通过不同的传播形式，变为具有品牌自身精神价值的，用健康的、有个性的、便于记忆的符号，传达给消费者，从而达到无形的“习惯”，渲染沉浸式的影响给消费者。

柳科(KK)

科技 I 人文 I 梦想家

荣誉奖项：

香港大学ICB首届杰出校友“创业与创新卓越成就奖”

服务客户：

奇虎360、小牛电动车、中国国家地理、鹿客智能门锁、国广中播、CCTV、联合国教科文非遗大数据平台、联想研究院、DELL、尼康、中国移动、MTK、E人E本、阿联酋航空等

设计经历：

Chapter1：用户体验设计

出生于南方小镇，大学本科学计算机编程。毕业时被分配去某国企信息化中心，后出于对科技和设计类工作向往，辞职加入中国用户体验行业先行者之一的“唐硕用户体验咨询”公司工作，从用户研究员、交互设计师开始做，主要服务NOKIA / NIKON / MTK / 联想研究院等公司各类移动手持设备的软硬件体验调研和提升。

Chapter2：我要去北京，做互联网

在咨询公司后期，因为一个外派项目来到北京，北京更明显的创业氛围和包容性，比偏重流程和规矩的上海，激发了柳科骨子里的不安分。更主要的是，做互联网的，基本都在北京。于是柳科加入了快速爆发期的“奇虎360”，负责公司的用户研究和人机交互设计团队，服务过包括360搜索、360安全卫士、360浏览器、路由器、儿童手表、随身wifi等核心产品的用户调研或交互设计工作。

Chapter3：从科技到人文，就是这么酷

2015年初，全民创业时代到来，柳科也向360递交辞呈，加入了创业早期的小牛电动车，负责公司产品的智能化网联化部分。2015年6月，小牛电动在京东众筹并创下多项纪录，被评为当年最具创新力企业之一。这样的一个阶段性成果让柳科很开心，很自豪，但他同时也体会到，只有真正自己作为一家公司的主要发起人，从头理解一个事情的初衷、去经历整合各种能力并在产品中完全贯彻自己的产品价值观，才是自己真正需要的。因此，在加入小牛一年后，柳科决定再次创业。

早在小学，柳科就是中国国家地理的读者——他会把每期杂志上的精美照片拆下来保存。在2016年初某天，基于自己联合组建的“KRC实验室”咨询公司，柳科在北京奥林匹克公园附近的咖啡厅，见到了中国国家地理图书公司负责人，而由于之前做消费品累积一些产品思路，加上对文化领域的好奇，使得两个不相干领域的人聊得很投缘。于是，柳科加入了中国国家地理下的互联网公司任首席产品官，以一个互联网人的视野，去学习和思考这个领域。而后又因为同时横跨互联网和文化的背景经历，在2017 ~ 2018年间，操刀了联合国教科文非遗大数据平台项目的规划与实施，并通过底层的非遗大数据平台、中层的非遗大百科和开源计划、嫁接上层的应用端，直接和间接推动了多个科技和人文结合项目的实施，包括360非遗百科 / 百度非遗词条 / 网易严选国风 / 京东非遗馆 / 腾讯薪火行动等。

Chapter4：科技+人文，下一个十年

是偶然抑或必然，经过前十几年的工作经历，柳科发现自己接触的无论是电动车还是风物文化，都是服务于用户出行生活方式的建立。在这个过程中，车解决的仅仅是出行中的基础位移工具，风物文化解决的是用户去哪的信息传播和决策问题，而在交通工具之上的人机交互定义和线下的服务部分，则构成了用户在出行过程中的服务设计。

今后的出行，一定不仅仅是工具的提供，工具与内容结合，从卖产品到卖服务是大势所趋，这刚好是科技+人文结合的完美范式。期待下一个十年的到来。

设计观点：

• 运营定义商业路径，产品定义目标需求，设计定义解题方式。

• 设计不是目标，是基于某种分析路径和个人经验，得出方案的一个过程，而且整个过程脱离不了主观。所以相对来说，定义问题准确与否更加重要。

图一
图二

图三	图五
图四	图六

图一、图二:【科技丨沉浸式交互类产品设计】

2016年上半年，某游戏棋牌类产品希望KRC实验室参与重新定义产品需求，打造新的产品体验和交互。经过三个月的调研和分析，结合传统游戏写实派设计和互联网扁平化风格，定义了新的游戏风格和使用体验。

图三、图四：【科技 | 国广中播星云试听产品】

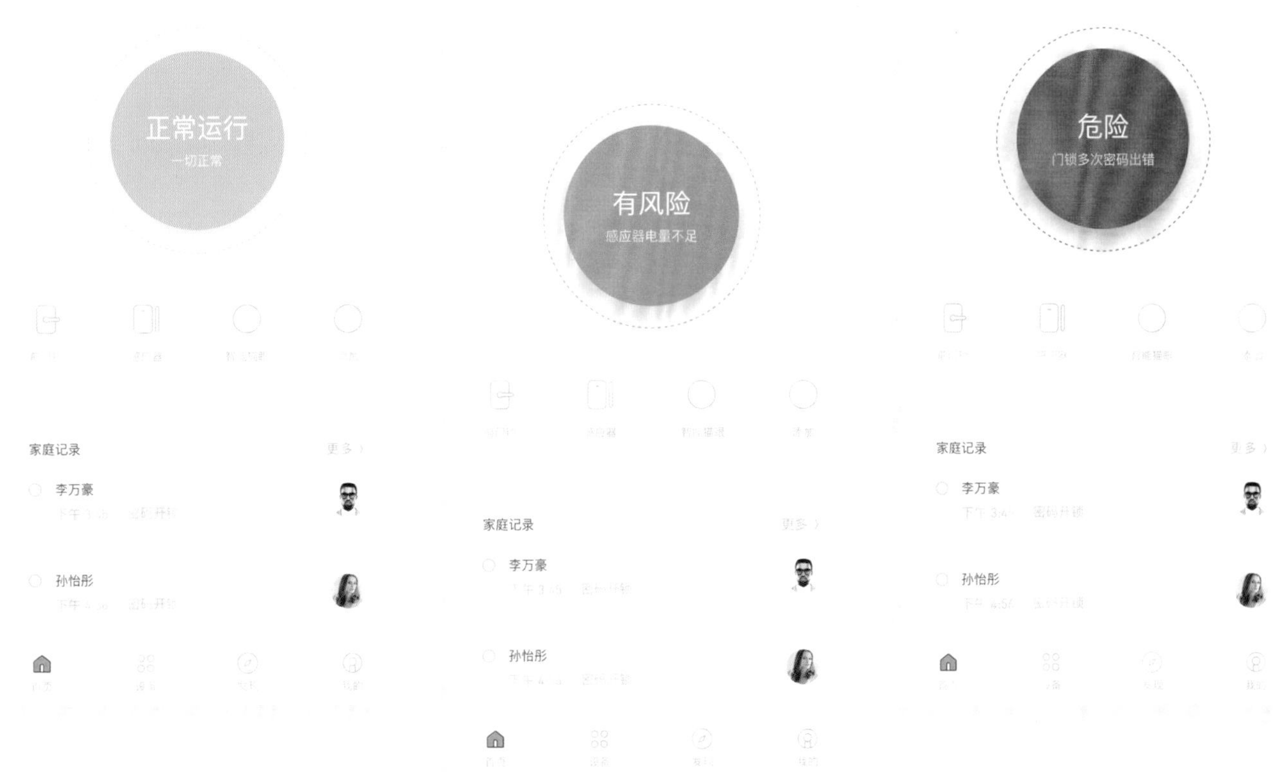

图五：【 科技 丨 LOOCK鹿客门锁 】

图六：【 人文 丨 联合国教科文非遗大数据平台 】

陈蓓(Bei CHEN)

BEI服饰＆蓓家花园BEI Garden创始人
知名旅法设计师
Fashion world亚太首席设计师
法国前总理夫人御用设计师
莫言诺贝尔领奖服装设计师

擅长领域：

服装设计

服务客户：

为诺贝尔文学奖得主莫言设计了全程领奖服饰；
法国前总理夫人德维尔潘女士、法国著名演员Marie LAFORET、Cecile de France及国内著名主持人董卿、著名影视明星大宋佳、小宋佳等国内外文艺界人士都是BEI品牌的忠实拥趸。

荣誉奖项：

2018年“Fashion world亚太区首席设计师”奖
2019年 丝绸之路国际时装周“金嫘奖”
2019年“2019最具国际影响力高级服装设计师”奖
2019年 ECI杰出商业创意奖

个人经历：

13岁迷上做衣服，21岁毕业于清华大学美术学院（原中央工艺美院）后只身闯入巴黎，深造于法国巴黎Atelier Chardon Savard时装学院，在这个完全陌生却带给她无限创作激情和梦想的国度开始了七年的学习和创业生涯。

2004年，陈蓓创立同名品牌BEI,先后在巴黎3区和2区开设了自己的专卖店和工作室，并分别在巴黎1区、6区和17区拥有三家代理商。

2007年，已经拥有法国前总统夫人和法国众多影视明星等忠实拥趸的陈蓓，将BEI服饰带回中国。她希望通过服装表达和传递雅致女性从容自信的生活态度，让中国女性在生命的运行里发现自我，表达自我，实现自我，这正是她所倡导的“BEI女郎”精神——优雅而独立。

2012年，获得诺贝尔文学奖的莫言先生，拒绝了国内和国际时装品牌天价的代言费，而选择了陈蓓为他独立设计。服装是一种强烈的语言，在国际舞台上，莫言先生希望表达的不是中国，不是国际，而是二者的融合。

2015年，沉淀多年时装艺术与人文素养的陈蓓，创办了艺术沙龙BEI Garden蓓家花园，打造一个融汇中西文化的平台。BEI Garden以艺术展览为媒介，在不断创新中上演着音乐、摄影、雕塑、绘画等各种艺术门类的融汇与新生。

2017年，作为第一位收到巴黎政府邀请的时装设计师，陈蓓在巴黎的心脏第8区市政厅举办了年度高级时装发布会，并以其设计灵感“京剧”和创作过程，以艺术展的形式在市政厅大堂进行为期10天的展览，用其独特的方式让更多的法国人了解和关注中国国粹艺术。

2018年，Fashion world时尚盛典上，Fashion one副总裁Steven先生亲自为陈蓓颁奖，授予她“亚太区首席设计师”的荣誉。

设计理念：

BEI是品牌创始人陈蓓女士的名字，也是品牌追求的目标，Beautiful，Elegant，International，打造美丽、优雅、国际的服饰和生活。

BEI的服饰美学以崇尚自然、以人为本为出发点。陈蓓认为，高明的设计是弱化服装，却能凸显人的美。所谓低调奢华，低调的是外在装饰，奢华感来自于人的气质和内心。如何通过服装来美化人的曲线和线条，并将人的内在美表现出来，是陈蓓所有服装设计的核心。

在陈蓓眼中“Elegant”是一种生活方式的自然流露。得体的着装是生活的重要组成部分。生活中的仪式感是社会文明程度的体现，而每个人的穿衣品味都在无形中影响到他人的审美。生活的每一天都是最重要的秀场。

BEI因其东西合璧的混血设计而著称。她认为服装是文化传播的重要载体，因此从京剧国粹的唱念做打，到欧洲宫廷的浮光掠影；从希腊女神的典雅高贵，到南亚女子的婉转多情……BEI从不同地域的历史文化中获得滋养，形成了其独特而国际化的设计语言。BEI的作品不仅是服装，更是一种东方与西方文化的共融。

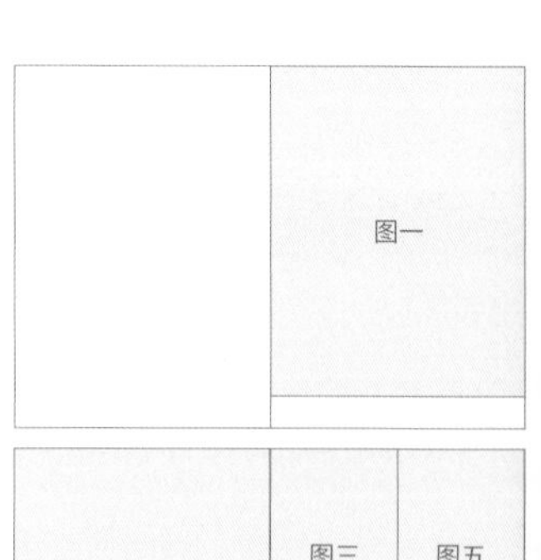

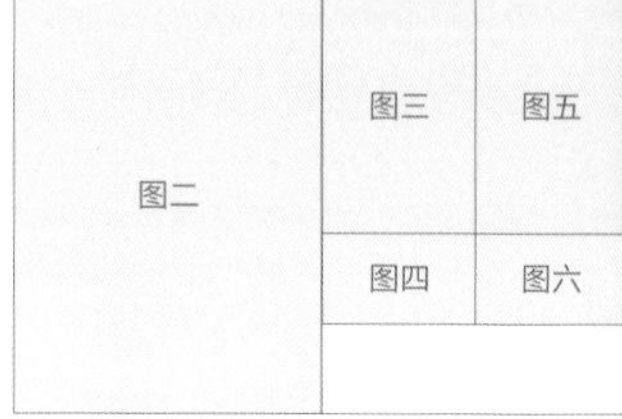

图一：【国粹京剧系列】

陈蓓的代表作之一，该系列于2017年2月在法国巴黎8区市政厅发布。原创的真丝印花面料，灵感来自戏曲服饰中的铜钱图案。

图二:【校园系列】

让休闲装变得优雅，让针织面料高贵起来。针织面料，梭织做法，该系列是BEI将优雅融于生活的典型代表，灵感来自校园生活。

图三、图四:【艺术衍生品系列之一】

图三、图四皆为与法国油画家Elise Pacitti合作的艺术衍生品系列，下方是面料设计的蓝本——油画原作。BEI在艺术作品、真丝面料和人之间找到完美结合，充分地展现了艺术生活化的理念和她风格中浪漫而灵动的气质。

图五、图六:【艺术衍生品系列之二】

上衣保持画作完整的基础上，和人体曲线结合，用简洁设计凸显材质本身的美感。下身搭配的“布方裤”也叫“花苞裤”，是BEI从在巴黎创业初期到现在长盛不衰的经典款。

陈波

品牌设计师
字体设计师
CDS中国设计师沙龙会员
沈阳易邦七彩企业营销策划有限公司副总经理/设计总监

擅长领域:
品牌设计、字体设计、标识导视设计

荣誉奖项:
第三届"包豪斯奖"国际设计大赛品牌组银奖
第三届"包豪斯奖"国际设计大赛标志组优秀奖
2019年(CGDA)国际标志设计奖入围奖
作品入选《Brand创意呈现V》

服务客户:
华润杭州木棉花、华润日照木棉花、中国移动、中国联通、沈阳清河半岛温泉洗浴、爱尚服饰、舞剧场艺术中心、宠游纪宠物店、艺美绘幼儿艺术教育中心等

个人经历:
2009年从业至今,先后就职于沈阳奥美、朗奇地产、柏高品牌,2018年创立了三相品牌设计公司,2019年加入易邦七彩至今,对广告、品牌、标识都有所涉猎。

设计观点:
好的设计需要自然的融合与联想,并不是那些强行的拼凑。
设计的难点不是技术,而是思想,表达思想的手段才是技术,我们需要成熟的技术来体现我们的思想。

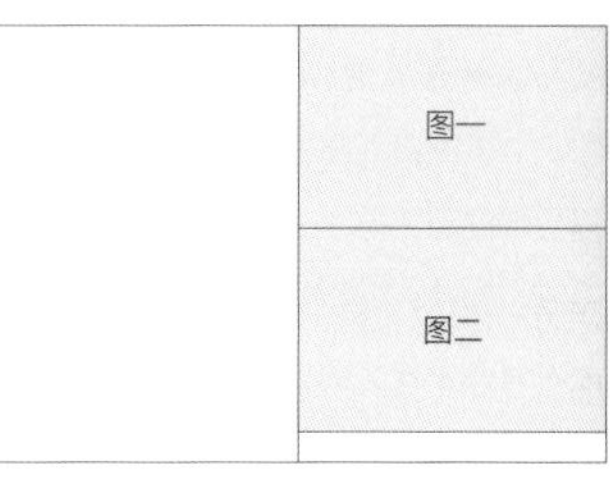

图一:【 宠游纪宠物店品牌形象 】

正负形图形创意，以P体现品牌专属，猫和狗的形象体现品牌行业特征。

图二:【 十二院子彩妆品牌形象 】

中国水墨风格结合现代轻奢。

Nine Flavours
Nine Flavours
Nine Flavours

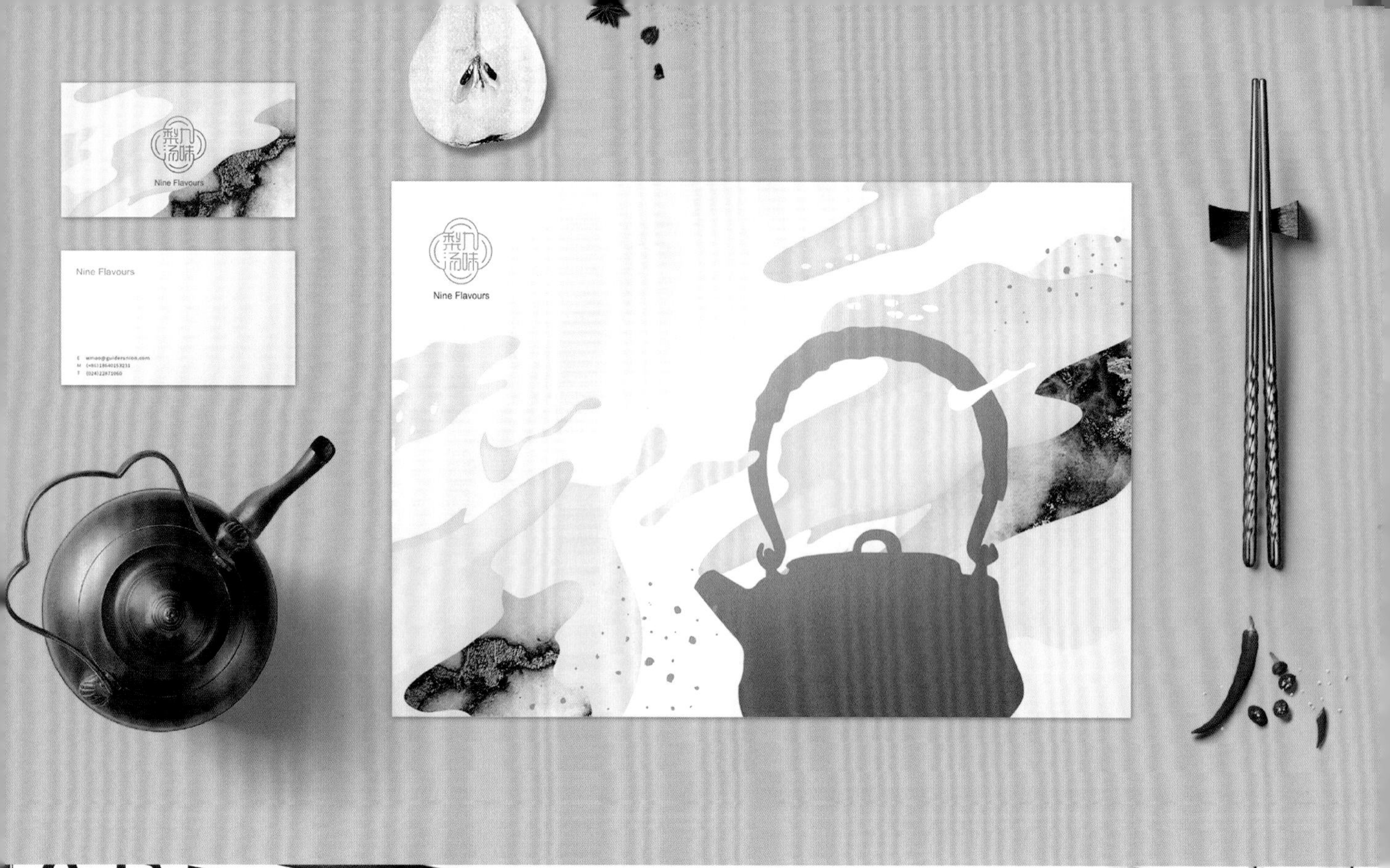

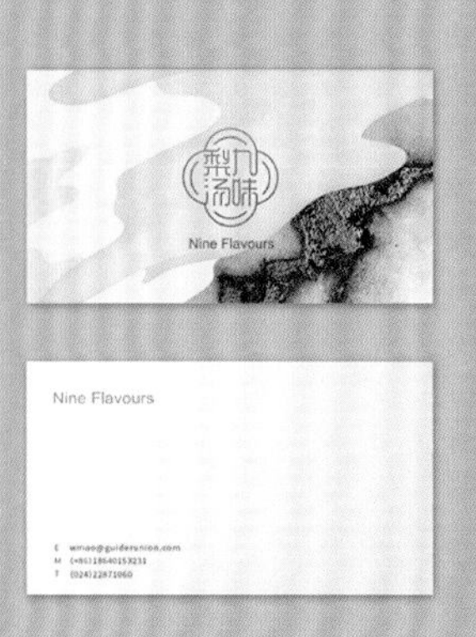

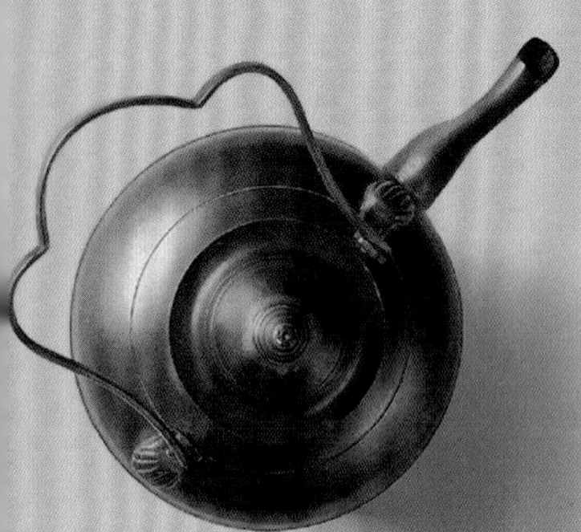

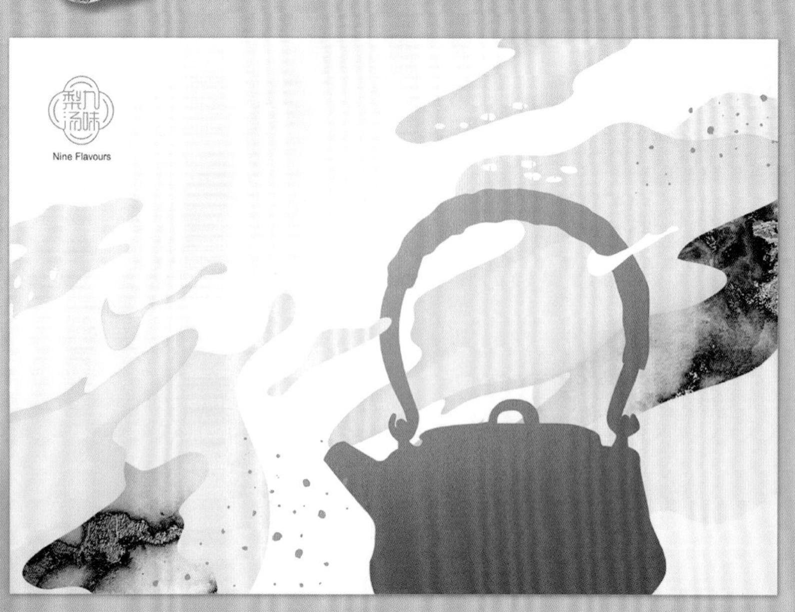

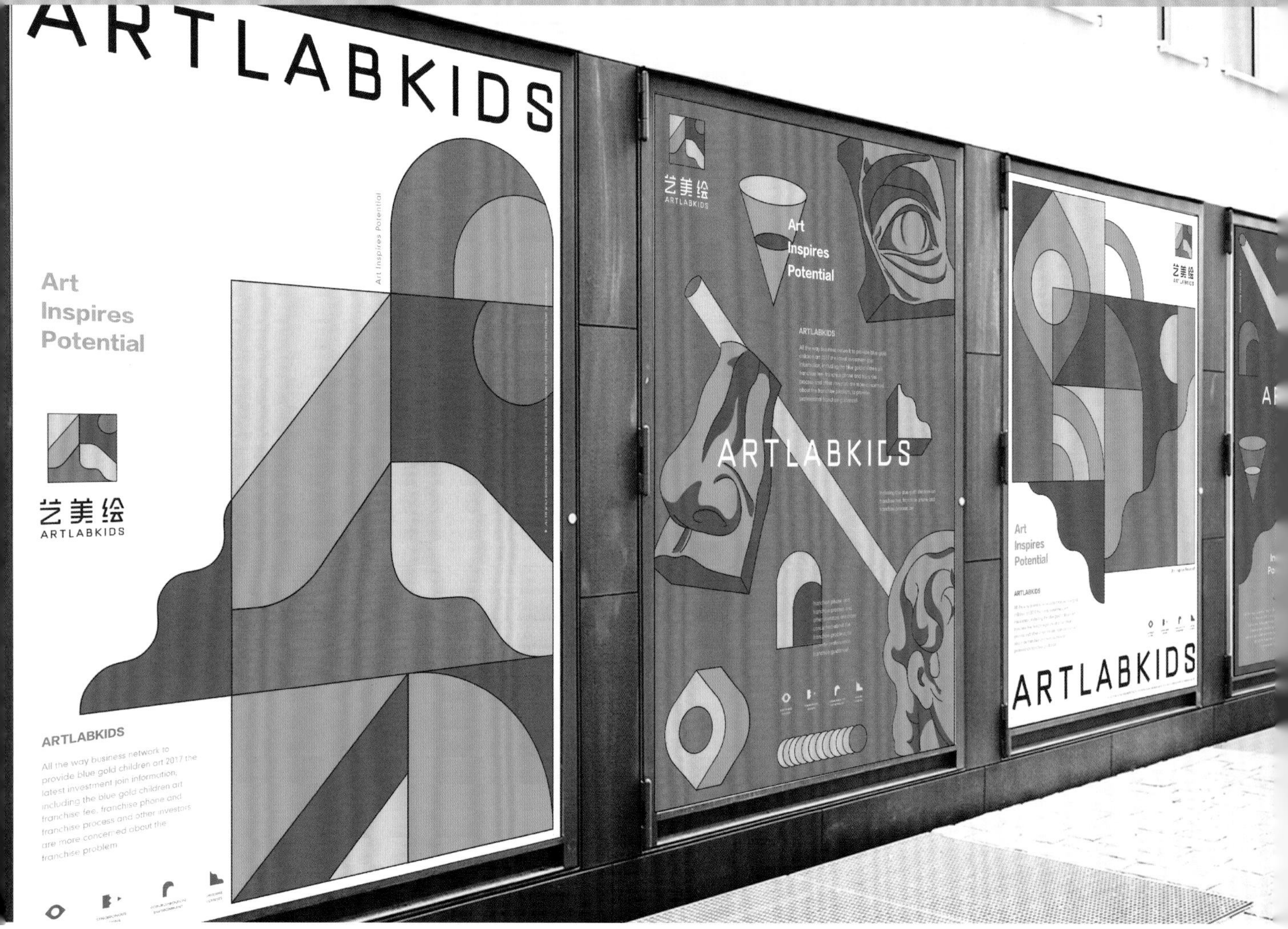
ARTLABKIDS
Art Inspires Potential
Art
Inspires
Potential
艺美绘
ARTLABKIDS
ARTLABKIDS
All the way business network to provide blue gold children art 2017 the latest investment join information, including the blue gold children art franchise fee, franchise phone and franchise process and other investors are more concerned about the franchise problem
艺美绘
ARTLABKIDS
Art
Inspires
Potential
ARTLABKIDS
ARTLABKIDS
Art
Inspires
Potential
ARTLABKIDS
ARTLABKIDS

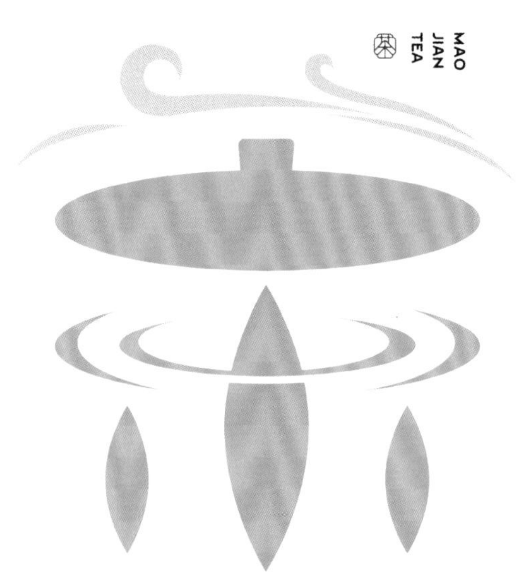

图三：【九味梨汤餐饮品牌形象】

精致优雅又富有文化内涵的餐饮品牌形象，将时尚流行与中国水墨韵味相结合。

图四：【艺美绘幼儿艺术教育中心】

利用活跃的色彩与简单的几何图形去诠释幼儿艺术教育的行业特征，利用简单又强烈的视觉效果去突出其品牌形象的差异化。

图五：【舞剧场品牌形象】

将舞蹈形象与空间、灯光相结合，保留富有艺术感的童趣。

图六：【字体设计《书》】

灵感源自开卷有益和中国古代的竹简，整体字形犹如卷开的书卷，通过简单的平行线去体现“书”字的形象。

图七：【字体设计《茶》】

以茶之形体现“茶”字。

图三	图五	
图四	图六	图七

刘广杰

品牌设计师
北京墨菲兄弟文化艺术有限公司创始人
中国设计师沙龙理事
中国包装联合会设计委员会全国委员
《包装与设计》杂志理事
著作《革新你的品牌》

擅长领域：

策略、商业视觉

服务客户：

腾讯、北京大学、中央电视台、国际酒类交易所、华致酒行、香格里拉酒业、珍酒、华夏幸福、东方资产、中华保险、国务院华侨办、水立方等

个人经历：

2009年刘广杰创办了北京墨菲兄弟，他想在设计行业里走出一条不一样的路，探索过“全国连锁设计公司”模式，在二三线城市开过三家分公司，因营收和成本倒挂而失败。为了实现资本改变设计行业，入股风险投资顾问公司，学习各种商业模式，为此读了香港中文大学的金融MBA……丰富的经历塑造了他多元的思维方式。他是奋战在设计一线与资本世界的独特设计师。

观点：

中国品牌美学是对中国传统文化各分支根脉的商业应用，其中儒、释、道、墨四家主流文化的影响力最大，这些不同的传统文化理念塑造了不同的设计性格和风格。儒家成为中国主流文化的倡导者，是基于“治大国”的需求，需要整齐划一，其核心的“秩序性”文化反映在视觉特征中，就是中正、规整、稳重、大气的设计风格，这种风格主要用在政府、学术机构、国有大型企业等；禅宗文化体现在设计中就是色彩、构图、气场皆“空灵”的设计美学，这种设计美学适用于“性冷淡风”“佛系生活方式”的品牌；庄子的一个“游”字，体现了道家超逸逍遥的风骨；墨家“利天下”的实用主义主张，强调了功能性、少饰、质朴等观点，在设计风格上有“极简、精致”的视觉特征，适合表现匠人精神和工业风，针对新中产阶级的品牌，与包豪斯理念类似。

解决商业传播效率需要抓住本质，需要通过“干净、纯粹”的设计来表达。不断地减少、再减少干扰的因素，剔除流行甚至炫技的浮夸成分，才最有说服力。

在《革新你的品牌》书中提出“品牌如人”的塑造理念：要把品牌当成有情感的人来培养和塑造，让品牌有性别、有性格、有气质、有自己的脾气，有始终如一的信念和不同阶段的表现形式。

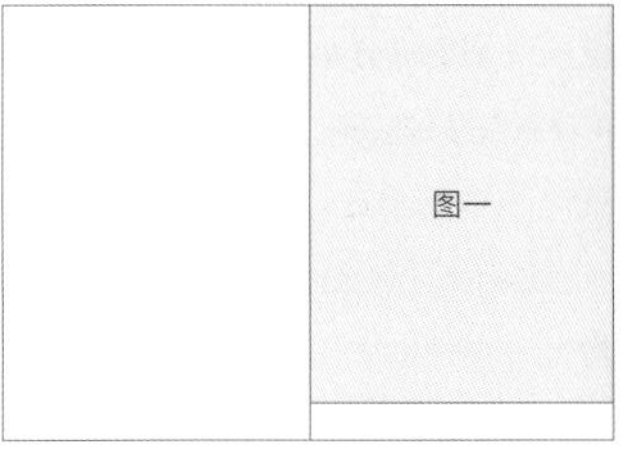

图一:【CCTV《国家宝藏》戛纳电视节推广视觉】

中正、端庄是中国国家宝藏的视觉主基调，强烈色块对比和国宝斑斓色彩的细节突出视觉冲击力，用西方人容易理解的视觉语言与东方文化融合。

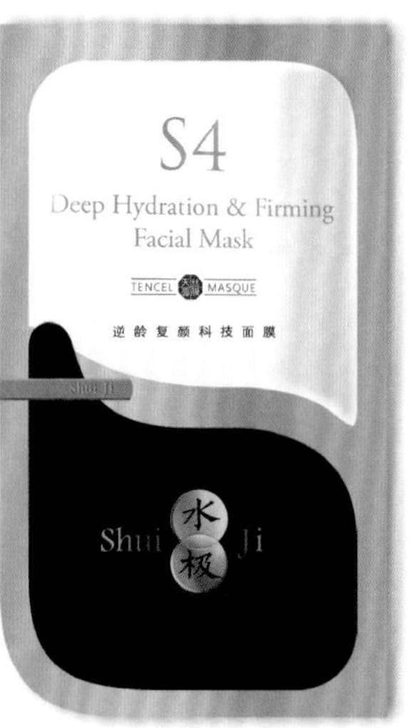

图二:【腾讯体育直播栏目包装】

腾讯购买了NBA在中国线上独家直播版权后，需要全新的栏目形象包装，在保持NBA品牌形象的基础上，设计了“舒适”的视觉效果。

图三:【腾讯互娱事业群品牌形象】

腾讯集团互娱事业群致力于打造“中国泛娱乐平台”，基于腾讯注重“产品导向”的公司战略，采用腾讯集团“Tencent”作为标志主体识别。

图四:【干净、纯粹——Quick】

Quick是Apple在中国的一级代理商，为赢得渠道认同感，实现与Apple形象匹配的品牌策略，提高品质感，让Quick呈现国际化品牌形象。

图五:【道家阴阳平衡——水极产品包装】

产品设计通过中间开关阀把面膜干湿分离，创意来源于产品结构，希望通过太极“一阴一阳”视觉文化，给消费者带来水润、美颜的体验感。

图六：【一带一路国际葡萄酒大赛场馆集装箱视觉艺术】

108个集装箱群体的视觉形象融合“酒庄葡萄酒艺术”和“世界民族文化”，表达各国风土人情以及葡萄酒文化。

图七：【道家“游”境界的云溪山庄】

采用唐代书法家怀素写的行书“云”字来体现飘逸自在的休闲意境，如同一条龙嬉戏在云溪间，行云流水、潇洒自如。

图八：【香格里拉葡萄酒包装】

香格里拉葡萄酒产自云南迪庆藏区，是世界最高海拔葡萄酒产区，通过插画对香格里拉高原、河谷地貌的视觉表现，感受到向往的原生态，一支好酒来自天籁的礼遇。

图二	图三 / 图四	图六	
图五		图七	图八

庞国平

设计师
平天品牌设计公司创始人
黑龙江观外设计联盟主席

擅长领域：
品牌全案、标志设计、文创研发、商业空间

服务客户：
亚布力森林温泉欢乐谷、绿地集团、世茂集团、飞行家航空俱乐部、黑龙江省树莓协会、龙广高校台、阿幸豆业、木北造型、哞哞小花新酸奶、不可不茶、昌林盛业、绿山川、全洲拌饭、八府香鸭、江南小镇、三毛煲、卷卷猫台湾卤肉面、J++珠宝……

荣誉奖项：
2016Hiiibrand国际品牌包装设计大赛评审奖
2014.2总183期《包装＆设计》专访
作品收录在普通高等教育“十二五”规划教材、数字艺术设计系列教材《VI设计实战》《Branding Element Logos》《Gallery 全球最佳图形设计》《TOP GROUP作品集》《品牌设计零距离》以及《品牌元素》等专业书籍中。
近年受邀去高校做了一些讲座，还有很多国内专业组织的创作邀请，在此不一一列举。

个人经历：
我在初中之前没有接受过专业的美术教育。大自然和小人书就是我的艺术启蒙老师。6岁时用烧黑的柴火棒在斑驳的墙面上画树和小鸟，父亲夸奖我画得很好，并亲手订了两本草稿纸鼓励我继续画。从此之后，我的“艺术人生”正式开启。童年的我天马行空地画着属于自己的连环画、泥塑、木雕……每次完成一件作品，家人都会给我很多鼓舞与称赞。时至今日，当我回想起物质匮乏的童年时，仍心存满满的富足感。
2018年成立平天品牌设计公司，在“斜杠青年”一词被社会广泛认可的今天，多元化的身份代表了时尚与价值，而我步入社会的十几年里，除了设计师，身上还没有第二种标签。乐趣、收入、家庭、存在感，皆因设计而实现。期间也曾思想跑偏过，问自己不做设计还有可能做什么？而随着岁月的增长，答案越来越确定，除了设计，没有第二种可能。

观点：
以我们自己的方式进行沟通，是最酷、最有效的！
有的设计师在创作时会使用很多的英文，觉得那样很潮，很有设计感。事实上，这样的设计可读性会变得比较差。我们知道，传递信息是“视觉设计”最基本的功能，如果这一点都做不到的话，其他的便无从谈起。从另一个层面来说，我们对于英文及其背后承载的文化，都是一知半解，极其表面。作为一个中国人，无论你再怎么奇思妙想，也无法与以英文为母语的设计师相匹敌，设计的独特性也就无法达成。而汉字则不同，在共同的语境下，沟通是最自然不过的事。
中国文化源远流长，汉字是最有代表性的文化载体，其本身就是伟大的艺术，比如早期的象形文字，每一个字都是一个故事、一个场景或是一幅画卷，生动而有趣。
我尤其喜爱汉字的图形化再设计。甲骨文、篆字、书法……当深入地研习之后，你就会发现它的无限可能性和延展性。以中华文化的精神内涵为“核”，以时代审美为形，展现中国文化的精粹，是我们义不容辞的责任。
一直以来我都认为好作品是鲜活的、有生命力的，与观者在思维方式和文化层面上有共通与交流，会讲故事，有情感，有打动内心的无声力量。

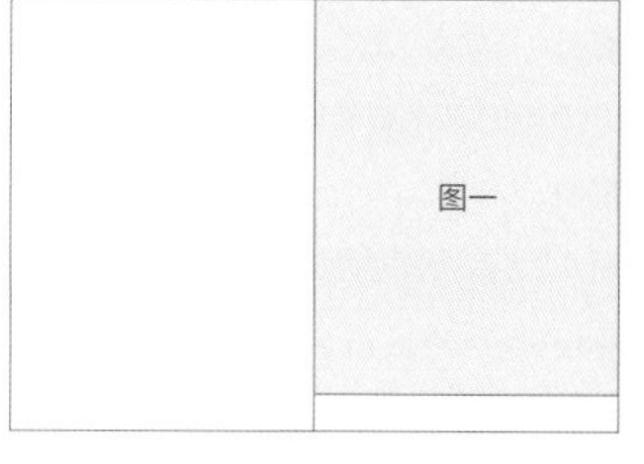

图一:【不可不茶】

一个爱茶的设计师原创的品牌，淡了一些商业的气息，浓了几许本真的味道。以中国文人审美情趣为核心，以现代的艺术手法表现茶独有的另一种视觉意境。

不可不茶，以茶喻人，献给懂得的人。

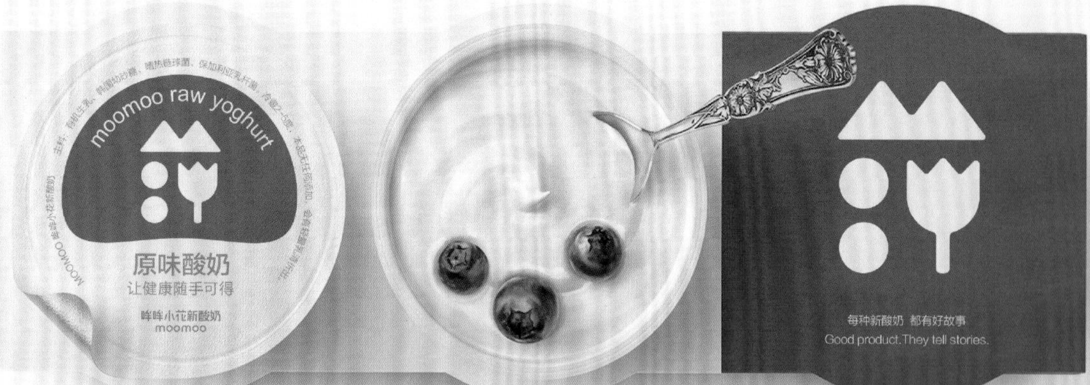

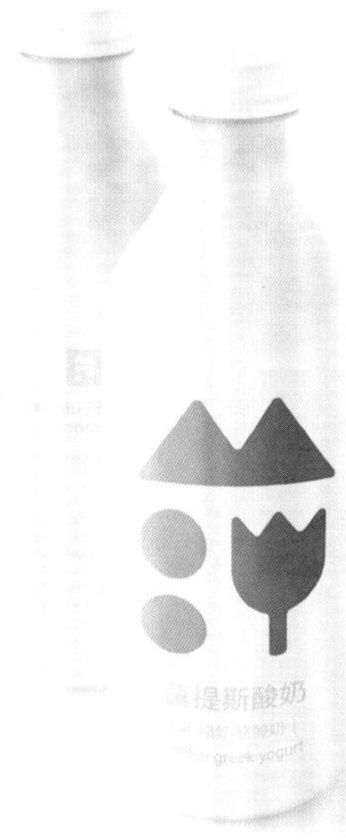

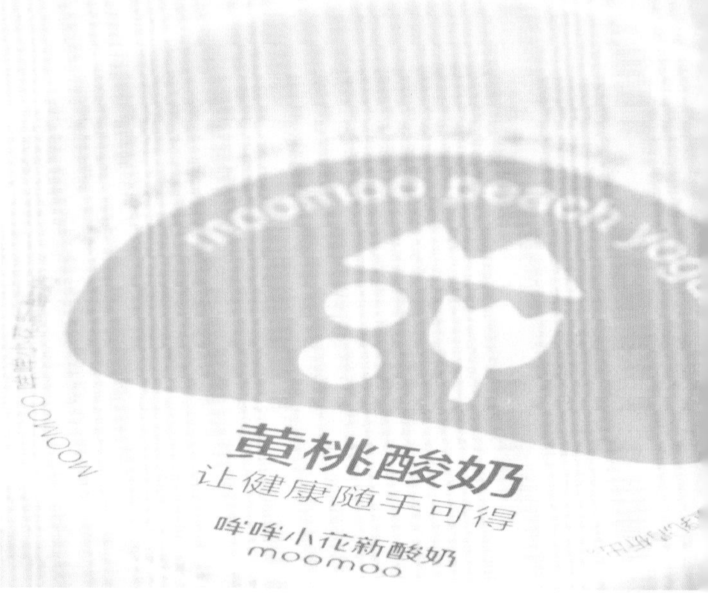

图二 图六 图七 图八
图九 图十 图十一
图三 图四 图十二 图十三 图十四
图五

图二～图五:【哞哞小花新酸奶】

哞哞小花产品研发部创立于2018年，致力于鲜奶及含益生菌酸奶的研究和产品标准化系统建设工作。哞哞小花产品研发中心经过与国外专家合作，不断扩大菌种库，目前已收藏3000多种优质菌株。所有菌株来源于不同国家和地区的天然原料。

亚布力森林温泉欢乐谷
ABULI FOREST HOTSPRING
HAPPY VALLEY

木北造型

昌林盛业

图六:【亚布力森林温泉欢乐谷】

亚布力森林温泉酒店，位于黑龙江亚布力，国家AAAA级旅游度假区内，这里有久负盛名的亚布力滑雪场。森林温泉酒店规划面积5万平方米，是集宾馆、温泉水疗、汗蒸、餐饮娱乐为一体的综合休闲养生度假酒店。

图七:【全洲拌饭】

全洲拌饭是一家以韩国饮食为特色的快餐品牌，经营场所为商场店和街边店，目标消费人群为90后。现有门店20多家，2019年企业品牌形象全面升级，风格更加时尚和年轻化。

图八:【花鲜素】

北京花鲜素国际贸易有限公司成立于2014年，公司致力于鲜花提纯饮品的极致研究，目前花鲜素精致玫瑰饮已经上市，是国内首家纯物理提纯鲜花精华饮品的企业。花鲜素提纯技术是经过5年的时间反复试验改进终获成功的一项最新技术，目前已申请国家专利。花鲜素也是中国鲜花饮品第一品牌。

图九:【魔冰新干线】

日式高端冰激凌，全部采用进口原料，倡导营养、健康、时尚。炫酷的品牌形象，契合目标人群的喜好，也诠释了品牌的高端品质。

图十:【木北造型】

凭借独到的审美视角、精湛的专业技艺，创造了属于东方人的发型潮流，多次被誉为“中国流行时尚的风向标”。木北企业下属两个板块：木北造型和木北护肤。经过8年的发展，目前已有门店近100家。

图十一:【欧屹方舟大酒店】

四平欧屹方舟大酒店是一家集大中小型会议接待、商务洽谈、餐饮、住宿于一体的综合性酒店。

图十二:【昌林盛业】

昌林盛业食用菌生产基地由黑龙江昌林盛业生物科技有限公司投资建设，项目总投资约2.5亿元，项目规划占地总面积84613平方米。

图十三:【酷帅锅自助火锅】

酷帅锅自助火锅是一家自助形式的小火锅，位于哈尔滨市服装城，总面积400平方米，菜品丰富价格实惠，消费人群以年轻时尚的大学生为主。

图十四:【乐嘉果完熟草莓】

定位高端人群，引进全套的日本草莓种植技术。只在完全成熟时采摘配送，有机安全，无需清洗即可食用。

邢超

品牌设计师
独立艺术家
视觉语言翻译研究员
CDS中国设计师沙龙会员
国际UGK平面设计联盟成员
开耳设计创始人
某某有才创意品牌创始人

擅长领域：

品牌视觉设计服务、童心相关领域视觉设计与研究、文创特色产品研发、戏剧节策划与设计

服务客户：

嫣然天使基金、故宫博物院、爱奇艺影视、三元食品、国际女性戏剧节、哈尔滨冰雪大世界、河北宾馆集团、爱慕内衣、白领服饰、5100矿泉水、清华大学经管学院、北京师范大学、佳卓教育集团、歌华集团、VANS

个人经历：

2003 ~ 2006年任职北京早晨设计文化传播公司设计师
2006 ~ 2008年任职主题心智企业形象顾问公司设计总监
2007年创立某某有才创意设计实验室
2009 ~ 2011年自由设计师
2012年创立开耳设计至今

设计故事：

邢超十一岁学习水墨画，童年的理想是成为画家，大学学习的专业是艺术设计，2003年毕业加入了北京早晨设计，期间很幸运能跟中央美院设计学院的院长、第一代告别剪刀的设计师、Adobe公司的视觉总监王敏老师共同做设计。印象中早晨设计工作室里的空气中都是设计与鲜花的味道，每天的工作是被美与高品质的设计包围着，貌似大脑神经元一提到“设计”两个字就会特别放电，肾上腺素飙升，他很好地保留了每一天的工作笔记与设计心得，也将在早晨设计学到的设计态度和精神在日后的工作中用心延续。每每翻开当时的笔记，往事历历在目，设计的信念和力量就会隔空注入，满血复活！感谢早晨设计创始人魏来，感恩每天一做设计就会感觉很幸福的在早晨设计的岁月！

到了2007年，白天他服务于各种行业的品牌与企业，要以专业的精神和态度来做好每一个设计委托，到了晚上，邢超在思考能否做一个好玩的品牌服务一下自己，于是他跟合作伙伴也是妻子的何桃便创立了“某某有才”创意品牌，希望把有才情、有才气、有才华的某某们汇聚在一起做好玩的东西，于是他们参加了那年的迷笛音乐节的创意市集，遇到了乔小刀、陈幸福、山人乐队，羽泉和徐克导演还光顾了他们的创意小摊，“某某有才”第二个月就被《艺术与设计》杂志刊登了，2008年夏天他们开始做“某某有才”的网店，做自己喜欢的好玩的创意设计产品是一件轻松有趣的事。

2012年邢超与何桃共同创办了开耳设计机构，同年成为嫣然天使基金年度服务伙伴。

转眼到了2014年，那一年的关键词是整合与转型，大公司、小公司都在思考着转型与跨界，邢超与何桃遇到了一个很有趣的机会，那就是去哈尔滨一整年只为一个项目——冰雪大世界，负责开发冰雪大世界的特色旅游衍生产品，他们尝试了十几种工艺、几十个品类的产品，终于突破了平面与产品设计的界限，在零下二十多度的哈尔滨收获了满满一整年的设计心得。有了那一年的经验，他开始跳出设计做设计，或者说以艺术的思维来做设计，思维方式也更加开阔与灵活了。

有了十几年的积累，也越来越多地得到了如故宫博物院、爱奇艺、三元食品等优质机构品牌的委托，让他笃信设计的力量，越做设计越如初见，越来越向内观照，要做深入内心的设计！

观点：

①好的设计是高品质的感官翻译，挖掘其本质，精准并质量翻译其核心意念。

②对待设计的态度，决定了设计的高度与深度。

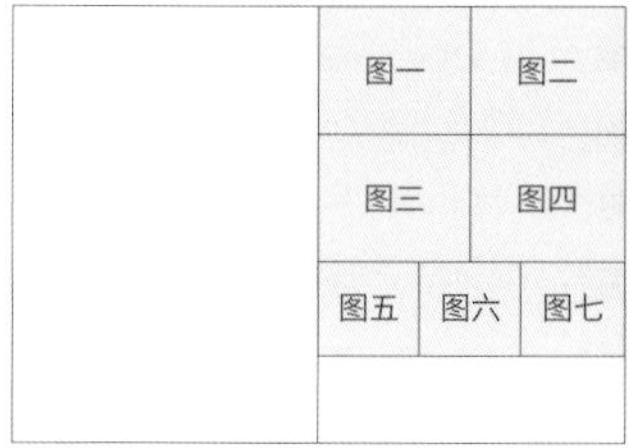

图一:【春天在哪里儿童科艺空间海报】

将春天里复苏的花草与动物结合，形成春天的精灵，用插画作为品牌传播的载体，让孩子们在空间中感受科技与艺术的融合。

图二:【春天在哪里儿童科艺空间宣传册】

图三:【春天在哪里儿童科艺空间字体LOGO】

图四:【春天在哪里儿童科艺空间室内海报】

图五:【春天在哪里咖啡杯】

图六:【春天在哪里手提袋】

图七:【春天在哪里单肩背包】

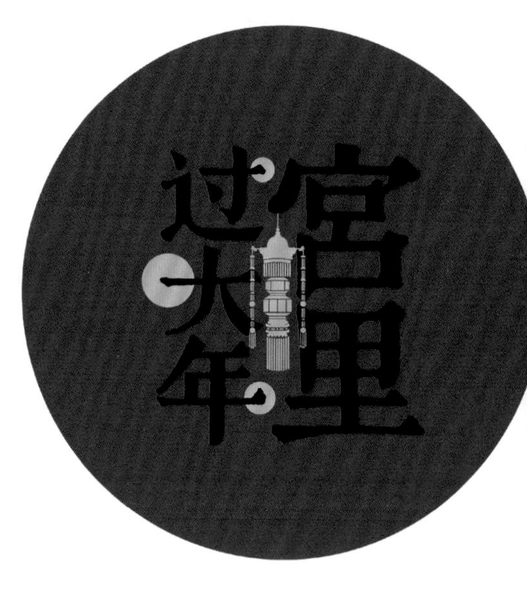

图八:【宫里过大年数字沉浸体验展海报】

“宫里过大年”数字沉浸体验展位于乾清宫东庑，围绕紫禁城传承丰厚的年节文化，以数字投影、虚拟影像、互动捕捉等方式形成节与人的互动。

图九:【宫里过大年LOGO】

LOGO设计将字体与代表宫中过年的宫灯图形结合，加上烘托年味气氛的三个圆点，抽象与具象融合。

图十:【万能工匠品牌玩具包装】

图十一:【万能工匠品牌宣传海报】

万能工匠玩具品牌将玩具的最基本元素演化设计为品牌吉祥物，将其造型灵活多变的设计契合品牌激发儿童创造力的理念，将创造无限可能的品牌意念用视觉的语言进行了翻译，力图展示打破了时间与空间的束缚，各种学科相互融合的可能性。

疯狂外星城 · RAMA是一座介于真实和幻想、教育和科技、艺术与科学、自由与规矩、疯狂与冷静之间的大型文化娱乐体验基地。它将是21世纪最重要的一种成长体验空间，它将超越常规课堂，充分激发儿童和成年人的想象力、鉴赏力和创造力，并在体验当中和体验后得到身心的愉悦和充分的休息。

图十二:【疯狂外星城科教空间装置设计】

将LOGO演化为一个神秘的空间装置，吸引观者走进宇宙，走进科学，走进未知的多种可能性。

图十三:【疯狂外星城科教空间宣传海报】

图十四:【疯狂外星城手提袋】

图十五:【疯狂外星城衍生品】

图八	图九	图十二	图十三
图十	图十一	图十四	图十五

呼伦夫

知名新媒体创意人
天脉聚源CDO | 创意总监
全球数字交互设计奥斯卡Promax&BDA金奖获得者
中国当代杰出广告人－新锐创意人
光华龙腾奖设计业杰出青年百人

荣誉奖项：

2007年微软SPACE SNS空间设计大奖
2013年兼任东方卫视互动程序设计总监/中央电视台体育频道创意顾问
2014年中国工业设计协会－信息交互设计委员会委员
2015年钛媒体中美边缘极客挑战赛冠军
2015年央视创意训练营特邀导师
2015年清华大学美术学院信息艺术系成立10周年演讲嘉宾
2015年Promax&BDA亚洲区金奖
2016年Promax&BDA全球杰出银奖
2016年十二届光华龙腾奖设计业杰出青年百人
2017年中国当代杰出广告人新锐创意人/广告人商学院总裁班特邀讲师
2019年受邀担任完美世界教育产业导师

擅长领域：

新媒体，人机交互，视觉包装，数字营销，大数据可视化

个人经历：

呼伦夫，全名孛儿只斤·呼伦夫，是蒙古贵族孝庄文皇后的哥哥温都尔亲王的后代，身上流淌着蒙古黄金家族的血液，从小受到民族文化和家族品格的熏陶，草原培养了他豁达的心境和天马行空的想象力，为之后的设计之路提供源源不绝的动力。从画画到编程到商科，多元化的学习经历，培养了他驾驭跨界创新的能力，成为了一名游走于科技与艺术的创意人，并获得了国内外创意和设计领域最高权威褒奖。

致力于电视节目与互动技术的跨界创新，发表专利超过300项，有丰富的交互视觉表现设计经验和技术能力，力求实现产品设计与商业价值的完美结合，能够把握科技主流方向，结合行业的痛点，运用跨界的思维和优异的审美品味，不断地创作出具有行业创新性的案例。曾经为《全景冬奥会》《豪门盛宴》《亚运风云会》《非同凡响》《声动亚洲》《优酷牛人盛典》《我要上春晚》《环球神奇炫》《中国梦之声》《我要赢》《我爱世界杯》《央视跨年晚会》《央视体坛风云人物颁奖典礼》《中国舆论场》《央视中秋晚会》《巴西奥运会》《中国诗词大会》《经典咏流传》等上百个电视节目和全媒体演播室打造互动内容，所设计产品累计观看或使用人数超过10亿人次。

设计理念：

设计源自生活，追求好的生活品质可以激活好的创意设计。作为设计师，要持续经营综合设计能力，融合艺术、科技与商业，设计真正有时代价值的作品。

图一：【中国舆论场虚拟观众席】

虚拟观众席外形设计灵感来源于参议院的交流模式，以弧形座椅和观众微信头像打造虚拟观众席的外观，观众席设计了推、拉、摇、移镜头，为节目现场营造生动的氛围。

图二：【李宁营销VR互动】

开创性地设计了VR全景游戏和广告曝光同步答题的营销形式。

图三：【体坛盛典虚拟观众席】

设计的坐席效果和真实坐席形成呼应，并在5000人的实体观众席上方搭建的一块30m长的投影幕布上呈现，微信头像全场实时参与直播互动，如弹幕、投票、拼字。设计获得全球Promax&BDA金奖。

图四：【央视体育盛典AR场景】

通过AR技术把晚会所在的体育场完全虚拟视觉化，给电视观众呈现出一个在宇宙星空里举办的晚会，同时观众的弹幕、投票和UGC短视频内容都会呈现在体育场的上空，丰富了节目的媒体表现维度，增强了电视节目和观众的互动效果，晚会播出时段实现了200万人同时参与。

设计不是孤立存在的，创意构思和驾驭技术的双重能力才能打造出精彩的大屏互动作品，思维表达的视觉化——思维手绘就变得尤为重要。一般来说，大屏互动设计的挑战主要是考验如何理解节目内容，然后把技术充分地表现出来，不能以炫技来喧宾夺主，这是一个感性+理性的相互交叉的思考方式。我负责过上百个节目的互动内容的制作，一般在和导演或节目总监探讨内容的时候，需要当场给出技术所能实现的效果，所以即兴的手绘功底非常重要，是打动对方的一个重要利器。同时对全案的把握能力也非常重要，比如演播室里的大屏幕可能是8K分辨率，需要考虑到画面的高保真，需要用集群渲染来实现，有些设计还要充分考虑到硬件的边界能力，比如异构屏幕，需要很多画面的叠加、裁剪和遮罩处理，所以在设计过程中就要模拟实际的环境。

图三　图四

CCTV 4
中文国际
vivo 智能手机
vivo 智能手机
新闻爱好者：叙利亚难民危机对欧洲国家的冲击，会对北约盟国态度有何影响？
LI-NING
N7–石宇奇同款
使用这个战拍>
360°VR 全景探秘球员试衣间

度突破奖

坛风云人物
金健茶油

钟辉

上海师范大学美术学院副教授、硕士生导师，艺术设计系副主任
湖州上海师范大学创新设计中心主任
上海工业设计协会常务理事
上海包装技术协会理事

擅长领域：

品牌策略、工业设计、空间设计、品牌设计、文创设计、编辑设计、设计教育

服务客户：

湖州南太湖新区、湖州练市镇、湖州善琏镇、四川木里县、湖北烟草投资公司、湖北黄鹤楼产业科技园、十堰金叶阳光、湖南浏阳市、浏阳文化产业园、浏阳金刚镇、上海师范大学、西南财经大学、浙江威谷光电、中烟新商盟、新云联广告、中国华源集团、中国医药集团、北京东方美亚房产集团、上海华屋房产开发公司、上海浦东保险经纪、上海共和保险经纪、吉利汽车集团、上海广电集团等

荣誉奖项：

第四届上海十佳优秀中青年设计师称号
白玉兰杯上海产品创新设计最佳创意创新奖
天府宝岛杯银奖、中国国际博览会产品创新设计奖，设计科研论文获上海市教委一等奖、中国教育部三等奖，6次获得上海市教委颁发的优秀指导教师奖、设计教育贡献园丁奖以及上海师范大学优秀教师等
作品多次参加国际展览/北京设计周/珠海设计周/中国IP展等

个人经历：

1998年毕业于清华大学美术学院工业设计系获学士学位
2009年毕业于韩国又松大学设计系获硕士学位
2013年毕业于韩国又松大学国际经营系获博士学位
2007 ~ 2013年全职任助理教授执教于韩国又松大学设计学院，在韩六年同时系统学习了品牌设计和工业设计，并全面考察了韩国的设计生态，多次组织中韩设计学术交流活动。回国后任教于上海师范大学美术学院，任产品设计专业主任并建立产品设计MFA硕士点。2018年协同上海师范大学和湖州市南太湖新区联合共建了HIDC创新设计中心并任中心主任，带领海归团队以创新设计赋能当地产业高质量发展。目前同时担任上海工业设计协会常务理事、上海包协理事、上海创意产业协会理事、韩国经营流通学刊编委等职。在20多年的职业生涯中参与了大量的设计实践项目，产品设计、品牌设计和空间设计等作品多次获奖，多篇学术论文发表于国际核心期刊或国内CSSCI期刊。多次担任官方举办的设计竞赛、项目评审评委，现担任多家企业设计咨询顾问。

设计感悟：

始终坚持大设计观，设计的价值体现在对人的真诚，对市场与商业规律的敬畏。从业二十多年，从科班学习到深入设计一线，从高校执教到商业项目实践，始终坚持手艺人的那份执着匠心与热情，去对待每一个设计上遇到的问题。我确实热爱设计，循着内心的冲动，去接受一次次从零开始的挑战。因此，设计上我不大细分行业，从品牌设计、空间设计到产品设计我都很热爱，并敢于去尝试。

我始终坚信实践出真知，虚心接受行业精英的启示。我认为设计始终是美好地解决问题的职业，基于这一设计理念，设计的首要价值即是否发现并解决了各类问题。聚焦的问题目的不一、形式不一，有的侧重解决某个市场问题，有的侧重解决功能问题、体验问题、材料结构问题，甚至是美学形式问题。这自然也就带来了设计方式的选择，是设计品牌，还是设计产品、包装或空间等？甚至是基于某个战略的全案设计行为。

我认为作为一个设计老司机，要敢于去突破自我设限，不受专业细分的局限，对我们而言是设计跨界与整合，对客户而言只有设计解决问题。至于解决问题的形式、手段与对工具的选择，这正是设计师自身需要不断修炼的功夫。我以这样的理念，进入高校，出入行业。以33岁大龄出国继续学习，从品牌设计到品牌管理，从设计管理到市场营销，带着不断突破设计边界的理想一学就是6年。不知不觉，从设计小白已到中年大叔，对设计的热爱依然还在，依然喜欢探索设计的多样性，依然享受着设计项目带来的那份成就感。总而言之，干就对了。

	图一
	图二
	图三

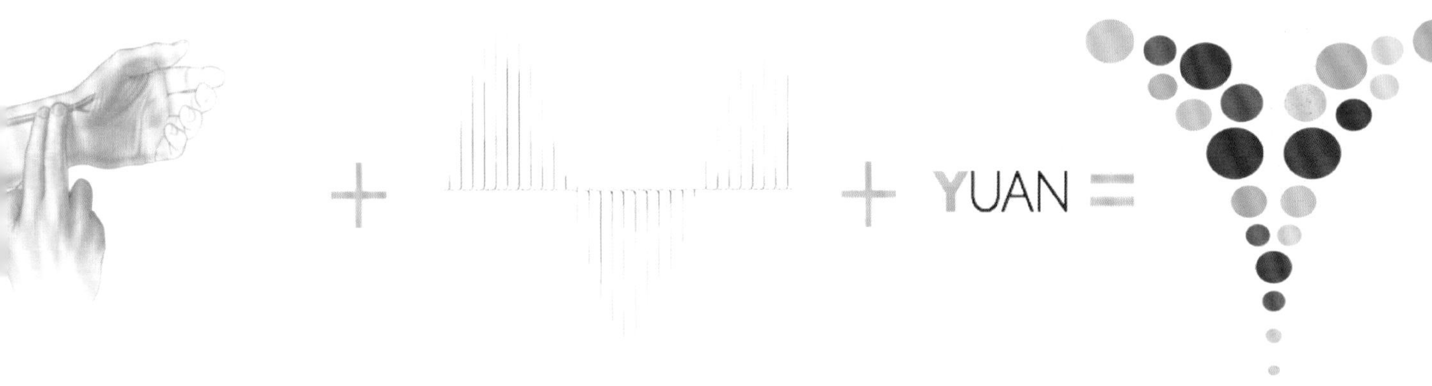

图一～图三:【Yuan Spa品牌与空间设计】

图四~图六:【FSShelf智能商品展示架】

智慧烟架的设计打破了传统烟架的形式，创新性地将电子标签以及透明屏融入设计中，并结合当前物联网的概念，通过集中控制电子标签上的价格以达到相关部门统一管控香烟价格的目的，同时透明屏的设计，能够为新品的推广提供一种新的途径。

通过模块化的设计，使智慧烟架适应不同的商铺的尺寸，从而增强了烟架对环境的适应性。产品整体采用钣金加工工艺，一方面使烟架更加美观时尚；另一方面，钣金的应用也大大延长了烟架的使用寿命。

<table>
<tr><td colspan="2">图四</td><td colspan="2">图七</td></tr>
<tr><td>图五</td><td>图六</td><td>图八</td><td>图九</td></tr>
<tr><td colspan="2"></td><td colspan="2"></td></tr>
</table>

图七～图九：【百坦集文创之“善琏湖笔”】

百坦集是2019年由钟辉博士在湖州南太湖上海师范大学创新设计中心所孵化创建的文创品牌。品牌“百坦集”，取湖州本土方言名句“百坦”，意为“慢慢来”，即本地人悠闲生活与慢条斯理的慢城生活写照。

文创产品“善琏湖笔”，为湖州市善链镇原创设计的毛笔套装礼盒，是品牌“百坦集”系列文创产品之一。该设计通过蒙恬造笔的故事、善琏镇典型的人文场景来获取设计灵感，以版画和圆形窗口的形式描绘了当时善琏笔工制笔时的繁荣场景，在纪念先祖的同时也传承了中国非物质文化遗产。

胡雪琴(Helen Hu)

中央美术学院博士、副教授、硕士生导师
中央美术学院城市视觉文化研究所副主任、城市视觉设计工作室导师
2010 ~ 2019年天鹤奖国际创新设计大赛暨大展组委会秘书长、执行总监
ICAA国际艺术创意联盟执委会秘书长
北京鹤与飞文化传媒有限公司创始人、创意总监

擅长领域：

国际艺术设计领域学术策展
教育交流活动策划
城市文化旅游品牌创新策略与创新服务设计
跨媒体品牌传播策略与体验式视觉形象系统设计

服务领域：

展览活动策划、创新品牌策略＆形象系统设计、新媒体视频传播设计、文化创新产品设计、书籍装帧、主题展示空间设计、创新服务设计等

参展＆奖项：

作品多次入选参展，先后获得迎世博国际海报设计大赛三等奖、2009年北京ICOGRADA世界设计大会暨北京国际设计周“中国国家大剧院印象”创意设计全球征集活动优秀作品奖、新闻出版署金牛奖等，应邀参加“IDEEC 2019美国国际设计教育博览会暨国际设计教育论坛”，2019年北京设计周“YOUR CASE,MY CASE”中荷国际设计论坛，“中国美术馆国际设计邀请展”，古巴哈瓦那“中国现代海报设计”展，中央美术学院美术馆“2008北京奥运设计大展”，吉林长春“中韩女性设计师邀请展”、北京中国国际展览中心“设计之星：中国艺术院校院长提名展”（2013年）等展览

展览＆活动策划：

作为独立策展人，成功策划《天鹤奖国际创新设计大赛、大展暨国际创意设计论坛》（2010 ~ 2019年）、《2019大湾区生活艺术节暨中国室内设计高峰论坛》（2019年）、《万物共生：天鹤奖国际创新设计大展暨郑州设计周启动仪式》（2019年）、《界面的延展：2016中国动态文字与图形设计邀请展》（2016年）、《连线：ICAA国际艺术创意联盟圆桌论坛》（2015年）、《设计之星：中国艺术院校院长提名展》（2011 ~ 2014年）、《地平线：开放的传统》特邀展（2014年）、《2013中国国际独立设计师邀请展》等展览

个人经历：

2011年毕业于中央美术学院，主攻新媒体环境下的平面设计创作与研究，获博士学位。自2004年至今，先后参与2008年北京奥运会形象景观设计、中国国家大剧院导视系统设计、《中国美术60年》大型画册、人民日报社品牌系统再设计、中国国家体育总局品牌形象系统设计、“数字中国”吉祥物等多项国家级设计项目；设计指导2010 ~ 2019年天鹤奖国际创新设计大赛、大展暨国际创新设计高峰论坛整体视觉品牌形象系统、2019年雄安城市家具设计大赛整体视觉形象系统设计等项目；自2009年起至今，主持城市设计学院全院跨专业实验教学课题——《17岁课题：城市青年文化与时尚设计趋势研究》，带领课题组师生，积极与地方政府、文化机构、企业合作，展开传统文化与本土文化资源的挖掘与研究，针对具体课题提出创造性的解决方案。

观点：

在日新月异的数字技术与网络传播技术的巨大影响下，处于产业链中的平面设计，不断被推出原有的边界，与其他设计学科跨界融合、设计方法不断迭代。如何才能持续地与终端客户建立有价值的可靠关系？从创新品牌策略到创新服务设计，随着品牌接触点策划的进行，立足于平面设计学科的BDI(品牌驱动创新)，是一场多学科设计的探险，组织可信性和终端用户相关性越来越被视为创新和设计的关键成功因素。在这种环境下，我将品牌看作对创新的富有启发性和战略性的坚实驱动力。

	图一	
	图二	图三
	图四	图五

图一～图五：【万物共生：2019郑州·天鹤奖国际创新设计大展】

由中央美术学院发起主办的“天鹤奖”国际创新设计大赛，2010 ~ 2019年分别在北京、成都、青岛、海口、福州、郑州、佛山等地成功举办9届，成为推动中国创意设计产业发展、扶持中国青年新锐设计力量成长的重要平台。大赛以“翼”为核心理念，“翼”首先意味着设计本身，它已经成为社会创新的沃土，更将成为最具活力的发展领域之一；“翼”也代表着今天最优秀的创新设计：在一个突破性的创新里，新的实际解决方案几乎不可避免地带来新的社会意义，同时，“翼”也代表着天鹤奖的寓意及希翼，希望天鹤奖成为优秀设计师的成功之翼，扶持助成最具社会意义和价值的创新设计。本届大展聚焦于创新产品与新生活方式，以“万物共生”为主题，将当代艺术设计思潮与中国传统生活美学理想并置，反映时代背景下中国社会新生事物的极速发展，文化艺术创新领域“万物生长”的勃勃生机，以及人与地球、人与自然、人与社会共生共存的关怀。设计灵感来源于北宋郑州著名建筑学家李诫的《营造法式》——榫卯，榫卯结构中最为大众所知的鲁班锁抽象形成为此次展览的主视觉元素。

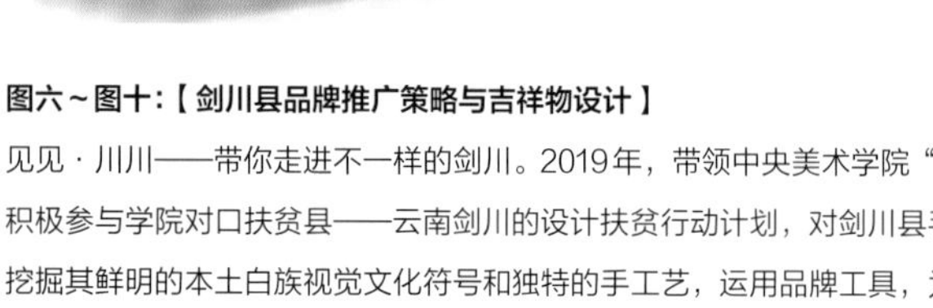

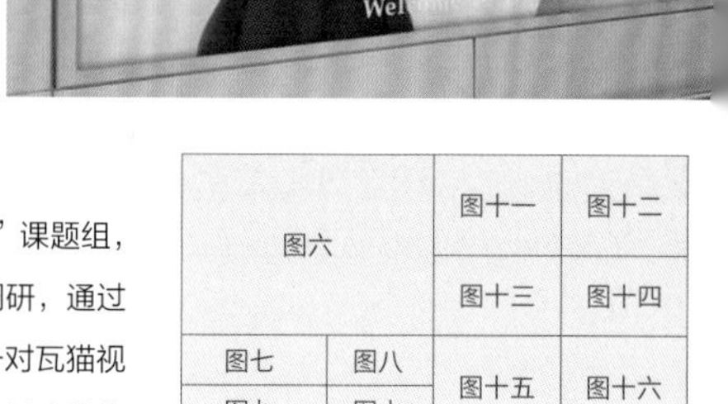

图六~图十:【剑川县品牌推广策略与吉祥物设计】

见见 · 川川——带你走进不一样的剑川。2019年，带领中央美术学院“社会公益品牌创新与服务设计”课题组，积极参与学院对口扶贫县——云南剑川的设计扶贫行动计划，对剑川县手工艺以及本土文化资源展开调研，通过挖掘其鲜明的本土白族视觉文化符号和独特的手工艺，运用品牌工具，为当地创造【见见&川川】这一对瓦猫视觉形象，帮助塑造全新的剑川超级IP（Intellectual Property）形象，提升知名度和美誉度，从而促进当地文化旅游业和非遗手工艺业的发展，推动本土经济增长，为剑川的创新发展注入全新动力。

<table>
<tr><td colspan="2" rowspan="2">图六</td><td>图十一</td><td>图十二</td></tr>
<tr><td>图十三</td><td>图十四</td></tr>
<tr><td>图七</td><td>图八</td><td rowspan="2">图十五</td><td rowspan="2">图十六</td></tr>
<tr><td>图九</td><td>图十</td></tr>
<tr><td colspan="2"></td><td colspan="2"></td></tr>
</table>

图十一～图十六：【瑞金市城市品牌形象再造计划】

瑞金是共和国摇篮，有着鲜明的红色文化基因。这套方案，通过对瑞金本土文化资源和红色革命元素的挖掘与提取，以简单大胆的图形化语言塑造出全新的瑞金城市形象。鲜明而充满活力的形象，传达出瑞金城市独特的气质，吸引更多的年轻人感受领悟城市所积淀的中国革命故事和精神。

邵云飞

商业视觉设计师
站酷、EKOO等知名设计平台推荐设计师
尖荷系全国设计实战导师
首届《来自家乡的红包》河北版设计师
河北省两所高校客座导师
河北青年美术家协会会员

擅长领域：
快消品包装设计

服务客户：
曾为君乐宝、三元、雅客、蜡笔小新等品牌提供包装设计服务，以及为品牌意识苏醒的各级企业提升视觉形象设计。

个人经历：
校内经历不必说，校外经历不敢说；工作经历太平凡，奋斗经历略俗套。所有的琐碎经历、零散认知、无聊爱好，构成并影响着设计师的创作思维，而这一切看起来却是那么不值一提且不务正业。

设计理念：
商业设计最重要的不是灵感，而是逻辑。无论雅或俗、惊叹的创意或直白的叫卖，最终目的都是为了产生价值。商业设计是为市场服务的，不能提升价值的作品等于废品。

设计感悟：
悟性比努力更重要，所谓功夫在诗外，所谓举一反三、触类旁通。

图一：【盱眙大闸蟹 · 蟹礼包装】
世人皆知阳澄湖大闸蟹，却鲜有人知盱眙大闸蟹也是上乘美味。充分考虑国人节庆礼品消费偏好，中国传统色彩结合盱眙标志性景观，让传统元素焕发光彩。

图二：【自贡灯会主题曲奇包装】
灯会为中华传统文化，曲奇为现代舶来品，以现代手法将传统文化融入包装传播。

图三：【食美果冻包装】
通过晶莹剔透不同状态的“果冻人”，来隐喻不同食品成分带来的健康。

图四：【巧润庄园阿胶糕铁盒装】
王家卫电影《花样年华》给无数人心中印上风姿绰约的旧上海佳人形象。如果有什么是可以体现东方女性韵味的，那身着旗袍的旧上海美女是不可忽略的一个符号。包装以复古风格展现东方韵味，沉稳色彩体现了阿胶产品的厚重感。

图五：【英堡长青糖果袋装】
澳资企业产品包装升级。灵感来自少女成长过程中对成年世界的期待，来自第一次偷涂妈妈口红的窃喜，来自她们渴望长大的小心思。

图六：【NUT FAMILY 干果包装】
通过三种馋嘴的动物来对应不同坚果和干货产品，肚皮部分透明镂空处理，方便消费者观察内容物。

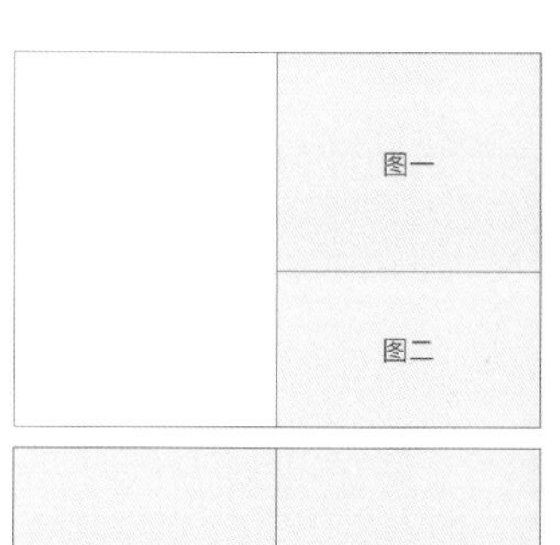

缘鲜生
盱眙
水闸蟹
脂丰膏满·鲜香四溢
狮灯
贡礼
Cookiel
NetWt:240g
龙灯贡礼
Cookiel
NetWt:200g

Vitamin
Jelly
维他命
果冻
lactic acid
bacteria jelly
乳酸菌
果冻
OPEN
HERE
Camellia
Jelly
茶花素
果冻

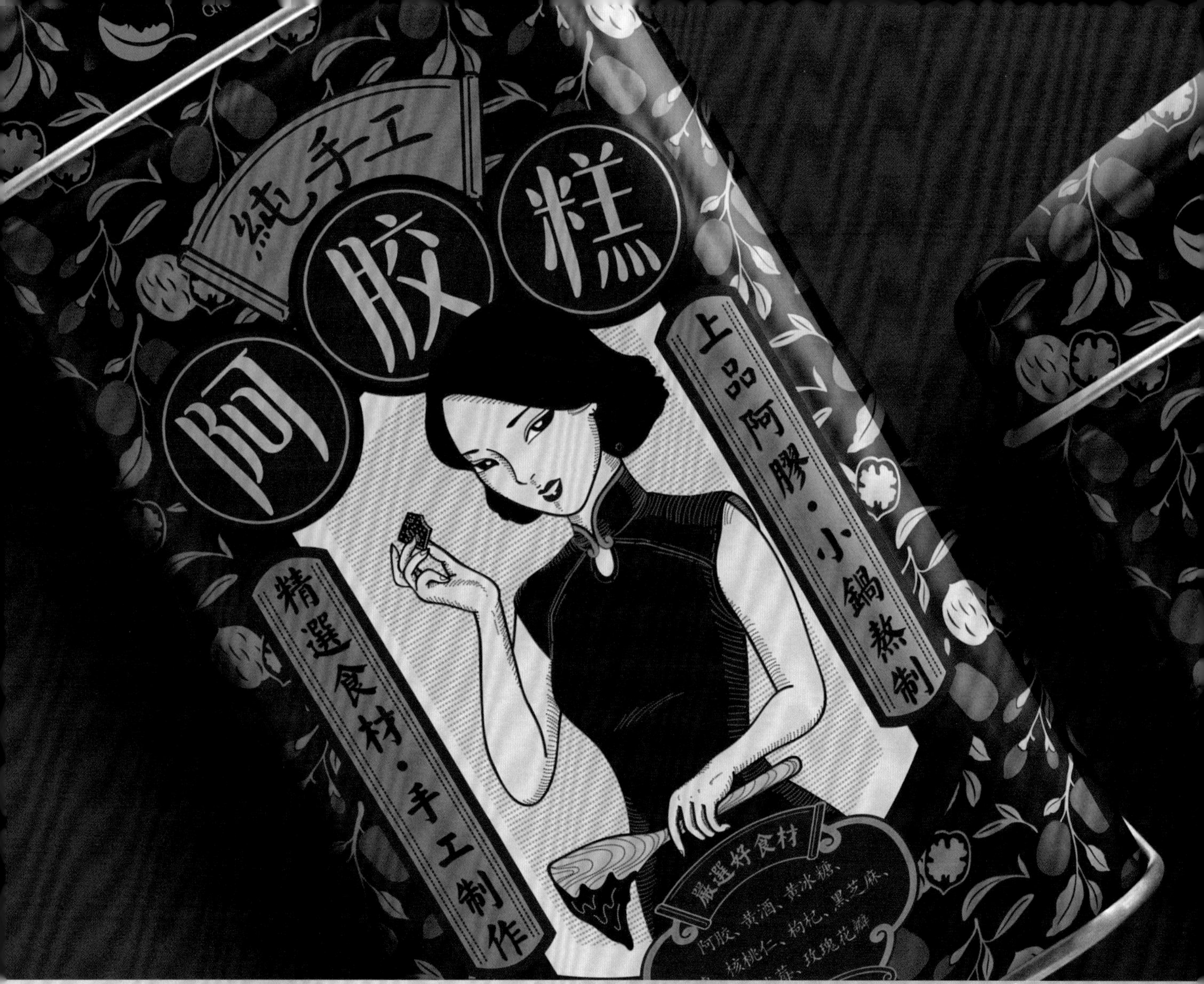

Wach
玩趣
萌主法宝
Cute Magic
NET WT: 25g
口红糖&钻石糖

Wach
玩趣
CUTE MAGIC
爱的甜蜜
Sweet Love
NET WT: 25g
心钻糖&钻石糖

NUT FAMILY
DRIEDCR-ANBERRY 北美蔓越莓
30g
DRIED CHEESE 荷兰奶酪干
30g
BAKING BADAM 炭烤巴旦木
30g

高书凡

RUIGOOD睿高品牌顾问创始人、执行董事
YIBRAND一划餐饮研究中心策略总监
CCII首都企业形象研究会全权会员
郑州市平面艺术设计协会学术委员
全国多所高校客座教授、特聘教师

擅长领域：

企业发展战略、品牌创建、品牌识别系统、品牌管理、整合营销传播

服务客户：

苏粮集团、纽科伦、中国粮批、盛世开元、君荷酒店、合记烩面、老雷酒记、云鼎汇砂、小二牛大、东一合、花花牛、唐李季、豫副茶缘、豫副酒源、中原金控、汉力金融、卫华集团、宇通客车、冷极、丰乐樱花园、盛世开元婚庆岛、曲悦、首尚格释、河南博物馆、格华美、恺洁芭蕾、腾发、苏园、温馨园等

荣誉奖项：

2012年CCII第8届国际商标标志双年奖
2014年CCII第9届国际商标标志双年奖
2015年Hiii Typography 中英文字体设计大赛
2016年CCII第10届国际商标标志双年奖
2016年金点设计奖
2017年第11届澳门设计双年展
2018年CCII第11届国际商标标志双年奖
2018年香港设计师协会环球设计大奖
2019年GDC设计奖（GDC Award）
2019年第五届CTYPEAWARDS亚太化妆品创意大奖

个人经历：

在家庭的熏陶以及父亲的引导下，高书凡从小到大比较多地接触到艺术领域。设计专业出身，走上设计之路，在他心中这是一种必然，他始终觉得做设计才是自己应该干的事。

2003年毕业后，高书凡先后在上海、北京国内领先的品牌设计公司任职美术指导、设计总监，站在前沿，看到和接触到的都是时代最潮流的理念和元素，对于有专业水平的他来说是一个成长与发展的机会。北上广是设计和创意产业的孵化地，它孕育市场，孕育平台，孕育人才。经过几年的积累与发展，通过经验与资源的累积，高书凡决定回到郑州，帮助中原企业树立品牌，成为行业翘楚。

2009年，联合发起成立郑州平面艺术设计协会并任第一任会长，以非营利为原则，本着交流、合作、共进、共荣的宗旨，力在促进郑州市设计行业互动与发展，规范行业竞争；展现杰出的设计成就，鼓励和促进专业创作和探索的学术精神；推动社会对设计的关注，促进协会和国际专业机构的学术交流；与大中专院校紧密联系，为社会培养更多优秀设计人才；提高郑州市创意产业的强大影响，将设计更好地服务于河南本地经济、本土企业。

自2007年起，高书凡还在多所艺术院校任职特聘讲师、客座教授、毕业设计答辩委员等，在艺术教育领域传授自己的知识，培养一批又一批的艺术人才，润物无声，桃李争妍！

2006年，高书凡与孙晓文共同创立Ruigood睿高品牌设计有限公司，专注于为客户创造品牌价值，提供品牌系统建设、企业文化系统建设，致力于为客户创造、改善和维护最宝贵的无形资产——品牌。多年来，Ruigood睿高公司尽量避免把客户聚焦到某一个领域或行业，公司的客户各行各业都有，当然，也不局限于某一种风格，因为这样公司的设计师能有更大的成长和发挥的空间。

设计感悟：

让品牌自然生长。

Design is the soul; stress dynamic vitality.

谈及设计观，高书凡觉得，这应该从两个方面来讲，一种是从某个知识领域掌握的，或者从外部认识到的，还有一种是通过设计师自身多年行业的积累、沉淀，总结出的。设计观跟人生观很相似，人要有所谓正确的三观，设计师也需要有正确的设计观。

他觉得做设计最主要的是源于内心的喜欢，甚至有些时候有的设计师说是“为设计而生”，他也是比较赞同这种说法的。你必须喜欢这个行业、热爱这个行业，享受设计带给你的满足感，而不仅仅把它当成一种谋生的工具，只有这样才能把设计做到极致。另外，在做一个项目时，要想把它做好，必须把自己当作甲方的一份子，设身处地地去考虑问题，这样才能更有效、更高效地完成项目。

通过多年的经验积累，个人的设计观是：“自然的就是最好的！”这，也是他一直坚持的观点和原则。他的创作理念，简单来讲就是“施法自然”，这是道教的一个理念，就是向自然学习，因为自然永远是取之不尽、用之不竭的。

一个品牌就像一个人一样，首先要给品牌做一个定位，它到底是哪个行业的，它在这个行业定位在高中低哪个层次，它的目标受众是哪些，最后，根据这个定位我们再给它一个合适的名字。有了名字，就跟一个人一样，它知道自己叫什么，再塑造出它的形象气质、走路的形态等。自始至终，他提倡的是，让品牌自然生长，把品牌的基因、基础打造好，其他的就自然而然呈现一种自然的状态。

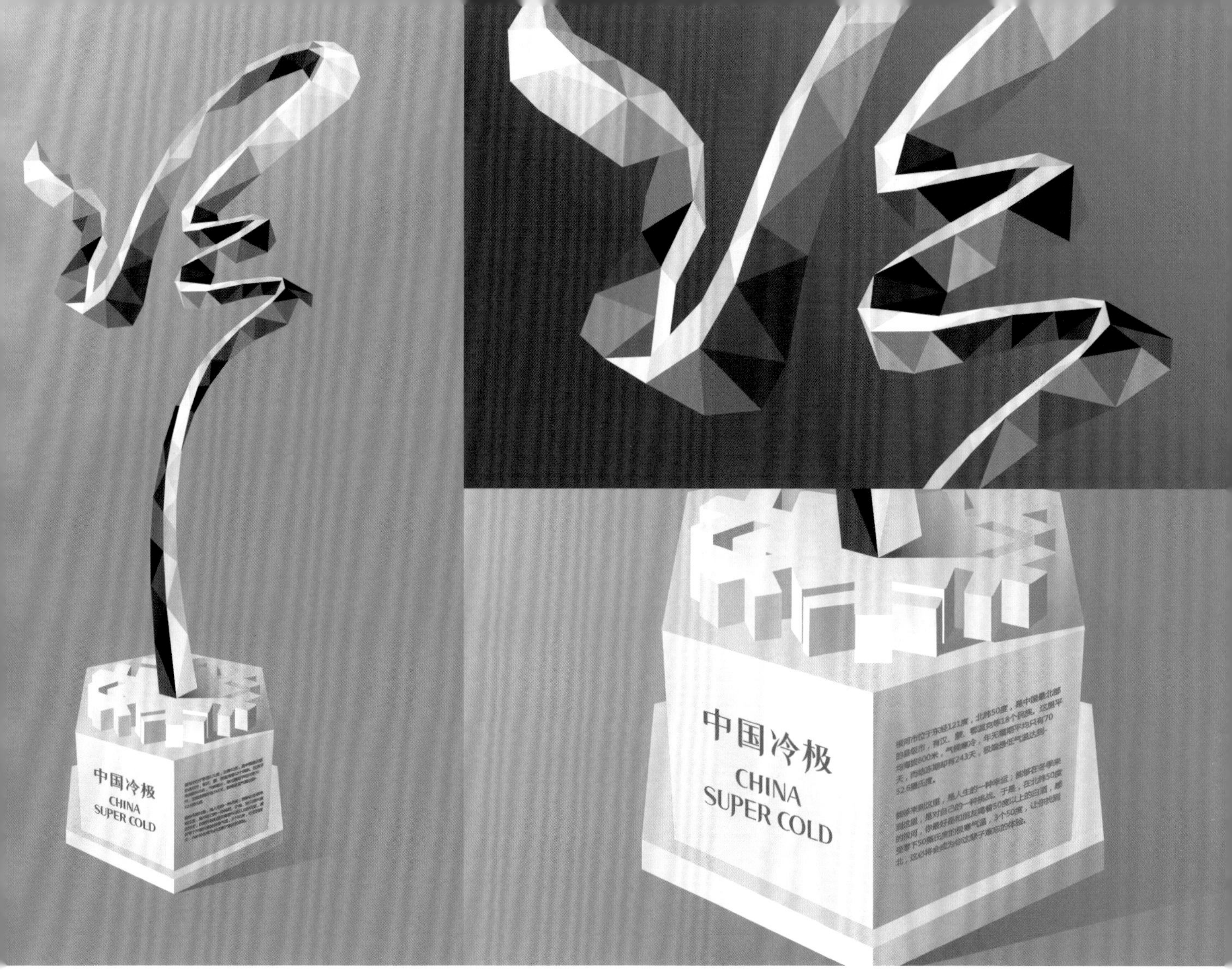

中国冷极
CHINA
SUPER COLD

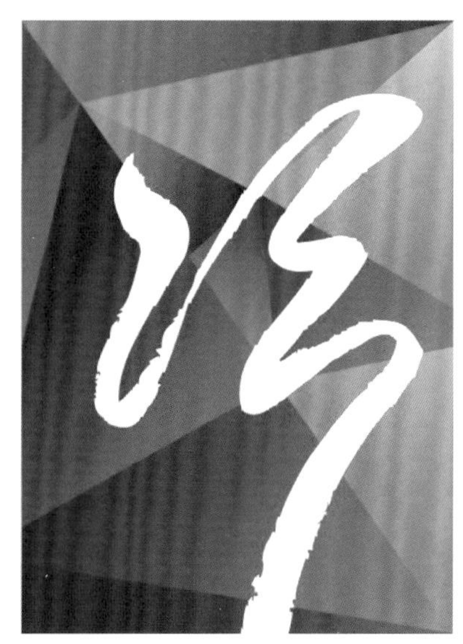

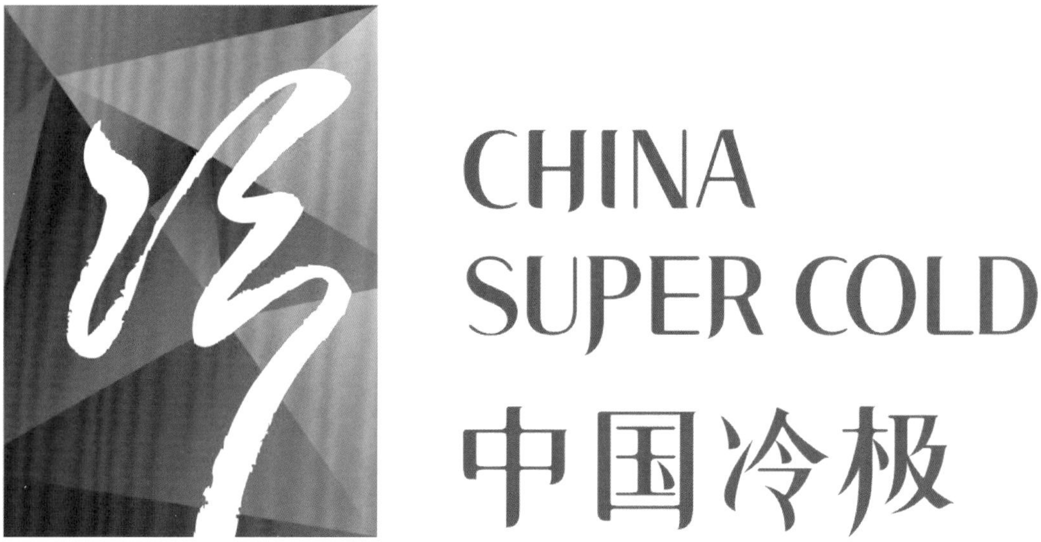

CHINA
SUPER COLD
中国冷极

图一～图四：【冷极】

在对冷极的设计理念中，我们将概念锁定为“冷、根河、冰、雪松、哈达”，由此诠释中国冷极核心识别的专属性与唯一性！草书“冷”直观体现出冷极的特有属性——“冷”；同时，纵任奔逸、灵动自如的造型充满中国特色与意境之美；曲线挺拔的姿态又如连绵起伏的林海雪原般美丽迷人，令人深深向往；蜿蜒的河流形态体现根河人赖以生存的母亲河——根河；飘逸的姿态象征哈达，体现根河人对中外游客的友好与热情！

图五:【格华美】

艺术之美体现在“形”与“神”，以“形态之美”突出“神韵之美”！好的设计能代替语言传达想要说的信息，将一切美好的语言融入一个符号中，用心去感受，其中的美妙不言而喻。教育树人，是格华美的立业之本。每一个孩子，都是一颗闪耀的明星，汇聚在一起才成就了格华美。这里是孩子开启华美人生的起点，在这里，让孩子受“艺”终生!

图六、图七:【廿坪】

中国传统文化中常将“二十”写作“廿”，作“廿坪”，文而不涩，雅而不过，这一小小的变化本就是创意的展现，更加深刻地凸显出“廿坪”的文化底蕴。“鸟鸣庭树上，日照屋檐时。”屋檐具有中式建筑的专属性，片片瓦砾，层层叠加，这份厚重而又沉稳的文化气质正符合“廿坪”的茶韵。屋檐强化了“坪”的概念，以复古的手法描绘出一片独一无二的屋檐，体现了时间的沉淀，怀旧而又历久弥新。

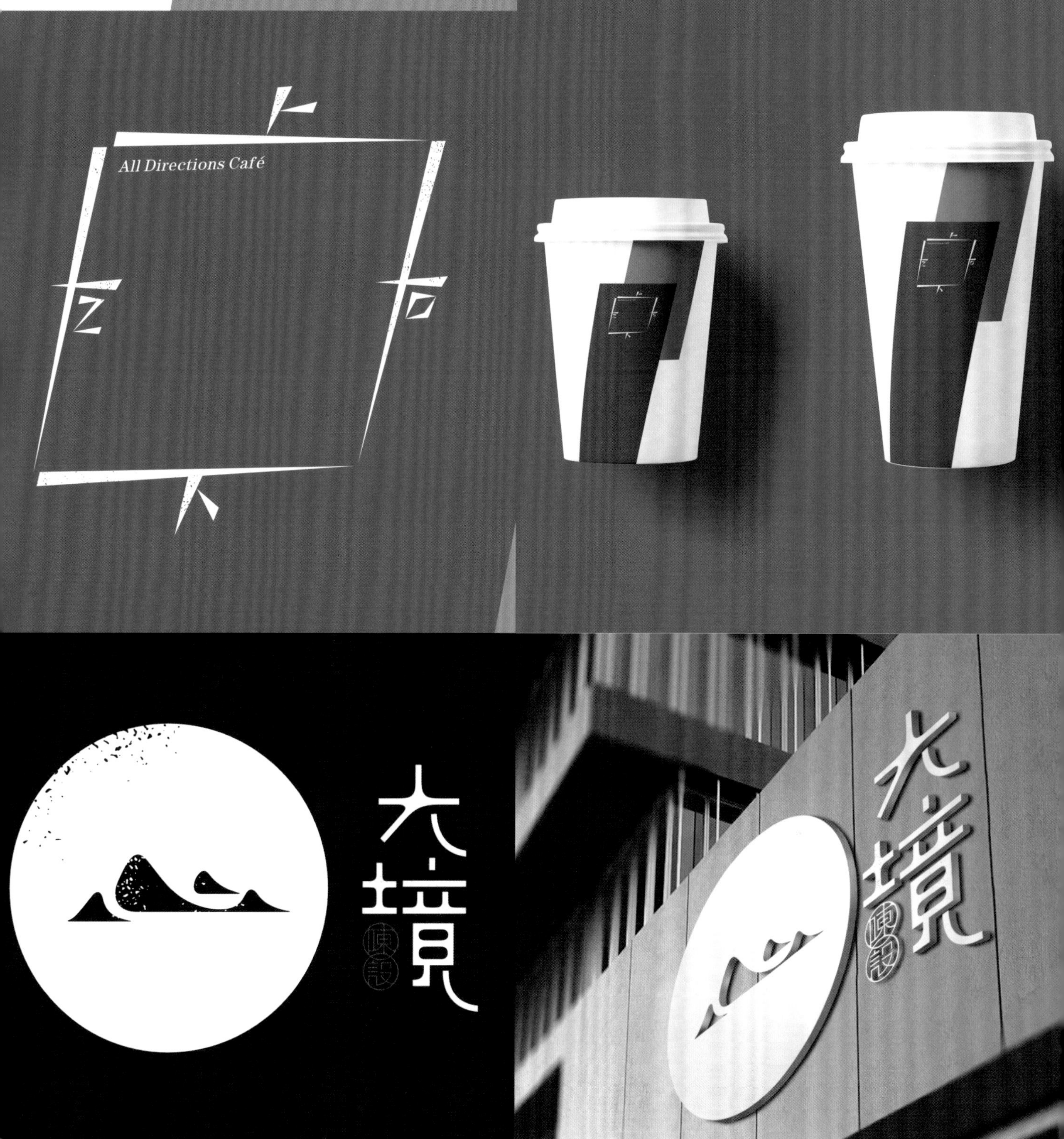

图八、图九:【上下左右】

“上下左右”为不同方位词，透露出人生之丰富，变幻之莫测。然这四字却合而为一，组成一个“中”，从面上看是设计手法之巧妙，实则又讲述一个人生哲理，人立于世，万千选择，上下左右，不可忘“允执厥中”。

图十、图十一:【大境】

寄情于景、寓情于境，皆由心生。标志完整地呈现出了“境由心生”的内涵，一颗心是情感之源，是情之归属。陈设是设计灵感的最终呈现，所营造的意境是与心灵的触碰。这一景象，充满了东方神韵，艺术感油然而生。“大境”是时尚与创意的结合，更是情感与美学的交流，让每一幅作品都成为经典！

<table>
<tr><td colspan="2" rowspan="1">图五</td><td>图八</td><td>图九</td></tr>
<tr><td>图六</td><td>图七</td><td>图十</td><td>图十一</td></tr>
<tr><td colspan="2"></td><td colspan="2"></td></tr>
</table>

王全杰

资深设计师、策划人
毕业于清华大学美术学院（原中央工艺美术学院）
北京致翔创新设计咨询公司品牌总监
帕奇联合顾问有限公司联合创始人

设计感悟：
让文化与人
自然而然地发生关系

传统文化之所以具有持续的生命力，
尊崇万物平衡、包容并蓄的东方价值观是核，
包裹其外的文化则以各种载体去释放这种价值观能量，
这里除了可知可感的“物”，
还有我们延续了几千年的习俗、思维、语言等。
因此传统文化对于现代中国人来说，
就是一种自然而然的呼吸，
只不过当下我们需要更多的触发，就像婴儿初生，
由羊水供氧转化为空气吸氧时产科医生的那一巴掌。
所以，对于传统文化的持续耕作和转化，
设计师就恰似那个产科医生，
找准促成痛快呼吸的那一巴掌的契机（合理的场景与手段），
得以让文化与人自然而然地发生关系，
从而实现从设计到产品、从产品到商品“两个转化”。

	图一	
	图二	图三

图一～图三【炽魂电竞PC】

产品和品牌从无到有，两年估值两亿美金的独特视觉密码。

精准的产品定位、精准的市场切入、精准的用户描述、精准的体验设计，以及与之匹配精准的品牌概念和视觉表现。发端于核心标志（图腾符号）的视觉形象整合设计解决方案，包括了特立独行的专用字体，独特设计概念的意念图形，以及在品牌、包材、产品、界面、传媒的跨界设计表现。

客户：鼎聚科技

服务内容：创新咨询、品牌策划、视觉设计、产品pi、产品设计、UI设计

服务时间：2016 ～ 2018年

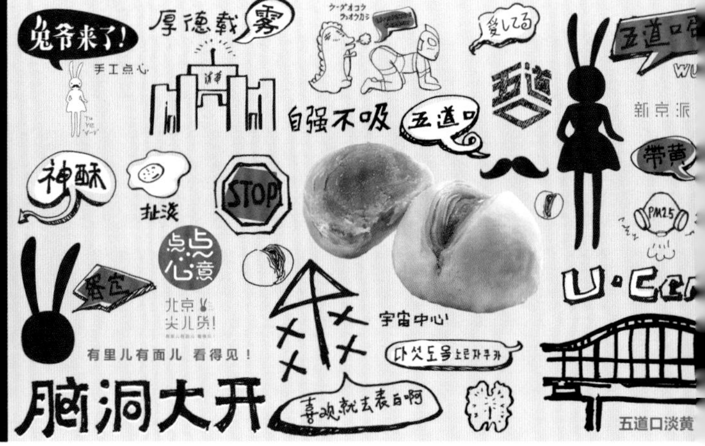

图四～图六:【兔爷来了】

傲傻疯的北京大妞IP形象

兔爷，传说中老北京消灾辟邪的吉祥物，如今最具代表性的北京非物质文化遗产之一。结合视觉设计、产品设计、空间体验及品牌传播，开创了具有鲜明IP性格和产品特色的新中式点心品牌，也成为北京伴手礼消费市场的新选择。

客户：兔爷科技

服务内容：品牌策划、形象开发、衍生设计等

服务时间：2016 ~ 2017年，2012 ~ 2014年

图四		图七	
图五	图六	图八	图九

图七~图九:【“鱼汇”湿地公园】

湿地生态和“鱼”文化主题园区

“鱼渔余娱愉——乐”的设计概念凝练和“鱼汇”“鱼道”“庆礼堂”等分级标志形象设计、系列意念图形创作，配合园区建设开发和运营管理的同步要求，提供视觉形象整合设计落地解决方案。

客户：金福艺农

服务内容：设计研究、形象体系策划和设计开发、导视系统设计、衍生设计、营销体验等

服务时间：2012 ~ 2014年

张维

知闲视觉艺术设计（北京）有限公司创始人
后海兔二爷原创品牌创始人

社会身份或荣誉奖项：

北京市东城区优秀人才
中国非遗协会理事
“紫禁城杯”中华老字号文化创意大赛
万泰元茶品包装设计特别金奖
天安门酒包装设计金奖
盛锡福包装设计银奖
2017年文交会文创大赛后海兔二爷茶礼最具创意产品奖
2018年北京文化创意大赛后海兔二爷最佳文化创意奖

擅长领域：

品牌设计、品牌视觉IP化

个人经历：

土生土长的北京女孩，自小随父亲学画，一路在美学与设计的道路上狂奔。中国人民大学艺术学院设计学学士，2008年北京奥运会形象景观系统主创设计，2011年成立知闲设计品牌，团队以当下美学艺术视角探索中国传统文化，致力于品牌设计、主视觉设计、IP吉祥物设计、包装设计、衍生品设计。首届北京国际设计周视觉系统设计，建党90周年标志设计，世界女子9球锦标赛标志及视觉系统设计，晋江2020世中运赛事标志及视觉系统设计，青岛国际啤酒节视觉系统设计，参与大量国家大型活动及体育赛事。因为对北京民俗文化的热爱与情怀，创立了后海兔二爷文创品牌，新北京新IP去讲述北京故事，京腔京味地传达北京韵味与文化。

设计理念：

· 以艺术的精神做设计
· 热衷以明快碰撞的色彩去表达中国传统文化与内涵
· 传承、融合、演化
· 从文化研究到商业实践
· 以设计的视角延续文化，传承艺术

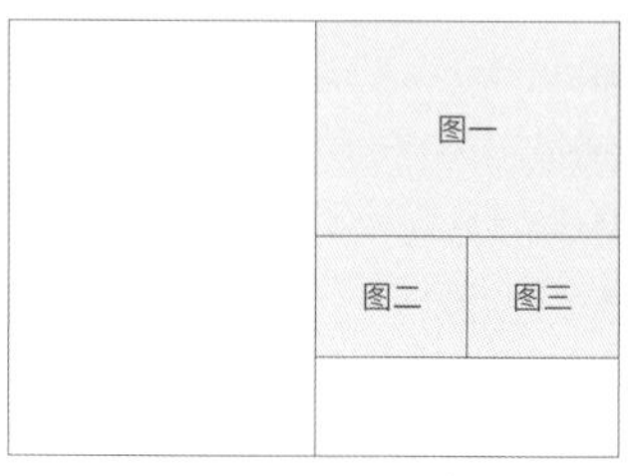

后海兔二爷

福禄寿喜

MASTER RABBIT

身体康健 HEALTHY

事业兴盛 BUSINESS PROSPEROUS

福禄双全 HAPPINESS

学业有成 DEMIC SUCCESS

吉祥如意 GOOD LUCK

花开富贵 RICHES & HONOUR

后海兔二爷 吉祥菓子

图一:【后海兔二爷品牌形象】

后海兔二爷定位于中国传统文化的传播与保护，植入设计力量，打造传统文化符号新IP，旨在传承与发扬文化精髓，开发出独具文化特色的节日、节气及旅游文创礼品。以新古典中国风，混搭波普艺术风格，将中国传统民俗的非物质文化遗产兔儿爷形象幻化成为京城潮范儿兔二爷，现代中不失传统，让载着京腔京韵的新北京吉祥物以新IP的形象传达北京故事，以吉祥的寓意与文化底蕴去表达新北京礼物的理念，传达北京韵味与文化。

图二:【后海兔二爷吉祥果子产品】

图三:【后海兔二爷中秋月饼礼盒】

图四：【 寻梦牡丹亭 品牌设计及主视觉设计 】

《寻梦牡丹亭》沉浸式大型实景演出品牌及主视觉设计，篇幅为《游园惊梦》《魂游寻梦》《三生圆梦》三折，演绎了杜丽娘与柳梦梅生死梦幻的爱情故事，还原了《牡丹亭》中亭台楼阁如梦似幻的景致。

图五：【 晋江世中运 标志设计及形象景观系统设计 】

以闽南建筑特色出砖入石的元素、太阳、两朵绽放的小花和两个抽象的男生女生手拉手向前奔跑的巧妙组合，色彩丰富、节奏明快、动感活泼，既凸显了国际化元素和晋江特色，又展现了世界中学生的年轻与活力，同时应和了“在一起，更出彩！”的赛事口号。

图六：【 第三十届青岛啤酒节 品牌设计及主视觉设计 】

北京市城市管理委员会
BEIJING MUNICIPAL COMMISSION OF URBAN MANAGEMENT

GARBAGE CLASSIFICATION 分小萌

图七：【建业·华谊兄弟电影小镇“快到剧里来”品牌设计及主视觉、衍生品设计】

建业·华谊兄弟电影小镇“快到剧里来”品牌及主视觉、衍生品系列设计，项目以沉浸式电影潮玩地为定位，视觉风格以民国女性、民国老物件及小镇民国建筑为元素诠释，如梦般穿越民国电影戏剧中。

图八：【北京市垃圾分类形象代言人IP形象优化设计】

图四 图五 图七
图六 图八

王飞

宝鼎设计股份CDO•联合创始人
中国十佳时装设计师
中国服装协会理事
中国工业设计协会理事
中国服装协会关联产业委员会副主任
2016中国休闲装产业年度人物
光华龙腾中国设计业十大杰出青年（提名奖）
浙江省设计业十大杰出青年
浙江省工业设计协会副会长
江苏省服装设计协会理事
嘉兴市十大创业新秀
嘉兴市人才代言人
嘉兴市工业设计协会副会长
常熟市十大巾帼风采女性
海宁服装设计师联合会顾问

荣誉奖项：

2016年获第22届中国十佳时装设计师
2016年获嘉兴第二届“红船杯”杰出设计师
2017年获2017中国休闲装产业年度人物大奖
2018年获光华龙腾奖浙江省设计业十大杰出青年
2018年获领军人才领军贡献奖
2018年获2018年度嘉兴市设计业先进个人
2018年获2014 ~ 2018中国皮革时尚周最佳设计大奖

擅长领域：

服装设计

服务客户：

服装品牌商

个人经历：

作为宝鼎设计的联合创始人、总经理及设计（开发）总监，自2002年正式进入设计行业，至今已近20个年头，一直坚信真正的时尚不是随波逐流。靠着对时尚的敏锐嗅觉和流行元素的前瞻性，在原常熟宝鼎服装设计工作室的基础上，逐步发展到如今的由江苏天斧文化科技有限公司、浙江宝鼎服装设计有限公司、深圳宝鼎时尚设计有限公司、杭州抖红文化传播有限公司以及宝鼎上海、杭州、东京和巴黎四家研发中心共同组成的宝鼎股份，总营业面积15000平方米，各类研发人员三百多人；在其共同管理理念引领下，公司整合了国内外200余家原辅材料供应商，服务规模服装企业200余家，服务小微企业500余家，完成各品牌新品开发设计成衣3万余款，2018年实现设计产品转化值超过600亿元；对各服装企业的工业设计创新和企业转型升级作出了重要的标杆示范和极好的推动作用。

设计感悟：

一个行业、一份工作只有你热爱才能做得好！王飞从小就喜爱服装设计，一直在努力实现自己的梦想，梦想有多大舞台就有多大，王飞的梦想是自己的作品可以在国际时装周的舞台上发布。

2005年创业初期是为了实现个人从小想拥有自己工作室的愿望，再后来就为了满足种种物质欲望，而当你拥有太多了，你会明白什么叫“厚德载物”。人过三十思想就会成熟，格局发生变化，就会有一种行业使命感推动着你，这时候就会思考一个问题：你能为行业发展贡献些什么？

设计公司这么多年下来资源特别丰富，我们可以做全球设计师的经纪人，让更多好的设计分享给服装企业；我们为服装上下游产业架桥，打破以往供应商与服装企业信息不对称的壁垒。

随着网红和直播经济的飞速发展，我们积极拥抱互联网，用设计带动服装企业打通互联网经营渠道，努力用线下线上相融合的方式走持久性发展之路。

图一 图二
图三 图四

图一～图四：【破茧而生系列】

这是一个混血的时代，火韬养着水，水也化石成金。90后、00后灵感迸发的年代，无数年轻人开始表达自我，打破常规，不安于现状，也在固化中寻求突破点。宽松舒适的版型是忠于自我感受的标签，用多元色彩展露不甘平凡的鲜明个性，再现率性，又不失内敛的甜美。

图五~图八:【自定义系列】

设计想要表达每个女人都拥有多个侧面，或是A面御姐气场B面随性慵懒，或是A面张扬霸气B面端庄秀气，或是A面勇敢坚持B面俏皮可爱……各种心情穿梭于不同场域，呈现不同的形象。

图九~图十一:【重塑系列】

设计来源于生活，也将回归于生活，用生活中积累的点滴美好，创造出有灵魂的作品。将每一件衣服的设计都当作工匠的挑战之作。拒绝设限，从设计到品质，为打造有市场价值的产品而全力以赴。

图五	图六	图十
图七	图九	图十一
图八		

兰海

视觉设计师
新雨品牌顾问有限公司创始人
境绎文创创始人
CUN DESIGN视觉总监
LDH DESIGN视觉总监

擅长领域：

品牌视觉设计、文创包装设计

服务客户：

故宫文具、颐和园文创、中国忠旺、新奥能源、协鑫能源、远洋旗下海医汇、万科内部、北京轨道交通装备、新中源、悦凯悦乐、喜天影视、锎弗资本、麦格瑞智能、库渤工业、井格火锅等

个人经历：

90后新锐品牌设计师，一个集自由无限发挥与敏锐商业洞察力于一体的双子座。对于他来说生活可以带来源源不断的灵感，会用一些不同的视角去看生活的细节、连接理性与感性为品牌建立核心世界。

2012年服务于国内一线品牌设计公司。

2014年在北京组建品牌设计公司XYCreative/新雨创意，团队服务于中国忠旺、北京万科、汉能集团、丽珠集团、新奥能源、协鑫能源、远洋等一线企业，另外创建新的品牌以进入市场，行业包含餐饮、健康农业、文旅、智能等。

2019年创立境绎文创，着力于中国传统节日的礼品开发，做情感化礼品的设计，团队服务于故宫文具、颐和园、字节跳动扶贫、斑马谷、中文在线、渤海冶金等。

观点：

通过有洞察力的发现、有创造力的设计和精细化的管理，使商业目标转化为可实施的品牌战略，并进一步转化为人们身边的品牌体验。

以品牌策略引领设计，我们一贯以品牌战略出发，针对性提出视觉策略，使设计创造符合企业灵魂，从而创造更大的价值。

多维度对企业及品牌进行思考分析，定制化的设计真正符合企业清晰的品牌定位，实现精准设计。

设计是理性的艺术，前期的分析研究要严谨并且有探索精神，后期创作要像一位艺术家。以设计诉求为基点进行天马行空的创作，以拓展无限可能。品牌的意义不只是做出好看的设计，而且是赋予品牌更长久的生命力，实现更大的商业价值。

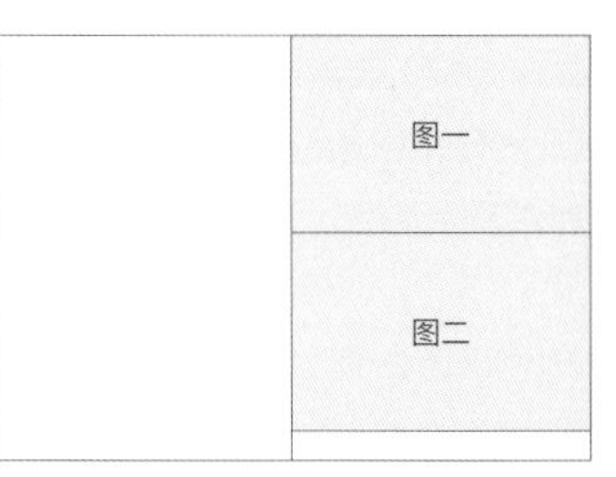

图一:【佳节人长久——中秋月饼包装】

月饼以“佳节人长久”雕刻模具，配醇甜黑茶。人们置花好月圆、良辰美景之时，嚼甜食以配清茶；以诗句为灵感，月为意象，创作月明风清纯洁而静美的包装设计。

图二:【和万兴品牌VIS】

庆丰包子的传承，一个七十余年美食招牌，如今重新树立品牌，回到人们视线当中。品牌形象以东方美学为底蕴，与当下文化审美相结合；LOGO以包子外形为基础，形似一只只盛放的花朵；同时也是家族的家徽。文字苍劲有力，贯穿了传统与现代的传承。“和萬興”励志在纷乱的餐饮市场中，传承中华美食精神。

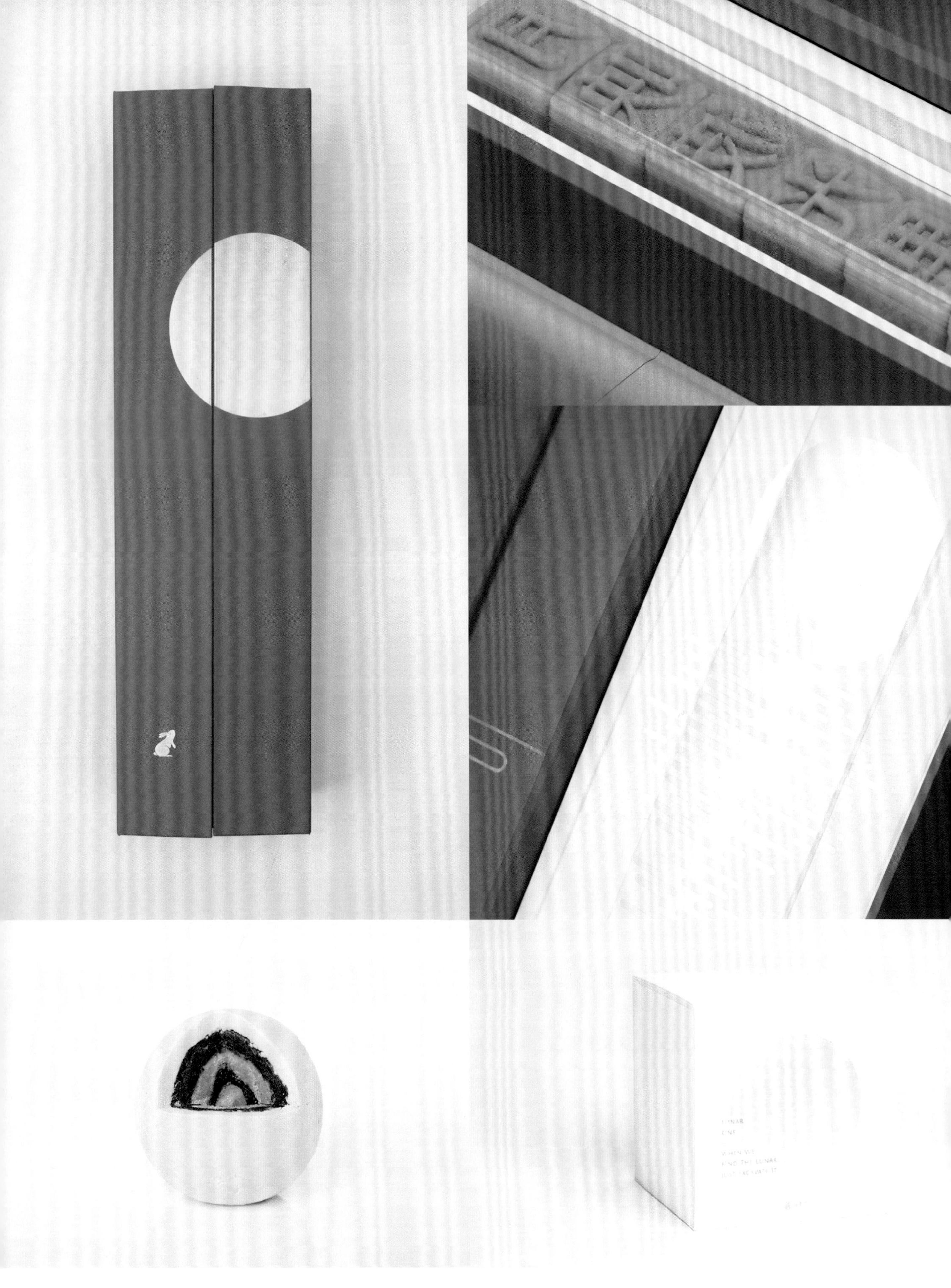

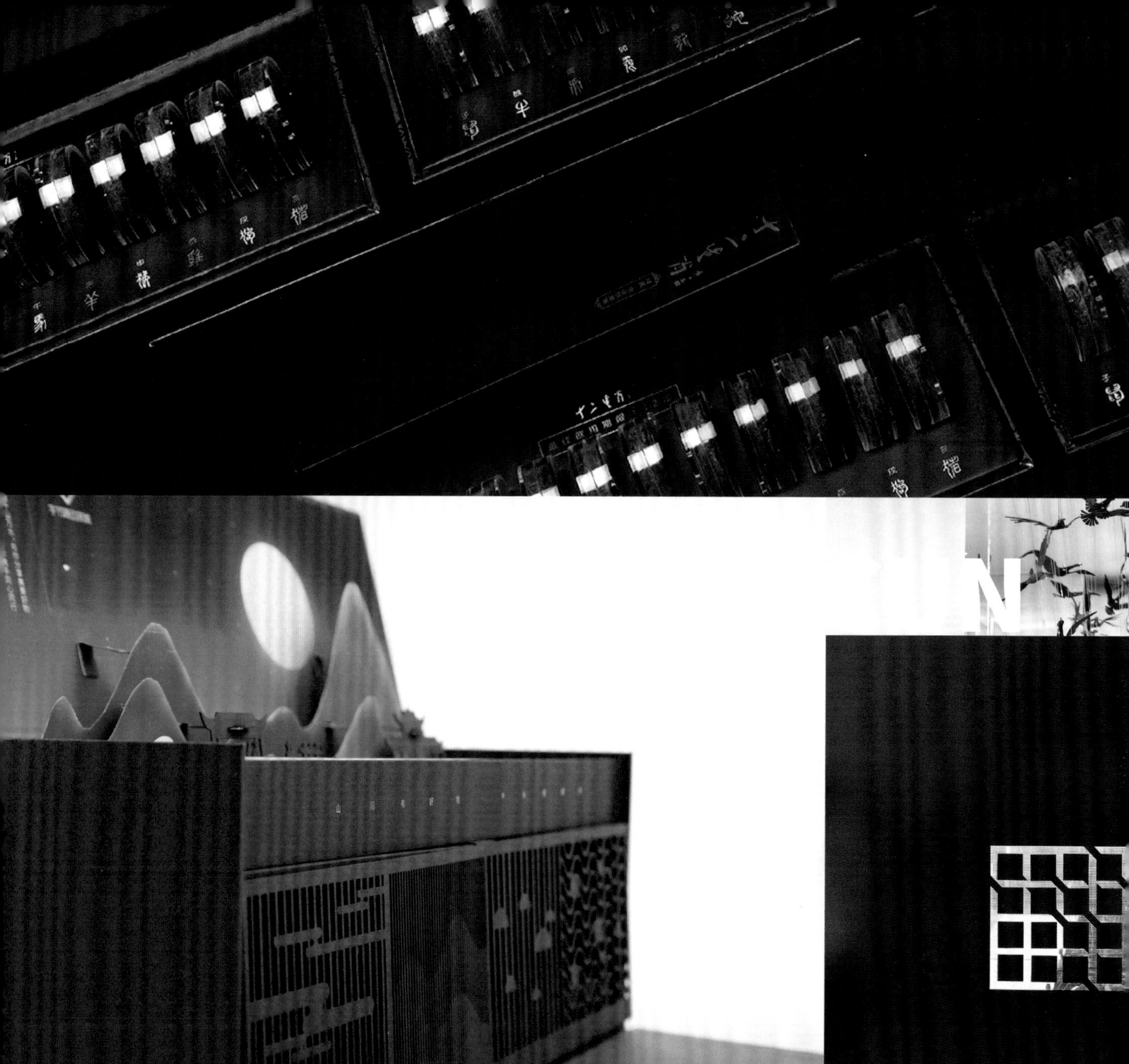

图三~图五:【活字印刷诗赋月饼——中秋月饼包装】

以月为灵感、文字为载体进行设计巧思，让传统文化有趣地结合到产品之中。尽显中式美学格调，月圆时分，焚香饮茶、赏月食饼、与君共赏良辰美景。

图六、图七:【Lunar One · 月夕——中秋月饼包装】

颠覆对于月饼的传统认识，采用写实和象征的折中主义讲述从神话诗歌到奇幻科学的故事，保留传统月饼的做法，突破原有外形的约束。

图八:【十二生肖——臻溪 · 全金花黑茶】

本款茶叶以黄永玉老先生“十二生肖”艺术篆体文字为基础，中国传统生肖文化为底蕴，以湘茶集团臻溪系列全金花黑茶为原料。

图九:【字节跳动 山间有好物——中秋月饼包装设计】

为了更好地诠释出字节跳动扶贫的意义，将节日的祝福送到每一位用户手中，感受到来自大山深处的祝福，让月饼不再单纯地只是一种食物。

图十:【品牌设计——寸Design】

“寸”是中国传统长度单位，作为空间起步的崔树老师，寸也是“树”的一部分，同时代表着对事物、事情的态度，方寸之间、自有天地，这是寸初始的英雄梦想。人对于世界来说太过于渺小，只有方寸之地，但是我们创造的，都能慢慢改变这个巨大的世界。

仝亚男(枯木)

枯木品牌设计创始人、首席品牌设计师
中国包装联合会设计委员会常委
AIGA美国平面设计协会会员
IOPP美国包装设计协会会员
中国高级商业美术设计师
中国十佳包装设计师
中国设计先锋人物
广东省包装协会设计委员会副主任
广州创意产业协会发起人、监事长
ICAD国际商业美术设计师（A级）
国家职业技能鉴定(包装设计师)考评员
江西师范大学美术学院客座教授
GBDO广东之星创意设计奖组委会主席

服务客户：

丹麦YOKO（优可）、美国GE电气、朝日啤酒、松下空调、广州日报、珠江灯光、TCL、大洋电机、亿纬锂能、万宝集团、东南汽车、广州电台、DTC五金集团等

GBDO广东之星创意设计奖：

2018年至今连续3届（37/38/39届）组织领导GBDO广东之星创意设计奖的运营工作！从前期奖项定位到征集、组织评选、颁奖典礼，再到赛后的各种作品巡展的工作，均躬亲力行，为中国最具影响力的专业大奖尽绵薄之力，为专业设计师塑造一个专业的表现舞台，为企业提供一个信息的平台，在组委会的全体委员同心协力下继续发展这个有着悠久历史的老牌奖项！为广东的设计添一份力量！

荣誉奖项：

2008年被评为广东十佳设计师
2010年荣获“中国设计先锋人物”
2015年被评为中国十佳设计师
2015/2016WPO世界之星奖
2015/2016德国“IF”国际设计大奖
2016意大利A’design奖
2016/2017德国“Red dot”红点设计大奖
2017日本Goog design好设计奖
2018美国IDEA设计奖
中国包装之星奖、中国设计之星奖、金手指奖、中南星奖、广东之星奖、广州日报杯华文奖等

个人经历：

21年时间专注于国内外品牌形象系统设计与品牌形象顾问管理，洞察本土消费者消费习惯。20年来，为国内外200多家企业进行品牌形象整合策划、品牌形象系统设计及顾问管理多家企业品牌系统建设与发展工作，迅速提升企业品牌影响力与销量。

设计感悟：

- 没策略的设计都是图形！
- 构建品牌是对未来的投资！

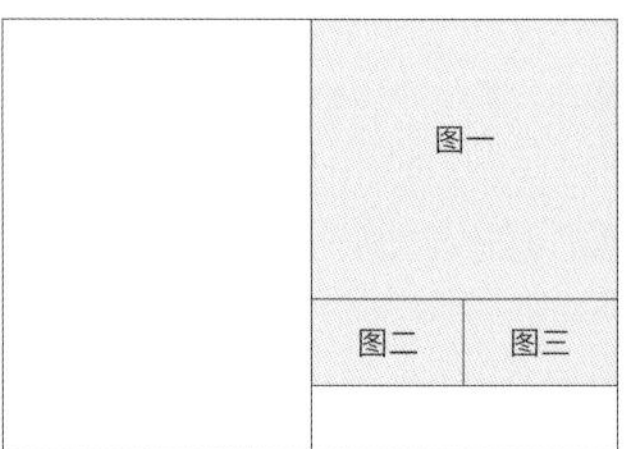

图一～图三:【 3AC 中央空调 】

3AC 中央空调（原广州国灵空调），是传统生产型企业思维运营模式，从2015年起企业重新定位，由生产型模式向品牌型模式转变，把“德国技术、行业领跑”作为集团的核心价值输出给消费者！

Taglich
Golden Peptides
6-IN-1
14 pcs
巨鹿堂
EMS
FC-9633B
FINECURE
IFC
FC-9623
URO
FC-9633C
商品组合 Commodity Composition
Enzyme
综合
750ml

图四:【金紫肽品牌】

金紫肽品牌多肽组合定制产品包装，用标准的医药箱外架构配合不同的产品组合来满足定制过程中的不同容量与男女需求!

图五:【巨鹿堂】

巨鹿堂是海南有30多年历史的鹿场品牌，也是海南驰名商标，为了更好地把真正含有鹿茸提取SAF成分产品的护肤美容产品直接传递给消费者，此次包装巧妙的双层结构叠套设计模式，第一让有历史和文化的品牌LOGO如同中国传统画匾的形式展示给消费者，同时把中医真材实料的品牌文化气韵传递出来；第二在外套盒上布满鹿角元素图案，同时把两侧预留了可以翻出的鹿角图形，将无形鹿茸感念转化成有形可视的卖点，把产品核心成分与功能性展示出来，向消费者直观传递品牌核心卖点——天然鹿茸；第三在终端陈列展出更有特色，吸引消费者的关注。

图六:【栖季茶叶】

栖季茶叶包装盒轻型环保，所需油墨极少。表面工艺运用凹凸工艺，显得天然质朴原生态，让人感受到包装与产品相符的品味，共享环保的概念、精致时尚的氛围。材料为牛皮纸，结构新颖，整个盒型是由三个部件构成，包装使用前是可压缩状态，可以折叠，节省运输空间。巧妙的结构设计，使得包装产品在受重、抗压能力方面占了优势。

图七:【健滋乐饮料包装】

健滋乐品牌包装盒采用轻型环保形式，采用牛皮纸蜂窝纸芯360度旋转，并且通过魔术贴一次成型设计结构，从美观上保留了产品容器的曲线，包装材料本身独特的纸风琴美感，极具天然淳朴气质；包装吊牌的设计是采用牛皮瓦楞纸镂空工艺，透出瓦楞纸的美感与包装相呼应；单纯质朴的色调营造出产品传统制造的方法与特色。

图八:【凡科品牌康复器系列包装】

广州凡科医疗器械有限公司是专业生产医疗产品与保健器械的公司，在表现的时候我们采用了进口品牌的方法，英文为主题中文辅助，结合科技用数码与医疗专用标志“+”延伸出系列物料与包装，把白色与科技成分的蓝色运用其中，同时也增加了一次纯度的颜色，增加品牌活力。白色整洁，安全可靠，给客户以信心。金卡制作印刷与激凸工艺完成，内为环保压铸，突出价值与技术和专业感。

图九:【火莲香炙】

标志主创意元素：“火”字、甲骨文、燃香、莲花，运用品牌名中的“火”字为主元素，结合甲骨文造型组合成圆润的曲线图形。

徐长新

品牌设计师、策展人
郑州市深度品牌设计有限公司创始人、高级合伙人
豫计品牌设计传播工作室品牌总监
郑州市平面艺术设计协会发起人
河南省包装设计协会会员
河南之星最佳设计师（2011/2012年度）
河南之星标志设计专业组金奖获得者
拒绝雾霾全民行动暨首届中国雾霾环保公益海报展策展
尖荷系全国设计教育实践运动全国实战导师

擅长领域：

工业制造、教育培训、餐饮策划、平面设计、品牌设计、包装设计等

服务客户：

安彩高科、东方电气、海昌集团、新郑机场、心连心化肥、托米雷克、博容节能科技、三星电子、中国工商银行、泸州老窖、后院餐饮、火门夜宵合作社、郑州沁蕾幼儿园、新密苗圃幼儿园、德州中央公馆幼儿园、许昌文化街幼儿园、安阳电业局幼儿园等

荣誉奖项：

2020城市的温度——城市美术双年展抗疫专题公益海报邀请展学术提名
2020团结就是力量——抗疫国际公司海报设计邀请展入选
2020我们都是一家人——抗击新型冠状病毒公益海报设计展入选
2020台湾全球防疫国际平面设计公益展
2020呼吸 · 共生——全球抗击疫情国际平面设计展
2020向光而行共待花开——抗击疫情 · 拥抱爱主题海报插画展
2020中国美术家协会抗击疫情宣传画展
2020阅读与美好生活——世界读书日公益海报展入选
2020茶香松阳海报设计大赛第二名
2019豫见郑州国际海报邀请展入围
2019世界看河北国际海报展入展
2019创意花都 · 一起鄢陵主题文创设计全球大展入选
2017二七郑州布艺设计邀请展入展
2014铭记12 · 13国家公祭日国际海报邀请展入选

个人经历：

先后任职于深圳易尚展示有限公司、深圳创龙企业形象设计有限公司、深圳思成广告有限公司、深圳中奥广告有限公司。2008年在郑州创立郑州市深度设计有限公司，2014年创立个人品牌设计传播工作室，专注于工业制造类产品的品牌设计与传播咨询。作品入编“十三五”高职教材《平面广告设计》《读者》《服装设计师》《南方人物周刊》《包装&设计》《艺术与设计》《美术报》《中国设计年鉴　第十卷》《时代报告》《河南商报》以及《豫言》等。被选为河南之星设计艺术大赛暨第五届中国郑州创意设计研讨会组委会委员、旅顺吼 LUSHUN ROAR——和平回声设计邀请展国内外联合推广人、中国首次创意x社会系列大赛联合策划团成员、贵姓——全球华人姓氏文化汉字创意设计展初评评委、最强毕业季第五届全国优秀毕业作品征集大赛联合顾问团成员、中原Workface第268期分享人、首届嵩山标识品牌峰会分享嘉宾、豫见郑州国际海报邀请展初评评委等。

设计理念：

专注于产品的品牌化建设、设计服务、设计咨询，主要研究和工作方向为产品品牌价值化系统建设、快速记忆图腾传播系统、终端销售环境视觉识别系统，倡导价值型产品品牌设计，践行设定价值、师说解惑的新型设计师。

因为热爱，所以继续。所有的创意都是见识和阅历的累积，让更多的知识穿过你的身体，你所需要的创意才会呼之欲出随之而来。客户需要的不仅仅是一个标志图形或色彩的单项工作，而是系统化、标准化、规范化解决品牌形象、品牌传播或产品销售的问题。为客户提供更有价值的设计，使其产品或服务有效传递并坚定地解答运营过程中的迷惑是我努力追求的方向。品牌设计是商业市场里的魔术师，不仅需要有扎实的设计基础，更需要对商业市场的敏锐与嗅觉，洞察消费需求并给出专业的解决之道。在国家经济向好、世界话语权越来越有力度的环境下，更多的中国制造、产品和服务要走出国门，努力为这些品牌和产品提供更有价值的设计服务，这样才会在国家品牌战略的大规划下，在国内产品和消费升级的转换中，让更多配置品牌思维的经营者在全球脱颖而出。

小时候帮邻家画画的哥哥提着水桶，屁颠屁颠地跟着他；到偏居一隅的大学求学；带着几十幅环保海报组团骑车从上海到深圳；最终还是回到了离父母近一点的郑州。一路走来、不忘初心、砥砺前行，虽有磕绊，但貌似一切都是最好的安排！

躺着赚钱的时代已经过去，年轻也不再，我辈依然相信明天会更美好！

东岳·中央公馆幼儿园
CENTRAL MANSIONS
KINDERGARTEN

东岳·中央公馆幼儿园
CENTRAL MANSIONS KINDERGARTEN

百灵鸟幼教服务
LARK PRESCHOOL
EDUCATION SERVICE

1952
许昌市文化街幼儿园
XUCHANG CITY
WENHUA STREET
KINDERGARTEN

沁蕾幼儿园
QINLEI
KINDERGARTEN
豫幼教育
一个茁壮成长的地方

百灵鸟幼教服务
LARK PRESCHOOL
EDUCATION SERVICE

苗圃幼儿园+
Miaopu Kindergarten

PPiii
皮皮爱表演
让孩子自信的成长

Anyang Electric Power kindergarten
安阳市电业局幼儿园 Since1955

皮皮偶像秀
PP
IDOL
SHOW
秀出你的精彩

中国皮皮小银行
IDOL SHOW
皮皮偶像秀

bonrun®
博容®
品质采暖找博容

Tomilake托米雷克

Paladin
Knight
骑士

贵州雁月酒
始于一六一八年

沾花
惹草
Flower soil

天慕笙
养生之家
远离亚健康 养足精气神

FLYNOW缝叶鸟
编织美好生活

ICARDO
Car Beauty爱车之道

棉喜爱
mianlove
绵绵情意棉喜爱

GUANGZHOU
INTERNATIONAL HOTEL
广州国际酒店

3000TREES
健康呼吸每一秒

Chinese Dragon Hometown Forest Park Zhengzhou City

錦石
素玉
GEMSOAR

懷山堂
百年怀山堂 专业为健康

懷山堂
铁棍怀山粉
调理身体 关怀健康

micane 美之初
納米至尊修復劑
NANO SUPREME
ABRASIVES
400-12000#
快速高效 根除旋纹
易于施工 一步镜亮
G3

HUOMEN
火門夜宵合作社
辣椒油
牛肉醬

HUOMEN
HMSCU
火門夜宵合作社
HUOMEN MIDNIGHT SNACKS
COOPERATIVES UNION

Science Car beauty
micane 美之初®

后院
BACKYARD

韩涛

设计师、创意人
北京博纳睿思广告有限公司创始人、创意总监
CDS中国设计师沙龙理事
GGCIDA环球金创意国际设计奖大赛委员会会员＆荣誉评委
IDC国际设计师俱乐部会员
CLD国际艺术理事会会员
BIDA包豪斯国际设计协会终身会员
北京包豪斯文化艺术院理事
第18届IAI/国际广告奖评委
中国包装联合会第十届设计委员会全国委员
CDA中国设计师协会会员
CFAD中外设计研究院特聘设计师

荣誉奖项：

2020年CLD国际艺术设计理事会奖|CLD Council Award/铜奖/优秀奖2件
2019年环球金创意国际设计奖青铜奖2件
2019年C-IDEA设计奖|C-IDEA DESIGN AWARD AACA入选
2019年第四届国际环保公益设计大赛（中国区）银奖/铜奖
2019年BBCD黑盒创意设计奖铜奖
2019年IDC Awards 国际设计师俱乐部奖优异奖
2019年“视宴奖”未来视觉文化设计大赛铜奖3件
2019年《中国创意设计年鉴》2018/2019金奖2件/银奖
2018年CGDA设计奖|CGDA Design Award 入围奖
2018年第三届全国平面设计大展铜奖/入选奖
2017年台湾国际平面设计奖优胜奖
2017年第三届“包豪斯奖”国际设计大赛银奖/铜奖
2016年《中国设计年鉴》第十卷入选3件
2016年第16届IAI国际广告奖优秀奖2件
2015年IADA国际艺术设计大赛互艺奖铜奖/优秀奖
2015年第二十二届中国国际广告节中国广告长城奖优秀奖
2015年《中国创意设计年鉴》2014/2015金奖/银奖2件
2014年中国包装创意设计大赛二等奖/三等奖4件
2013年中国包装创意设计大赛一等奖/二等奖2件/三等奖2件/优秀奖2件
2012年《IAI中国广告作品年鉴》入选
2005年第十二届中国国际广告节中国广告长城奖银奖2件/铜奖1件
2000年中国青年书画艺术大赛银奖/铜奖

擅长领域：

品牌设计，广告传播，公关会展

服务客户：

中国人保财险、中国平安、外贸信托、中信信托、大连银行、中国发展研究基金会、国家能源集团、中国航天、航天科工、中国城市环境卫生协会等

设计感悟：

作为设计师，我希望大家都有两把尺，一把是我们做设计时需要量数据的尺子；另一把是来量我们人生的尺子。

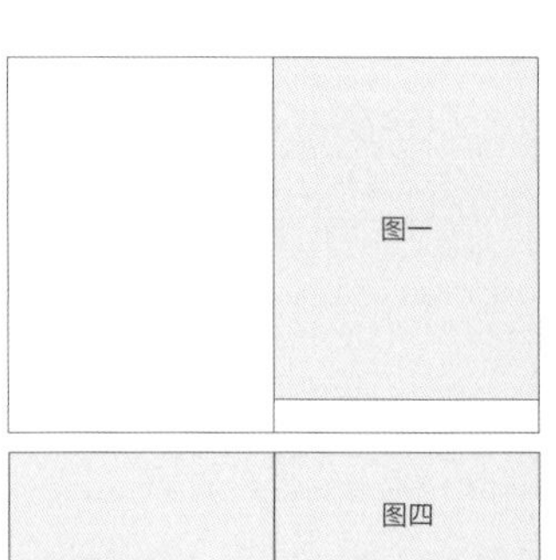

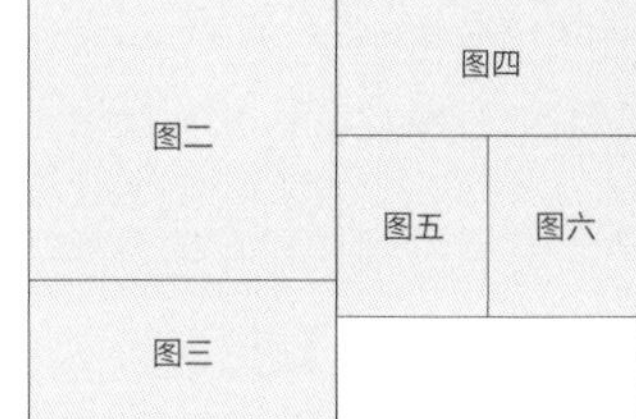

图一：【 广德楼——视觉传达 】

广德楼戏园位于前门外大街大栅栏街39号，大约兴建于1796年清 · 嘉庆元年，是北京现存最古老的戏园之一。

蜀猫传奇
Shu Mao
Chuan Qi
火川
锅味
Shu Mao
Chuan Qi

图二:【蜀猫传奇——视觉传达】

蜀猫传奇川味火锅，是一家坐落于南京的猫咪川味火锅主题餐厅。

图三:【东方艺珍花丝镶嵌厂——宣传册】

北京东方艺珍花丝镶嵌厂是全国较早的黄金首饰生产厂家。花丝镶嵌工艺是燕京八绝之一，民族工艺瑰宝。

图四:【中国发展研究基金会——2018年刊】

中国发展研究基金会是由国务院发展研究中心于1997年11月27日发起设立并领导的、在民政部注册的全国性、公募型基金会。

图五:【大连银行——手机银行/微信银行/个人网银系列海报】

大连银行-手机银行/微信银行/个人网银是大连银行的官方服务平台，该系列海报运用插画手法，表现出目标客户随时、随地、随手、随心地使用大连银行-手机银行/微信银行/个人网银的平台产品及服务。

图六:【大连银行｜鲲鹏理财——我很想要系列海报】

大连银行|鲲鹏理财是大连银行的净值型理财产品，我很想要系列海报是基于目标客户的属性特征进行的有效识别与差异化区分，巧用换位思考法让客户为产品“代言”。

张焱

BIGmind创新设计咨询首席创新官、创始人
SDN 全球服务创新设计协会会员
CIRP全球产品服务系统创新协会成员
BTH瑞典布莱金理工大学产品创新实验室创新导师
同济大学创新导师
瑞典BTH 理工大学分布式创新博士生
瑞典BTH 理工大学可持续产品服务系统专业硕士

擅长领域：
服务设计，产品服务系统创新

服务领域：
移动出行，文化旅游，零售消费，物联网

服务客户：
国际客户：沃尔沃、米其林、萨博、IBM、卡尔蔡司、AIRBUS、GE、Telcom等
国内客户：阿里巴巴、蚂蚁金服、京东、苏宁、上汽集团、中国电信、中国移动、东方航空、中国航空等

荣誉奖项：
红星原创奖
杭州手工艺活态馆获得联合国教科文组织文化2017创新大奖
AIRBUS可持续设计大赛未来服务入围
OPEN 商业创新设计大奖

个人经历：
2016年创建BIGmind，中国首家服务创新设计咨询公司
2012 ~ 2014年 沃尔沃瑞典全球研发中心 新兴技术部 服务系统设计
2006 ~ 2009年 铁道部高铁服务系统规划

张焱是一个持续创新者，创建了专注“服务设计”的创新咨询公司BIGmind，带领BIGmind创造了中国商业服务设计领域50个落地案例。他是国内服务设计领域具有影响力的首批推广和实践代表，具有11年全球创新机构服务设计工作经历。他专注于商业服务创新，11年间为沃尔沃、卡尔蔡司、萨博、米其林、上汽、阿里巴巴、蚂蚁金服、京东、东方航空等众多国际企业和国内互联网公司、传统企业提供服务创新策略咨询和设计方案 。

设计感悟：
创新是一种持续性活动，不断在整个人的生命周期内帮助商业和社会找到可以创造价值的路径和方式。

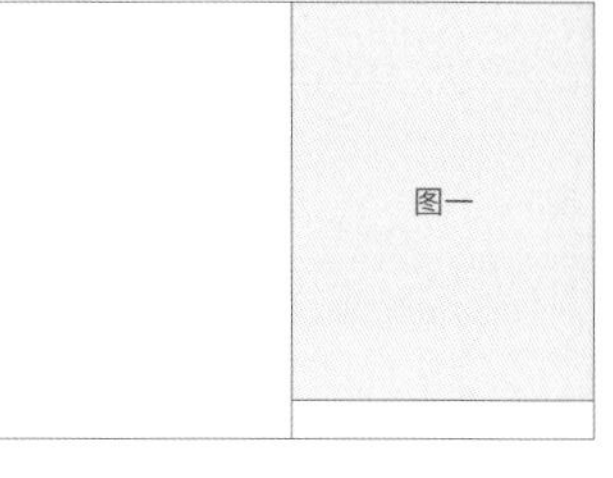

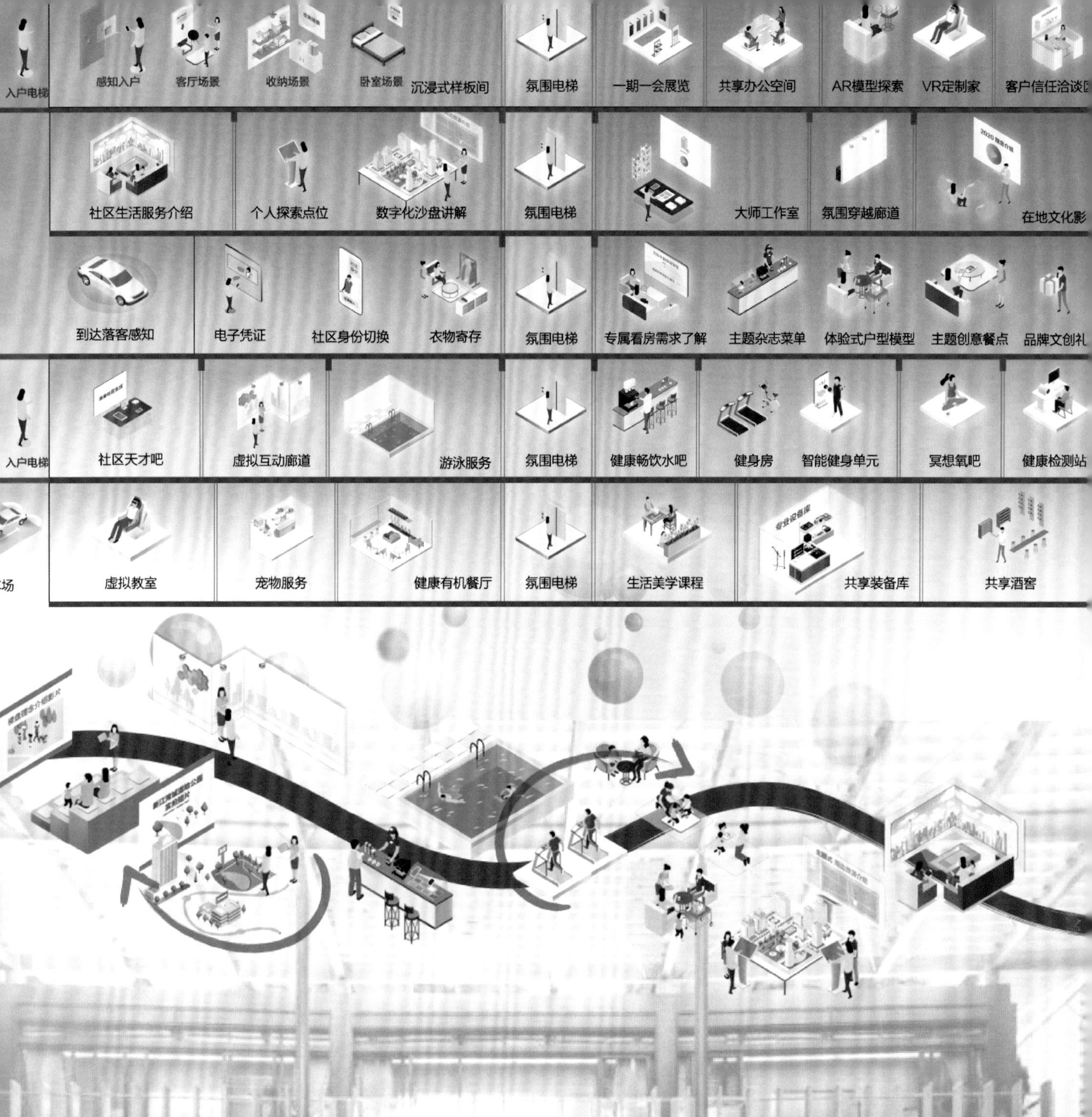

图一:【万科2020Co-Life未来社区服务】

什么是未来的居住生活方式？什么是未来社区生活场景？什么是对未来美好生活的感知？携手万科从定义到实施，在上海建立了一套2020Co-Life未来社区服务系统，让城市客群能通过全新的生活感知体系体验到未来社区生活；通过服务设计，与地产领头企业探索从传统售房模式到提供社区居住服务的创新路径，让设计为生活而服务。

图二:【米其林智能轮胎安全出行服务】

胎联网智能服务系统通过新的服务建立轮胎日常使用行为与相关服务的连接，塑造了贯穿整个轮胎使用周期的产品服务组合。通过塑造不同场景下的服务内容，并由智能TPMS、手机客户端和线下服务门店作为核心用户触点，让用户能够时刻接收并感受到来自米其林的服务和关怀，提升品牌形象的同时大大增加了用户与品牌黏性。

图三:【上汽大通C2B顾客车辆定制服务】

该项目的创新模式颠覆了传统的汽车销售流程，以用户需求为中心，并将体验深度化、前置化。对用户来说，每一位购车者都能在专业体验工程师的辅助下定制符合自己要求的专属车辆，实现真正的深度了解，按需选购；对品牌来说，C2B定制化购车服务体验实现了以“用户驱动”的创新业务模式，在互联网大数据信息的全新时代，C2B定制化购车服务体验将率先开启“以用户为中心”个性化、多元化的C2B造车时代。

<table>
<tr><td rowspan="2">图二</td><td>图四</td></tr>
<tr><td rowspan="2">图五</td></tr>
<tr><td rowspan="2">图三</td></tr>
<tr><td>图六</td></tr>
<tr><td></td><td></td></tr>
</table>

图四:【卡尔蔡司理想测量室智能服务系统】

“理想测量室”智能服务解决方案，着眼于质量智慧工厂测量任务管理，打破制造与质量间的信息壁垒，是构成产品全生命周期数字化管理的关键一环，提供智慧质量整体解决方案的重要组成部分。服务设计助力“中国制造2025”，以人为本，场景化驱动。结合智能硬件，将测量过程标准化和数字化，并实现质量数据的智能分析，最终将企业无形的质量数据转化为切实的质量管理方法论，加速智能制造的发展进程。

图五:【米其林赛道智能网联服务】

与米其林法国共同规划了Track Connect赛道智能服务在中国市场的长期发展路径。基于中国赛车文化与中国赛道驾驶爱好者，定义了在特定的场景下智能服务解决方案的功能、服务内容、潜在的商业合作伙伴与商业生态，从而为本土中国赛道驾驶爱好者提供更多基于不同场景的有效服务与更好的赛道驾驶体验。

图六:【亲子社交餐厅服务设计】

项目从0到1塑造了全新亲子服务品牌，为当地年轻家庭提供新的亲子服务和内容。建立“为孩子”的专属服务，在空间上打造自然主题的场所，在设施上体现对儿童认知和家长休闲的关怀，在基础服务模块上体现专业度和细致度，而故事化的服务角色设置，让服务人员对工作的意义有了不同理解，顾客能更沉浸式地享受“为孩子”的服务。

张谢勋

嗨点设计hi.design创始人
RAFF创意机构创始人

服务客户：

六间房、奔驰、惠普、麦当劳、飞利浦、金牌大风、俏江南、易星传媒、奇楠沉香、向上影业、兰会所、雏菊汇等

荣誉奖项：

THE FWA“Mobile of the Day”

个人经历：

生于20世纪80年代，在芜湖的江边长大。
自幼喜爱绘画，自学设计软件，大学毕业后进入广告设计行业。
20多岁时，到北京FMPLAY公司（美空网前身）后设计出美空网原型。
2007年，进入北京阳狮广告任职资深美术指导，负责惠普、LG等品牌。
2008～2010年，北京BBDO，上海DDB，资深美术指导。
2011年，创立RAFF创意机构。

RAFF创意机构：

这是一家具备雄心并大胆探索、不断前行的视觉设计机构。我们为品牌创造全新的视觉体验，推动视觉艺术设计在奢侈品、艺术品、时尚及影视娱乐领域成功且不乏味的商业应用。
RAFF创意机构成立于中国北京，我们秉持优雅和有效的工作理念，为品牌及艺术作品提供视觉设计解决方案；我们的团队拥有品牌战略专家、视觉设计师和富有经验的开发人员，共同协作创造一流的数字视觉体验。

嗨点设计：

嗨点设计是hi.design的音译，我们认为设计是友善且高效的一种沟通语言。在全人类的进程中没有任何一个时代像现在这样更加需要设计语言来重新塑造沟通方式。
我们认为当今社会设计不仅局限于设计师，而是大众都将了解和掌握更多设计思维。这种思维沟通方式和能力即为设计力，这种力量正在加速推动世界前行。

设计感悟：

- 设计让商业更艺术。
- 可以搞艺术，但是没必要。

图一:【 六间房品牌 】

北京六间房科技有限公司，中国互联网百强企业，中关村核心区重点企业。旗下六间房网是中国领先的在线演艺平台之一。张谢勋应六间房创始人刘岩先生邀请，设计六间房整体品牌形象。

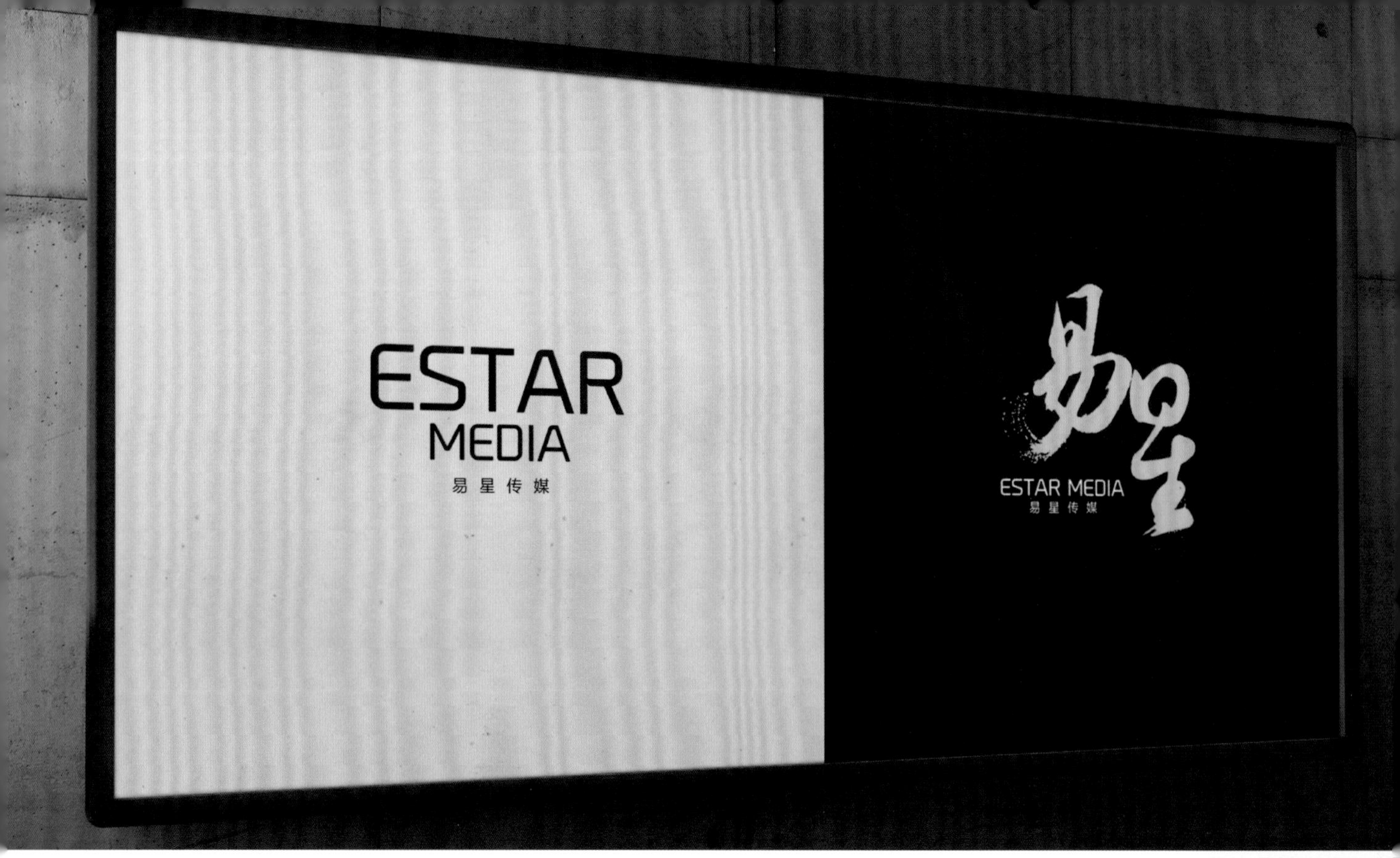
ESTAR
MEDIA
易星传媒
易星
ESTAR MEDIA
易星传媒

MOKO!
即将呈现 COMING SOON
© 2008 (MOKO.CC). All rights reserved.

UP 向上影业
UP PICTURES
UP 向上影业
UP PICTURES
UP 向上影业
UP PICTURES
PICTURE
PICTURES

时尚芭莎 BAZAAR
LAN 蘭
蘭（LAN Club）两周年庆
LAN CLUB'S 2 YEAR ANNIVERSARY!!

首页
艺术商品
雏菊汇
关于雏菊汇
DAISY COLLECTION
新闻活动
会员权益
联系我们
OLÁ CHINA
你好 中国
LUXURY INTO LIFE

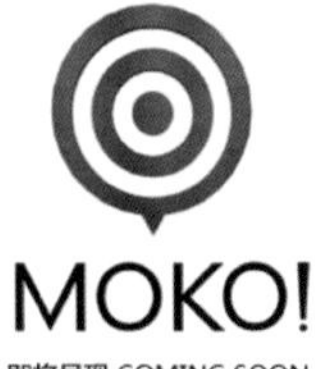

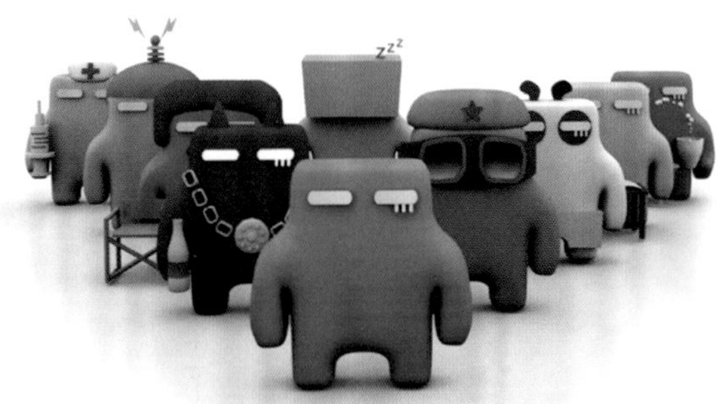

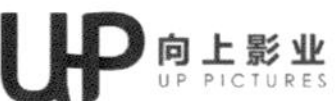

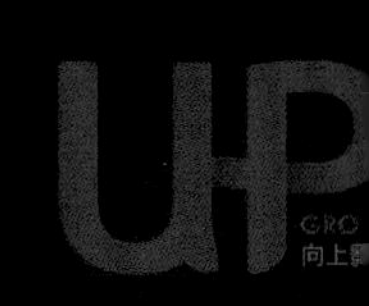

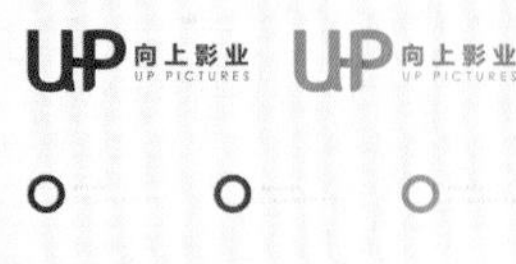

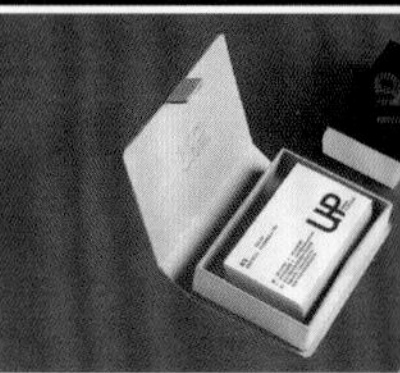

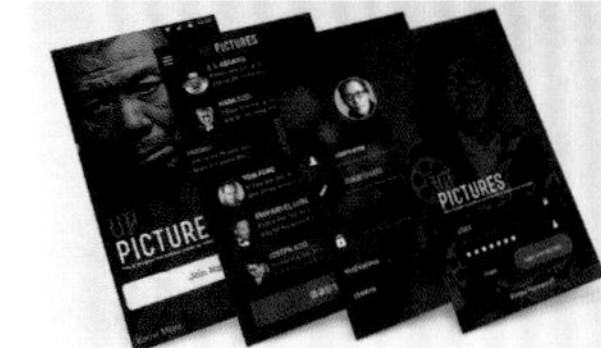

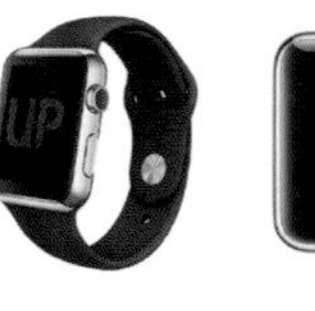

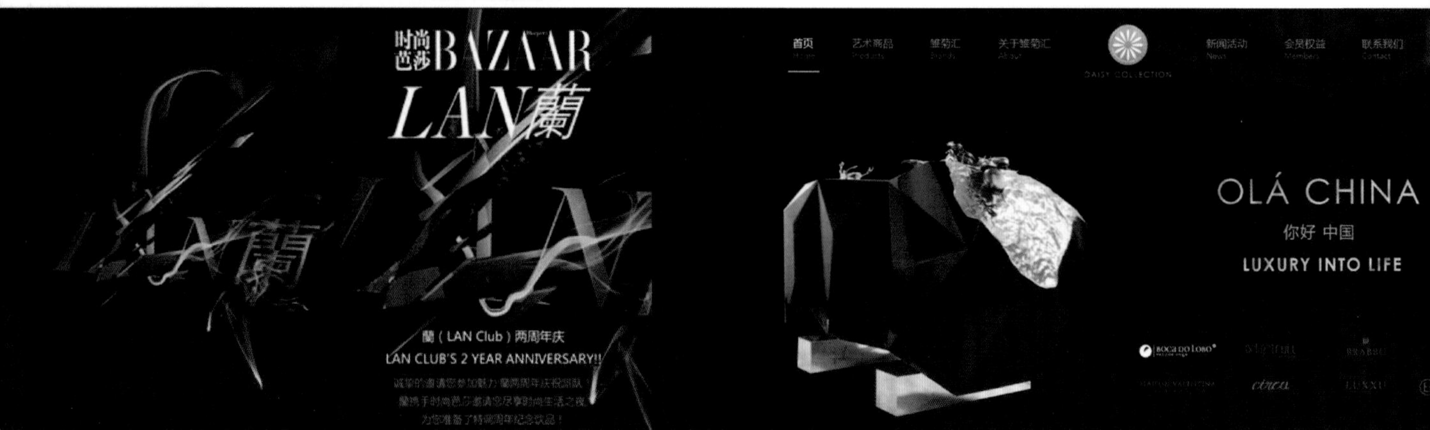

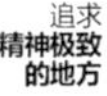

图二:【易星传媒】

易星传媒由著名演员黄晓明创立。易星传媒是一家集制片、出品、艺人、IP的全方位文化娱乐公司。张谢勋受易星传媒创始人黄晓明先生委托为其打造整体品牌视觉。

图三:【MOKO IP形象】

美空是一家致力于中国文化艺术产业的网络平台。美空为文化艺术产业中优秀个人与机构搭建了垂直有效的“管道”。通过实名制体系，让会员之间合作/交流更为可靠。

图四:【向上影业】

向上影业是一家集投资、制作、IP孵化、艺人经纪、动漫、营销、演唱会IP孵化于一身的综合性电影公司,公司专注于悬疑探险类电影项目的开发与制作。张谢勋应向上影业创始人肖飞先生邀请为其打造整体品牌视觉。

图五:【LAN CLUB 兰会所 品牌视觉】

兰会所——中国具世界艺术品位的顶级会所。创立于2006年10月26日的兰·北京，由法国设计师菲利普·斯塔克历时两年精心设计完成，总投资3亿元人民币，开业后迅速成为中国具世界艺术品位的顶级会所，同时也确立了俏江南集团在豪华会所服务市场的标杆地位。张谢勋应兰会所创始人汪小菲先生邀请为其打造整体品牌视觉。

图六:【雏菊汇】

雏菊汇艺术品有限公司的使命是将全世界秉承传统工艺并与当代设计相融合这一理念打造出的艺术品带到中国。希望通过雏菊汇的平台传递全球设计师的智慧以及对美的诠释，并将其融入我们的生活。

图七:【创业博物馆】

中关村创业博物馆位于北京市海淀区苏州街附近的创业大街上，是为了让后人了解和知晓中关村创业历史，传承中关村创业精神而设立的博物馆。张谢勋应博物馆发起人苏药先生邀请为其打造整体品牌视觉。

宋洋

国际著名艺术家，旅法八年半
宋洋美术/未来有趣文化公司创始人
爱马仕家族帕蒂中国签约艺术家
北京电影学院/中央美院/TED 动画系特聘讲师
北京市朝阳区青联委员
中国青少年发展基金会兰花草基金理事

设计经历：

全球超过15个国家 巡回展览+讲座+图书出版
2008年末出任世界大学生运动会最年轻评委
2008年北京创意·设计“年度青年人物”金奖
2011年世界大学生运动会全球视觉顾问+阿里巴巴淘公仔视觉评委+京东狗吉祥物视觉评委+杭州动漫节创始委员会顾问
个人作品bad girl单幅拍卖上百万人民币
被UCCA尤伦斯美术馆誉为“青年艺术意见领袖”
被美国 SURFACE杂志誉为“难以定义的艺术家”
2017年bad girl代言上海时装周FANSHION WEEKEND
2018年独家签约美国安迪·沃霍尔，艺术跨界签约故宫IP、海绵宝宝、Paul Frank大嘴猴、漫威之父斯坦·李等国际一线IP进行艺术授权发布
作品被联合国教科文组织/北京今日美术馆/迪拜国家美术馆/法国阿杜屡刻美术馆/莫斯科国家当代美术馆/哥本哈根当代美术馆等收藏
2020年创立“Future links+未来链接”艺术理论，联合国推荐英文版全球发布
2020年担任三亚天涯区轮值镇长，用艺术改变中国城市美学
2020年东京奥运会唯一邀请中国官方衍生品合作艺术家

设计观点：

链接当下，创造未来。
人类只能顺应，无法改变时代的大潮。
我们有意识地在创作中运用“第一原理”思维方式。也就是说，凡事先从本质开始思考，然后再从本质一层层往回反推。在这样的思维模式下，你不会因为暂时的困难而对结果失去信心，也不会因为好高骛远而做出徒劳的努力——因为你非常清楚自己的目标是“第一原理”推导出的必然结果。

艺术与商业从古至今都是人们讨论的热门话题，今天我们所述的当代艺术实际上是由西方的当代艺术史写作而发展来的，西方艺术史的写作方式，基本上是每一个阶段对前一个阶段的否定而体现它的价值，并且，作品必须要有一种观念的阐释余地。这里要注意被国际肯定的是观念和价值。
而东方艺术的方式往往是在传统的艺术基础上，让其更丰富和更有魅力。
西方需要创作新的玩法，东方是建立在传统的玩法中，看谁玩得更好。
两者有着其根本逻辑判断的不同趋向。

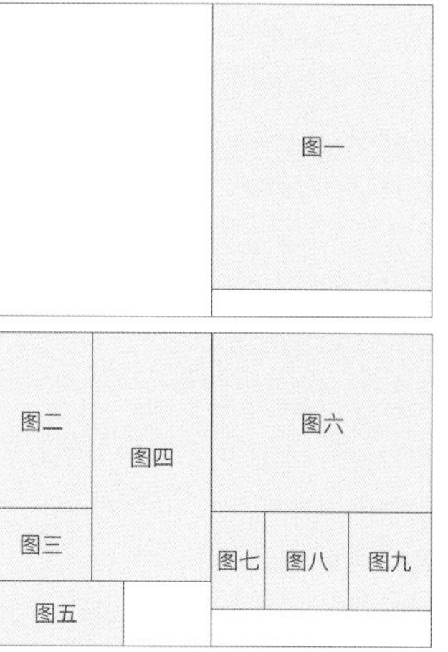

中国首家IP美术馆

SYART|宋洋美術

宋洋美術 SYART GALLERY Andy Warhol Bad girl Bidigirl × SpongeBob PAUL FRANK

14th

SONG YANG ART

图一:【宋洋美术馆IP】

Olympic Heritage Collection
2020 Lucky Cat Limited Edition
HERITAGE
宋洋美術
SYART GALLERY
宋洋美術 SYART GALLER
Tokyo 2020
Beijing 2008

哇!
给孩子的故宫系列
故宫的二十四节气

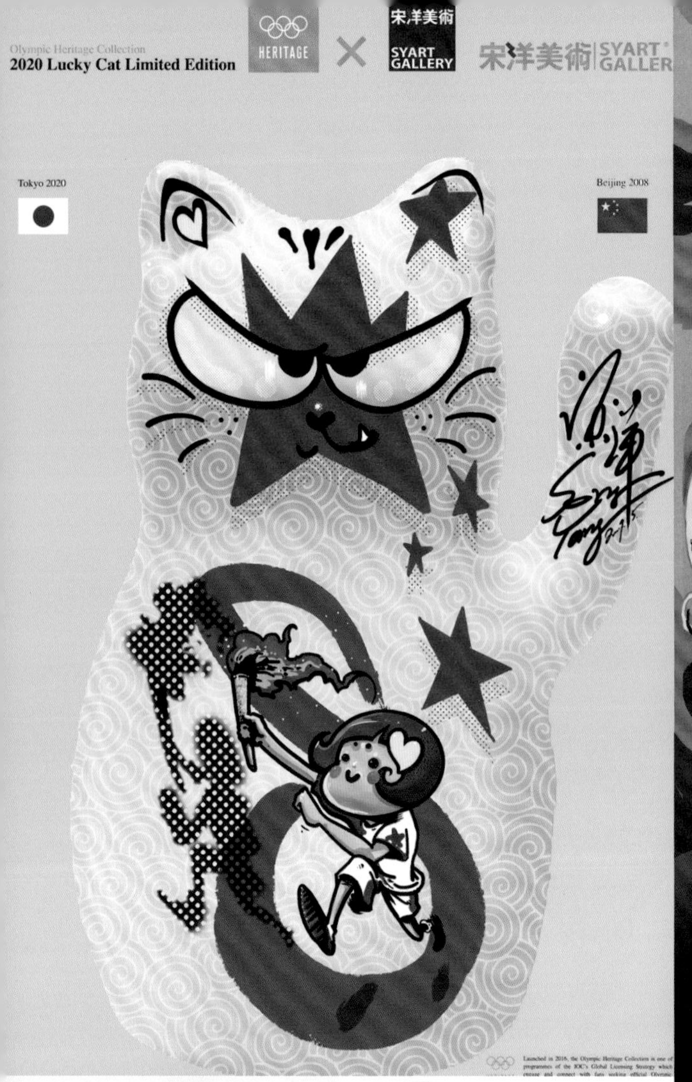

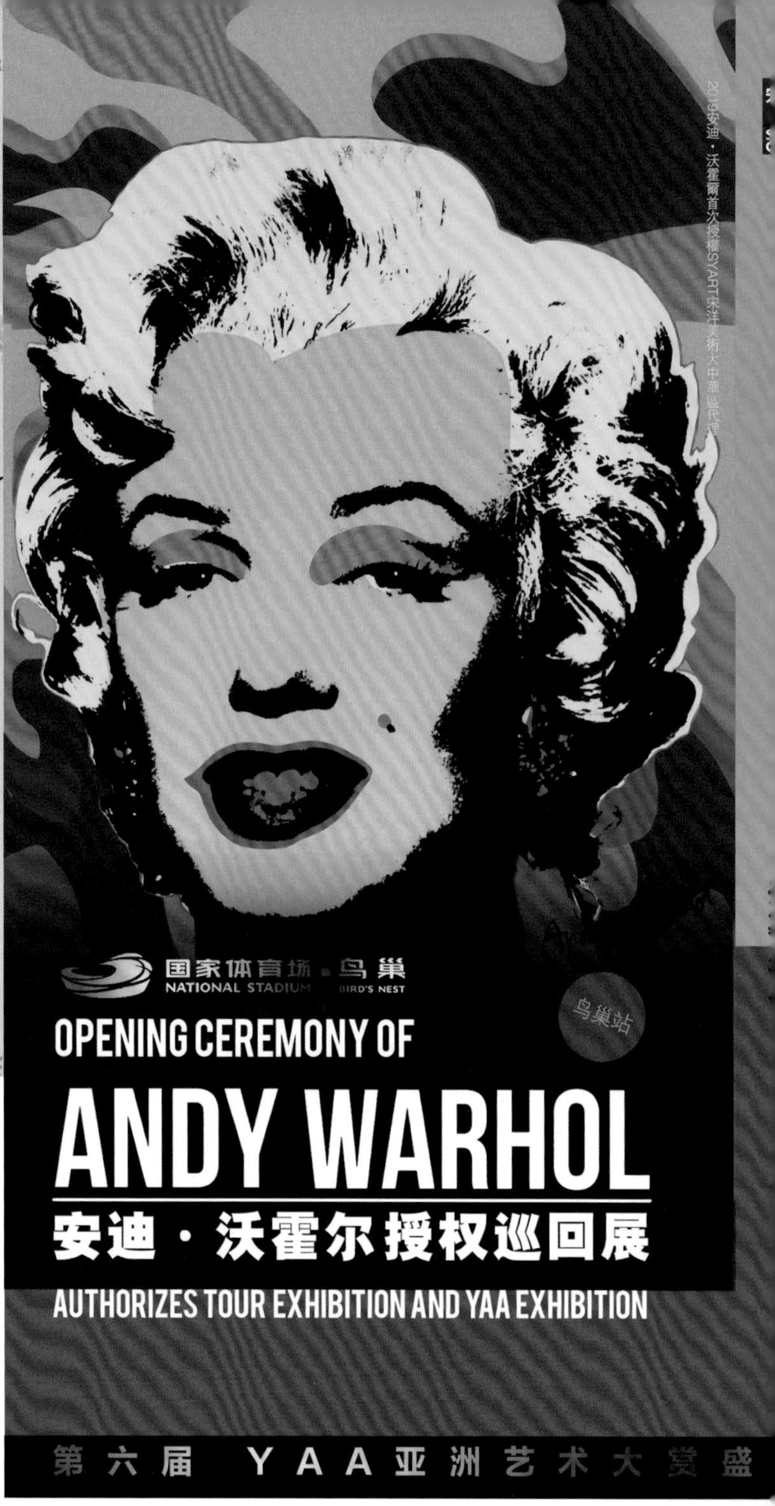
2019安迪・沃霍爾首次授權SYART宋洋美術大中華區代理
国家体育场 · 鸟巢
NATIONAL STADIUM
BIRD'S NEST
鸟巢站
OPENING CEREMONY OF
ANDY WARHOL
安迪·沃霍尔授权巡回展
AUTHORIZES TOUR EXHIBITION AND YAA EXHIBITION
第六届 YAA亚洲艺术大赏盛

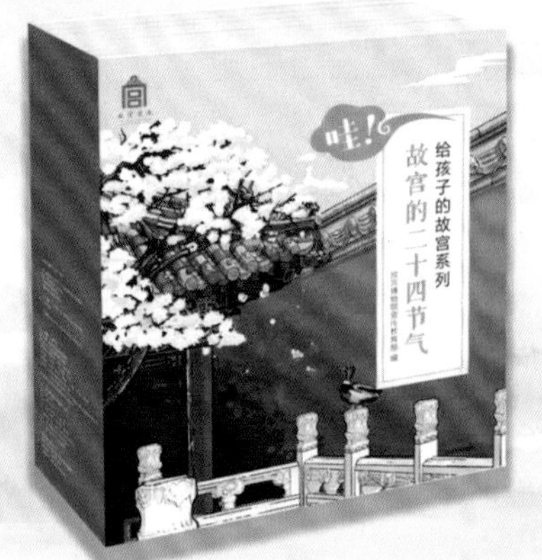

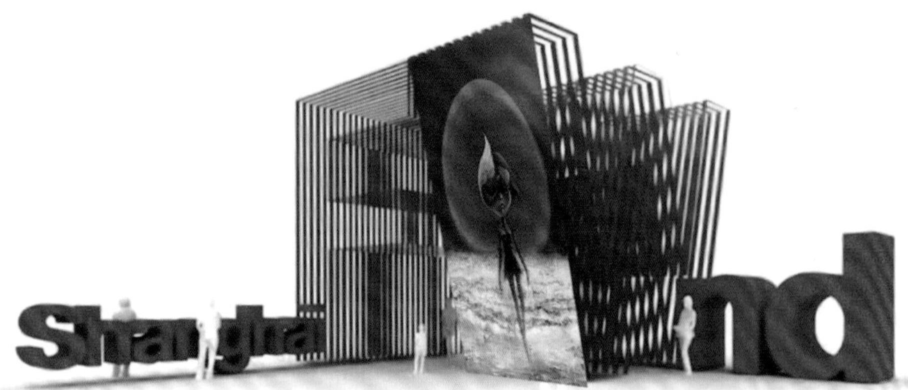

图二:【2020年东京奥运会艺术衍生品】

宋洋是2020年东京奥运会中国唯一艺术衍生品邀请艺术家。

图三:【故宫二十四节气】

宋洋美术签约创作的《故宫二十四节气》在2019年当当、京东图书板块获儿童绘本销售冠军。

图四:【鸟巢 安迪·沃霍尔授权巡回展】

宋洋美术主办的“鸟巢 安迪·沃霍尔授权巡回展”在中国国家体育馆鸟巢文化中心举办，3000平方米7个月的展览，是鸟巢史上最大规模艺术展。

图五:【宋洋Bad girl代言上海时装周FW】

术文化：中国第一艺术IP

Exhibition for Nominated Young Artist in Asia

YART

美術 IP管理形象：

2.The Forbidden City Family 3. Andy Warhol 4. Little Boy + Song Yang 5. Lovely Family 6. SpongeBob + Song Yang 7.Fantastic zoo 8. Little Prince + Songyang

ad girl

故宫博物院
THE PALACE MUSEUM

ANDY WARHOL
安迪·沃霍尔授权巡回展
2019.12.5–2020.5.15 策展人：宋洋

亚洲青年艺术家
提名展
Exhibition for Nominated
Young Artist in Asia
Exhibition for Nominated Young Artist in Asia

爱力家族

Shining star
SpongeBob × SongYang
798 SYART Museum crossover Art Exhibition
海绵宝宝+宋洋

Wangluobin
王洛宾IP设计+宋洋美术
SONGYANGART COLLECTION

宋洋美術 × 大嘴猴
超级IP 藝術跨界
SYART|宋洋美術
paul frank × Bad Girl 2019 Art Crossover

图六：【宋洋美术签约的超级IP：Bad girl，故宫，安迪·沃霍尔，亚洲青年艺术家提名展，可爱力家族，海绵宝宝跨界，王洛宾，大嘴猴跨界】

图七：【宋洋作为爱马仕家族在中国签约的第二位艺术家，与家族帕帝酒业合作了Bad girl红酒、冰酒艺术家款】

图八：【宋洋美术授权李宁Bad girl艺术授权】

图九：【宋洋Bad girl艺术跨界淘公仔，并完成了阿里巴巴上市淘宝仔视觉设计】

杨铭

设计师、导演
CDS 中国设计师沙龙常务理事
FDC 佛山设计师俱乐部召集人
佛山睿合懿文化传播有限公司创意总监、导演
广东职业技术学院艺术系客座副教授
尖荷系组委会成员及全国设计实战导师
郑州易斯顿美术学院客座教师
景德镇陶瓷大学设计艺术学院客座讲师
江西科技师范学校美术学院实战导师
武汉长江职业学院实战导师
石家庄学院实战导师
北京工业大学耿丹学院外考官

荣誉奖项：

《对手情人》微电影第四届广州微电影大赛最佳电影、最佳导演
《十年功夫》宣传片获得第二届当代国际水墨设计展优秀奖
入选《字体呈现 II》设计书籍
入选《Designing the Brand Experience》书籍
《左脑右脑》设计主题海报比赛优秀奖
《十年功夫》全国设计主题海报展特邀作品奖
《跑题》海报邀请展特邀作品
《生肖狗》海报邀请展特邀作品
《贵姓100》姓氏设计展优秀奖
深圳设计周《粤港澳设计作品展》特邀作品奖
《生肖有礼（猪）年图案设计》特邀作品奖
《草原国际设计艺术节》特邀作品奖
《畲响》特邀作品奖
《雷锋——榜样的力量》特邀作品奖
《豫见郑州》特邀作品奖
G3 设计大赛创意设计奖
第 11 届国际标志双年奖服饰类铜奖
第 11 届国际标志双年奖食品类铜奖
第 11 届国际标志双年奖医药类铜奖

擅长领域：

文化策略、品牌设计、影视制作、包装设计、文创产品、空间陈设

服务客户：

中国移动、中国电信、江苏卫视、湖北卫视、深圳卫视、珠江电视台、南方少儿频道、佛山电视台、碧桂园、万达、富力地产、岭南新天地、鹰牌陶瓷、东鹏陶瓷、新明珠陶瓷、箭牌卫浴、法恩莎卫浴、红星美凯龙、精英传媒、纯正服饰、宁夏农垦、田歌食品、云燕、东建世纪广场、东方广场、不怕虎牛腩、赏面面馆、佛山大沥凤池村、佛山盐步社区等

设计思考：

设计十问

- 品牌是该有人性，还是兽性？
- 是什么决定了品牌生命周期？
- 品牌视觉设计是规范，还是示范？
- 适合的设计，真的是好设计吗？
- 都说要高端大气的设计，什么是高端大气？
- 设计师都是在帮别人做设计，什么时候想过设计自己？
- 设计师如何把握艺术性与商业性的平衡？
- 设计师如何应对 AI 人工智能涉足设计界？
- 文创是个伪命题吗？谁为文创买单？
- 设计教育可否打通专业细分，发展成“意识转形态”的通识教育？

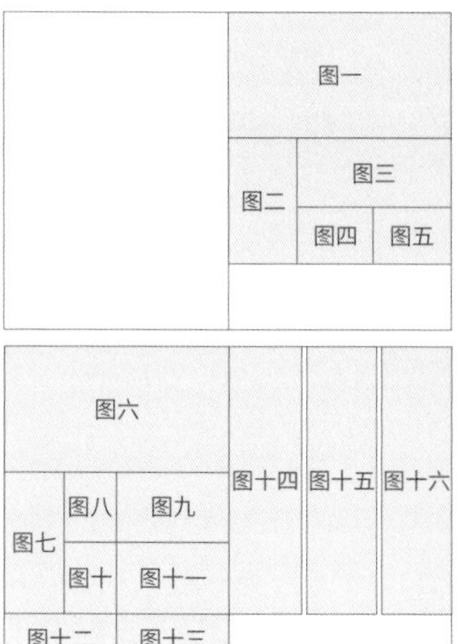

图一～图五:【赏面 面食创研社】

赏面面食创研社源于澳门顶级厨师的面食烹饪秘方，位于佛山年轻人汇聚的时尚商圈，以新中国风的潮牌风格打造年轻人喜欢的网红名店。

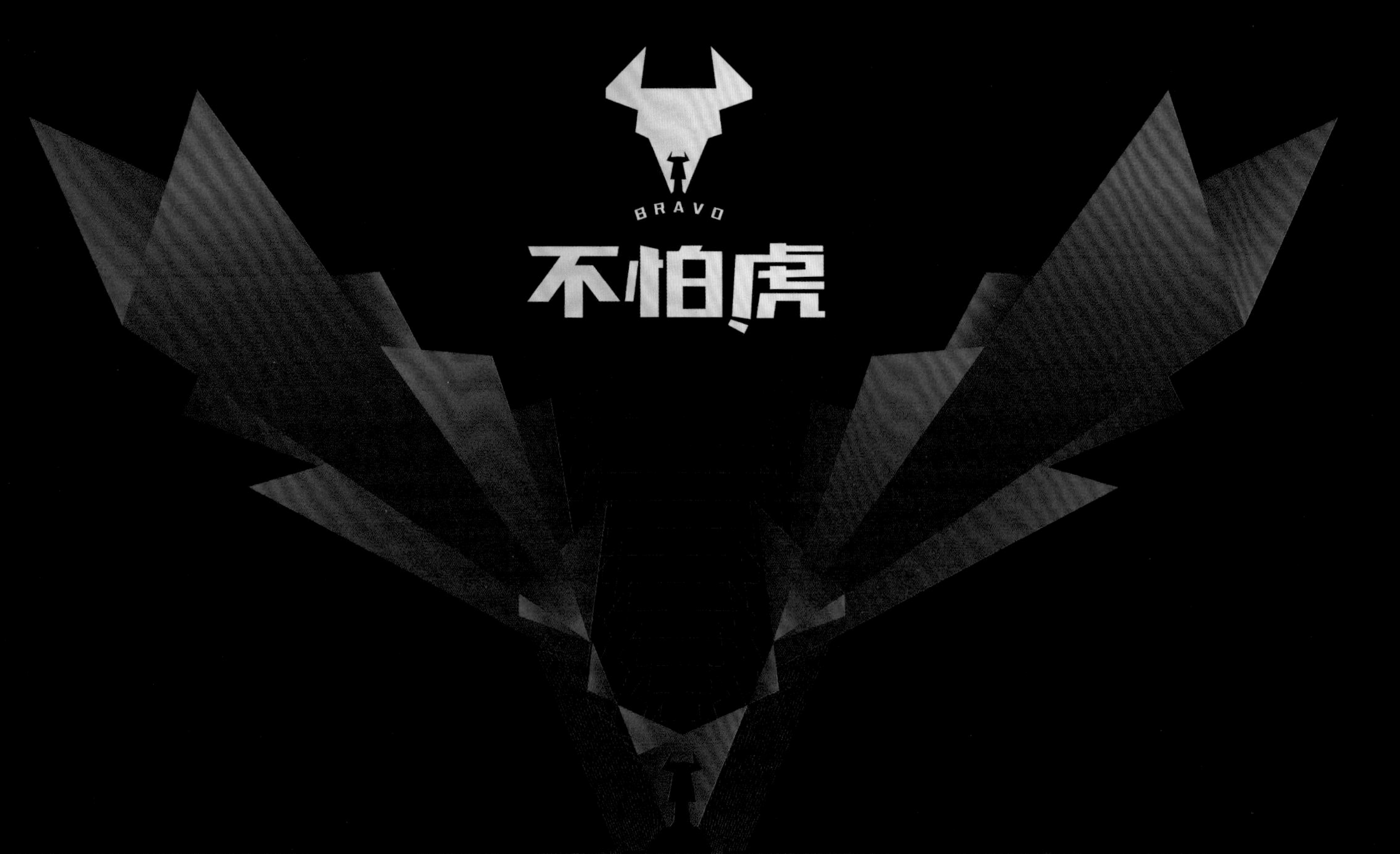
BRAVO
不怕虎

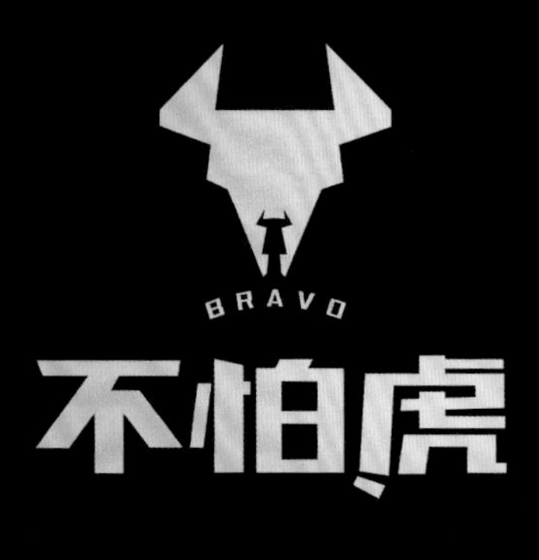

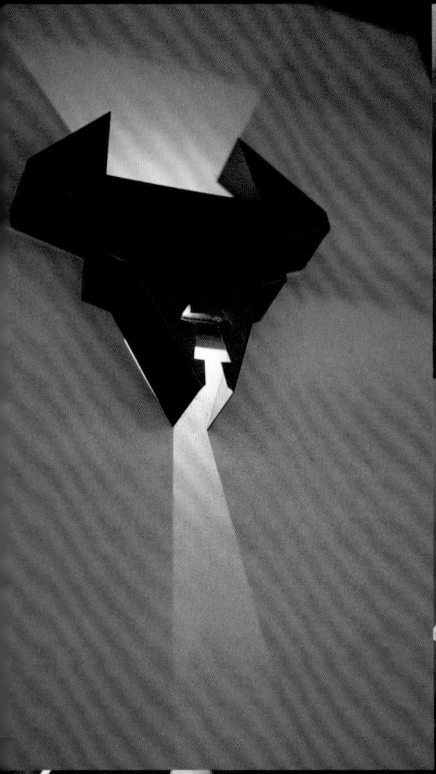

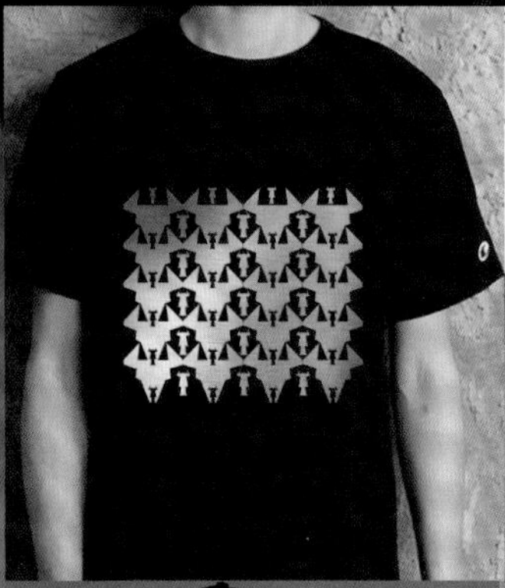

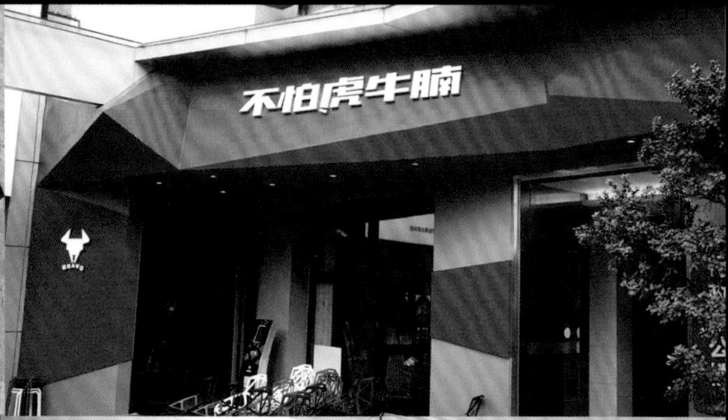
不怕虎牛腩

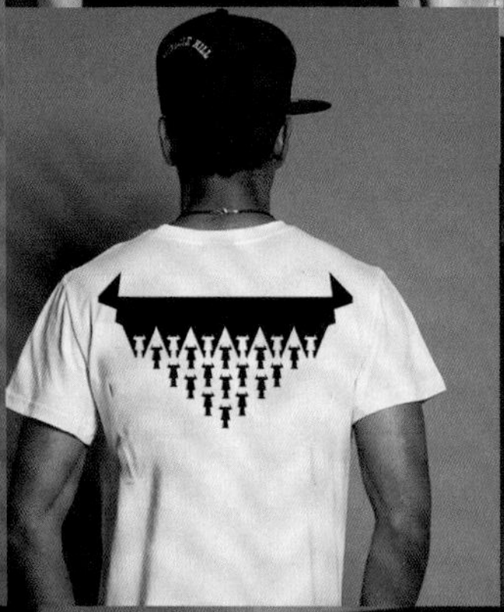

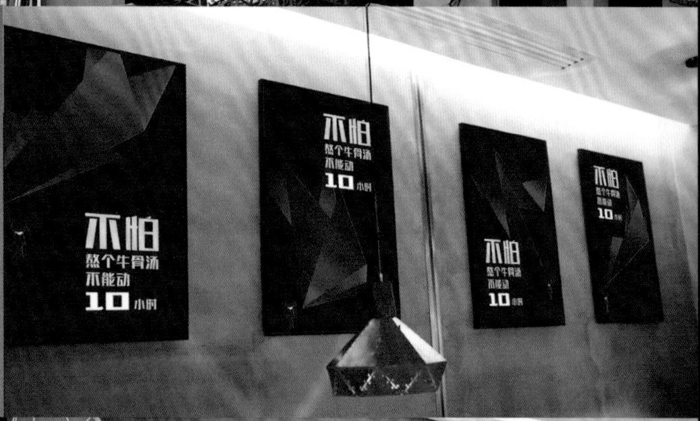
不怕
熬个牛骨汤
不能动
10小时

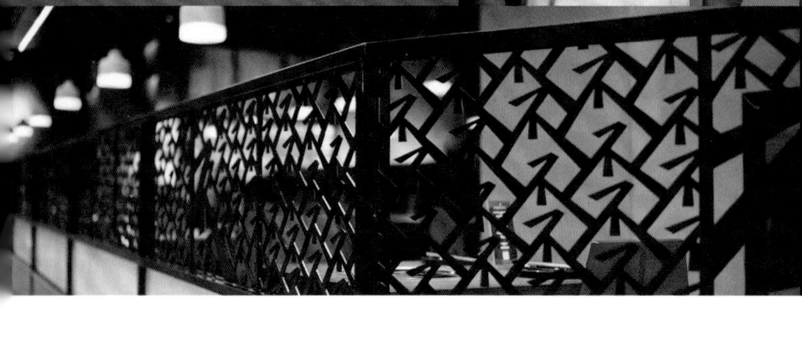

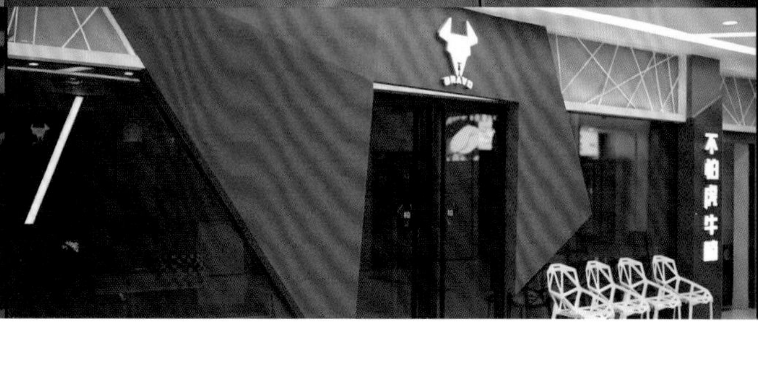
不怕虎牛腩

图六~图十三:【不怕虎牛腩】

不怕虎牛腩是广州一家以牛腩煲为主营产品的餐饮店，其品牌气质制定为“初生牛犊不怕虎”，敢打敢拼的精神，品牌LOGO体现了一个小人物身后的牛头背影，显示出再弱小的人，心中都有一头猛牛的冲劲，通过品牌VI与SI系统的落地，很好地展现了品牌特性，取得了很高的认知度。

图十四:【南海海外留学生联盟宣传片】影片以漫威风格，讲述了钢铁侠、蜘蛛侠、超人也需要平凡人的帮助，传递“给不平凡的人一个平凡的帮助”的思想。

图十五:【我爱吾城 佛山宣传片】影片以设计师的视角，感受自己生活的城市，号召设计师们为自己的城市而创作。

图十六:【马路无马 路上有路】影片以马为第一人称思考，马路为何无马？传递文明发展，社会变迁，自身迷茫，而前方有路的励志精神。

张诗浩(擦主席)

综合媒介艺术家
清河联合主理人
《Cult青年的选择》独立漫画丛书联合主理人

荣誉奖项:

2005年
- 第14届金犊奖
- 学生佳作奖《动感地带——跑马圈地》动画

2008年
- 第15届中国广告长城奖平面类形象项金奖
- 智威汤逊中侨广告公司《猫王，比基尼，毕加索》平面

2009年
- 中国4A创意金印奖
- TBWA(李岱艾广告)统一方便面汤达人平面广告

2011年
- 戛纳全场大奖Samsonite(新秀丽)
- 智威汤逊上海《天堂与地狱》平面

服务领域:

综合媒介艺术家crossover
IP玩具产品化开发与拓展

个人经历:

2006年毕业于中国传媒大学动画学院，后从事插画与漫画创作，致力于独立文化相关的研究创作与推广，作为freelancer服务于《vogue-gq》《创业家》《时尚先生》《timeout》《城市画报》《独唱团》等纸媒;W+K，奥美，JWT，大广，TBWA，DDB Worldwide (Hong Kong)，灵狮，环时，戎马广告等4A级广告公司及公关公司；兵马司，摩登天空等唱片公司。合作品牌：convers，Nike，adidas，统一，中兴手机，锤子科技，乐途lotto，samsonite，杜蕾斯，天猫，京东，kindle，奥迪，大众汽车，绿堡啤酒，CK,绝对伏特加，滴滴等，涉猎广告、漫画等行业。

2013年起在深入研究平面美术的同时，探讨美术与材质的多种可能性，利用综合材料进行艺术品以及产品的创作，创建PurpleToys艺术家玩具品牌，并与声音艺术家KaiZe提供方小鸡磕技成立清河联合，从事科技材质与艺术之间的互动尝试。清河联合作为玩具品牌，相继推出了三眼虎系列三代，少年虎、须弥山、寅丸、鲤鱼人等sofubi玩具近百SKU。
2014 ~ 2017年以概念设计师身份参与《寻龙诀》《一代妖精》《阴阳师》电影的创作。

2018年清河联合推出《明日深渊》系列玩具，以全新的盲盒、挂卡、单品，共同构架世界观的形式融合内容IP与造型IP探索玩具本质的可能性。IP联名合作天猫、密扇、YOHOBUY、朴坊等品牌，动画片也在制作当中。

设计感悟:

只有独立的人，没有独立的事儿
人和世界都是流动的
向植物学习道理
去除妄念
不要被绑架，甚至不要被自己绑架

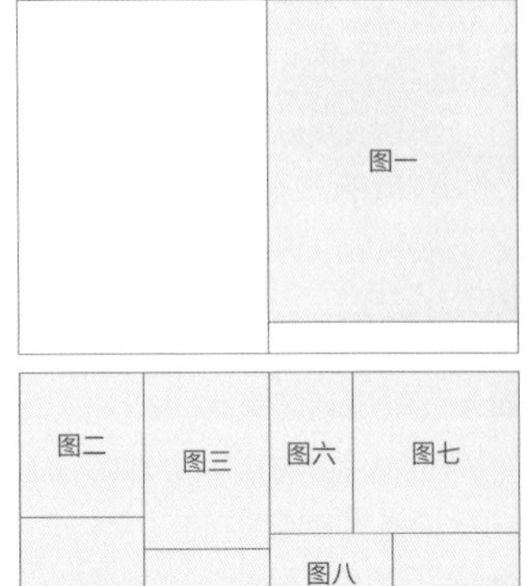

图一:【明日深渊】

《明日深渊》系列是清河联合2018年启动的Fusion玩具计划，包含了基于明日深渊世界观以及美术体系下盲盒、挂卡、单品、轻周边、艺术家居、艺术衍生品等内容，同时在内容IP与造型IP两个方向进行探索。

图二:【养虎吃人No.1】

图三:【Ivy&yankee】

图四:【月心冒险】

图五:【Cyborg108 mechainc baby】

图六:【三眼虎】 图七:【须弥山】 图八:【kappa】 图九:【麒麟童子】 图十:【big bad wolf】

擦主席及清河联合一直致力于探讨美术与工艺之间的关系及可能性，不同种类的黏土、造型材料、3D建模与算法、3D打印技术及一线的先进或原始的生产工艺语法，以及不同文化基因之间的融合，带来全新的审美体验。

杨霖森

linsendesign 霖森品牌规划设计机构创始人
HIII 国际创意联盟专业会员
亚洲中韩设计协会会员
中国之星设计大奖评审
《中国设计年鉴》编委
CDC 中国包装联合会设计委员会全国委员
新疆艺术学院设计学院硕士研究生导师
石河子大学客座教授

荣誉奖项：

2016年台湾金点设计标章奖
2015年中国之星设计银奖、铜奖等十余项大奖
Hiiibrand 嗨品牌国际品牌标志设计大赛银奖
Hiiibrand 嗨品牌国际品牌标志设计大赛铜奖
Hiii Typography2016年中英文字体设计大赛评审奖
Hiii Typography2013年中英文字体设计大赛优异奖
Hiii Typography2013年中英文字体设计大赛入围奖
中国之星"金手指"最佳标志设计奖
中国元素国际创意大赛 CHINESEELEMENT
中国设计行业权威杂志《包装＆设计》专访报道
DDF 光华龙腾奖
中国设计业杰出贡献奖

擅长领域：

文化品牌设计、消费品牌设计、产品包装设计

服务客户：

全国第十三届冬季运动会、新疆大剧院、新疆广汇飞虎男篮、华凌国际家居、天润乳业、伊力特、美克置地（天津）、海派名家（海宁）、949 交通广播、日本知会鸟株式会社（东京）、七十七万年中国菜、苏氏牛肉面、SOHOKTV、一阳咖啡、吾吾子羊羔肉、约粉、漫街等

个人经历：

大学时期，杨霖森潜心修习工艺美术，以专业第一名的成绩完成学业。在上海他寻得了品牌设计的方向，2003年在乌鲁木齐创立独立设计机构 linsendesign。他的设计几乎涵盖了生活中所有的行业和领域，作品遍布整座城市。多年来始终积极探索地域文化与国际设计之间的关系，并获得社会各界广泛认同。获颁中国设计行业的诺贝尔奖——DDF 光华龙腾奖，先后三届提名“中国设计业十大杰出青年百人榜”，自治区文化名家暨“四个一批”人才和文化领军人物，被媒体誉为“站在亚洲设计之巅的新疆人”。曾受邀于北京798尤伦斯当代艺术中心开设主题讲座《设计西游》，受中国设计行业权威杂志《包装＆设计》专访报道，作品在韩国、厄瓜多尔、中国台湾、中国澳门、北京、上海、杭州、西安等国内外多个地区展出。受邀参加台湾BEYOND国际海报邀请展、2016ADCK亚洲Young Design邀请展、2014AGDIE亚洲平面设计邀请展、北京“中国设计三人行”3X3设计展、铭记12.13国家公祭日国际海报邀请展、西安贾平凹文化艺术馆《气韵中国 2014》邀请展、北京国际设计周《气韵中国2013》邀请展、情调苏州海报邀请展等。

部分作品入选《ekoo300》《Hiii Typography1-4 嗨字》《APD亚太设计年鉴》《BRAND创意呈现》《华文设计年鉴》《国际设计年鉴》《中国设计年鉴》《中国标志设计年鉴》《中国创意百科All China Works》《新平面》等出版发行。

设计思考：

设计是慢跑，是发现，是体验，是过程。在解决问题的同时，升华设计，引发思考，从而更加靠近思想和精神的高度。设计不应该只服务于商业，他在诞生之初就站在了改善人类与自然的关系，追求和谐共生、美好生活的基础之上。

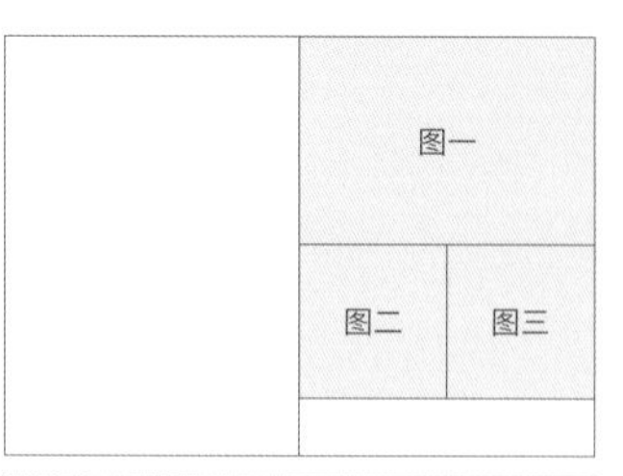

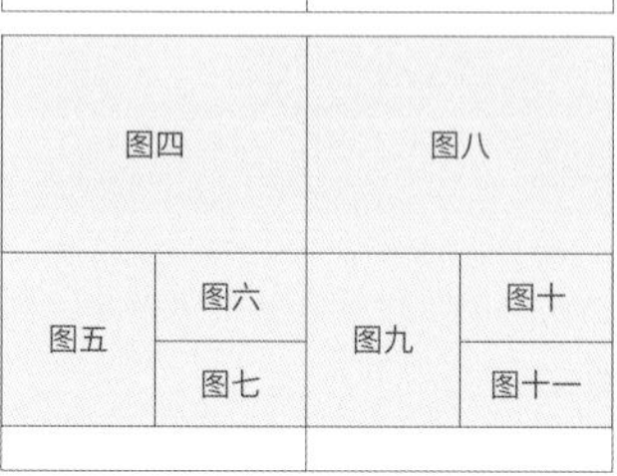

图一～图三:【CBA冠军球队——广汇飞虎男篮】

新疆广汇飞虎篮球俱乐部成立于1999年，自征战CBA赛场，从黑马到强队，CBA2016 ～ 2017赛季夺得总冠军。

图四：【广东省流行音乐协会新疆音乐委员会】

图五～图七：【印象西域——新疆大剧院】

图八：【伊力特——匠心白酒】

图九～图十一：【七十七万年中国菜】

李聪

概念设计师、插画师
轩阁美术工作室主理人
重庆师范大学新媒体学院数字媒体艺术外聘美术导师
重庆简繁文创签约艺术家

擅长领域：
视觉设计、概念设计、插画、三维概念

荣誉奖项：
2016年全国创意人设计大赛优秀奖
2017年中国·南亚东南亚国际美术作品展（纸上作品）
2017年第三届彩云南主题设计大赛入选奖
2020年幻想王国新锐艺术家提名展北京798艺术区

服务客户：
舞蹈、音乐、电影、动漫、时尚、视觉、美术等领域，香港置地、招商蛇口、北京龙源音乐、北京当当网等

个人经历：
先后合作于著名舞蹈艺术家杨丽萍、明星艺人胡莎莎、著名舞蹈家华宵一、北京龙源音乐、中国国家交响乐团首席大提琴许玉莲、著名古琴音乐家巫娜、著名行为艺术家信王军等，游走于电影美术、舞蹈、音乐、视觉艺术等多领域。

作品先后多次参展国际国内美术作品展，多次受邀为明星艺人从舞蹈、音乐、电影等多个领域进行概念设计，将艺术与概念融合，构建一个新的视觉体系。

设计感悟：
把当下与未来的状态活成诗，诗意的生活，路在脚下，也在远方，诗和田野都是在逐梦的路上。去实践和理论，有梦想就要去追逐，年轻无极限，设计和绘画中有太多的领域和细分，找到自己适合及擅长的地方，择一事，修行一生。

结合自身的优势与兴趣做全新的研究，不断学习新知识和掌握新技能是至关重要的，做专业型人才和极具多元化的综合性创新型设计，去创造属于我们的独特性，热衷发现精彩的事物，为大脑提供更多的刺激感和激发更多的探索学习欲望。艺术家和设计师是一场实战性的修行任务，既是体验也是锻造，不断去实践、思考、做实验、做结论，沉浸在思考的路上，培养出别具一格的标准。

主张形式观念多元化，精神领悟，从自身的内容出发去寻找创作，用真实的体验和真诚的情感寄托去表达自己的精神世界，透过表象去挖掘灵魂深处的秘密，创新与变革并序，探索新内容和新风格的转变，体现与平衡多方的美学价值观，设计者的尺度和自由程度自然不同，需要客观地去关注内容和原则性，在视觉上不断去实现方向性的语境。

赋予艺术与设计多种形式与内容，有自己独特的语言和逻辑性。

具备创新型与跨界型的多元视觉语言，流程化实验与开发转化，让视觉更具丰富性。

图一
图二 图四 图五
图三 图六 图七

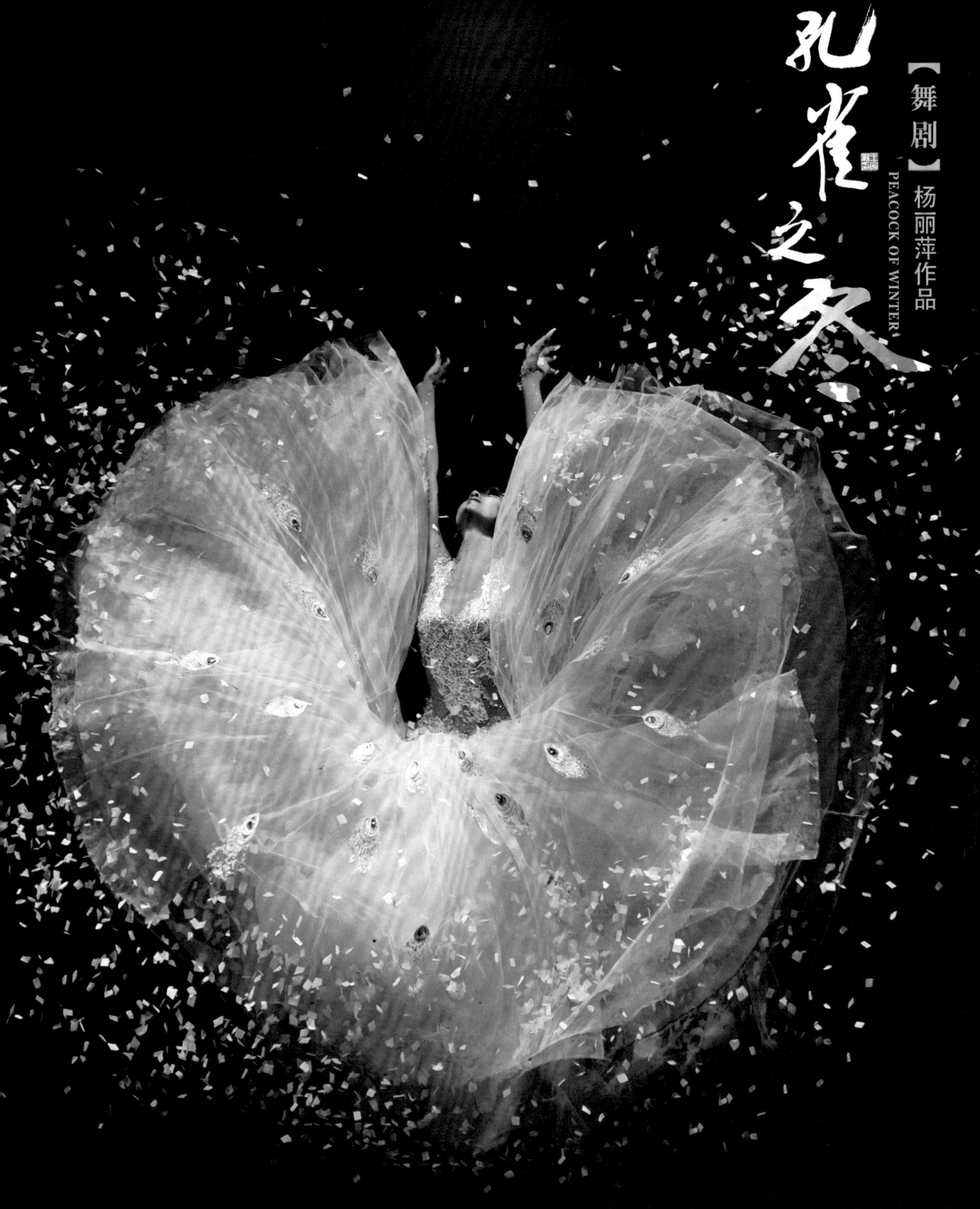

图一:【著名舞蹈艺术家杨丽萍老师舞剧《孔雀之冬》视觉概念设计】

这是为著名舞蹈艺术家杨丽萍老师的舞剧《孔雀之冬》的概念版主视觉设计，表现了一代孔雀舞神与冬天相恋，向死而生的舞蹈传奇。该剧为杨丽萍经典舞剧《孔雀》的“春”“夏”“秋”“冬”四幕系列中独自“冬”的篇章，表达生命的循环与真谛，将有一番新的追问和思考，觉知的灵魂在雪花中平静地穿越生死之门。

图二、图三：【为著名青年舞蹈家华宵一舞蹈剧场《一刻》视觉概念设计】

该设计是为著名青年舞蹈家华宵一舞蹈剧场《一刻》创作的概念版视觉，表现了生命中每一刻的即瞬闪耀，每一刻的当下都是一种新的释然，用视觉语言与当代艺术手法表现了只为寻找自己，然后努力生长，力争成为最美而杰出的自己，并用舞蹈写诗。鼓起勇气奋力生长的那一刻，才是一生。

图四:【北京龙源音乐中西跨界HIFI专辑《無他》· 中阮邸扬＆大提琴许玉莲】

该设计是为北京龙源音乐中西跨界HIFI专辑《無他》· 中阮演奏家邸扬＆大提琴演奏家许玉莲创作的古典新音乐专辑，以东方国风的叙事方法绘画了“無他”，传统之美偶遇现代之力，歌颂着东西音乐的篇章境美，婉转悠扬而动听旋妙，曲意生长，让音乐回归到最初始的梦境中，流淌在自然的声音中。

图五:【艺人明星胡莎莎华宵一舞蹈剧场EP同名主题曲《一刻》视觉概念设计】

这是艺人明星胡莎莎华宵一舞蹈剧场EP同名主题曲《一刻》音乐单曲概念设计，以超现实主义的叙事方法将灵魂歌者与跨时空对唱，所谓一生就是用尽生命的每一刻，与歌者形成了遥相呼应的时空顿挫之感。

图六:【重庆初好食品研究所“益肝草”品牌包装插画】

为“益肝草”品牌包装设计的插画，将大山里的原生态用故事的方式呈现，这是一场天然植物的视觉艺术盛宴。

图七:【艺人明星胡莎莎EP单曲《了愿》视觉概念设计】

这是艺人明星胡莎莎EP单曲《了愿》视觉概念设计，以曲风仙乐飘飘，意境清澈空灵，配上古风的编曲及配乐，营造出宛如仙境的概念视觉。

张弦 (Clack Zhang)

自由设计师
CDS中国设计师沙龙专业会员
尖荷系全国实战导师
BEYOND之外品牌实验室艺术总监
Oa.Studio创始人
长江职业学院艺术设计学院教师

擅长领域：

品牌设计，包装设计，字体设计，教辅类书籍设计，文创产品研发与设计，设计教育等

荣誉奖项：

2012年“东+西”青年设计师邀请展
2016年WWF“拯救江豚的微笑”设计师海报邀请展
2016年“赏未时光之旅”跨界艺术海报创作邀请展
2017年尖荷行动013期实战导师
2017年贵姓——全球华人姓氏文化汉字创意设计展
2017年中国设计之星设计奖入选
2018年万马奔腾——马文化主题创意设计展
2018年印象徽州——主题海报邀请展
2018年第五届中国设计院校大学生生肖猪文化设计大赛特邀作品展
2018年德国柏林中国文化周——湖北省文创产品展
2018年立陶宛汉字现象国际海报邀请展
2018年纹藏中国设计展荷兰站

服务客户：

卓尔集团，云传媒股份有限公司，中建三局，百度百捷，武汉外国语学校，中国婚礼企业同盟，嫵间馆舞蹈艺术中心，EYOPIZZA，诺本启蒙花郡实验幼儿园，智信工场等

展览活动：

深圳设计周，武汉创意对流设计周，德国柏林文创展，中国文化IP大展及创新设计展，《BRAND创意呈现V》，BIGHOUSE土家族泛博物馆“活化彭家寨的过去、现在和未来”威尼斯暨武汉双城展等

个人经历：

湖北美术学院美术教育专业本科毕业，获得学士学位。湖北美术学院视觉传达设计专业研究生毕业，获得艺术硕士学位。2002年起依次任职于北京炎黄时代广告有限公司、东莞卓丰广告有限公司。2006年加入长江职业学院艺术设计学院，从事设计教育至今。2008年起依次创立彰显平面设计工作室，武汉彰显盛道文化传媒有限公司，BEYOND之外品牌实验室。2018年退出公司，两年多的自由设计师身份至今，代号Oa.Design。

设计感悟：

心专一则杂念自无，神摄一则妄想自除。设计表达的呈现是要展现从发现问题、分析问题到解决问题的逻辑关系，关系一定要清晰，表达的并非形式而是自己内心对于对象的感悟，无病呻吟没有意义。我不会的就不去模仿，做最真实的自己就好，没有方案也许是最好的方案。要跳出惯性的思维与表达，但还是要接地气并迎合大众审美情趣。直白露骨的表达，传达的直接有效与设计的可持续性问题，可关联可割舍，具体要看做什么。

	图一
图二	图四
	图五
图三	图六

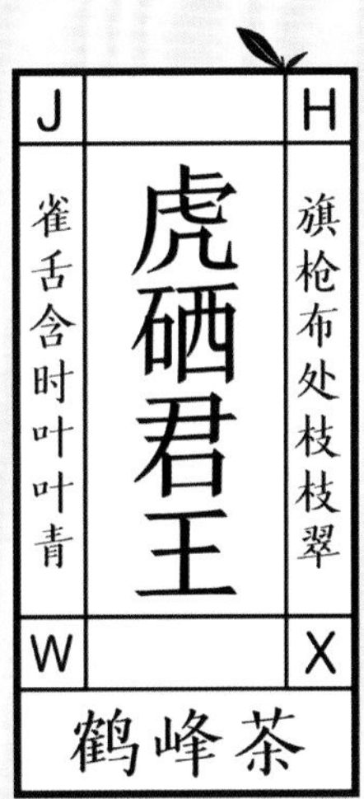

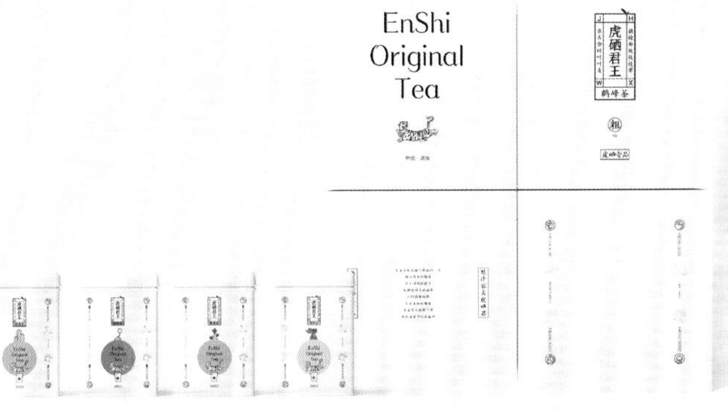

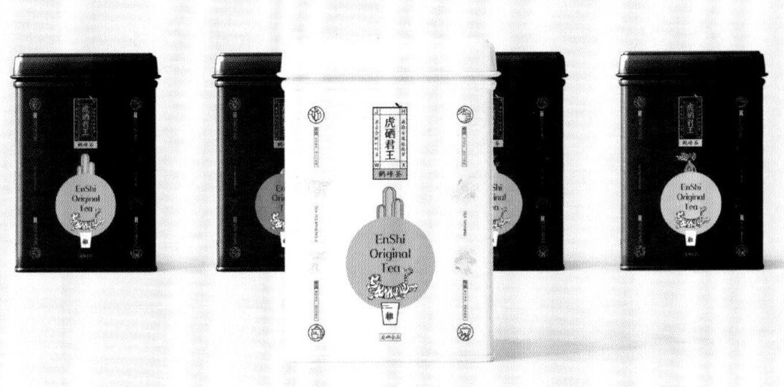

图一:【恩施虎硒君王鹤峰茶】

恩施原生态的富硒茶品牌，白虎是土家族的吉祥图腾，突破对传统茶叶包装的认知，运用简洁的图形元素，使其看起来更加时尚而有趣，让人耳目一新。

图二:【 壹柒說 】

播音主持专业的一场毕业秀活动，以各种对话框作为主视觉元素，符合专业属性和活动形式，纯文字的编排与图形整体有效且有序地传达了活动信息。

图三:【 拜伯里 】

一家专营进口小家电的线上线下品牌，简洁的图形和字体相组合。拜伯里品牌一直致力于提升家居生活的智能化，倡导家居生活的安全、便捷与舒适。

蝗馬客

HUANGMAKE

猫絞師

MAOJIAOSHI

图四:【智信工场】

智周万物，信奉受行，智信工场是一家专业从事医疗护理数字平台系统的研发及制造企业。文字组合而成的简洁图形形成了品牌标志和辅助图形延展。

图五:【西兰卡普的万花筒文创产品设计】

西兰卡普又称土家织锦，是吉祥的符号、传情的信物和宗教的神力，系统性研究了西兰卡普的色彩体系及图案构成规律，衍生产品再生90度直角的美。

图六:【嫵间馆舞蹈艺术中心】

德加的油画《舞蹈课》系列与敦煌壁画中的舞者共同构成了嫵间馆的主要视觉记忆符号，重组整合，视觉、听觉、触觉、味觉、嗅觉，品牌五味呈现。

仇姜帆(JOHNNY)

亚洲吃面公司联合创始人
亚洲吃面公司创意总监

擅长领域：

餐饮品牌设计、时尚品牌设计、文创品牌创意、活动策划、自由插画师

服务客户：

超级一龍拉面、烤匠、不方便面馆、卤味研究所、太二、乡村基、STAY、2颗鸡蛋煎饼、尖饺、汤上工夫、必昂比昂面、百得火鸡研究站、LLJ夹机占、遇见小面、为什么牛……

个人经历：

2008年毕业于广州美术学院视觉传达专业。

2009年担任杭州番茄动漫品牌服务机构设计总监，期间涉及动画、游戏等跨界领域。

2012年加入广州维涛优联设计公司，任职设计副总监，从事时尚品牌创建工作。负责品牌前期定位策略、视觉形象VI设计、SI设计以及品牌推广应用设计。

2015年加入亚洲吃面公司并成为创始合伙人，同时担任亚洲吃面公司品牌中心总经理、创意总监等要职。先后为多个著名餐饮品牌提供品牌设计服务，包括太二、不方便面馆、卤味研究所……

亚洲吃面公司多年来一直在探索创意设计的边界，同时为各种吃喝玩乐相关的品牌提供具有创意及品牌升级方面的服务，围绕年轻人打造基于消费升级浪潮下的各种消费体验。我们一直坚持“创意带来生意”的设计理念，希望通过洞察市场、认知边界、挖掘需求来打造美好的生活体验。亚洲吃面公司，为城市新生活而生。

设计感悟：

品牌的话题来源于冲突感的营造，把常规的品牌、产品，用反常规的思路去做包装，形成反差，让品牌个性更鲜明。

为品牌方做设计，需要一套能行之有效、表达清晰的视觉使用工具。品牌设计是一味催化剂，它不能直接影响品牌的经营状况，但是能够加速或提升每个板块的价值。

好产品+好体验+好的品牌设计=一个具有战斗力、侵略性、传播性的高溢价品牌。以上三者缺一不可。

做品牌设计是一个相当复杂和多维研究的过程，我们要对行业有一个纵向的观察和洞悉，了解相关的所有背景，以此为依据来探索和思考出每一个品牌最核心的品牌DNA，再通过对DNA的挖掘，针对性地“设计”出品牌框架，最后运用创意的视觉手法表现。总结工作步骤就是：看法—想法—玩法—手法。

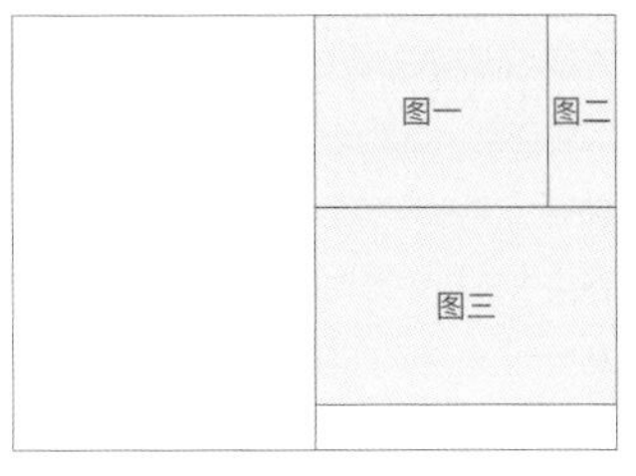

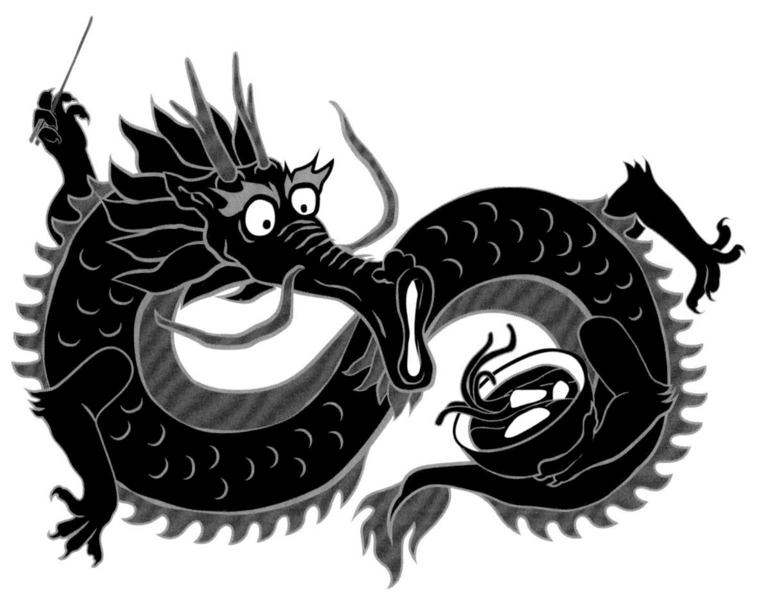

超級一龍拉面
ICHIRYU RAMEN

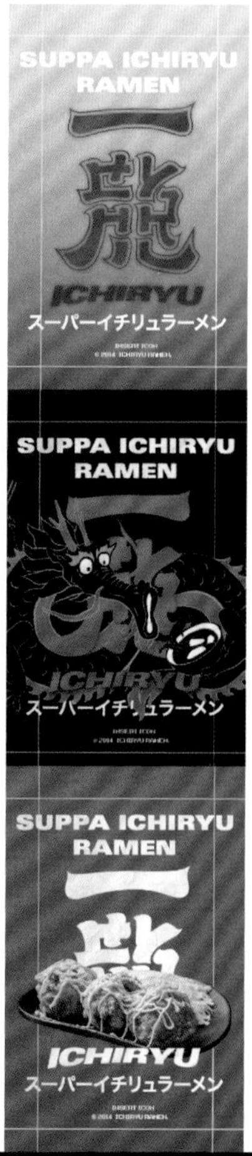
SUPPA ICHIRYU RAMEN
一龍
ICHIRYU
スーパーイチリュラーメン
SUPPA ICHIRYU RAMEN
ICHIRYU
スーパーイチリュラーメン
SUPPA ICHIRYU RAMEN
ICHIRYU
スーパーイチリュラーメン

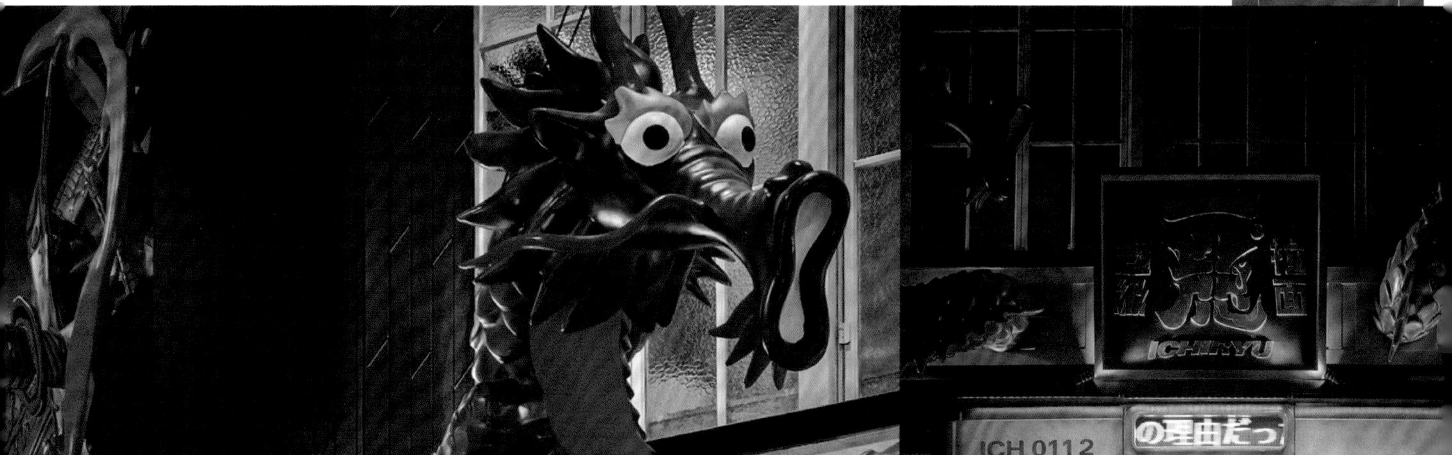
ICHIRYU
ICH 0112
SUPPA ICHIRYU
ICHIRYU SPEED

图一~图三:【超级一龍拉面】

超级一龍拉面品牌升级，在超级一龍拉面原有的基因上，放大品牌优势。同时打破传统拉面店的模式，结合日本潮流文化，发酵多款玩味设计及增加个性化体验，不断制造冲突感，从而打造多变、玩味、意想不到的超级一龍，带出拉面品牌别样的新鲜感，迅速与年轻人拉近距离。荣获2019年中国内容营销金瞳奖，原创内容单元设计组金奖，CGDA2019视觉传达设计奖入围奖，IAI全球设计奖（智造奖）优秀奖。

nonoodle

Nonoodle, a place for you to be fed and brainstorm at any time. Not only refres your mind about dine and wine, but also renew your ideas about joy and fun

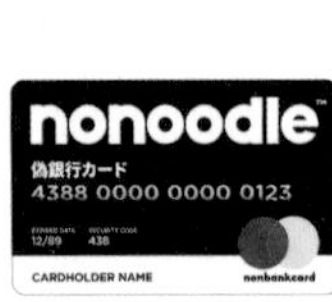

图四～图六:【不方便面馆】

这是一间随时可以填饱肚子、开启脑洞的面馆。整体设计以对比强烈的黑白风格，打造超现代的潮流感。结合代表着亚洲吃面公司的三原色，为不方便面馆赋予更鲜明的个性。不方便面馆，不止是一家面馆！这里还提供全时段吃喝玩乐体验，不断为这座城市引爆新鲜与有趣。

荣获2019红点设计奖，2019 K-design 设计奖，2019年中国内容营销金瞳奖，原创内容单元设计组铜奖。

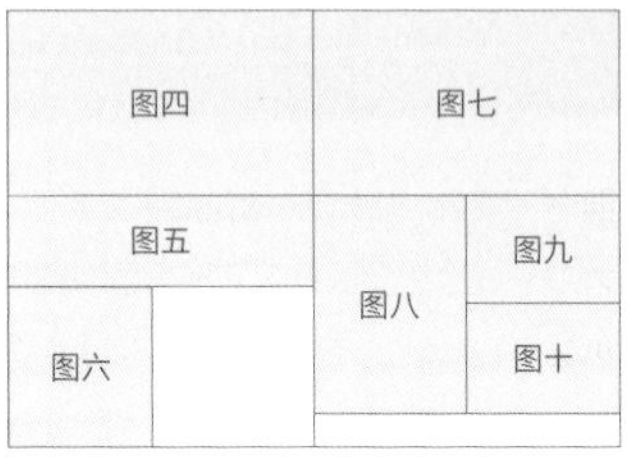

图四 图七
图五 图八 图九
图六 图十

图七～图十：【太二老坛子酸菜鱼】

太二是一个专心做老坛子酸菜鱼的年轻餐饮品牌。围绕“二”文化的品牌调性，设计特别的就餐体验，及展开高识别度的IP形象设计，二老板专心切鱼、店小二用心卖鱼。整体设计选择版画风格作为延展核心，色彩黑白极简。独特的设计语言，让太二拥有不可替代的品牌灵魂。荣获2019CGDA视觉传达设计优秀奖，台湾金点设计奖，台湾国际平面设计奖TiGDA金奖，IAI全球设计奖（智造奖）铜奖，太二酸菜鱼大众点评2019必吃榜入围餐厅。

刘天亮

品牌策略 / 多元创意

北京东方尚创始人
两百余国际国内奖项
品牌生态树理论体系创建人
首都企业形象研究会理事
CDS 中国设计师沙龙理事
中国包装联合会设计委员会（CDC）全国委员
CCII 国际双年奖 20 年 20 人
世界中医药联合会"一带一路"专家委员

服务客户：

中国日报、双鹤药业、奔驰集团、中华"春节符号"、同仁堂、葵花药业、中国工商银行、中国人民保险、奇正制药、北京紫竹药业、蒙牛集团、汇源集团、济钢集团、南京同仁堂、中粮集团、广药潘高寿、好利来、好当家集团、宁波市政府、北京海淀、参之道、香掌柜、凌钢上市公司、正千参、天下和、九合百草、大岳咨询公司、恒基地产、九合百草、普康大米、博远物流、美汐清洁、华润集团等数百个企业、政府项目

荣誉奖项：

蝉联 2018、2019 年两届中国设计师大会全场大奖
多届 ADE 中国优秀品牌设计最高奖、优秀奖
多届 CCII 国际商标标志双年奖金、银、铜奖
中国策划艺术博览会金奖
Hiiibrand 国际品牌标志设计铜奖、优异奖、入围奖
中华"春节符号"全球征集大奖
多届中国之星最佳设计奖、金手指奖、评委奖
首届国际品牌与设计大赛优秀创意奖
中国华人平面设计大赛优胜奖
多次海内外企业征集金奖、入选奖
中国十佳包装设计师
中国设计先锋人物
酒包装设计金爵奖等两百余项国际国内奖
作品为众书刊、机构发表或收藏

个人经历：

野生式入行，求学于哈轻工、中央工艺美院。经神笔、博采、始创、刘天亮工作室，后创北京东方尚十数载至今，建"品牌生态树"理论体系，亲为数百案例，主导千余项目，乐于打开设计边界。

设计感悟：

品牌如树，若想繁茂丰硕，需实现生态闭环
甲方共生，市场共情，作品共鸣
完美的设计人生，是分裂出来的
高级的设计，里面没有自己
大自然是最伟大的设计师
人类的设计，始于欲，美于琢，荣于名利，终于僭越

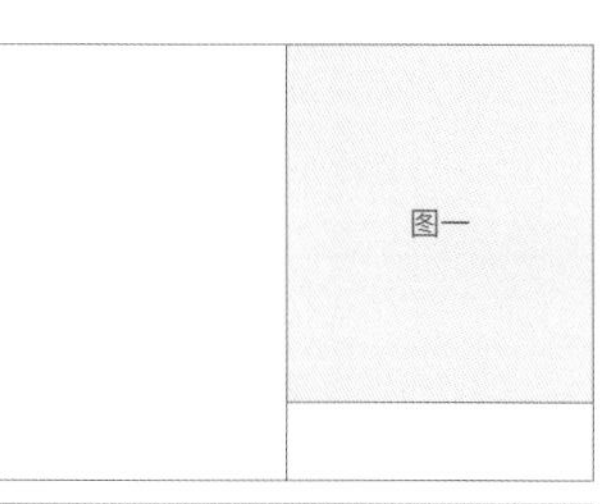

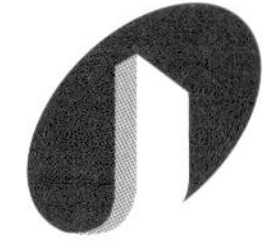

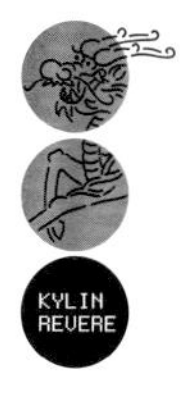

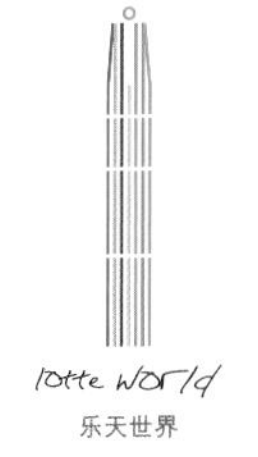

图一:【刘天亮部分标志作品】

北京东方尚/济钢集团/星辰农业/中国设计师大会

清华苑物业/精石石材/参王谷/葵花药业

北京国文书院/晋源旅游/大阅书城/麒麟瑞华

城市中国沙龙/防网络暴力论坛/乐天世界/中华“春节符号”

嘉华百世/嗨！运动休闲/无渔文创/骏腾人才

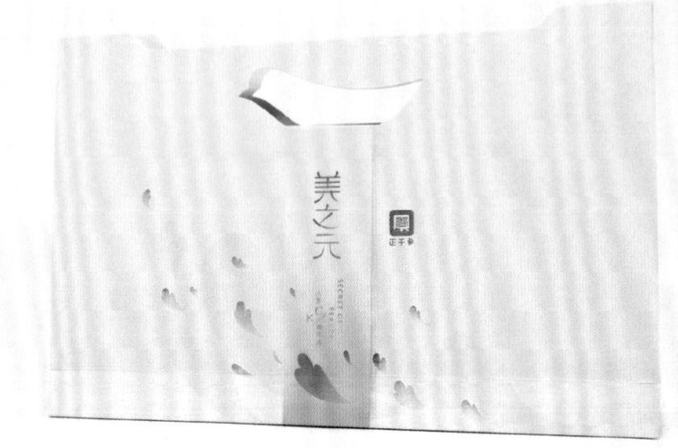

图二～图五:【美之元女士饮液包装】

产品萃取人参精华，以内养外。包装设计取意“闭月羞花”。淡雅的色彩，一如女性的白皙红润，花卉与明月的掩映间，仿佛一位蕙质兰心的美女……

图六、图七:【参王谷红参包装】

下有人参，上有瑶光。传说有参的山谷，便有鹿儿和棒槌鸟的身影。

图八~图十:【玄鹤来仪｜沉香礼盒】

东方神木，化为沉香，山水情倾，玄鹤寻芳。宝盒内，沉香饰品置于山水之间，引云端玄鹤翩翩，曲颈俯首……包装造型圆润尊贵，可展陈，可收藏，亦可用作茶盘、香托。

图十一、图十二:【天之源人参粹膏包装】

大山馈赠，尖端科技。品质高贵的专利参产品问鼎养元至尊。包装构思取意山峦与印玺，彰显参产品的属性及品质；亦可作为艺术品或刻字的专属印章收藏。

田卉

设计师

玛汝文化创始人

擅长领域：

珠宝设计、家居配饰设计、文创研发

服务客户：

红桥、天坛、清华EMBA、清华五道口金融学院、中国移动、银行VIP私定、心灵作家张德芬及德芬空间、子时、三时等

个人经历：

一个从武陵苗疆走出的苗族女子，从小听着银饰随着身体摆动发出“哗啦哗啦”的悦耳声音，伴着五彩斑斓的绣衣和梦幻神秘的蜡染成长。大学毕业后来到北京工作，虽然身处这繁华炫目的都市，心中却对家乡的“遗产”难以割舍，苗族那些精细的银花丝，针法独特的多彩苗绣……那些珍藏着历史文化的非遗经典总在脑海中浮现。但另一方面，又看到贵州很多非遗手工艺在流失，年轻人不再愿意花时间精力去学习传承，因为他们不能依靠这些手艺获得更好的生活。

时代在进步、生活在改变、审美在提升，以前的设计和使用场景已经不能适应新时代生活方式的需求。于是，便有了“玛汝”的诞生。玛汝，苗语汉译为“美丽、卓越”，是对美好的赞许，也希望将遗落在民间的手工艺带出大山，带入当代生活，将其发展和延续，传递美好！

设计理念：

我们关注非遗手工艺，同时也关注不断变化的生活状态，从传统出发，在自然中找寻灵感，深入探寻饰物与人的连接，与场景的关系，从饰品的创新佩戴方式到日用品类的延展，设计中包含很多新与旧的碰撞、融合。

用心做有灵魂和温度的设计。

图一

图一：【心眼】

用心看世界，把眼睛放空，用心去感知世界和内观自己，日野原重明在书中也写到，只有用心灵才能看清事物的本质，真正重要的东西是用肉眼看不到的。

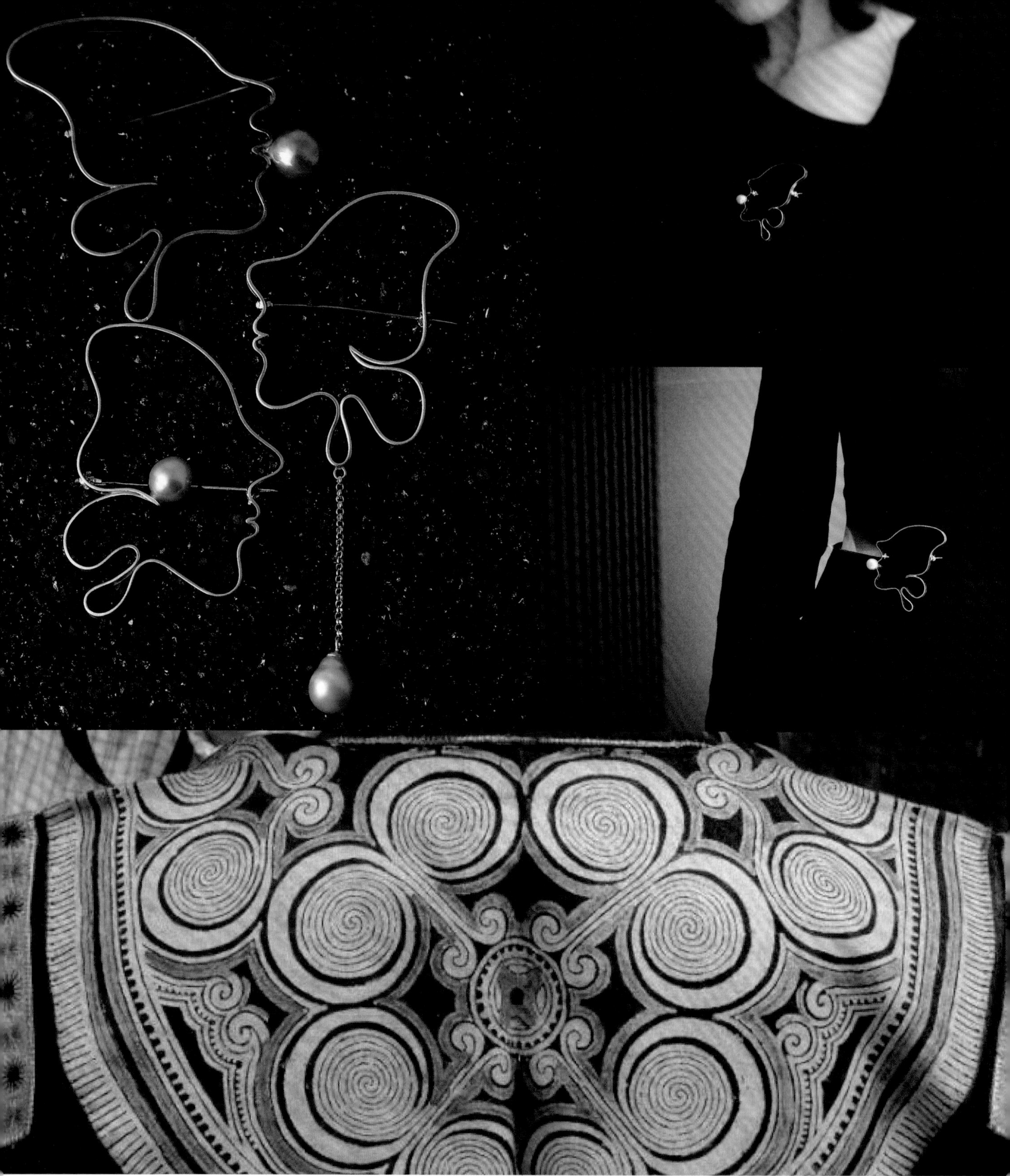

图二～图四:【蝶】

蝶系列设计的理念来自苗族一个非常唯美的传说——蝴蝶妈妈的故事。远古时期，那时候还没有人类，蝴蝶妈妈与水泡相爱了，生下了十二个蛋，有雷、神、龙、牛……其中还有一个就是苗族的始祖。因此，蝴蝶成了苗族信仰的图腾，现今在很多的苗绣、蜡染上面都可以看到形态各异的蝴蝶图案。以蝴蝶为主题，图案简化提炼，它既是一个蝴蝶剪影，又是一个人脸的造型，表达对自然的感恩和对生命的崇拜，蝴蝶也象征着爱情、自由、希望和新生。

图五、图六:【窝妥】

窝妥纹可以追溯到新石器时代，从迁徙到定居，从图腾到记忆，从崇拜到文化，符号已成为历史的见证，被誉为穿在身上的千年图腾，世代传承，在苗族的服饰上以蜡染形式常现。万物出自旋涡又回归旋涡，水成旋涡即为“玄”。窝妥领扣系列因此而生，将传统符号以更贴近当代生活的方式呈现，循环渐进，

生生不息。材质为999纯银，配有磁铁和挂钩两种连接方式。磁扣完美贴合，不偏离下坠，不刺伤面料，超大吸力轻松驾驭毛呢、皮革等厚重材质；挂钩随意调整固定，创造更多佩戴的可能性。

图七、图八：【包】

苗绣和蜡染是贵州的非遗手工艺，将传统工艺与当代生活场景相结合，包设计成可拆卸可替换的形式，根据喜好和搭配，可随意调换不同包盖，百变造型。

<table>
<tr><td rowspan="2">图二</td><td>图三</td><td colspan="2" rowspan="2">图六</td></tr>
<tr><td>图四</td></tr>
<tr><td colspan="2">图五</td><td>图七</td><td>图八</td></tr>
<tr><td colspan="2"></td><td colspan="2"></td></tr>
</table>

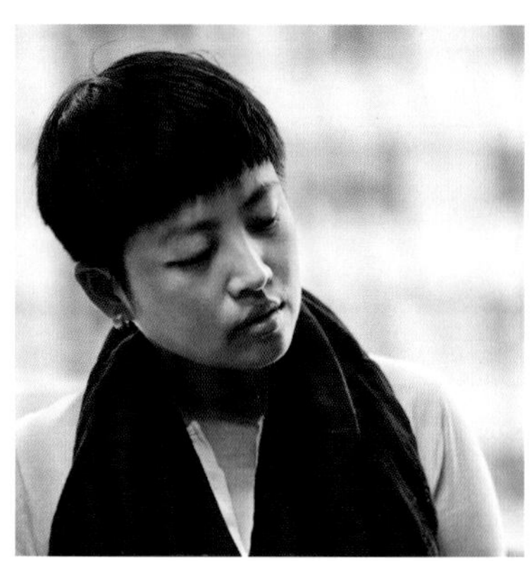

马静

资深原创设计师
索玛峪及bapa品牌创始人
北京设计学会理事

荣誉奖项：

2017年北京礼物旅游纪念品银奖
2018年中国设计红星奖
2018年茶艺术年度大奖
2019年上海设计周文化传承奖

个人经历：

用自己的方式和态度，去面对这个世界。
这就是原创设计师马静，一个来自皖南的妹子。
2000年毕业于安徽工程大学视觉传达专业。
同年在北京创立自己的个人设计工作室，经过几年艰难的打拼，赢得英国石油、美国波音、德国森海塞尔等几家跨国公司的青睐，并成为清华大学等几所北京名牌大学的设计服务商。
坦诚、善良、爱憎分明，这样的性格特点，不会糊弄，不会做假，拼的就是实力和品质、就这样，一干就是20年！
这个城市步伐太快，得到和失去都不留下痕迹。
作为一个设计师，一直在为很多大企业做设计服务，现在想给自己做一些设计，让自己喜爱，也能把这份喜爱分享给更多人。
2015年开始关注自主产品研发，于2016年注册“索玛峪”及“bapa”两个原创品牌。
经过五年的努力“索玛峪”和“bapa”这两个品牌已经与国内外数以百计的渠道商合作，在全球十几个国家有销售，中国原创也以她独特的姿态出现在世界舞台上。

设计感悟：

设计师只是领悟着人与自然的意愿而已。静下来，体会内心真实的需求，尊重材料的特性，采用适合的工艺，把好的想法变成好的产品。但这只是一个开始。

用户才是裁判。只有让更多人喜爱的产品才叫好产品，只有让更多人感受美好的品牌才是好品牌。

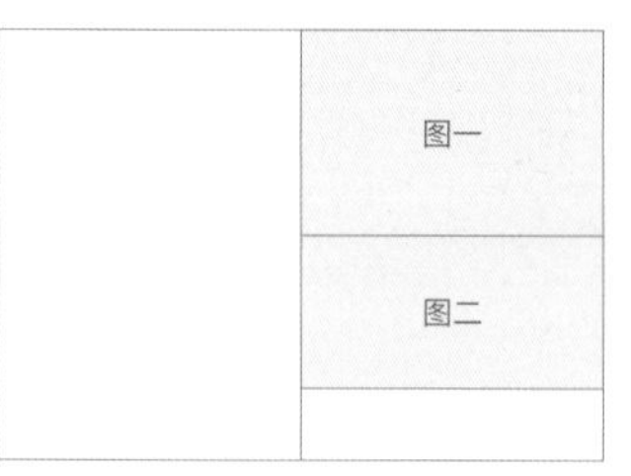

图一:【 bapa乐翻杯——做一个干净、好玩的杯子 】

环保安全的食品级硅胶材料，不仅可以把杯身压缩，节约空间，并且可以翻过来彻底清洁；宽大的杯口可以轻松放入零食或者冰块，甚至在雨天可以放进手机，防止淋湿；利用柔软的杯身，拧一拧做一杯果茶，也是很方便；杯盖无密封圈的设计，也更好地解决藏污纳垢的问题。

图二:【 bapa MYMI硅胶暖水袋——温暖的陪伴 】

采用食品级硅胶材料，柔软、安全、耐用。猫咪是大家喜爱的宠物，特别是冬天，如果有一只可爱的猫咪抱在怀里，将给人带来温暖的陪伴。设计师从这一点人的喜好入手，将猫咪和暖水袋结合在一起，让这一款产品既可以暖手，又可以暖心。

图三~图八：【紫檀，黄铜的光，温润的玛瑙在之间生长，索玛峪文具系列】

这是一支可以跟随你一辈子的笔。使用纯天然的材料，并非工业流水线产品，极富个性。每一支都是独一无二，专属你的缘分。

曾令波

慢物质品牌创始人
民艺行走发起人
SGDA深圳市平面设计协会秘书长

擅长领域：
文创产品设计

荣誉奖项：
2019年Designpower100-中国设计权力榜
2019年Award360° 年度文创产品奖
2017 ~ 2019年GDC平面设计在中国提名奖、评审奖、入围奖
2019年珠海国际设计周——“大湾区设计力”大湾区产业创新设计领袖奖
2018 ~ 2019年成都金熊猫天府创意设计奖银奖、铜奖
2017 ~ 2019年“深圳礼物”奖

设计故事：
出生于传统木匠家庭，少年时代在给父亲当加工助手工作中度过。20世纪90年代后期，父亲的手工行当在现代工业的冲击下走向凋敝，而他则走上了平面设计的道路——2015年，回顾少年时代的经历，曾令波和他的伙伴们创建了“慢物质”，试图从一个新的角度去思考传统手工艺的困境、价值和重生的可能。

过去的5年，慢物质团队行走云南、四川、广东、福建、江西、安徽、江苏、浙江、河北等二十余个省市，探访近100位手艺人。通过当代设计与传统手艺深度协作的模式，推出笔墨纸砚、锡铜金工、活字印刷、民间木版年画等多个系列产品，它们以鲜明的当代气息、深厚的东方传统审美特质而备受行业瞩目。

手艺人+设计师+现代化工业生产体系，是慢物质所坚持的产品生成逻辑。

每件作品最初均从一系列民间的探访活动展开。通过系统性行走调研，一些有极大开发潜力的手工艺类目被筛选出来，并为之建立一个跨界创作小组，让设计师、手艺人形成一个互补的产品创作力量。

工业化思维是产品生产过程中的关键点，现代生产力的介入，让民艺产品有机会以更合理的价格、更稳定的输出标准普及到现代生活的各种场景。传统手艺人的经验固然必不可少，慢物质亦花了更多努力，尝试让手工与现代机器实现高度互补，让产品的温度与输出达到必要的平衡。

设计观点：
无论一个创作者或一个品牌，均需要去建立并表达自己的人文价值观，这将决定其能到达的高度极限；同时，通过好的设计来将这些价值观深刻而美妙地融合进去，再通过有效的商业运作，让创作者的价值观在使用过程中被用户确定地接收到。这就是慢物质团队想做的事。

图一

图一:【锡木作 · 弥生茶仓】

紫光檀是现代中国家居制品中高频使用的材料，由于其生长特性导致木材有大量裂缝、虫孔等瑕疵，加工过程中的边角废料普遍被作为燃料处理，造成惊人的浪费。一种近乎疯狂的创想被提出来，并得到完美实施：将锡融化填入残破木材内部，使之融合成一个全新的整体，填入部分则呈现出各不相同的自然笔触。

Moonlight

图二、图三:【Moonlight 月光系列】

“白月光”在特殊的纸张上压印月球图形，压印之后的图形具有强烈的雕塑感，深浅起伏，如同真实的可触摸的月球模型。受热压的部位同时具有良好的透光性，盒子底部设置了一枚重力感应LED灯，茶叶喝完后，即可开启小夜灯模式。

“黑月光”盒盖以三层立体叠加的方式，呈现宇宙质感，内置LED发光组件，通过前置感应开关，开启盒盖。灯光亮起，如同打开飞行器舱门，映入眼帘的是深邃无尽的星空和一轮皎洁的明月。

图四~图七:【笔墨方·便携文房套装】

传统笔墨纸砚是中国文化的精髓之一，以毛笔进行书写及绘画，是中国传统文人最重要的生活和工作方式之一。但是传统笔墨纸砚的使用非常不方便，因而离现代人的生活场景越来越远。我们尝试对当代场景下笔墨纸砚的状态进行重新定义。该系列最具代表性的产品即为“笔墨方”套装——一套笔墨纸砚的组合装。整块实木挖空成文盒，内容包括毛笔、墨、纸、砚台，及界尺、裁刀、印泥、印盒相关配件，这些器物都在传统样式的基础上进行了重新设计，使其更容易被现代人接受。根据不同的客户需求，嵌入木盒的黄铜活字可定制不同的文字内容。铜活字构成了连接木盒的固定装置，同时，它可以轻松地取下来，作为书写所需的印章使用。

图二	图四	图五
	图六	图七
图三		

刘静

人民文学出版社美术编辑室主任，美术编审
中国出版工作者协会装帧艺术工作委员会副主任
清华大学美术学院毕业论文答辩导师
北京服装学院客座教授、校外研究生导师
北京印刷学院校外导师

荣誉奖项：

《长征》，人民文学出版社出版获第一届中国出版政府奖 · 装帧设计奖
《天堂》，人民文学出版社出版获第三届中国出版政府奖 · 装帧设计奖
《林徽因集》，人民文学出版社出版获第四届中国出版政府奖 · 装帧设计奖提名奖

擅长领域：

视觉传达、书籍设计

服务客户：

人民文学出版社、作家出版社、广西师范大学出版社等全国数十家出版机构

个人经历：

生于六朝古都，完成学业于京华。中央工艺美术学院书籍艺术系毕业，在校期间获首届“平山郁夫”奖学金。为诸多作家作品作嫁衣三十余年，其间小有收获。

设计观点：

有意味的形式

早在20世纪英国人克莱夫 · 贝尔已经给我们总结：艺术就是有意味的形式。这句话在后现代艺术家的眼里可能并不这样认为。虽然近年来数字出版的概念很火，但它仍然没有占据阅读的主流。书籍整体设计的概念这些年也谈得够多，图书的编辑设计、图书的现代工艺、图书的六感等，但这些在文学图书的设计上有多少实战功能？或者说在文学图书的设计中设计的主旨到底是什么？现在反倒是鲜有人提起。我们是实实在在的书籍设计师，书籍是人类思想的精华，所以我们这群人也就荣幸地成了“为思想做包装的人”。

我始终认为文如其人、衣如其人，什么样的人穿什么样的衣服，说白了，什么是文学图书的范儿，我们应当观其形而知其意。我们知道文学史上的文学流派和美术史上的流派一样，繁花似锦，多如牛毛。但观其主要流派，其两者在很多方面是相通的。正所谓没有相似的作品，只有不同的流派。在文学中有写实主义、浪漫主义、黑色幽默……不同流派，我们同样可以在美术史上找到相似的流派与之相对应。我始终认为一本图书的设计，如果抽离出其文本内容，换上另外一文本内容，这个设计依然成立，这个书籍设计就是不成立的，是失败的。书籍设计当然不能排除设计的非唯一性，但如果两个不同的文本可以共用一个设计，一种可能是两个文本的性格和内容非常相近；另一种情况就是设计师对两个不同文本的理解有偏颇。书籍设计的非唯一性只能表现在一个文本可以通过不同的表现形式来体现，而这些设计的气质应该是一致的。因为每一个文本只能具备一种气质，这是一部好的文本必须具备的先决条件，同样也是一个优秀的书籍设计必须具备的条件。

关于书籍设计师所从事的工作在图书销售中的位置，我们不用深入去说，大家都认可的当然是设计要促进销售。落实到实践中，国内的书籍设计界也多有纷争，我们是通过对一本书的设计去实现我们设计的价值，还是通过对一本书的设计去实现这本书籍的文本价值。这看似一个虚无的命题，似乎不需要进行讨论。说到底就是书籍设计师和文本本身争夺话语权的问题。

笔者始终认为文本始终是书籍设计所要表达的灵魂，所有的设计、纸张、印刷工艺均应围绕在这样一个前提下选择。看一个书籍设计成败与否，不能仅仅看这个设计在材料选择上的独辟蹊径、设计意识是否创新，更重要的还是要看此设计和文本结合的程度以及设计风格是否符合文本所固有的气质，形式融合在文本的阅读中，文本的特质通过形式完美地显现。大象无形、大音希声。反之，当一个设计已经强大到可能使阅读者忽略了文本的存在时，我们实际上已经背叛了文本，皮之不存，毛将焉附。

图书的设计中设计的主旨到底是什么？书籍设计在销售中应当能起到引起读者关注的作用；在读者阅读中应当能引导阅读，使读者受众在阅读中消除疲劳并能引起阅读的愉悦和舒适，这些才是书籍设计的主旨，而其余的一切皆为实现这个主旨的手段。

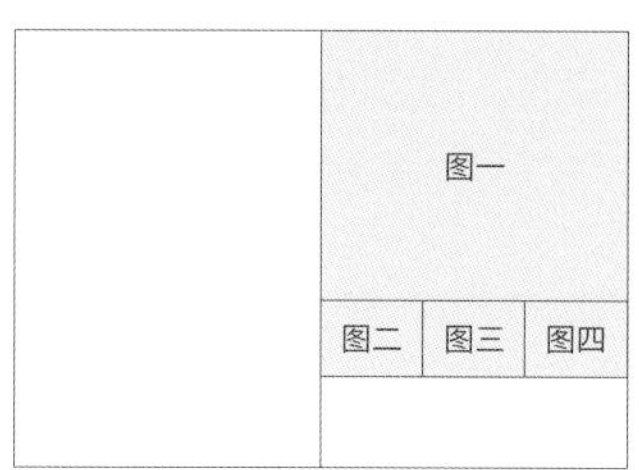

图一～图四：【《林徽因集》】

作为长期从事书籍设计的设计师来说，最头疼的就是设计所谓的“文集”。“文集”相对于单本的图书而言，缺乏可发挥设计的余地。因为文集的共性大于个性，可切入的设计角度较少，所以说，文集类图书在设计上很难出彩。这部《林徽因集》，一套四卷，从色彩上分成两大类别，两卷紫色，内容为充满林徽因文艺天赋的诗歌、散文、小说、戏剧、翻译、书信；另两卷蓝灰色，内容是理智和系统的建筑设计和建筑绘画。两部分虽然性格迥异，但和谐地统一在一个设计中。林徽因是一位从民国时期走来的才女，丰厚的传统文化铸就了她丰富的个性和独特的气质，书名使用了林徽因所钟爱的隶书字体，简约的设计使用了丰富色彩图案的布脊包裹，平直的书脊和普通精装书的区别是充满了东方的神韵。圆脊精装书传达出的是浓厚的西方视觉感受，为了传达出《林徽因集》浓浓的东方韵味，使用了方脊包布的设计，和林本人的气质完美贴合，达到了神形兼备、内外统一。荣获第四届中国出版政府奖·装帧设计奖提名奖。

图五～图八：【《长征》】

作者的文字强烈地刺激着我的大脑皮层，我于是产生了一种冲动，一种将自己的这种冲动传递给每一个看到这本书的读者的冲动！

我仿佛从茫茫宇宙俯瞰红色大地：一群年轻的生命为着他们的信念和理想，在波澜起伏的中国大地上，用他们的鲜血眷刻下一条闪着暗红色光芒的线条。没有领袖的照片，也没有草地和雪山，只有一条红色的印记。

作者的笔平和、忠实地叙述着，从人类文明发展的高度来评价七十多年前的这一历史事件。看到的是整个的长征，是长征途中年轻的生命流淌着的汩汩热血，是四百多场战斗中撒下的鲜血，是带血的脚掌在山川、河流和峡谷中留下的鲜红的印记。两颗白色的只有在红军时期才这样组合使用过的五星和镰刀斧头烫印在长征的起始地和会师地，一种强烈的视觉冲击已经让我血脉喷张。只有用最简洁的设计语言才能将本书的内容和风格完整地呈现在读者面前。

毕竟这是一本纪实文学作品，纯文字的体例留给我的设计余地并不大，我力图从每一个细节上对这一影响人类文明历史的事件进行阐述。轻轻翻开红色的封面，使用的是一张由杂草纤维和不同的麻质材料制成的衬纸，让读者好似身陷其中：红军士兵们吃着树皮草根，物质条件极其困苦，可是他们的昂扬斗志却可以感染每一个人。在每一个章节页摒弃了一切无病呻吟的设计，以满版黑色做出血的印刷，配以一张同时期长征中红军官兵的照片以及本章节事件发生的时间、地点。和以往封面设计不同的是这次从一个相对平视的角度，将我们拉进长征这一历史事件之中，让读者在阅读的同时，用触觉和视觉去体味长征，和作品中的主人公近距离接触，一起去翻越雪山、穿过草地，去经历血与火的洗礼！于是就有了你现在看到的这本《长征》。荣获首届中国出版政府奖·装帧设计奖。

图九～图十二:【《天堂》】

20世纪80年代中后期，中国诗坛活跃着一大批诗人，他们先于思想解放的大潮汇聚，之后又参与思想解放的社会潮流，成了成功的商人。辛铭的经历即是如此，他的诗与志在《天堂》中有充分的体现。他对母亲的怀念，对故乡新疆的眷念以及在商海沉浮中孤独的生命体悟，都极具穿透力。为了表现这本“天堂”的纯净，在设计中基本上抛弃了所有的装饰，只有一个形似天使的光环和翅膀，黄色的天使光环贯穿整书的设计。书籍封面也选择了比较素净的白色珠光纸印刷简单的纹理，使书籍整体就像一块大理石的墓碑。读者可以跟随作者从函套上模切的天堂之门的钥匙处穿越，去触摸天堂中的母亲、汶川地震罹难的孩童以及自己的灵魂，完成对生命的感悟。诗集中还穿插使用了新疆画家的一组油画和一组儿童绘画作品，使读者在阅读文本时和作者一起神游在故乡新疆并回忆起自己的孩童时代，完成了一种精神的升华。荣获第三届中国出版政府奖·装帧设计奖。

<table>
<tr><td colspan="3" rowspan="2">图五</td><td>图九</td><td>图十</td></tr>
<tr><td rowspan="2">图十一</td><td rowspan="2">图十二</td></tr>
<tr><td>图六</td><td>图七</td><td>图八</td></tr>
<tr><td colspan="3"></td><td colspan="2"></td></tr>
</table>

王大智

设计师，艺术家
朝麦设计创始人
中国营销大师路长全品牌设计战略合伙人

荣誉奖项：
上海设计双年展优秀奖
中国2020葡萄酒公益设计金奖

服务客户：
中国民航、沙砾体育、WhyNot咖啡、望京小腰、LAWSON 罗森便利（北京）、Bunny Drop咖啡、微软云计算平台、巴西艾莫尔珠宝、北京八达岭孔雀城、长城葡萄酒银川云漠酒庄、夏木酒庄品牌设计、中检溯源中国特色物产、游葡设计师红酒、ICC人工智能、苏州久晖艺术教育中心、厦门MYLUX小厨电、丁点儿拌饭酱、广西凤山县、宁夏六盘山景区、银河山川、硬核小孩、迦百农红酒、碧隆红酒、小芳家的宁夏美食、起源资本、樱桃老师、中央美院前院长徐冰“背后的故事”展览设计

设计故事：
宁夏长大，北京学习，上海成长，最后又回归北京的一枚自由设计师。在将近20年的设计生涯中，从小设计师干到大创意总监，并于2008年开始了自己的独立设计之路。

设计观点：
每次设计新项目，就像是一场旅行，你不知道会遇到什么样有趣或艰难的旅程，能够争取到客户的信任，至关重要。有了客户的信任，就能够全力以赴、心无旁骛地投入到设计方案的创作中。如果是遇到自己主观概念太强的客户，设计师的思维可能会被压制住，而只是成为商业利益的执行者，那样就失去了设计师最珍贵的提升品牌形象的作用。
在这样一个时代，每个微小的品牌都有它独特的光芒，那是人们内心最纯朴的田园时代。
记得为望京小腰做全新的品牌设计的时候，一开始一切都是未知的，这样一个老字号的北京知名餐饮品牌，但是品牌形象却是乱七八糟，没有任何设计。为了体会到品牌的精髓内核，我有两个月，每周都有两三个晚上下班后去体验望京小腰的路边摊，和老板、食客聊天，甚至有一次跟食客们打招呼聊天的时候被一只聚会的球队拽住一起喝醉。
我认为要设计好一个品牌，就要把自己整个投入进去，要体验，要像创业者那样去感受这个品牌，去寻找它不足的地方，去发挥它优秀的方面。

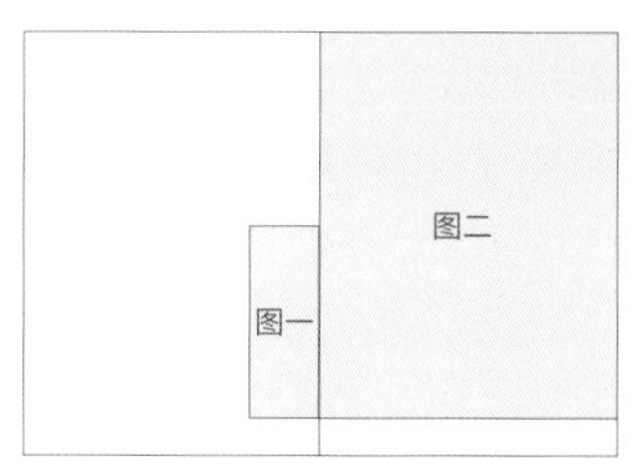

图一:【游葡红酒品牌IP衍生形象设计】

图二:【游葡】——游弋而不愤怒的葡萄

“游葡”是大智和晓波设计工作室的文创酒产品系列之一。这款葡萄酒是来自宁夏贺兰山东麓葡萄酒产区，这一地区的纬度和法国波尔多地区纬度相同，加之几百万年没有人类开发的污染，所以当地酒庄的出品非常优秀稳定，近年来贺兰山东麓的葡萄酒，陆续获得了国际葡萄酒评比的金银奖项。作为宁夏出生长大的设计师，王大智对家乡的物产一直非常热爱。为了实现自己的设计理想，也为了让家乡的美酒走向世界，于是创作了“游葡”这个葡萄酒品牌。灌装全部由宁夏贺兰山东麓的夏木庄园完成，酒庄主人就是王大智的发小，也是一个喜爱葡萄酒的知名空间设计师。

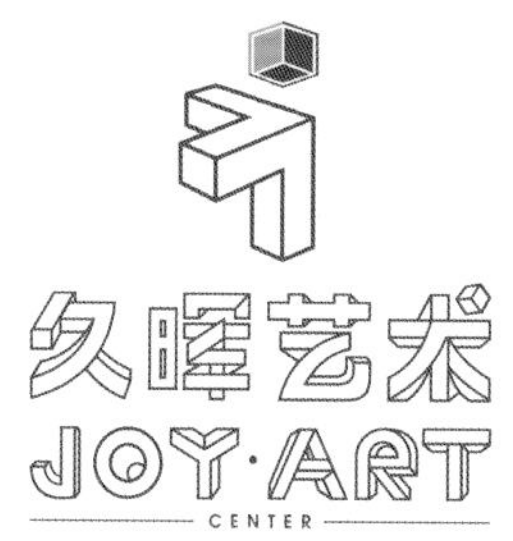

图三:【iCC人工智能的IP形象创作】

图四:【鼓乐金樽】

图五:【久晖艺术】

【迦百农酒庄】

【望京小腰】

【银河山川品牌设计】

【Why not咖啡】

【首财官】

图六:【人类只是自然的一部分(公益海报及产品包装)】

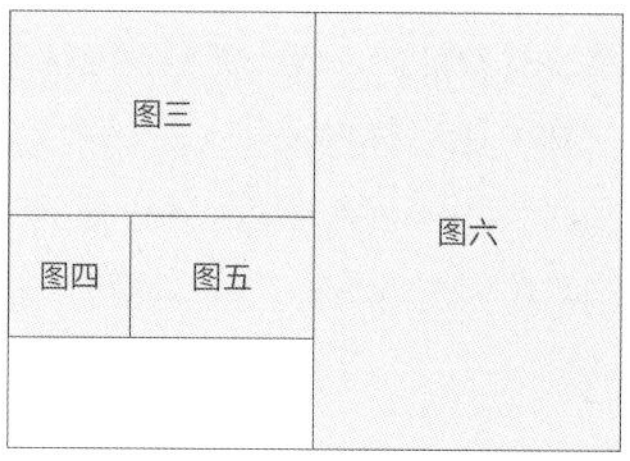

图三 图四 图五 图六

类只是
然的
部分

袁春然

字体设计师
时装插画师
首饰设计师、教师
首饰品牌CHUNRAN创始人

荣誉奖项：

2013年获得“上海首饰设计大赛”金奖
2014年作品《午马》《并驾同心》参加巴黎“中法建交50周年”马年生肖国际艺术设计展
2015年作品《The Last Rice》入围2015 HRD 安特卫普国际钻石珠宝设计大赛
2015年作品《极光》获得“周大福 · PGI（国际铂金协会）当代女人珠宝设计大赛”金奖

设计故事：

2019年举办“The Birds群鸟”主题展览
2015年出版图书《马克笔时装画表现技法》
2017年出版图书《时装时光——袁春然的马克笔图绘》
2017年独立出版个人画册《Lost in Alexander McQueen——笔下麦昆》
2017年于南京艺术学院举办个人画展“笔笔皆时——春然时装画个展”
2017年书写完成个人手写字体——“汉仪春然手书”

经历：

2013年毕业于北京服装学院首饰设计专业，获得学士学位
2016年毕业于清华大学美术学院工艺美术系金属艺术设计方向，取得硕士学位
2016年任职北京联合大学工艺美术系教师

参展：

2015年首饰作品《The Last Rice》参展米兰世博会比利时展馆
2017年首饰作品《丝 · 辨》参展“并 · 行”北京国际首饰艺术双年展

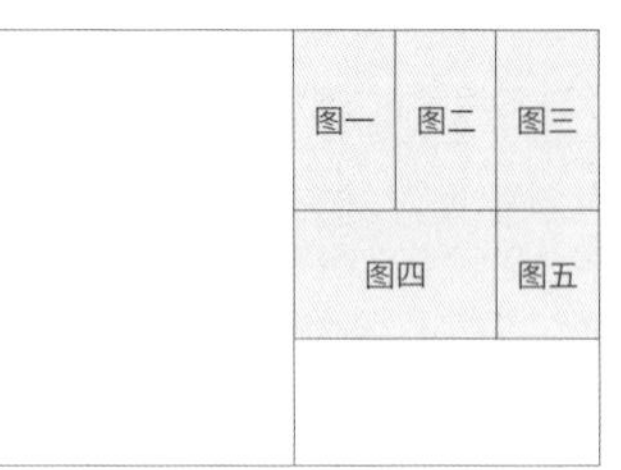

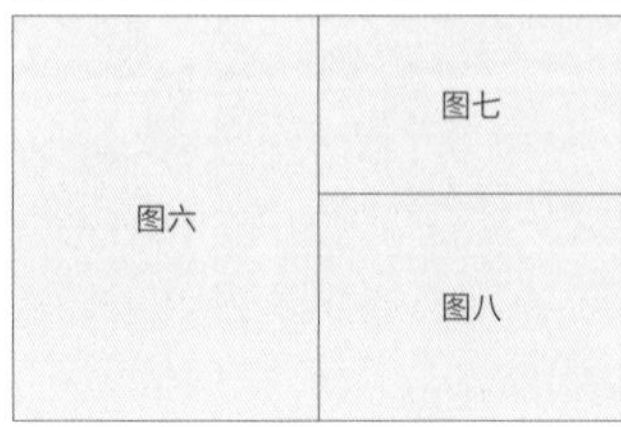

图一～图八:【The Birds】

2019年6月推出第一季首饰产品——The Birds。整季产品中的元素呈现出尖锐的、敏感的、紧张的气氛。而这些情绪化的感受正是品牌希望能够去捕捉的，去完整、生动地呈现那些曾经让人情绪震颤的瞬间。这件作品的创作灵感来源于《The Birds群鸟》——希区柯克的电影，关于群鸟袭击人类的恐怖故事，浪漫与杀机，离奇的故事情节；大群的鸟类围绕着人的身体，如同挣脱平静和捆绑的恶魔，用尖锐的武器侵略着人类的肉身；恐惧，遍体鳞伤。群鸟——萦绕在身体周围跃跃欲试地摆动和摇晃，用身体或者锋利的喙部时而侵犯皮肤的局部，时而隐藏；城市当中随处可见的防护铁丝网——像是隐藏在暗处的陷阱，保持着安全的距离，又捆绑着自己的安全感。植物因为自我保护，生长出荆棘；我们也是，高墙之上，荒野以外，挂起蜿蜒的长线；划分界限，防御未知的恐惧。我把带有尖刺的栅栏上的符号取下来，变成一个元素，佩戴在身体上的角落，便影射成为性格当中关于保持距离、关于安全感缺失、关于自我怯懦的一面。这些导致我和生活的周遭揉搓在一起时不舒服的“缺陷”，被一一发现：起初是讨厌，次之是回避；再而是……发觉，这些本来就属于我……

2019年在第一季系列“The Birds”当中，荆棘的元素是一条长长的链子，代表外界的捆绑和枷锁。2020年这个元素再一次出现在我的设计作品当中，它变成一种与生俱来的纹理，组成完整的我们，光滑平坦的向外，阴暗的沟壑向内。

林娜惠

泉州市甲鼎广告设计有限公司创始人＆艺术总监
包联网理事单位理事成员
16年中国设计师协会（CDA）会员
泉州创客联盟成员
国际商业美术设计师（ICAD）B级职业资格证

荣誉奖项：

作品入选2010年、2012年《中国设计师年鉴》
作品连续多年入选《包装作品设计年鉴》
《中国创意设计年鉴》年度金奖作品
2011年《中国新锐设计师年鉴》入选单位
获得包装设计协会“最佳包装设计公司”
入围2015年度“中国十佳包装设计师”
入围2016年度“中国十佳包装设计机构”
受邀参加2016年“东+西”国际设计周暨“CLOSE”主题包装设计邀请展
2018年古城文创秀创意产品奖
2018年古城文创秀网络展创意产品组最高人气奖
2018年第37届广东之星创意设计奖金奖
2019年第38届广东之星创意设计奖一金一银两铜

擅长领域：

品牌全案策划、包装创意设计、品牌IP开发、文创开发、文旅开发

服务客户：

文创类：江苏盐城记忆盘湾文创乐园、贵州遵义市绥阳金银花大市场、平潭白沙国际海钓村、泉州市永春县花石“八斗堂”百家姓文创园等
食品类：来伊份、达利、雅客、盼盼、南国、爱哆哆、爱尚、蜡笔小新、永辉超市、豪客来、川娃子、泉家人、台湾富邦、印尼鹰记、泰国大邦等
茶叶类：佰翔茶业、泉岩名茶、皇御茗茶业、天心明月、侯康茶业、茶米花香、赤米岩茶等
鞋服类：安踏、匹克、九牧王、意尔康、三恒体育、kinddog等
母婴类：力儿国际、亲慈、多谱乐、红星乳业、华丹乳业、美佳爽、贝小白、花臣等
其他类：三棵树、九牧卫浴、正荣地产、华昌珠宝、北峰电讯、泉州微笑自行车、爱乐酒店、泉州迎宾馆、爱尚鲜牛鼎记等

个人经历：

林娜惠，具有爱拼才会赢精神的闽南人。或许是因为居住地临近大海的缘故，让她更有澎湃的胸襟和深邃的思想，这也为她今后进入广告创意行业埋下了精神种子。
1997年，凭着自己对美术设计的执着与热爱，进入泉州师范学院广告装潢专业学习。毕业后，正式成为广告设计公司的一员。如果说，永不服输是她的个性标签，那么，大胆创新就是她的精神标志。跳脱传统，敢为人先，在别人还在因循守旧的时候，就以前所未有的标高点，放眼全国的设计思维，汲取国外先进设计理念，迅速奠定了自己在业界的创新定位。22岁就从一名平面设计师成为当时泉州最大广告公司的设计总监，成长之快，令人刮目相看。
八年的广告创意磨炼，使她的设计风格更趋成熟；而对整个行业的领先洞察，亦促使她在鞋服行业最鼎盛的时候，毅然决然从鞋服行业的广告设计跳脱出来，进入鲜少人涉及的快消品创意设计领域。2007年，创立甲鼎品牌策划设计机构，开始了自己全面主导、纵横捭阖创新思维、智慧灵光与杀伐果敢的事业之旅。
梦想不嫌其小，而能成其大者。创立十余年来，甲鼎品牌策划设计机构纵横十余个行业领域，服务百余家企业和知名品牌，从泉州走向全国，皆因对创新近乎偏执的执着。而其倡导的“品牌策略+IP智造+包装赋能”的三位一体服务模式，切入品牌痛点，发现品牌尖叫点，引发产品爆点，站在客户立场，通盘考虑，成为他们抢占市场的创意尖兵。
2014年，林娜惠开始进入文创领域进行探索实践，致力于文化创意产业的策划、开发、设计、推广。为各个行业伙伴打造独具个性的文创产品，融入地域文化元素，用创意撬动大市场，成为业界知名的城市文创推手。其倾力打造自有IP——阿甲兄，如今已成为闽南本土颇具名气的IP形象。
从鞋服行业，到快消品+多行业兼具，再到文化创意产业，勇于创新实践的人总会比别人走得快一步，而往往就是这小小的一步，却是决胜千里的不二秘技。

设计感悟：

无创新，不发展

图一
图二
图三
图五
图四
图六

图一:【佰翔 · 鹭岛风物】

城市映像茶礼，2017年，适逢金砖国家会议在厦门举办。甲鼎为佰翔茶业量身定制“鹭岛风物”城市映像茶礼，选择了五个最能代表厦门的文化元素，传递厦门的独特魅力——闽南建筑代表嘉庚楼、城市代表动物白鹭、民俗信仰风狮爷、旅游景点鼓浪屿、厦门市树凤凰花等一系列风物的展现，将厦门的魅力风情和佰翔茶业的五款好茶融合在一起。此款作品获得2018年第37届广东之星创意金奖。

图二:【阿甲兄 泉家人 · 城市手信礼】

2014年，林娜惠倾力打造了闽派美学文化卡通形象IP——阿甲兄，开发了一系列周边衍生产品，推出了一系列宣传展示泉州本土特色文化、民俗的文创作品。其开发的“阿甲兄-泉家人”联名城市手信礼，依托泉州精彩纷呈的本土民俗文化，深入挖掘传统文化灵魂与精髓，将惠安女、火鼎公婆、提线木偶、拍胸舞、番客、蟳埔女等泉州文化元素融入到产品开发当中。品海丝遗韵，知味古城，用味蕾感知一座城市的人文脉络。

图三:【天心明月 · 古井水仙1985】

古井是武夷老枞水仙最神秘的山场之一，是位于武夷山正岩的一块奇特山地，岁月悠久、沉寂肃穆。甲鼎根据古井水仙的特点，写意地勾勒出老枞茶树高大、茂盛、遒劲的特征，着重体现其沧桑感和年代感,并在树下铺以一口古井，呼应其名。独立开发的古井型陶瓷罐也是一大亮点。一棵棵老枞水仙伴随着深远神秘，在古井流淌的岁月里生根发芽，成就其神秘苍劲。此款作品获得2019年第38届广东之星创意设计奖金奖。

图四:【来伊份 · 瓜子炒货系列】

赋予产品乐天派形象。来伊份 · 瓜子炒货系列选择亲和力强的鹦鹉和巨嘴鸟作为产品形象IP，色彩斑斓，引人注目，更赋予了产品的乐天派形象。鹦鹉和巨嘴鸟喙部特征明显，很容易让人联想到吃、嗑这样的嘴部动作,表现食欲和嗑瓜子的愉悦感！同时，用大嘴巴和小瓶子制造画面的矛盾冲突和视觉张力，表现瓜子对大嘴鸟的十足诱惑力，从侧面进一步传递瓜子的美味，强化产品食欲感，与产品的属性产生关联性。

图五：【来伊份 · 上海特产伴手礼】

回味老上海，知味老上海。从十里洋场到时尚魔都，仿佛都在诉说着上海滩的流金岁月。沉淀老上海历史记忆，在上海，遇见旧时光。来伊份 · 上海特产伴手礼以上海滩老店为形象载体，以承载产品“回味老上海，知味老上海”的核心。创意上借鉴老上海的海报风格，融合现代表现手法，结合老上海的建筑风格、经典店招门面和其他本土元素进行整体的构思设计。采用手绘插画的形式进行表现，色彩丰富，场景画面丰富，画风迎合现代年轻人的审美喜好，复古中融入萌动。

图六：【来伊份 · 醉爱】

定位城市情怀的“国潮”中高端白酒。上海，一座中西融汇的国际化大都市，多元文化交融并蓄，形成了自己的独特气质。“醉爱”是来伊份旗下酒类品牌，定位城市情怀的“国潮”中高端白酒。甲鼎在包装策略上主打“上海情怀”，将多元文化包容的新旧上海风貌、风物进行创意表现。包装将东方明珠、外滩万国建筑、旗袍、黄浦江、红馆等反映上海变迁的建筑和文化印记表现出来，让消费者品味海派酱香的同时，仿佛穿梭在时光的弄堂里。

郭晓

时尚跨界设计师
0708时尚品牌设计机构 创始人
方正字体签约设计师

擅长领域：

擅长时尚品牌系统性整合设计，用跨界的思维导图出奇制胜

服务客户：

新零售品牌inone、ME、YUKI；时尚品牌女装AMII、PINCLOVE、ZDORZI、Remember、goldlionG.I.D；童装品牌CIBOO、久岁伴；泛家居品牌索菲亚、Royalstar荣事达、NCA乐宜嘉；生活品牌UNILIFE；TD TAICHEE、DP久量股份、量子高科等上市公司品牌

个人经历：

8岁，爱上画画。在农村，我做着和其他小朋友相同的事：上学、放牛、干着农活；而唯一不同的是，村里只有我一个喜欢画画的孩子。

18岁，离开纯朴的小山村，到了日思夜想的大城市漂泊求学，从传统绘画到艺术设计，再到新闻编导专业，一路学习，一路成长，遇见未知，探索无穷。

28岁，创立了0708，从设计师到一名创业者，是一场冒险，也是一场经历，只言片语无法形容过程中的爱与恨，但只因热爱，从未一无所有。

设计感悟：

一个好的作品，应该是用跨界思维改变当前行业环境的、为人们所传诵的、并在行业具有引领话语权的。0708标志设计的寓意也正是我性格的真实写照，不被传统定义，用跨界的设计思维与跨领域的设计手段，为品牌打造独特的品牌气质，留下具有商业价值的作品。

在我们生活的这个时代，生活有时很有趣，有时很荒诞。光鲜亮丽的背后可能负重不堪，贫苦潦倒的背后也可能怡然自得。很多事情并不是看上去的那个样子，很多人的生活，其实都被加上了滤镜。

我们都是勇敢的人，是要早早地对现实妥协，还是任性按自己的想法生活？在沮丧、难熬的夜晚，寻找着黑暗中的微光，对人对事，有时甘愿沉迷，有时潇洒放弃，无论怎样选择，都是一种自由。

对于权、名、利，想太多就会变得复杂；在欲望浮躁的时代，做好自己，让自己进步，才是真正的务实。一个人的意义不在于他的成就，而在于他所企求成就的东西。

做自己喜欢且擅长的事，不要管他人嘴里的小众不小众。只要你愿意，都是大事业。

设计观点：

品牌不是一个科学数据可以量化，而是创建者最初的品牌信仰和梦想。

我觉得没有什么好项目与坏项目之分，好项目就是客户很清晰他想要什么，他也知道找你来做的是什么。不管是一个单店设计还是一个系统全案，不管是公益项目还是商业项目，都是好项目。如果客户脑子里不清楚，设计费再多，项目再大，也是浪费时间，时间和沟通成本太高。

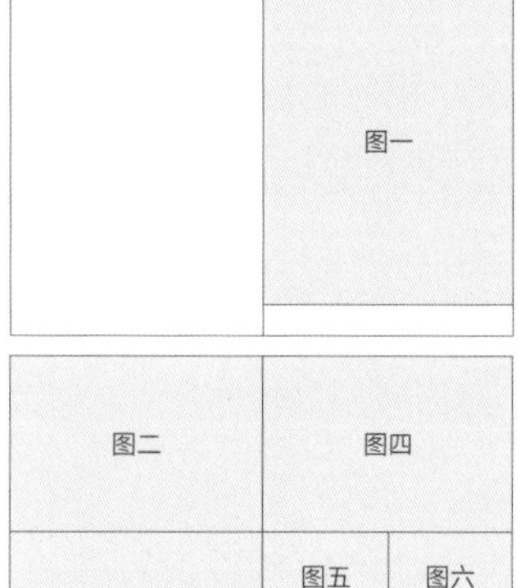

图一：【欲望就该像匹野马】

N°ca樂宜嘉
N°ca
智慧科技，
引领未来。

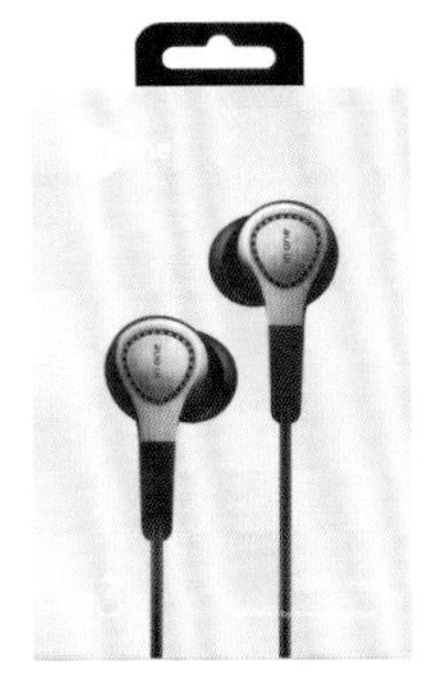

图二、图三:【NCA乐宜嘉厨房电器概念店】

品牌终端的本质是让消费者从感知产品到感知品牌，以视觉感知、光影感知、情感感知、气氛渲染综合一体来抓住客户心智，让客户认可、忠诚于品牌并传播，否则一切的形象都只是为设计而设计。在NCA这个案子上，我们做出了改变现有电器店货架式墨守陈规的条框，跨界时装行业的橱窗以及岛台的陈列方式来陈列厨房电器产品，给予客户更好的情景创新体验。

我们改变的不仅仅是陈列布局方式和全新的设计理念，更多是在建立消费者系统对接互动，产生心智共鸣的品牌标签。

图四~图六:【In one全场景购物生活馆】

In one是布局全球的新型零售品牌，“全场景购物生活馆”开创者，旨在打造满足年轻人的全天生活场景、一站式时尚购物空间。In one产品以“70%基础、20%严选、10%优创”三大系列分布，主要涵盖数码电器 、创意、生活 、食品等方面 ，致力于为全球消费者提供智慧创意、价格轻松的时尚优品。In one遵循“简约、创意、有趣”的价值观，用有温度的产品和用户沟通，带来生活的无限乐趣。

我们给In one品牌定位于24小时全场景购物生活馆，旨在打造满足年轻人24小时的全天生活场景，即早上起床到晚上入睡的任何一个时间场景皆有对应的商品，通过建立可视化的24小时语言销售逻辑视觉图谱，从而引导消费购买地图，让消费者拥有更精准、更有效的购买体验。

苏敏

视觉设计艺术家
创界创作人
广州苏敏设计有限公司 su:design 创始人、创作总监
复苏实验室发起人
CGB乘果创意集团核心成员
深圳市平面设计协会SGDA会员
设计学院客座教师

荣誉奖项：

平面设计在中国GDC、莫斯科金蜜蜂国际平面设计双年展
俄罗斯国际标志双年奖、设计之都（中国·深圳）公益广告大赛
上海·亚洲平面设计双年展 、芬兰拉赫蒂国际海报双年展
日本东京字体协会tokyo TDC、澳门设计双年展
中国国际海报双年展、靳埭强设计奖全球华人设计比赛
NEW“FORM”国际平面设计邀请展、日本富山海报三年展
《4th Block》国际生态海报三年展、字·汇——中美两国字体设计展
联盒囿艺术跨界邀请展、韩国国际海报双年展
北京国际设计周佳作奖、法国肖蒙国际海报节
NEW“FORM”国际平面设计探索展、芬兰拉赫蒂海报双年展
香港国际海报三年展、苏格兰平面设计节国际海报大赛
VIDAK 国际海报邀请展、亚洲设计三年展
玻利维亚国际海报双年展、意大利国际海报双年展
DVDA中韩国际海报展、韩国KIAA济州国际海报展
第五届高雄设计节、深圳国际海报节
温州国际设计双年展 、香港国际海报展
澳门世界自闭症日国际海报邀请展、波兰卢布林IPBL国际海报双年展
传统与现代之间：Between 166 X 109设计艺术展
Ecuador Poster Bienal 2018设计双年展
粤港澳大湾区设计邀请展、韩国DMZ艺术＆设计国际邀请展
“客家印象”国际海报邀请展、韩国首尔VIDAK国际海报展

擅长领域：

视觉艺术设计、品牌视觉识别系统设计

服务客户：

宝马、奥迪、本田锋范、无限极（中国）有限公司、广州大剧院、奔驰Smart、广州时代美术馆、中国南方航空集团公司、广东省粤电集团、方圆集团、广东奥飞集团、广东咏声动漫股份有限公司（猪猪侠）、森宝玩具、中国建设银行广东省分行、vivo手机、（香港）新家园协会有限公司、羊城地铁报M+、东莞石龙中科信息港、广州莫伯治建筑师事务所、刘若英演唱会、壹基金、迪士尼、康师傅、铂涛集团、东呈集团、柳州职业技术学院、宜尚酒店、蓓利夫人酒店、时代中国、icefall冰瀑净水器、新华书店、九毛九集团、广汽本田、广州交警路战队、山水比德、海鲜码头、粤饺皇等上百家企业＆品牌……

个人经历：

诸多作品在国际各地专业展览赛事中多次获奖近百项、展览展出与书籍收录刊载，作品在世界各地美术馆收藏。

超10年，致力于品牌形象视觉规划与视觉管理、设计与实施，而后建立“广州苏敏设计有限公司 su:design ”。同时发起创建“复苏实验室”。

多年专注于品牌整合设计服务，做符合商业逻辑的设计，给企业创造价值；并坚持创作探索、学术交流、设计教学，跨界思考，用设计关注更多主题，更具社会性并创造更广泛的价值。

设计观点：

什么是设计？规划有目的的信息视觉化传达。
设计为什么？传达观念信息、易记易传播、引发认同。
设计怎么做？洞察问题，梳理逻辑，独特系统表达。
设计的目的？传达信息，被人记住。
好的作品是？对当下问题的关注与人文关怀，反映当代人文化及生存困境，具有前瞻性、实验性的独特表达，引起群体思考与共鸣……
做一个精神和物质双丰满的创作人，做一个对家人、对亲友、对同事、对客户、对社会、对人类有用的人。

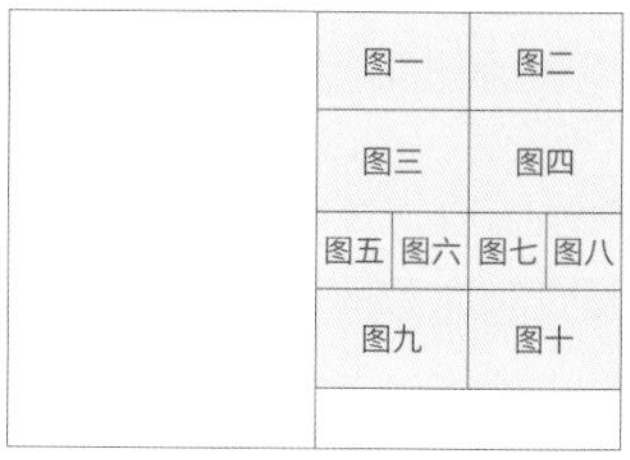

图一 图二
图三 图四
图五 图六 图七 图八
图九 图十

图一~图十:【广州新华书店集团　品牌系统升级、导视系统升级、空间升级】

每个人心中都有一座新华书店。

新华书店不只是书，还是文化、情怀、服务、一站式服务平台，这个空间可以连接音乐、连接艺术、连接人、连接城市、连接所有……我们在这里享受阅读、交流、分享、共鸣，我们志趣相投，探索世界“人与自己、人与人、人与书、人与世界”之间——和你，阅见一方天地。一方天地，连接人、生活与世界，做你和世界的“书”纽。

CATY川奥体育

图十一～图十六：【川奥体育 品牌系统升级、导视系统升级、空间升级】

他们，是运动者；他们，是怀抱梦想的奋斗者，果敢而坚毅，无论赛道还是人生，梦想不息，不甘平庸，朝着太阳的方向不断向上的力量。

品牌核心概念：进，无止境。

品牌定位：世界级运动场地面材服务商。

品牌广告语：梦想者的主场。

品牌愿景：成为世界一流的体育设施全产业链服务商。

品牌使命：激发梦想，让每个运动者进无止境。

图十一	图十二	图十七	图十八
图十三	图十四	图十九	图二十
图十五	图十六	图二十一	

图十七~图二十一:【艺术家、诗人、策展人——李仕泉　品牌形象设计，展览设计】

李仕泉是一个艺术家、诗人、主编、策展人，多重身份。

形象标识设计来源于画框的形态、Li Shiquan首字母“L”和他画作上的落款签名的形态结合。

LOGO形态可以多变，也呼应了他的多重身份。

林湘淞

设计师、策展人
社会创新实践家、中央美术学院创业导师
D9X社会化创新平台（设计孵化器）创始人
DPU设计平台联盟秘书长
CCII国际设计中心副秘书长
中国绿发会生态社区发展基金会联合发起方
延吉（东北亚）绿卡委员会联合发起方
D.CITY城市设计力中心发起人
“什么是好设计”开源展览平台创始人
E-MOLA生态社区博物馆发起人
“苹果设计之弧”主题展览发起人
@bauhaus百年包豪斯主题论坛发起人
联合国教科文组织国际创意与可持续发展中心校园展策展人
首届798设计节联合策展人
北京国际设计周－大地设计节策展人
TXD科技设计创新大会策展人

研究方向：

2011年成立了亿联云设计推广机构，开始推动城市创意设计云营造计划，提出人类从20世纪90年代开始全面进入互联网时代；云计算、物联网、智能手机等的出现加速人与人之间、人与物之间的网络化连接。设计管理在互联网时代可通过线上线下的设计社区网的建设，连接一个个城市创意神经元，构建一个网络化的城市创意共同体。

在设计中，生产关系通过组织来体现。设计组织需要通过包容性与多样性发挥其创造力，通过协同与合作发挥其商业价值。工业时代局限性比较强的雇佣关系，在被互联网时代灵活性很强的合伙关系完善与升级。

D9X的创新设计孵化器就是在研究与探索打破固有组织的边界与墙，以共享经济模式降低传统组织的固定成本负担，以合作与合伙人模式重新组织生产关系，建立能提高生产效率与可持续发展的“蜂巢组织”模式。

人是构建社区的“细胞”，社区是构建城市的“细胞”。每一个社区有自己独特的文化与生活方式。社区博物馆主要关注社区与社区成员之间共生关系的建立与持续培育并逐步生长为基于社区博物馆的集群生态。通过集群生态 + 社区博物馆，不仅可以保留与分享社区多样的文化基因，也可以促进社区资源利用更加高效，逐步让社区发展为生活、生产、生态更加绿色与可持续发展的未来社区。

擅长领域：

生长于延边朝鲜族自治州， 在一个自然环境与多元文化融合的环境中长大。高中开始就接触广告领域，并组织伙伴们一起开设了自己的广告公司。之后考取到北京上大学，开始学习环境艺术专业。大学毕业后，结合之前广告经历与大学里学习空间设计的知识， 开始把展览展示领域作为自己的职业方向 。职业生涯中参与众多世界500强企业项目设计与北京各种大型展览项目设计，包括负责2008年北京奥运会主题展设计，世纪坛秦汉与罗马文明展设计，北京朝阳公园工业厂房改造为奥运会沙滩排球项目综合服务园区设计等。从2010年开始接触到云计算，并延伸到云设计理念思想，开始了全新探索。2011年负责设计了华为云计算展厅，并对云计算在共享资源与构建未来自由工作方式的变革有了更深刻的认知。同年成立了亿联云设计推广与研究机构，在2012年第一个专属服务于设计师群体的可自由创业与社区化成长的云设计服务实验区“D9X”在北京诞生。

设计观点：

- 设计是与人类一起不断进化的一种超能力。
- 人人都是设计师。
- 随着人类有能力走向太空，星际设计师会引领人类进入新的文明时代。

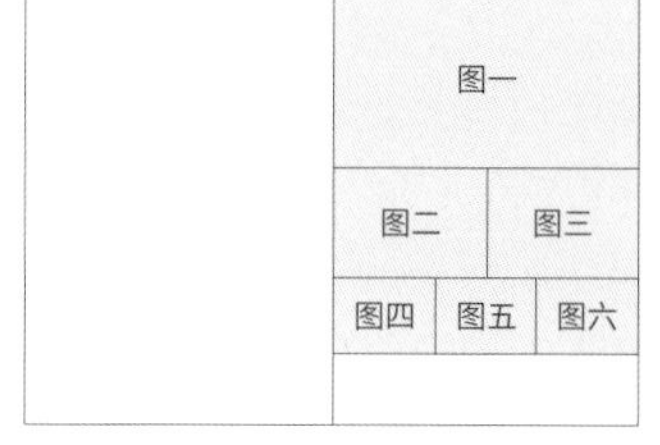

WHAT IS
GOOD
DESIGN
什么是好设计

图一～图三:【苹果设计之弧——主题品牌展现场照片】

作品是2015年作为纪念乔布斯在创新与设计领域给世界带来的成就与改变，通过展览形式让更多的大众了解苹果品牌背后的设计理念，更深刻地理解设计的价值。展览同时通过让大众一起参与的方式，以苹果设计说出自己对好设计的理解；在相互学习与互动中，从不同角度认知什么是好的设计。

图四～图六:【苹果设计之弧——采访视频画面】

采访对象包括设计师、艺术家、研究者、音乐人、IT人士、摄影师、策展人、教师、工厂负责人等。

WHAT IS
GOOD
DESIGN
3°
3:42
37
D9X
Link Community
D9X

图七～图九：【 D9X 系列创新空间 品牌设计照片 】

系列品牌空间给设计师群体提供集工作、社交、学习、生活等多元的创新社区服务。

图十～图十二：【 强生命力的社区生活 】

给设计师提供丰富的社交活动与专业资源，让社区成为可持续发展的设计创新生态。

图十三：【 生动的社区 视觉设计 】

体现开放、协同、分享、共赢的社区品牌理念。

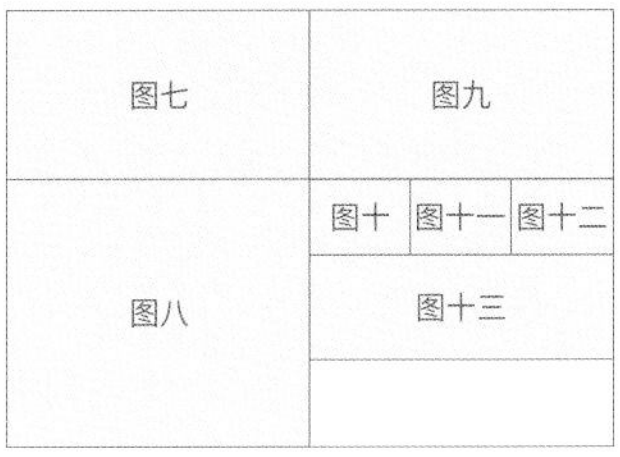

图七	图九		
图八	图十	图十一	图十二
	图十三		

李旻

中国日报社主任编辑

中国美术家协会会员

中国出版协会装帧艺术工作委员会委员

人民教育出版社普通高中课程标准教科书整体设计项目艺术顾问

荣誉奖项：

2012年首届全国科普漫画大赛二等奖

2013年第二十三届中国新闻奖国际传播三等奖

2013年第八届全国书籍设计艺术展插图类佳作奖

2014年中国传媒设计大奖最佳漫画创作银奖

2014年度第二十五届中国新闻奖三等奖

2014年荣获英国报业大奖最佳国际报纸奖

2015年中共中央直属机关纪念中国人民抗日战争胜利70周年书画摄影展一等奖

2016年第三届全国“楚天智海杯”全国漫画大赛二等奖

2017年全球插画奖中国区新人选拔赛一等奖

2018年获“插画中国”新人选拔赛一带一路主题创作金奖

2018年入选全国架上连环画展

2018年获第九届全国书籍设计艺术展插图类铜奖

2019年入选全国架上连环画展

2019年第十六届中国金龙奖最佳插画金奖

2019年第二十九届中国新闻奖国际传播二等奖

个人经历：

李旻毕业于清华大学美术学院视觉传达设计系，获硕士学位。

2009年至今就职于中国日报社，是中国日报国际版封面插画作者。2010年至今，500余幅插图作品被用于中国日报头版封面插图，在欧洲及非洲30余个国家出版发行。

2011年至今她在《读者》杂志上发表插图作品百余幅。

2012年由她创作的插图作品被人民教育出版社九年义务教科书《历史》《历史与社会》《地理》《思想品德》选为课本封面并出版。

2015年李旻受邀赴日参加杉浦康平策划的日本书籍设计及插图艺术交流，2018年受邀赴台参加华人新闻界艺术创作联展，2019年赴韩参加绘美生活中韩插画交流展。

2019年她分别在深圳文博会分会馆、福州山中漆美术馆举办了“画时代 · 李旻插画个展”，同年，“旻旻之中——李旻个人插画展”受邀在三亚国际旅游图书博览会展馆展出。

她所创作的《中国日报》海外版中国风插图的创新性的应用，一方面构架起新闻与插图艺术之间的桥梁，令新闻内容可视化、艺术化；另一方面，用外国读者乐于接受的形式传播了中国新时代的风貌，凝聚了华媒正能量，对《中国日报》的国际传播影响力起到了积极的促进作用，让世界各地的读者得以分享中国的精彩和感动，分享中国的发展和进步给世界人民带来的机遇。

设计感悟：

沉淀优秀的作品，让其具有长久存在的价值。

一生做好一件事，走得慢，走得远。

面对东方与西方、过去与未来，传承与创新在任何时候都不该独守一端。

	图一

图二	图三	图六	
		图七	图八
图四	图五	图九	图十
		图十一	

图一:【 守护 】

中日韩三国携手抗击疫情，这份合作将转化为深厚的友谊与合作的动力。因为你的守护，让我变得更加勇敢。

CHINA DAILY

GLOBAL WEEKLY 中国日报 JULY 17-23, 2020

Inside

Experts call for Sino-US ties to get back on track
CHINA NEWS, PAGE 6

Ancient glory blooms again
LIFE, PAGE 28

Beijing's southern districts open a window into the city's storied past

By CHEN NAN
chennan@chinadaily.com.cn

In the classic novel *Memories of Peking: South Side Stories*, the late writer Lin Hai-yin offers a glimpse of Beijing in the 1920s through the keen eyes and curious mind of Yingzi, a young girl.

Lin (1918-2001) depicts typical scenes in southern areas of the city during her childhood, including narrow *hutongs*, or alleyways, courtyards, and local food.

See Hutongs, page 3

LI MIN / CHINA DAILY

WORLD WATCH
By Rene L. Pattiradjawane

'One country' emphasizes sovereignty is indivisible

The principle is "one country, two systems", not "two systems, one country". The world seems to forget that Hong Kong is a part of a country.

For the transfer of sovereignty ending colonialism in China, this terminology itself was underpinned in the 1984 Sino-British Joint Declaration, with a specific underlining of the authority of the People's Republic of China that guaranteed a high degree of autonomy for the Hong Kong Special Administrative Region.

In a 1919 lecture titled "Politics as a Vocation", German sociologist Max Weber stressed the importance of the state as monopoly holder for the legitimate use of physical force in a particular territory. We can see then that no other territory in the world enjoys the same privileges that Hong Kong does under "two systems".

If we read carefully the Law of the People's Republic of China on Safeguarding National Security in the Hong Kong Special Administrative Region, Chapter IV clearly stipulates the jurisdiction of this law is still under the authority of the HKSAR.

The whole process of implementing the national security law for Hong Kong still has a long way to go. Its stipulations need to be integrated into the HKSAR judicial and legislative system.

Indeed, there should be consensus and understanding between the HKSAR government and the central government in Beijing on the national security law's implementation.

That this law is viewed by certain international communities as controversial, and with skepticism, is not surprising. They do have a different attitude and thinking. But to be meddling in the HKSAR with a perception that the Basic Law is being torn apart is premature to say the least.

See Legislation, page 20

Printer: Joint Printing Company Limited, 2-3/F, Hing Wai Centre, 7 Tin Wan Praya Road, Aberdeen, Hong Kong

Vol. 2 — No. 28 AUD4, BND2, BWP7, CHF3, EUR3, GBP2, HKD6, IDR8,500, INR20, JPY400, KHR4,000, KRW2,000, LSL10, MWK500, MYR2, MZN40, NAD10, SGD3, SZL10, USD3, ZAR10, ZMW8, ZWD250

CHINA DAILY

GLOBAL WEEKLY 中国日报 MAY 8-14, 2020

Inside

Unearthi rich herit
CHINA NEW

Xi praise for fightir on the fro
SPOTLIGHT

Mission to *teach*

Educators in rural areas go the distance during the pandemic

By YAO YUXIN in Xiangyang, Hubei
yaoyuxin@chinadaily.com.cn

Shu Hang, a mathematics teacher at a village primary school in Xiangyang, Hubei province, has remained on the school's grounds since the end of January.

During holidays, a small group of teachers take turns as campus caretakers.

Shu, 32, who teaches second-grade students at Erwang Primary School, drove to the school on Jan 28 as he was scheduled to take care of the campus during Spring Festival.

See Education, page 3

LI MIN / CHINA DAILY

WORLD WA
By Jiang Li

Washing takes lea disrupti the worl

The notion of "Ameri tionalism" argues that t States has a special role and serves as a model f follow.

That myth has fallen rampaging coronavirus or more specifically, to disruption of the global the deadly pathogen.

As the world's sole su US has a responsibility the shared war against common enemy, or at le example by containing at home. However, Was performance has made in-chief in this ongoing and let the world down

Politicians in Washin boast of America's leadi world. Well, it is leadin in a tragic way. The cou the world epicenter of t pandemic, with about o the global caseload and respectively — more tha place on the planet.

Clearly, despite all the flashed by China or the Organization (WHO), o own intelligence comm administration has sim the ball — because of ar ligence, or both.

The Associated Press, published op-ed, said th responded to the pande system of "cascading fai incompetencies". It gru "a nation with unmatch brazen ambition and as through the arc of histo humanity's 'shining city cannot come up with e cotton swabs".

It seems that some W politicians, such as US S State Mike Pompeo and trade adviser Peter Nav

See Role, page 20

Vol. 2 — No. 18 AUD4, BND2, BWP7, CHF3, EUR3, GBP2, HKD6, IDR8,500, INR20, JPY400, KHR4,000, KRW2,000, LSL10, MWK500, MYR2, MZN40, NAD10, SGD3, SZL10, USD3, ZAR10, ZM

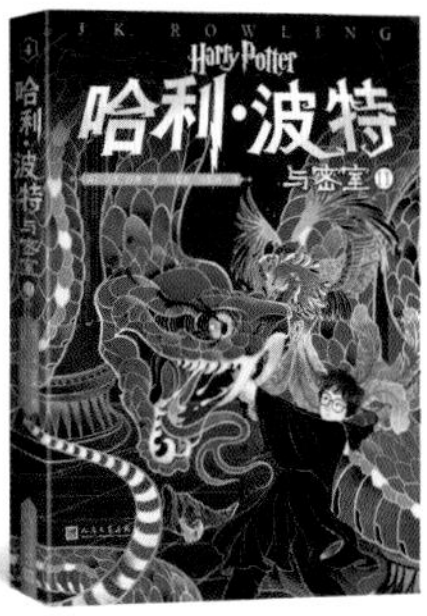

图二：【城南旧事】

北京南城文化历史悠久，有着说不尽的老北京情怀，走进南城，了解南城文化，便可以触摸到北京发展的丝丝脉络。

图三：【小村大爱】

在疫情期间，湖北襄阳有一群乡村教师一直守护着学校，将教师的使命坚持到了最后。

图四、图五：【中国日报国际周刊头版版面】

中国日报国际周刊头版版式是在构思插图创意时同时将版面设计出来的，新闻文字信息与插图共居于同一形态结构中，经过设计者的精心编排，让两者在和谐共生中产生超越新闻信息本身的美感。

图六～图十：【哈利·波特20卷本纪念丛书】

2020年，正值“哈利·波特”走进中国20周年，以20卷本的形式推出“哈利·波特”系列小说多卷本，代表哈利陪伴中国读者走过的20年时光。封面插图则选中了故事中的20个场景来展现，用中国本土文化与中国视角诠释哈利·波特，呈现既具中国风格又保留原著内涵的“哈利·波特”中国原创系列版本。

图十一：【汉服之美】

为讨论当下“汉服热”所绘制的插图，汉服复兴反映的是中国人对自身文化的自信。

谭泽源

汉仪字体设计师

主创作品：

《汉仪北魏写经》

《汉仪江南楷宋》

参与项目：

《汉仪旗黑》

《汉仪玄宗》

《汉仪新人文宋》

《汉仪雅酷黑》

《汉仪敦煌写经》等

荣誉奖项：

2018年站酷奖字体类金奖

2018年靳埭强优秀奖

2017年金点设计奖入围奖

个人经历：

2014年毕业于南京理工大学视觉传达专业。

本科毕业设计主题跟字体有关，便对字体产生了极大的兴趣。为了更深入地了解字体设计，毕业后进入汉仪，从事这方面的工作。

设计理念：

文字作为高度抽象化的信息符号，就像空气和水一样，经常会被很多人忽略。正因为大家习以为常的东西反而最不可或缺，心怀最单纯的真诚和善意，做好每一个字。

	图一
	图二
图三	图五
图四	图六

奉藏悲妙

曾陳慈佛輔宮故漢
會家降皆能破勝使

養夜疫音欽
由缘樂澤念
淨意今令日
毛蒙猛弥命

動厄法方非伽敢
告给恭供觀娱波
曾陳慈德端放佛
浮福輔宮故漢持

淨心菩念 意宮故佛

将降皆解救 豪狼許會家 隐藏悲神妙

軍開離流路 馬幕難能破 般敬誠菩我

威悟息贤咸 常承初除當 胎也志提受

图一、图二：【《汉仪北魏写经》】

这款字是根据敦煌藏经洞写经卷进行设计，结合了北魏时期写经书法的特点。北魏作为魏晋南北朝的重要阶段，正是写经书法中隶书成分逐渐减少的时期。横画起笔皆为由细至粗，有明显的挑势，末笔一捺保留隶书的重按，字形尚遗隶书写法，但又摆脱了隶书拘谨的分张之态，字型略扁，每字皆有一重顿之笔画，显得稳健，富有节奏。在笔意上吸收楷书的起收转折，增加笔画的变化。结体上吸收楷书严谨的体势，字体更为秀美和灵动。《北魏写经》字体传承古代写经书法之精髓，结合现代印刷字体特点，使写经字体能够得到现代数字化的发展与应用。

落 稜 苗
故 蒙 和
清 初 來
冬 夜 飲
氣 心 詩
雲 時 林

幽 落
時 故
雲 陵

東因幽竹孤落稜苗風之陵
不書氣心詩故蒙和遠雄間
坐看雲時林清初來春金懷
道念暖朱遠冬夜飲雪松賢

图三~图六:【《汉仪江南楷宋》】

这款字叫《汉仪江南楷宋》，参考雕版书籍进行设计，原书是杜牧的诗集，也叫《樊川诗集》。樊川源自明代正德十六年江阴朱承爵朱氏文房刻本《樊川诗集》。刻本字形选用欧体，风格属于楷体向宋体过渡时期，既有楷书韵味，也具有宋体字硬朗气息，刚柔并济，透着强烈的文化气息。樊川诗集结合楷书和刻本特点，以独特的风格表达杜牧诗歌的古朴淳厚，雄豪健朗。

《汉仪江南楷宋》尽可能保留雕版字体的味道，在一些笔画的处理上也进行了修改和调整。比如横勾的折角，竖的起笔，原字比较拙朴厚重，为了整体协调，根据字形把加峰适当进行调整，既保留原来的风格，也使字体更有灵气。再比如点画的形态、竖提的方式、横和撇的关系，都还原了雕版的书写形式。

雪中書懷

雄書

初冬夜飲

泉識皆盼蒲豫窈獨幸芝蘇色
浮句客風馬初主陽餓巧石聖
腥松東裳展地森山蔻萬潺字
讓之間公古雖書太珮歌珠明
裂刮天中堂夾薰亡幽雄貴無
舒峻闞穿名痕酒氣繁舍梁陵
後貅春年午當娃筆吞立彎畔
驅衣江蒙圓杏林然孤忽勤鋪
膧可管野特門徐摧冬籍竹毫
登非蟾屋雪后迷殊厚高沙飲
逐難狂動兄最寡貂袍碧載奇
来不花濃醉因農喜浪德夏霜
武啄根富域看舳酣争北宋郎
良坐牧鶴影感子含意下池述
故聊遥仁有離舟文貎錢隨兒
能姝整亦政東紫瑶娱咽香謙
酌閉宼照溪語期鄉旋衰事湖
時家水和日笙幕廓悠飄府題
埃楊生稜來四芙清市但背更

贾振华

后众设计创始人

北京智观善想艺术总监

后礼品牌主理人

CDS中国设计师沙龙个人理事

CGDA中国平面设计协会会员

尖荷系实战导师

荣誉奖项：

《杜夫朗格》荣获第六届Hiiibrand国际品牌标志设计大奖，入选第十一届APD亚太设计年鉴，入选2016《Brand创意呈现Ⅲ》权威书籍

《1840夏》入选第十一届APD亚太设计年鉴

《原村》入选第十一届APD亚太设计年鉴

《集好的》入选第十二届APD亚太设计年鉴

《沧州书城》入选第十二届APD亚太设计年鉴

《以岭药业洛美人》荣获2017（CGDA）国际标志设计奖

《以岭药业养参饼》荣获2017（CGDA）国际标志设计奖，入选2017《Brand创意呈现Ⅳ》权威书籍

《绿鼠》荣获2018（CGDA）国际标志设计奖，入围《中国设计年鉴》第十一卷，入选2019《创意呈现Ⅵ》权威书籍

《后礼》荣获2018（CGDA）国际标志设计奖，荣获2018GDA环球设计大奖BRONZE奖，入选2018《Brand创意呈现Ⅴ》权威书籍，入围澳门设计大奖2019、第九届Hiiibrand国际品牌标志设计大赛、《中国设计年鉴》第十一卷

《连环马》荣获2018（CGDA）国际标志设计奖，入选第十四届APD亚太设计年鉴，入围澳门设计大奖2019，入围《中国设计年鉴》第十一卷

《简资味》入围《中国设计年鉴》第十一卷

《小酒下山》入围澳门设计大奖2019，入围《中国设计年鉴》第十一卷

《兆冠》荣获2019（CGDA）视觉传达设计奖，入围《中国设计年鉴》第十一卷

《真本物造》入围《中国设计年鉴》第十一卷

《庄里鸭》入围《中国设计年鉴》第十一卷

《挚邻生活》荣获2019（CGDA）视觉传达设计奖

《后众设计》荣获CGDA2020视觉传达设计奖

擅长领域：

品牌定位策略、品牌全案整合设计、品牌标志设计、品牌形象设计、包装设计

服务客户：

以岭药业股份、河北省新华书店集团、千喜鹤集团、新华联集团、同福集团、一砖一瓦教育、举个栗子、绿鼠石板米、德庶商会、安莫希林、简资味办打水

设计感悟：

品牌的世界里，没有任何一个设计是独立存在的。

如果你善于观察，你会发现，在这个相互依存的世界里，没有一样东西是可以独立存在的。这世上没有无因之果，也没有无果之因，世界就是这样在一环扣一环中，不断流转，因果循环。

放在品牌设计里，就是你所做的一切，都会因之发生相应的结果。一个懂得消费需求的产品，一个切中消费心理的定位，一个理解顾客审美的视觉呈现，一个刺激消费者欲望的营销活动……每一个方面的好，或者差，都会对品牌的建设与持续发展产生或多或少的影响，甚至某些时刻是致命的。

一个品牌的打造与持续，要想得到好的结果，必然要完成对于整体思维的构架，无论是产品本身的设计，还是品牌定位的方向，或者视觉形象的表达与呈现，乃至服务流程的制定，危机出现后解决方案的实施……品牌生产的每一句话、每一个画面、每一段文字、每一个动作，都是品牌整体的一部分，所有的这一切，都与结果息息相关，而结果又与这个品牌影响下的每一个人相关。整体思维是做品牌设计时必须要贯彻的一种基本思维，它既是占位，也是依据，既是方法，也是路径。

在品牌设计的过程中，我们越是从整体的角度对各部分元素进行系统的理解与思考，就越能得出正确有效的方法和结果。举个例子，如果要给某个品牌做个LOGO，按照整体思维的逻辑，我们必须要考虑以下相关因素：品牌定位、行业惯性、产品卖点、价格区间、消费客群的年龄结构、特性差异和审美偏好，还要考虑品牌产品的销售渠道、营销规划，甚至也要考虑到后期LOGO呈现使用的场景，是在线上应用场景的多，还是线下纸制印刷使用的多……

所有这些因素的集合，共同对一个LOGO的设计产生影响，从而使得设计从一个感官审美上的结果，变成具有综合属性分析后的一个品牌的一部分，是品牌完整系统的一个零件，而不只是一个装饰：想要就要，不想要就扔掉，或者换一个。

品牌整体思维，讲的是做一件事的系统性、立体性和连续性，不只横向考虑每一个设计动作与其他品牌要素的匹配与融洽，更要考虑每一个动作之前之后的因果关系和延续发展，只有这样，大概率我们才能得到一个相对正确、有效又好看并吸引人的结果，从而让品牌大厦更坚固、更美观、更持久。

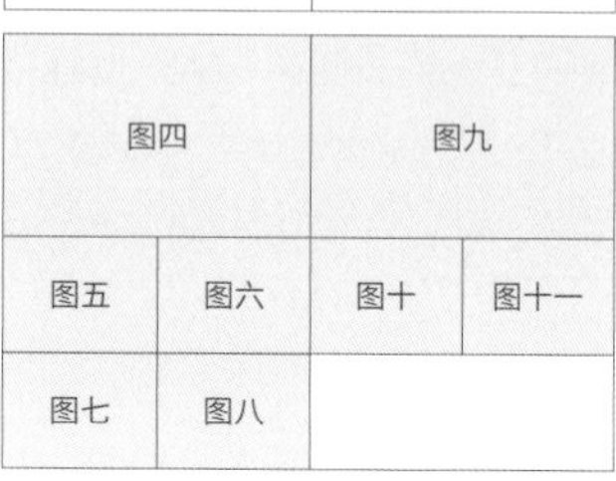

图一～图三:【 amosing 安莫希林 】

安莫希林是专注于职场人士，为上班族提供精致的下午茶的高端茶歇品牌。本着给身体以能量、给灵魂以滋养的初心，将项目定位于“治愈系上班族专属下午茶”。以“安莫希林”命名，借助人们对抗生素“阿莫西林”的广泛认知，以贴合治愈的理念：药品治愈身体的伤痛，下午茶治愈心灵的疲累。通过名称对品牌定位进行可视化塑造，使消费者在听到名称时即在脑海里呈现能量、治愈的画面。安莫希林的产品构成以烘焙类产品为主，搭配精选红茶和手冲咖啡。在品牌形象视觉表现层面，寻找与治愈相关的元素和色彩，同时考虑与传统烘焙品牌的调性差异，以黛茶绿为主色调，辅以相对明亮的橙色。绿色能够调节心情、舒缓情绪，给人由内而外的舒适与愉悦。在绿色的基础上加入黛色，增加了些许的复古风韵，于安静之中蕴含着蓬勃向上的生命力。色彩是最易被感知并带有情感的元素，安莫希林以黛茶绿为基础，于宁静里显露生机，于自然里透露精致，用最专注的态度和最放松的姿势，在下午 3 点的时光里，每一口都是对乏味的一次反抗。

DS
CC

DSCC
德庶商会
WWW.DSCC.CN

张 明全 会长
YONMIN CHAIRMAN

PHONE +86 186 0332 6868
WECHAT 186 0332 6868
E-MAIL DSCC2020@DSCC.COM

河北省邢台市桥西区中华大街398号
NO. 398, ZHONGHUA STREET, QIAOXI
DISTRICT, XINGTAI CITY

DSCC
德庶商会
WWW.DSCC.CN

张 明全 会长
YONMIN CHAIRM

PHONE +86 18
WECHAT 186 033
E-MAIL DSCC2

河北省邢台市桥西
NO. 398, ZHONGH
DISTRICT, XINGTA

图四～图八：【DSCC德庶商会】

德庶商会以聚合一个有基础信任的、价值观相同的、干净纯粹的圈子为创立初衷，标志图形紧密围绕“德”字展开思考，四角拼音首字母D的形态，代表“德”，行要端正，观要正直，内心坦荡，正行正观正心是为德，同时，D也代表了得，是商会为聚集资源、共同发展，在为会员谋福利、做奉献的过程中得到成长与发展。四个向内指向的箭头代表了凝聚力，是德庶以新战略、新思维、新模式，聚集一群做人有底线、做事有标准、心中有规则、组织有制度，共同去做一件有意义的事情。中心绳结的形式，代表了共享与连接、互助与服务，寓意商会是政府与商人、商人与商人、商人与社会之间相互联系的重要纽带，是全体商会会员资源互补、抱团合作的价值展现。德庶商会标志图形以甲骨文“德”字为基础，运用现代美学规则进行变形优化，表明德庶商会传承中华优秀德文化，聚有德之众，以德为基，以庶为望，共商贾良才，同创未来。图形由简洁的矩形几何组成，纵横而不交错的线段像是四通八达的道路，代表商会广开会门、吸纳商界英才之成会基础，畅通无阻的道路代表了商会跨越发展的未来。

图九～图十一：【绿鼠石板米】

绿鼠石板米是绿鼠食品的主打产品。绿鼠食品以生态健康食材供应商为定位，传播天然健康生活方式，输出优质有机农产品，深受广大消费者的青睐。以真实还原大米消费场景为基础，以创新的经营战略和营销思路，针对不同品种大米的食用口感特性，开创性地打造“煮粥米、蒸饭米”场景概念，直击人们在大米消费过程中的知识盲点，以简洁直白的产品定位，消解人们在选购及蒸煮过程中的疑虑和随意性，让每一个人都能以最简单的方式享用到最快捷优质的大米和服务。针对年轻人居家做饭时小食量、高品质的属性，以东北响水石板米为基础，开发出小容量时尚装蒸饭米、煮粥米，通过名称的直观表达消解年轻人的选购及蒸煮疑虑。整体包装风格以插画形式为主，通过各种扁平风格元素的搭配，传递出健康、自然、美味的核心内容。

Designer 100

+86